中級財務會計學習
指導書

主編 蔣小鳳、尹建榮

前 言

《中級財務會計學習指導書》是《中級財務會計》教材（蔣曉鳳、尹建榮主編，西南財經大學出版社出版）一書的配套學習用書。該書按照《中級財務會計》教材的內容順序編寫。在結構上包括要點總覽、重點難點、關鍵內容小結、練習題、參考答案及解析五大部分。其中要點總覽、重點難點、關鍵內容小結是編寫老師們講課經驗的總結，提煉了知識要點，對教學和學生的學習均可起到較好的引導作用；練習題部分包括「單項選擇題」「多項選擇題」「判斷題」「計算分析題」「綜合題」，內容較為經典和完整，可以使學生消化鞏固及運用所學知識要點；參考答案及解析部分將解題原理和思路展現出來，以引導學生更好地解題。

指導書所要傳遞的是一種學習理念——要學會學習。即把書讀薄再把書讀厚，按記憶難度將知識內容分層、分階段記憶，按「預覽重點難點、做練習和復習，鞏固已學知識」的「看、思、練」過程學習。

本書可作為各類院校全日制會計專業學生的教材輔導書，也可以作為非會計專業學生的教材和在職會計人員會計繼續教育的參考書。

《中級財務會計學習指導書》的撰寫歷時半年，經反覆修改，力求做到深入淺出、通俗易懂，對學生學習有指導作用。本書共有十九章內容，主編蔣曉鳳教授、尹建榮副教授對全書的框架結構和主要內容進行總體設計。各章的具體編寫分工如下：第一章、第五章、第六章和第七章由蔣曉鳳教授編寫，第十二章、第十三章、第十八章、第十九章由尹建榮副教授編寫，第三章、第四章、第十六章由陸建英副教授編寫，第十章、第十一章由何勁軍副教授編寫，第二章、第八章、第十五、第十七章由蘇藝講師編寫，第九章、第十四章由張飛翔講師編寫。最後由蔣曉鳳教授對全書進行總纂和修改，並終審定稿。

由於編者的學識水平有限，書中難免存在不足，懇請讀者批評指正。

編 者

目 錄

第一章　總論 ……………………………………………………………（1）
　　一、要點總覽 …………………………………………………………（1）
　　二、重點難點 …………………………………………………………（1）
　　三、關鍵內容小結 ……………………………………………………（2）
　　四、練習題 ……………………………………………………………（5）
　　五、參考答案及解析 …………………………………………………（8）

第二章　存貨 ……………………………………………………………（11）
　　一、要點總覽 …………………………………………………………（11）
　　二、重點難點 …………………………………………………………（11）
　　三、關鍵內容小結 ……………………………………………………（11）
　　四、練習題 ……………………………………………………………（19）
　　五、參考答案及解析 …………………………………………………（35）

第三章　金融資產 ………………………………………………………（52）
　　一、要點總覽 …………………………………………………………（52）
　　二、重點難點 …………………………………………………………（53）
　　三、關鍵內容小結 ……………………………………………………（53）
　　四、練習題 ……………………………………………………………（58）
　　五、參考答案及解析 …………………………………………………（64）

第四章　長期股權投資 …………………………………………………（73）
　　一、要點總覽 …………………………………………………………（73）
　　二、本章重點難點 ……………………………………………………（73）
　　三、關鍵內容小結 ……………………………………………………（73）
　　四、練習題 ……………………………………………………………（76）

五、參考答案及解析 ……………………………………………………… (87)

第五章　固定資產 …………………………………………………………… (98)
　　一、要點總覽 ………………………………………………………………… (98)
　　二、本章重點難點 …………………………………………………………… (98)
　　三、關鍵內容小結 …………………………………………………………… (99)
　　四、練習題 ………………………………………………………………… (103)
　　五、參考答案及解析 ……………………………………………………… (110)

第六章　無形資產與其他資產 …………………………………………… (118)
　　一、要點總覽 ……………………………………………………………… (118)
　　二、重點難點 ……………………………………………………………… (118)
　　三、關鍵內容小結 ………………………………………………………… (119)
　　四、練習題 ………………………………………………………………… (121)
　　五、參考答案及解析 ……………………………………………………… (126)

第七章　投資性房地產 ……………………………………………………… (131)
　　一、要點總覽 ……………………………………………………………… (131)
　　二、重點難點 ……………………………………………………………… (131)
　　三、關鍵內容小結 ………………………………………………………… (131)
　　四、練習題 ………………………………………………………………… (134)
　　五、參考答案及解析 ……………………………………………………… (139)

第八章　資產減值 …………………………………………………………… (145)
　　一、要點總覽 ……………………………………………………………… (145)
　　二、重點難點 ……………………………………………………………… (145)
　　三、關鍵內容小結 ………………………………………………………… (146)
　　四、練習題 ………………………………………………………………… (153)
　　五、參考答案及解析 ……………………………………………………… (161)

第九章　負債 (168)

一、要點總覽 (168)
二、重點難點 (168)
三、關鍵內容小結 (169)
四、練習題 (175)
五、參考答案及解析 (178)

第十章　所有者權益 (184)

一、要點總覽 (184)
二、重點難點 (184)
三、關鍵內容小結 (185)
四、練習題 (189)
五、參考答案及解析 (194)

第十一章　收入、費用和利潤 (198)

一、要點總覽 (198)
二、重點難點 (198)
三、關鍵內容小結 (199)
四、練習題 (208)
五、參考答案及解析 (216)

第十二章　所得稅 (225)

一、要點總覽 (225)
二、重點難點 (225)
三、關鍵內容小結 (226)
四、練習題 (233)
五、參考答案及解析 (245)

第十三章　非貨幣性資產交換 ·· (255)

 一、要點總覽 ··· (255)

 二、重點難點 ··· (255)

 三、關鍵內容小結 ··· (256)

 四、練習題 ··· (260)

 五、參考答案及解析 ··· (269)

第十四章　債務重組 ·· (279)

 一、要點總覽 ··· (279)

 二、重點難點 ··· (279)

 三、關鍵內容小結 ··· (279)

 四、練習題 ··· (281)

 五、參考答案及解析 ··· (285)

第十五章　或有事項 ·· (289)

 一、要點總覽 ··· (289)

 二、重點難點 ··· (289)

 三、關鍵內容小結 ··· (289)

 四、練習題 ··· (294)

 五、參考答案及解析 ··· (303)

第十六章　租賃 ·· (311)

 一、要點總覽 ··· (311)

 二、重點難點 ··· (311)

 三、關鍵內容小結 ··· (312)

 四、練習題 ··· (317)

 五、參考答案及解析 ··· (324)

第十七章　財務報告 ……………………………………………………（333）
　　一、要點總覽 ………………………………………………………（333）
　　二、重點難點 ………………………………………………………（333）
　　三、關鍵內容小結 …………………………………………………（334）
　　四、練習題 …………………………………………………………（345）
　　五、參考答案及解析 ………………………………………………（354）

第十八章　會計政策、會計估計變更和差錯更正 ……………………（362）
　　一、要點總覽 ………………………………………………………（362）
　　二、重點難點 ………………………………………………………（362）
　　三、關鍵內容小結 …………………………………………………（363）
　　四、練習題 …………………………………………………………（365）
　　五、參考答案及解析 ………………………………………………（374）

第十九章　資產負債表日後事項 ………………………………………（380）
　　一、要點總覽 ………………………………………………………（380）
　　二、重點難點 ………………………………………………………（380）
　　三、關鍵內容小結 …………………………………………………（380）
　　四、練習題 …………………………………………………………（385）
　　五、參考答案及解析 ………………………………………………（396）

第一章 總論

一、要點總覽

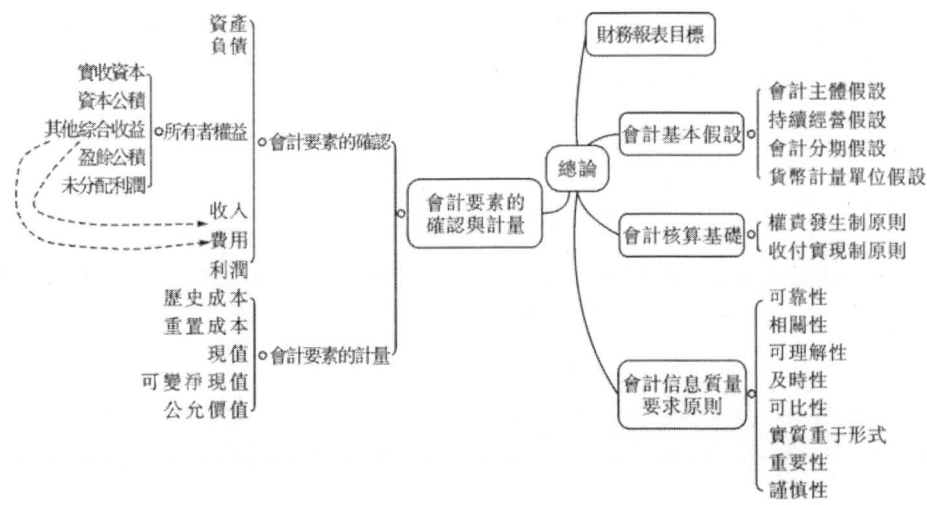

二、重點難點

(一) 重點

{ 會計目標
會計假設
會計要素的確認與計量
會計的計量屬性

(二) 難點

{ 會計假設
會計要素的確認與計量

三、關鍵內容小結

（一）財務報告的目標

（1）向財務會計報告使用者提供與企業財務狀況、經營成果和現金流量等有關的會計信息。

（2）反應企業管理層受託責任履行情況，有助於財務會計報告使用者做出經濟決策。

（二）會計核算的基本假設

基本前提	要點
1. 會計主體	（1）會計主體可以是獨立法人，也可以是非獨立法人 （2）形式可以是 $\begin{cases} 一個企業 \\ 幾個企業組成的集團公司 \\ 一個企業內部的特殊部分 \end{cases}$ （3）法律主體必然是會計主體，會計主體不一定是法律主體 （4）作用：明確會計主體，能劃定會計所要處理的各項交易或事項的範圍；能把握會計處理的立場；能將會計主體的經濟活動與會計主體所有者的經濟活動區分開來
2. 持續經營	（1）作用：使企業採用的會計政策、方法保持穩定；使資產、負債、收入及費用等按標準的會計處理程序處理 （2）對其他原則的影響：歷史成本原則、權責發生制、配比原則、劃分收支原則等都是與此假定有關
3. 會計分期	（1）作用：分期後，可及時地結算帳目，編制報表，為決策提供所需信息，也便於比較分析 （2）會計期間劃分：中國按歷年制（公歷年度）劃分為四種時間長度——月、季、半年、年，其中月、季、半年稱為會計中期 （3）會計核算帶來的影響：產生本期與其他期間的區別，出現權責發生制和收付實現制的區別，出現了應收、應付、遞延、預提、待攤等會計處理方法
4. 貨幣計量	（1）以貨幣作為會計的主要計量單位 （2）以幣值不變為前提。若幣值不穩時，就會出現虛盈實虧、多記盈餘的假象 （3）記帳本位幣一般為本國貨幣（人民幣）；業務收支以人民幣以外的貨幣為主的企業，可選定其中一種貨幣作為記帳本位幣，但編報的財務報告應當折算為人民幣

（三）會計信息質量要求

	要點
1. 可靠性	強調會計信息的真實、準確
2. 相關性	強調會計信息的有用性
3. 可理解性	強調會計信息的簡明、易懂、清晰、明了
4. 可比性	強調會計信息的橫向比較，即企業與企業比，以及會計信息的縱向比較，即一企業不同時期相比較

(續表)

	要點
5. 謹慎性	核算風險的原則：預計可能發生的損失，而不預計可能發生的收益 應用於：固定資產快速折舊、存貨計價的後進先出法、對資產計提的八項準備、預計負債
6. 重要性	判斷會計事項的輕重的原則。重要事項：分別、分項核算。次要事項：可簡化、合併核算
7. 實質重於形式	強調經濟實質，而不僅是法律形式。應用於：融資租入的固定資產、銷售商品的售後回購、收入確認、對被投資企業控制、實施重大影響的界定
8. 及時性	強調會計信息的時效。企業對於已經發生的交易或者事項，應當及時進行會計確認、計量和報告，不得提前或者延後

（四）會計要素的確認與計量

會計要素	定義	特徵	確認條件
1. 資產	企業過去的交易或者事項形成的、由企業擁有或者控制的、預期會給企業帶來經濟利益的資源	(1) 資產預期能夠直接或間接地給企業帶來經濟利益 (2) 資產都是為企業所擁有的，或者即使不為企業所擁有，也是企業所控制的 (3) 資產是由過去的交易或事項形成的	同時滿足以下條件時，確認為資產： (1) 與該資源有關的經濟利益很可能流入企業 (2) 該資源的成本或者價值能夠可靠地計量
2. 負債	企業過去的交易或者事項形成的、預期會導致經濟利益流出企業的現時義務	(1) 負債是企業承擔的現時義務 (2) 負債的清償預期會導致經濟利益流出企業 (3) 負債是由過去的交易或事項形成的	同時滿足以下條件時，確認為負債： (1) 與該義務有關的經濟利益很可能流出企業 (2) 未來流出的經濟利益的金額能夠可靠地計量
3. 所有者權益	企業資產扣除負債後由所有者享有的剩餘權益	(1) 除非發生減資、清算，企業不需要償還所有者權益 (2) 只有在清償所有的負債後，所有者權益才返還給所有者 (3) 所有者憑藉所有者權益能夠參與利潤的分配	確認主要依賴於其他會計要素，尤其是資產和負債的確認
4. 收入	企業在日常活動中形成的、會導致所有者權益增加的、與所有者投入資本無關的經濟利益的總流入	(1) 收入是從企業的日常活動中產生的，而不是從偶發的交易或事項中產生的 (2) 收入可能表現為企業資產的增加，或負債的減少，或二者兼而有之 (3) 收入能引起企業所有者權益的增加 (4) 收入只包括本企業經濟利益的流入，而不包括為第三方或客戶代收的款項	(1) 與收入相關的經濟利益很可能流入企業 (2) 是經濟利益流入企業的結果會導致資產的增加或者負債的減少 (3) 經濟利益的流入額能夠可靠計量

（續表）

會計要素	定義	特徵	確認條件
5. 費用	在日常活動中發生、會導致所有者權益減少、與向所有者分配利潤無關的經濟利益的總流出	（1）費用是企業在日常活動中發生的經濟利益的流出，而不是從偶發的交易或事項中發生的經濟利益的流出（2）費用可能表現為資產的減少，或負債的增加，或二者兼而有之（3）費用引起所有者權益的減少	一是與費用相關的經濟利益很可能流出企業，二是經濟利益流出企業的結果會導致資產的減少或者負債的增加，三是經濟利益的流出額能夠可靠計量
6. 利潤	企業在一定會計期間的經營成果	利潤=收入-費用+利得-損失	利潤的確認主要依賴於收入和費用以及利得和損失的確認

（五）會計計量屬性

計量屬性	定義	計量屬性的應用原則
1. 歷史成本	在歷史成本計量下，資產按照購置時支付的現金或者現金等價物的金額，或者按照購置資產時所付出的對價的公允價值計量。負債按照因承擔現時義務而實際收到的款項或資產的金額，或者承擔現時義務的合同金額，或者按照日常活動中為償還負債預期需要支付的現金或者現金等價物的金額計量	企業在對會計要素進行計量時，一般應當採用歷史成本，採用重置成本、可變現淨值、現值、公允價值計量的，應當保證所確定的會計要素金額能夠取得並可靠計量
2. 重置成本	在重置成本計量下，資產按照現在購買相同或者相似資產所需支付的現金或者現金等價物的金額計量。負債按照現在償付該項債務所需支付的現金或者現金等價物的金額計量	
3. 可變現淨值	在可變現淨值計量下，資產按照其正常對外銷售所能收到現金或者現金等價物的金額扣減該資產至完工時估計將要發生的成本、估計的銷售費用以及相關稅費後的金額計量	
4. 現值	在現值計量下，資產按照預計從其持續使用和最終處置中所產生的未來淨現金流入量的折現金額計量。負債按照預計期限內需要償還的未來淨現金流出量的折現金額計量	
5. 公允價值	在公允價值計量下，資產和負債按照在公平交易中，熟悉情況的交易雙方自願進行資產交換或者債務清償的金額計量	

（六）利得、損失與收入、費用的區分

項目	區別	聯繫
收入與利得	（1）收入與日常活動有關，利得與非日常活動有關	都會導致所有者權益增加，且與所有者投入資本無關

（續表）

項目	區別	聯繫
費用與損失	（1）費用與日常活動有關，損失與非日常活動有關 （2）費用是經濟利益總流出，損失是經濟利益淨流出	都會導致所有者權益減少，且與向所有者分配利潤無關

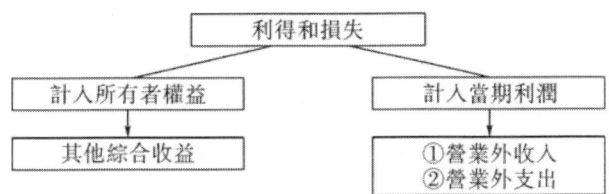

（七）利得與損失的界定與運用

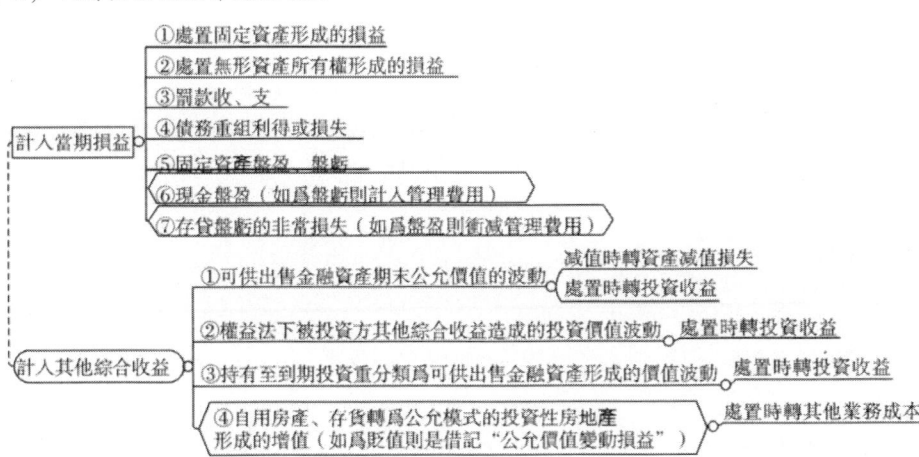

四、練習題

（一）單項選擇題

1. 下列項目中，不屬於財務報告目標的是（　　）。
   A. 向財務報告使用者提供與企業財務狀況有關的會計信息
   B. 向財務報告使用者提供與企業現金流量有關的會計信息
   C. 反應企業管理層受託責任履行情況
   D. 滿足企業內部管理需要

2. 下列關於會計分期這一基本假設的說法中，正確的是（　　）。
   A. 企業持續、正常的生產經營活動的前提
   B. 為分期結算帳目奠定了理論基礎
   C. 界定了提供會計信息的空間範圍

D. 為會計核算提供了必要的手段
3. 下列情況中不違背會計可比性原則的是（　　）。
   A. 投資性房地產後續計量由公允價值模式轉為成本模式
   B. 權益性可供出售金融資產減值轉回計入資產減值損失
   C. 固定資產達到預定可使用狀態之後，利息費用繼續資本化
   D. 期末發現以前減記存貨價值的影響因素消失，將原已計提的存貨跌價準備轉回
4. 下列各項中不屬於甲公司資產的是（　　）。
   A. 報廢的固定資產
   B. 融資租入的設備
   C. 從乙公司處購買的產品，貨款已付，發票已收，由於倉庫週轉，產品仍存放在乙公司處
   D. 委託代銷商品
5. 下列各項表述中不屬於負債特徵的是（　　）。
   A. 負債是企業承擔的現時義務
   B. 負債預期會導致經濟利益流出企業
   C. 未來流出的經濟利益的金額能夠可靠地計量
   D. 負債是由企業過去的交易或事項形成的
6. 下列不屬於所有者權益類科目的是（　　）。
   A.「其他綜合收益」　　　　B.「盈餘公積」
   C.「資本公積」　　　　　　D.「遞延收益」
7. 下列各項中，不屬於企業收入的是（　　）。
   A. 讓渡資產使用權所取得的收入
   B. 提供勞務所取得的收入
   C. 出售無形資產取得的淨收益
   D. 出租機器設備取得的收入
8. 下列計價方法中，不符合歷史成本計量基礎的是（　　）。
   A. 發出存貨採用先進先出法計價
   B. 可供出售金融資產期末採用公允價值計量
   C. 固定資產計提折舊
   D. 發出存貨採用移動加權平均法計價

(二) 多項選擇題

1. 下列說法中，正確的有（　　）。
   A. 會計基礎劃分為權責發生制和收付實現制
   B. 會計信息質量要求是對財務報告所提供的會計信息質量的基本要求，是會計信息質量有用性的基本特徵
   C. 企業提供的會計信息應當反應與企業財務狀況、經營成果和現金流量有關的所有重要交易或者事項

D. 持續經營是指在可以預見的將來，企業將會按照當前的規模和狀態繼續經營下去，不會停業，也不會大規模削減業務

2. 下列會計處理中，符合會計信息質量要求中實質重於形式的有（　　）。
   A. 企業對售後回購業務在會計核算上一般不確認收入
   B. 融資租入固定資產視同自有資產進行核算
   C. 期末對應收帳款計提壞帳準備
   D. 期末存貨採用成本與可變現淨值孰低法計量

3. 下列各項中，能同時引起資產和負債發生變化的有（　　）。
   A. 從銀行借款購買的自用設備
   B. 債務重組中，用金融資產償還應付帳款
   C. 處置投資性房地產
   D. 支付應付職工薪酬

4. 下列關於會計要素的表述中，正確的有（　　）。
   A. 費用只有在經濟利益很可能流出企業從而導致企業資產減少或者負債增加，且經濟利益的流出金額能夠可靠計量時才能予以確認
   B. 資產的特徵之一是預期能給企業帶來經濟利益
   C. 利潤是指企業在一定會計期間的經營成果，包括收入減去費用後的淨額、直接計入當期利潤的利得和損失等
   D. 所有導致所有者權益增加的經濟利益的流入都應該確認為收入

5. 下列各項中，屬於直接計入所有者權益的利得的有（　　）。
   A. 出租無形資產取得的收益
   B. 投資者的出資額大於其在被投資單位註冊資本中所佔份額的金額
   C. 可供出售金融資產期末公允價值上升計入其他綜合收益
   D. 重新計量設定受益計劃淨負債或淨資產所產生的變動

6. 下列說法中正確的有（　　）。
   A. 營業收入和營業外收入都屬於收入
   B. 收入是企業日常活動中所形成的
   C. 收入不包括計入利潤表的非日常活動形成的經濟利益的流入
   D. 收入會導致所有者權益的增加

7. 下列各項中，影響營業利潤的有（　　）。
   A. 營業外收入　　　　　　　B. 其他綜合收益
   C. 投資收益　　　　　　　　D. 管理費用

8. 下列關於會計計量屬性的表述中，正確的有（　　）。
   A. 歷史成本反應的是資產過去的價值
   B. 重置成本是取得相同或相似資產的現行成本
   C. 可變現淨值是指在生產經營過程中，以預計售價減去進一步加工成本和銷售所必需的預計稅金、費用後的淨值
   D. 公允價值是指市場參與者在計量日發生的有序交易中，出售一項資產所能收到或者轉移一項負債所支付的價格

(三) 判斷題

1. 權責發生制是以收到或支付現金作為確認收入和費用的依據。　　　(　)
2. 區分收入和利得、費用和損失，區分流動資產和非流動資產、流動負債和非流動負債以及適度引入公允價值體現的是會計的可靠性。　　　(　)
3. 在實務中，需要在及時性和可靠性之間做相應權衡，以最好地滿足投資者等財務報告使用者的經濟決策需要為判斷標準。　　　(　)
4. 資產按照其購置時支付的現金或者現金等價物的金額或者按照購置資產時所付出的對價的公允價值計量，則其採用的會計計量屬性是公允價值。　　　(　)
5. 發放股票股利會導致發放企業所有者權益減少。　　　(　)
6. 因向所有者分配利潤而導致經濟利益的流出應當屬於費用。　　　(　)
7. 利潤包括兩個來源：收入減去費用後的淨額以及直接計入當期損益的利得和損失。　　　(　)
8. 現值是取得某項資產在當前需要支付的現金或現金等價物。　　　(　)

五、參考答案及解析

(一) 單項選擇題

1.【答案】D

【解析】財務報告的目標是向財務報告使用者提供與企業財務狀況、經營成果和現金流量等有關的會計信息，反應企業管理層受託責任履行情況，有助於財務報告使用者做出經濟決策。財務報告目標不包括滿足企業內部管理的需要。

2.【答案】B

【解析】選項A，體現的是持續經營假設，選項C，體現的是會計主體假設，選項D，體現的是貨幣計量假設。

3.【答案】D

【解析】會計信息質量的可比性要求：同一企業不同會計期間發生的相同或者相似的交易或者事項，應當採用一致的會計政策，不得隨意變更；不同企業同一會計期間發生的相同或者相似的交易或者事項，應當採用相同或相似的會計政策，確保會計信息口徑一致、相互可比。所以只要符合準則規定就不違背會計可比性原則。選項A、B和C均不符合準則規定。

4.【答案】A

【解析】報廢的固定資產預期不能給企業帶來經濟利益，不符合資產定義，選項A不屬於甲公司的資產。

5.【答案】C

【解析】負債具有以下幾個方面的特徵：①負債是企業承擔的現時義務；②負債預期會導致經濟利益流出企業；③負債是由企業過去的交易或事項形成的。選項C，屬於負債的確認條件，而不是負債的特徵。

6.【答案】D

【解析】選項 D，遞延收益是負債類科目。

7.【答案】C

【解析】選項 C，出售無形資產是非日常活動，其取得的淨收益不屬於收入。

8.【答案】B

【解析】可供出售金融資產期末採用公允價值計量，不符合歷史成本計量基礎。

(二) 多項選擇題

1.【答案】ABCD

2.【答案】AB

【解析】實質重於形式要求企業應當按照交易或事項的經濟實質進行會計確認、計量、報告，不應僅以交易或者事項的法律形式為依據。選項 A 和 B 體現實質重於形式要求；選項 C 和 D 體現的是謹慎性原則。

3.【答案】ABD

【解析】處置投資性房地產不會引起負債的變化，選項 C 不正確。

4.【答案】ABC

【解析】利得也是能導致所有者權益增加的經濟利益的流入，但是利得不屬於企業的收入，選項 D 錯誤。

5.【答案】CD

【解析】選項 A，出租無形資產屬於日常活動，取得的收益屬於企業的收入；選項 B，利得與投資者投入資本無關。

6.【答案】BCD

【解析】營業外收入核算的是非日常活動中形成的收益，不屬於收入，選項 A 不正確。

7.【答案】CD

【解析】選項 A，影響利潤總額，不影響營業利潤；選項 B，影響所有者權益。

8.【答案】ABCD

(三) 判斷題

1.【答案】錯

【解析】權責發生制要求凡是當期已經實現的收入和已經發生或應當負擔的費用，不論款項是否收付，都應當作為當期的收入和費用；凡是不屬於當期的收入和費用，即使款項已在當期收付，都不應作為當期的收入和費用。

2.【答案】錯

【解析】區分收入和利得、費用和損失，區分流動資產和非流動資產、流動負債和非流動負債以及適度引入公允價值等，都可以提高會計信息的預測價值，進而提升會計信息的相關性。

3.【答案】對

4.【答案】錯

【解析】在歷史成本計量下，資產按照其購置時支付的現金或者現金等價物的金額

或者按照購置資產時所付出的對價的公允價值計量。

5.【答案】錯

【解析】發放股票股利，是發放企業所有者權益的內部變動，借記利潤分配，貸記股本，所有者權益總額不變。

6.【答案】錯

【解析】費用是指企業在日常活動中發生的、會導致所有者權益減少的、與向所有者分配利潤無關的經濟利益的總流出。

7.【答案】對

8.【答案】錯

【解析】現值是指對未來現金流量以恰當的折現率進行折現後的價值。

第二章 存貨

一、要點總覽

確認和初始計量 { 存貨的定義與確認條件
存貨的初始計量（外購、加工、其他方式取得）

發出存貨的計量 { 先進先出法、加權平均法、個別計價法
計劃成本法

存貨的期末計量 { 期末計量原則——按照成本與可變現淨值孰低計量
可變現淨值的含義
期末計量的具體方法

二、重點難點

（一）重點

{ 存貨的初始計量
計劃成本法
存貨的期末計量

（二）難點

{ 計劃成本法
存貨的期末計量

三、關鍵內容小結

（一）存貨概述

1. 存貨的概念

存貨，是指企業在日常活動中持有以備出售的產成品或商品、處在生產過程中的在產品、在生產過程或提供勞務過程中耗用的材料、物料等。

2. 存貨的內容

存貨的內容包括：各種材料、包裝物、低值易耗品、委託加工物資、庫存商品、在產品、半成品等。

（1）為建造固定資產而儲備的各種材料，雖然同屬於材料，但是由於用於建造固

定資產等各項工程，不符合存貨的定義，因此不能作為企業的存貨；

（2）企業接受外來原材料加工製造的代製品和為外單位加工修理的代修品，製造和修理完成驗收入庫後，應視同企業的產成品；

（3）房地產開發企業購入的用於建造商品房的土地，屬於企業的存貨。

3. 存貨的確認條件

某一項資產項目要作為存貨加以確認，首先，需要符合存貨的定義，其次，應同時符合存貨以下確認條件：

（1）與該存貨有關的經濟利益很可能流入企業；

（2）該存貨的成本能夠可靠地計量。

（二）取得存貨的計量

1. 存貨的成本構成

存貨應當按照成本進行初始計量。存貨成本包括採購成本、加工成本和其他成本。存貨成本的構成如下：

（1）採購成本：購買價款、相關稅費、運輸費、裝卸費、保險費以及其他可歸屬於存貨採購成本的費用；

（2）加工成本：直接人工以及按照一定方法分配的製造費用；

（3）其他成本：除採購成本、加工成本以外的，使存貨達到目前場所和狀態所發生的其他支出。

2. 外購存貨的成本

存貨的採購成本，包括購買價款、相關稅費、運輸費、裝卸費、保險費以及其他可歸屬於存貨採購成本的費用。

（1）存貨的購買價款，是指企業購入的材料或商品的發票帳單上列明的價款，但不包括按規定可以抵扣的增值稅額；

（2）存貨的相關稅費，是指企業購買、自製或委託加工存貨發生的進口關稅、消費稅、資源稅和不能抵扣的增值稅進項稅額等應計入存貨採購成本的稅費；

（3）其他可歸屬於存貨採購成本的費用，是指採購成本中除上述各項以外的可歸屬於存貨採購成本的費用，如在存貨採購過程中發生的倉儲費、包裝費、運輸途中的合理損耗、入庫前的挑選整理費用等。

應注意的是，商品流通企業在採購商品過程中發生的運輸費、裝卸費、保險費以及其他可歸屬於存貨採購成本的費用等進貨費用，應當計入存貨採購成本，也可先行歸集，期末根據所購商品的存銷情況進行分攤。已售商品的進貨費用計入當期損益，未售商品的進貨費用計入期末存貨成本。企業採購商品的進貨費用金額較小的，可以在發生時直接計入當期損益。

3. 自製存貨的成本

企業自製的存貨主要包括產成品、在產品、半成品等，其成本由採購成本、加工成本構成。

存貨加工成本是指由直接人工以及按照一定方法分配的製造費用。

產品成本包括直接材料、直接人工和製造費用。

4. 委託加工的存貨的成本

委託外單位加工完成的存貨，包括加工後的原材料、包裝物、低值易耗品、半成品、產成品等。其成本包括實際耗用的原材料或者半成品以及加工費、運輸費、裝卸費和保險費等費用以及按規定應計入成本的稅金。

商品流通企業加工的商品，以商品的進貨原價、加工費和按規定應計入成本的稅金作為實際成本。

5. 其他方式取得的存貨的成本

企業取得存貨的其他方式主要包括接受投資者投資、非貨幣性資產交換、債務重組以及存貨盤盈等。

(1) 投資者投入的存貨

投資者投入存貨的成本應當按照投資合同或協議約定的價值確定，但合同或協議約定價值不公允的除外。在投資合同或協議約定價值不公允的情況下，按照該項存貨的公允價值作為其入帳價值。

(2) 通過非貨幣性資產交換、債務重組等方式取得的存貨

企業通過非貨幣性資產交換、債務重組等方式取得的存貨，其成本應當分別按照《企業會計準則第 7 號——非貨幣性資產交換》《企業會計準則第 12 號——債務重組》等的規定確定。但是，該項存貨的後續計量和披露應當執行存貨準則的規定。

(3) 盤盈存貨

盤盈的存貨應按其重置成本作為入帳價值，並通過「待處理財產損溢」科目進行會計處理，按管理權限報經批准後衝減當期管理費用。

在確定存貨成本時，應注意，下列費用一般不應計入存貨成本，而應在其發生時計入當期損益：

①非正常消耗的直接材料、直接人工及製造費用；

②在採購入庫後發生的倉儲費用應計入當期損益。但在生產過程中為達到下一生產階段所必需的倉儲費用則應計入存貨成本。

(三) 發出存貨的計量

1. 存貨發出的計價方法

根據中國企業會計準則的規定，企業在確定發出存貨的成本時，可以採用先進先出法、月末一次加權平均法、移動加權平均法和個別計價法方法。企業不得採用後進先出法確定發出存貨的成本。

(1) 先進先出法

先進先出法是以先購入的存貨應先發出（銷售或耗用）這樣一種存貨實物流動假設為前提，對發出存貨進行計價。採用這種方法，先購入的存貨成本在後購入存貨成本之前轉出，據此確定發出存貨和期末存貨的成本。

(2) 月末一次加權平均法

月末一次加權平均法，是指以當月全部進貨數量加上月初存貨數量作為權數，去除當月全部進貨成本加上月初存貨成本，計算出存貨的加權平均單位成本，以此為基礎計算當月發出存貨的成本和期末存貨的成本。

（3）移動加權平均法

移動加權平均法，是指以每次進貨的成本加上原有庫存存貨的成本，除以每次進貨數量與原有庫存存貨的數量之和，據以計算加權平均單位成本，作為在下次進貨前計算各次發出存貨成本的依據。

（4）個別計價法

個別計價法，亦稱個別認定法、具體辨認法、分批實際法。其特徵是注重所發出存貨具體項目的實物流轉與成本流轉之間的聯繫，逐一辨認各批發出存貨和期末存貨所屬的購進批別或生產批別，分別按其購入或生產時所確定的單位成本計算各批發出存貨和期末存貨的成本。

以上四種存貨計價方法的共同的特點是都以歷史成本作為計價基礎。企業對於性質和用途相似的存貨，應當採用相同的成本計算方法確定發出存貨的成本。存貨計價方法一旦選定，前後各期應當保持一致，並在會計報表附註中予以披露；如果由於情況的變化必須變更計價方法，應在變更當年的報表附註中披露存貨計價方法變更的理由、性質以及對財務報表中本年利潤和年末存貨價值的影響程度。

2. 存貨成本的結轉

（1）原材料

①根據原材料的消耗特點，企業應按發出原材料的用途，將其成本直接計入產品或當期損益。

②會計核算：

核算內容	帳務處理
生產經營領用	借：生產成本/製造費用/委託加工物資/銷售費用/管理費用/在建工程 　貸：原材料
對外銷售	借：銀行存款/應收帳款 　貸：其他業務收入 　　　應交稅費——應交增值稅（銷項稅額） 借：其他業務成本 　貸：原材料

（2）週轉材料

①企業領用的週轉材料分布於生產經營的各個環節，具體用途不同，會計處理也不相同：

生產部門領用的週轉材料，作為產品組成部分的，其成本應直接計入產品生產成本；屬於車間一般耗用的，其成本應計入製造費用。

銷售部門領用的週轉材料，隨同商品出售而不單獨計價的，其成本應計入銷售費用；隨同商品銷售並單獨計價的，視為週轉材料銷售，應將取得的收入作為其他業務收入，相應的週轉材料的成本計入其他業務成本。

用於出租的週轉材料，收取的租金應作為其他業務收入並計算繳納增值稅，相應的週轉材料成本應計入其他業務成本。

用於出借的週轉材料，其成本應計入銷售費用。

管理部門領用的週轉材料，其成本計入管理費用。

②會計核算：

核算方法		帳務處理
一次攤銷法	領用時	借：生產成本/製造費用/管理費用/銷售費用 　　貸：週轉材料　　　　　　　　　　　　　　　　　（實際成本）
	報廢時	借：原材料/銀行存款　　　　　　　　　　　　　　　（殘料價值） 　　貸：生產成本/製造費用/管理費用/銷售費用
五五攤銷法	領用時	按實際成本將週轉材料由「在庫」轉入「在用」 借：週轉材料——在用 　　貸：週轉材料——在庫　　　　　　　　　　　　　（實際成本）
		攤銷週轉材料帳面價值的50% 借：製造費用/管理費用/銷售費用 　　貸：週轉材料——攤銷　　　　　　　　　　　（帳面價值×50%）
	報廢時	攤銷週轉材料剩餘的50%帳面價值 借：製造費用/管理費用/銷售費用 　　貸：週轉材料——攤銷　　　　　　　　　　　（帳面價值×50%）
		轉銷低值易耗品全部已攤銷金額 借：週轉材料——攤銷 　　貸：週轉材料——在用
分次攤銷法	領用時	借：週轉材料——在用 　　貸：週轉材料——在庫　　　　　　　　　　　　　（實際成本）
	使用期間	各使用期間的期末，攤銷當期低值易耗品的價值 借：製造費用/管理費用/銷售費用 　　貸：週轉材料——攤銷　　　　　　　　　　　　　（某期攤銷額） $$某期攤銷額 = \frac{週轉材料實際成本}{預計可使用次數} \times 該期實際使用次數$$
	報廢時	轉銷低值易耗品全部已攤銷金額 借：週轉材料——攤銷 　　貸：週轉材料——在用

(3) 庫存商品

①企業銷存貨，應當將已收存貨的成本結轉為當期損益，計入營業成本。也就是說，企業在確認存貨銷售收入的當期，應當將已經銷售存貨的成本結轉為當期營業成本。

②會計核算：

借：銀行存款/應收帳款

　　貸：主營業務收入

　　　　應交稅費——應交增值稅（銷項稅額）

借：主營業務成本
　　貸：庫存商品

(四) 計劃成本法

1. 帳戶設置

存貨按計劃成本法核算時，除了應設置「原材料」「週轉材料」「庫存商品」等存貨類帳戶外，還必須專門設置「材料採購」以及「材料成本差異」帳戶。

(1)「原材料」等存貨類帳戶

「原材料」「週轉材料」「庫存商品」等存貨類帳戶屬於資產帳戶，在計劃成本法下，該類帳戶用來核算企業庫存的各種存貨的計劃成本。

(2)「材料採購」帳戶

「材料採購」帳戶核算企業採用計劃成本進行存貨日常核算而購入存貨的採購成本。月末若有餘額，餘額在借方，表示已購入但尚未驗收入庫的在途存貨的實際成本。

該帳戶應按供應單位和存貨品種設置明細帳，進行明細核算。

(3)「材料成本差異」帳戶

「材料成本差異」帳戶用於核算各種存貨實際成本與計劃成本的差異。該帳戶屬於資產類帳戶，是「原材料」「週轉材料」「庫存商品」等存貨類帳戶的附加備抵調整帳戶。「材料成本差異」帳戶借方登記驗收入庫存貨的實際成本大於計劃成本的超支差異以及已發出存貨應負擔的節約差異；貸方登記驗收入庫存貨的實際成本小於計劃成本的節約差異以及已發出存貨應負擔的超支差異；期末餘額既有可能在借方，也有可能在貸方，借方餘額表示庫存各種存貨實際成本大於計劃成本的差異（即超支差異），若是貸方餘額，則表示庫存各種存貨實際成本小於計劃成本的差異（即節約差異）。

2. 會計處理

核算內容	帳務處理	
取得存貨	採購時	借：材料採購　　　　　　　　　　　　　（實際成本） 　　應交稅費——應交增值稅（進項稅額） 　貸：銀行存款
	驗收入庫	(1) 原材料驗收入庫，按計劃成本結轉入庫材料成本 借：原材料　　　　　　　　　　　　　　（計劃成本） 　貸：材料採購 (2) 結轉入庫材料成本 借：材料採購 　貸：材料成本差異　　　　　　　　　　（節約差異） 或 借：材料成本差異　　　　　　　　　　　（超支差異） 　貸：材料採購

(續表)

核算內容		帳務處理
發出存貨	發出時	借：生產成本 　　製造費用 　　管理費用 　　其他業務成本 　貸：原材料　　　　　　　　　　（計劃成本）
	期末，結轉發出存貨應負擔的材料成本差異	借：生產成本 　　製造費用 　　管理費用 　　其他業務成本 　貸：材料成本差異　　　　　　　（超支差異） 結轉節約差異做相反分錄

發出存貨應負擔的成本差異＝發出存貨的計劃成本×本期材料成本差異率

$$本期材料成本差異率＝\frac{期初結存材料的成本差異+本期入庫材料的成本差異}{期初結存材料的計劃成本+本期入庫材料的計劃成本}×100\%$$

（五）存貨的期末計量

1. 期末存貨計量原則

資產負債表日，存貨應當按照成本與可變現淨值孰低計量。當存貨成本低於可變現淨值時，存貨按成本計量；當存貨成本高於可變現淨值時，存貨按可變現淨值計量，同時按照成本高於可變現淨值的差額計提存貨跌價準備，計入當期損益。

2. 存貨的可變現淨值

可變現淨值，是指在日常活動中，存貨的估計售價減去至完工時估計將要發生的成本、估計的銷售費用以及相關稅費後的金額。存貨的可變現淨值由存貨的估計售價、至完工時將要發生的成本、估計的銷售費用和估計的相關稅費等內容構成。

（1）可變現淨值的基本特徵

①確定存貨可變現淨值的前提是企業在進行日常活動。

②可變現淨值表現為存貨的預計未來淨現金流量，而不是簡單地等於存貨的售價或合同價。

③不同存貨可變現淨值的構成不同

A. 產成品、商品和用於出售的材料等直接用於出售的商品存貨，在正常生產經營過程中，其可變現淨值為在正常生產經營過程中，該存貨的估計售價減去估計的銷售費用和相關稅費後的金額；

B. 需要經過加工的材料存貨，其可變現淨值為在正常生產經營過程中，以該材料所生產的產成品的估計售價減去至完工時估計將要發生的成本、估計的銷售費用和相關稅費後的金額。

（2）確定存貨的可變現淨值應考慮的因素

企業在確定存貨的可變現淨值時，應當以取得的確鑿證據為基礎，並且考慮持有

存貨的目的、資產負債表日後事項的影響等因素。

3. 存貨價值跡象的判斷

資產負債表日，存貨存在下列情形之一的，通常表明存貨的可變現淨值低於成本：

（1）該存貨的市場價格持續下跌，並且在可預見的未來無回升的希望。

（2）企業使用該項原材料生產的產品的成本大於產品的銷售價格。

（3）企業因產品更新換代，原有庫存原材料已不適應新產品的需要，而該原材料的市場價格又低於其帳面成本。

（4）企業所提供的商品或勞務過時或消費者偏好改變而使市場的需求發生變化，導致市場價格逐漸下跌。

（5）其他足以證明該項存貨實質上已經發生減值的情形。

存貨存在下列情形之一的，通常表明存貨的可變現淨值為零。

（1）已霉爛變質的存貨。

（2）已過期且無轉讓價值的存貨。

（3）生產中已不再需要，並且已無使用價值和轉讓價值的存貨。

（4）其他足以證明已無使用價值和轉讓價值的存貨。

4. 可變現淨值的確定

原則	企業以確鑿證據為基礎計算確定存貨的可變現淨值		
	存貨可變現淨值的確鑿證據，是指確定對存貨的可變現淨值有直接影響的確鑿證明，如產品或商品的市場銷售價格、與企業產品或商品相同或類似商品的市場銷售價格、供貨方提供的有關資料、銷售方提供的有關資料、生產成本資料等		
不同存貨可變現淨值的確定	（1）產成品、商品和用於出售的材料等直接用於出售的存貨	可變現淨值＝存貨的估計售價－估計的銷售費用以及相關稅費	
	（2）需要經過加工的材料存貨	用該材料生產的產成品的可變現淨值＞成本	該材料應當按照成本計量
		用該材料生產的產成品的可變現淨值＜成本	該材料應當按可變現淨值與成本孰低計量
		材料的可變現淨值＝該材料所生產的產成品的估計售價－至完工時估計將發生的成本－估計的銷售費用以及相關稅費	
	（3）為執行合同或勞務合同而持有的存貨	可變現淨值應當以合同價格為基礎計算	
		持有的同一項存貨數量多於銷售合同訂購數量	應分別確定其可變現淨值，並與相對應的成本比較，分別確定存貨跌價準備的計提或轉回的金額
			有合同部分的存貨的可變現淨值以合同價款為基礎確定，超出部分的存貨的可變現淨值應以一般銷售價格為基礎計算

5. 存貨跌價準備

存貨跌價準備的計提	存貨跌價準備——通常應當按單個存貨項目計提跌價準備		
^	對於數量繁多、單價較低的存貨——按存貨類別計量成本與可變現淨值		
^	與在同一地區生產和銷售的產品系列相關，具有相同或類似最終用途或目的，且難以與其他項目分開計量的存貨——合併計提跌價準備		
存貨跌價準備的確認和轉回	資產負債表日，存貨跌價準備期末餘額=成本−可變現淨值		
^	計提	存貨跌價準備應保留餘額>已提數，差額部分應予以補提	借：資產減值損失 　貸：存貨跌價準備
^	轉回	存貨跌價準備應保留餘額<已提數，差額部分應予以衝銷轉回	借：存貨跌價準備 　貸：資產減值損失
存貨跌價準備的結轉	（1）企業計提了存貨跌價準備的，如果其中有部分存貨已銷售，企業在結轉銷售成本的同時，應結轉對其已計提的存貨跌價準備		
^	（2）因債務重組、非貨幣性資產交換轉出的存貨，應同時結轉已計提的存貨跌價準備，並按債務重組和非貨幣性資產交換的原則進行會計處理		
^	（3）如果按存貨類別計提存貨跌價準備的，應按比例結轉相應的存貨跌價準備		

（六）存貨盤虧或毀損的處理

　　屬於計量收發差錯和管理不善等原因造成的存貨短缺，將淨損失計入管理費用；屬於自然災害等非常原因造成的存貨毀損，將淨損失計入營業外支出。

　　因非正常原因導致的存貨盤虧或毀損，按規定不能抵扣的增值稅進項稅額應當予以轉出。

四、練習題

（一）單項選擇題

　　1. 某增值稅一般納稅工業企業本期購入一批材料，進貨價格為80萬元，增值稅為13.60萬元，運雜費為1萬元。所購材料到達後，驗收發現商品短缺5%，屬於運輸途中合理損耗，則該商品應計入存貨的實際成本為（　　）萬元。
　　　　A. 93.6　　　　　B. 56　　　　　C. 80　　　　　D. 81
　　2. 物價上漲時，能使企業計算出來的淨利最大的存貨計價方法是（　　）。
　　　　A. 個別計價法　　　　　　　　B. 移動加權平均法
　　　　C. 先進先出法　　　　　　　　D. 月末一次加權平均法
　　3. 對一般納稅企業的工業製造企業來說，不計入存貨成本的項目是（　　）。
　　　　A. 增值稅　　　　　　　　　　B. 直接人工費
　　　　C. 直接材料費　　　　　　　　D. 生產產品的間接費用
　　4. 下列各項支出中，一般納稅企業不計入存貨成本的是（　　）。

A. 倉儲費用

B. 入庫前的挑選整理費

C. 購買存貨而發生的運輸費用

D. 購買存貨而支付的進口關稅

5. 採用先進先出法計算發出存貨的成本。期初庫存硬盤的數量為 50 件，單價為 1,000 元；本月購入硬盤 100 件，單價為 1,050 元；本月領用硬盤 100 件。其領用總成本為（　　）元。

  A. 102,500　　　B. 100,000　　　C. 105,000　　　D. 100,500

6. 在物價持續上漲的情況下，下列各種計價方法中，使期末存貨價值最大的是（　　）。

  A. 先進先出法　　　　　　B. 個別計價法

  C. 月末一次加權平均法　　D. 移動加權平均法

7. 下列各項表述錯誤的是（　　）。

  A. 代銷商品應作為委託方的存貨處理

  B. 受託方對其受託代銷的商品不需要進行會計處理

  C. 對於約定未來購入的商品不作為購入企業的存貨

  D. 對於銷售方按照銷售合同規定已確認銷售、而尚未發運給購貨方的商品，應作為購貨方的存貨

8. 在企業外購材料中，若材料已收到，而至月末結算憑證仍未到，對於該批材料，企業的處理方式是（　　）。

  A. 不做任何處理

  B. 按該材料市價入帳

  C. 按合同價格或計劃價格暫估入帳

  D. 按上批同類材料價格入帳

9. 實際成本法下，核算企業已支付貨款但尚未運到企業或尚未驗收入庫的各種物資實際成本的帳戶是（　　）。

  A. 原材料　　　　　B. 材料採購

  C. 在途物資　　　　D. 材料成本差異

10. 某企業對發出存貨採用月末一次加權平均法計價。本月期初不銹鋼數量為 40 噸，單價為 3,100 元/噸，本月一次購入數量為 60 噸，單價為 3,000 元/噸，則本月發出存貨的單價為（　　）。

  A. 3,060 元/噸　　B. 3,040 元/噸　　C. 3,100 元/噸　　D. 3,050 元/噸

11. 企業接受外單位捐贈的原材料並取得增值稅專用發票，驗收入庫時的會計分錄是（　　）。

  A. 借：原材料

     應交稅費——應交增值稅（進項稅額）

    貸：營業外收入

  B. 借：原材料

     應交稅費——應交增值稅（進項稅額）

    貸：資本公積

  C. 借：原材料
    貸：營業外收入
  D. 借：原材料
    貸：資本公積

12. 企業接受其他單位以原材料作價投資時，原材料的入帳金額是（　　）。
  A. 評估確認的價值　　　　　　B. 同類產品的市場價值
  C. 同類產品的平均成本　　　　D. 捐贈單位的帳面價值

13. 隨商品出售但不單獨計價的包裝物，發出包裝物時按其（　　）。
  A. 計劃成本計入管理費用　　　B. 計劃成本計入銷售費用
  C. 實際成本計入管理費用　　　D. 實際成本計入銷售費用

14. 公司委託其他單位加工一批消費品，收回加工商品後還要繼續加工，實際支付給外單位的消費稅計入的會計科目是（　　）。
  A.「委託加工物資」
  B.「應交稅費——應交消費稅的借方」
  C.「應交稅費——應交消費稅的貸方」
  D.「應交稅費——應交增值稅（進項稅額）」

15. 公司委託乙工廠加工一批消費品，收回加工商品後直接用於銷售，實際支付給乙工廠的消費稅計入的會計科目是（　　）。
  A.「委託加工物資」
  B.「應交稅費——應交消費稅的借方」
  C.「應交稅費——應交消費稅的貸方」
  D.「應交稅費——應交增值稅（進項稅額）」

16. 資產負債表日對於企業存貨項目應按成本與可變現淨值孰低法計量。可變現淨值是指存貨（　　）。
  A. 估計售價+估計完工所發生的成本+估計銷售稅費
  B. 估計售價-估計完工所發生的成本+估計銷售稅費
  C. 估計售價+估計完工所發生的成本-估計銷售稅費
  D. 估計售價-估計完工所發生的成本-估計銷售稅費

17. 資產負債表日對於企業存貨項目應按成本與可變現淨值孰低法計量。存貨的成本指的是（　　）。
  A. 期末存貨的歷史成本　　　　B. 期末存貨的公允價值
  C. 期末存貨的帳面價值　　　　D. 期末存貨的帳面餘額

18. 期末計提存貨減值準備時，實際損失的金額應借記的會計科目是（　　）。
  A.「管理費用」　　　　　　　　B.「營業外支出」
  C.「資產減值損失」　　　　　　D.「公允價值變動損益」

19. 如果企業在日常核算中採用計劃成本法等方法核算存貨，期末計提存貨減值準備時，其「成本」是指（　　）。
  A. 計劃成本金額　　　　　　　B. 公允價值
  C. 經過調整後的實際成本　　　D. 存貨的帳面價值

20. 某製造企業為增值稅的一般納稅企業，原材料採用計劃成本核算。本期期初「原材料——甲材料」科目餘額為 10,000 元，單位計劃成本為每千克 100 元，「材料成本差異——甲材料」科目貸方餘額為 300 元，本期購入甲材料 1,000 千克，購買單價為 102.5 元，貨款共計 102,500 元，增值稅稅額為 17,425 元。本期生產領用甲材料 950 千克。期末甲材料實際成本為（　　）。

　　A. 14,700 元　　B. 15,000 元　　C. 15,300 元　　D. 18,300 元

21. 瑞金公司屬於小規模納稅企業，「原材料——甲材料」採用計劃成本核算，單位計劃成本為 85。本期購進 1,000 件，單位購買價格為 78 元，貨款共計 78,000 元，增值稅稅額為 13,260 元，另支付運費 800 元、保險費 200 元。瑞金公司本期購進甲材料的材料成本差異金額是（　　）。

　　A. 借方 6,000 元　　　　　　　B. 借方 7,260 元
　　C. 貸方 6,000 元　　　　　　　D. 貸方 7,260 元

22. 某製造企業為增值稅一般納稅企業，原材料採用計劃成本核算。本月初「原材料——乙材料」科目餘額為 20,000 元，「材料成本差異」科目借方餘額為 400 元，單位計劃成本為 200 元。本期購入乙材料 2,000 千克，增值稅專用發票上註明的貨款為 390,000 元，增值稅為 66,300 元，材料全部驗收入庫，款項已支付。本期材料成本差異率為（　　）。

　　A. -1.98%　　B. 2%　　C. -2.29%　　D. 2.54%

23. 企業盤虧和毀損的存貨應作為營業外支出的項目是（　　）。

　　A. 自然災害損失　　　　　　　B. 定額內損耗
　　C. 計量收發差錯　　　　　　　D. 過失部門賠償

24. 2×09 年 11 月 22 日，甲公司與乙公司簽訂了一份不可撤銷合同。合同規定甲公司於 2×10 年 3 月 15 日向乙公司提供 A 型號設備 30 臺，每臺 100 萬元，共計 3,000 萬元。2×09 年 12 月 31 日，甲公司共生產出 A 型號設備 3 臺，每臺帳面價值為 95 萬元。同日，A 型號設備的市場價格為每臺 98 萬元。不考慮相關稅費，甲公司持有的 A 型號設備的可變現淨值是（　　）。

　　A. 288 萬元　　B. 294 萬元　　C. 100 萬元　　D. 105 萬元

25. 2×09 年 12 月 1 日，甲公司與丁公司簽訂了一份不可撤銷合同。合同規定甲公司於 2×10 年 3 月 1 日向丁公司提供 B 型號設備 3 臺，每臺 100 萬元，共計 300 萬元。2×09 年 12 月 31 日，甲公司共生產出 B 型號設備 5 臺，每臺帳面價值為 94 萬元。同日，B 型號設備的市場價格為每臺 96 萬元。不考慮相關稅費，甲公司持有的 B 型號設備的可變現淨值是（　　）。

　　A. 474 萬元　　B. 476 萬元　　C. 488 萬元　　D. 492 萬元

26. 2×09 年 12 月 31 日，百樂公司生產的 B 種型號儀器結存 10 臺，單位成本為 88 萬元，共計 880 萬元。該設備當日市場平均銷售價格為每臺 96 萬元，百樂公司每臺銷售價格為 95.8 萬元。該公司沒有與其他單位簽訂銷售合同，B 型號設備的可變現淨值為（　　）。

　　A. 880 萬元　　B. 933 萬元　　C. 958 萬元　　D. 96 萬元

27. 2×09 年 12 月 31 日，百樂公司根據市場發展需求的變化，決定停止生產 A 型

打磨機，並決定將購入的專門用於生產該機器的甲種材料全部售出。甲材料結存 100 件，單位購買單價為每件 10 萬元，當日市場價格為每件 9.2 萬元。甲材料的帳面餘額為 1,000 萬元，已提取減值準備 300 萬元。A 型打磨機的生產成本為每臺 190 萬元，銷售單價為 180 萬元。不考慮相關稅費，甲種原材料的可變現淨值為（　　）。

　　　A. 180 萬元　　　B. 190 萬元　　　C. 620 萬元　　　D. 920 萬元

28. 2×09 年 12 月 31 日，百樂公司專門用於生產 B 型壓模機的 A 種材料帳面餘額為 2,115 萬元，同日市場銷售價格為 2,000 萬元，A 種材料已經提取跌價準備金額 8 萬元。該公司用 A 材料生產 B 型壓模機的可變現淨值為 3,500 萬元，生產成本為 3,100 萬元。A 材料於 2×09 年 12 月 31 日的可變項淨值是（　　）。

　　　A. 2,000 萬元　　B. 2,115 萬元　　C. 3,100 萬元　　D. 3,500 萬元

29. 長青公司本年年末庫存 A 材料帳面餘額為 1,000 萬元，A 材料將全部用於生產產品。估計用 A 材料生產出的產品市場價格為 1,200 萬元，生產該種產品還需支付 240 萬元的加工費，估計相關稅費為 60 萬元。該種產品中有固定銷售合同的為 50%，合同價格共計 650 萬元；另外 50% 的產品沒有固定銷售合同。A 材料已經提取存貨跌價準備 15 萬元。本年年末 A 材料應計提存貨跌價準備的金額是（　　）。

　　　A. 15 萬元　　　B. 25 萬元　　　C. 35 萬元　　　D. 45 萬元

30. 存貨清查中，盤盈的存貨應（　　）。

　　　A. 衝減「管理費用」　　　　　B. 計入「營業外收入」
　　　C. 計入「其他業務收入」　　　D. 計入「本年利潤」

31. 林木公司為小規模納稅企業，本期購入直接用於銷售的商品一批並取得增值稅專用發票，發票註明的商品價款為 500,000 元，增值稅稅率為 17%，增值稅金額為 85,000 元。商品運達企業驗收時短缺 10%。經查，原因確定為：3% 的短缺商品屬於運輸途中合理損耗，7% 的短缺商品不明原因。則林木公司驗收入庫商品的實際成本的金額是（　　）。

　　　A. 465,000 元　　B. 526,500 元　　C. 544,050 元　　D. 585,000 元

32. 甲企業為增值稅一般納稅企業，本月購入原材料 1,000 千克，每千克單價為 150 元，收到增值稅專用發票上註明的貨款為 150,000 元，增值稅額為 25,500 元。另外支付運輸費用 9,000 元、保險費用 7,000 元（運費抵扣 7% 增值稅進項稅額）。原材料驗收入庫時短缺 2 千克，實際驗收 148 千克，經查明短缺商品屬於運輸途中發生的合理損耗。該項原材料的入帳價值為（　　）。

　　　A. 162,370 元　　B. 163,000 元　　C. 165,370 元　　D. 176,000 元

33. 前程公司為增值稅的一般納稅企業。本期購入原材料 10,000 千克，增值稅專用發票上註明的貨款為 800,000 元，增值稅金額為 136,000 元。為購買該項原材料，前程公司以銀行存款支付運費 17,670 元、增值稅 1,943.7 元、裝卸搬運費 1,000 元、運輸途中保險費 8,300 元。原材料運抵企業後，驗收入庫的實際數量為 9,800 千克，短缺 200 千克。經確認，有 80 千克屬於運輸途中合理損耗，其餘短缺商品原因待查。前程公司驗收該批原材料的入帳金額為（　　）。

　　　A. 801,030 元　　B. 810,970 元　　C. 812,300 元　　D. 817,370 元

34. 甲公司為增值稅的一般納稅企業。本期從小規模納稅企業購進 3,000 千克生產用

材料，普通發票上註明的貨款為 60,000 元，增值稅為 3,600 元。為購買該項材料甲公司實際支付保險費 1,400 元，支付入庫前的挑選整理費用 2,000 元。材料驗收入庫時短缺 5%，經查明屬於運輸途中合理損耗。該批驗收入庫的原材料實際成本的金額是（　　）。

  A. 60,400 元　　　B. 61,400 元　　　C. 63,400 元　　　D. 67,000 元

35. 下列項目中不構成一般納稅企業存貨成本的有（　　）。
  A.「不能抵扣的進項稅額」　　　B.「可以抵扣的進項稅額」
  C.「支付的進口關稅」　　　　　D.「支付的消費稅」

36. 商品流通企業對於已經銷售商品的進貨費用計入的會計科目是（　　）。
  A.「銷售費用」　　　　B.「管理費用」
  C.「主營業務成本」　　D.「其他業務成本」

37. 商品流通企業採購商品的進貨費用金額較小的，可以在發生時計入（　　）。
  A.「銷售費用」　　　　B.「管理費用」
  C.「財務費用」　　　　D.「其他業務成本」

38. 期末存貨成本比較接近現行市場價格，使企業不能隨意挑選存貨計價以調整利潤的存貨發出方法是（　　）。
  A. 移動平均法　　　　B. 先進先出法
  C. 個別計價法　　　　D. 移動加權平均法

39. 當物價上漲時，下列存貨發出方法會高估企業當期利潤和庫存存貨計價的是（　　）。
  A. 移動平均法　　　　B. 先進先出法
  C. 個別計價法　　　　D. 加權平均法

40. 企業自製原材料驗收入庫時的會計分錄是（　　）。
  A. 借：原材料
     應交稅費——應交增值稅（進項稅額）
    貸：生產成本
  B. 借：原材料
     應交稅費——應交增值稅（進項稅額）
    貸：製造費用
  C. 借：原材料
    貸：製造費用
  D. 借：原材料
    貸：生產成本

41. 某增值稅一般納稅人購進免稅農產品一批，支付買價 14,000 元、運輸費 3,000 元、裝卸費 1,000 元。按照稅法規定，該農產品允許按照買價的 13% 計算進項稅額，運輸費可按 7% 計算進項稅額。該批農產品的採購成本為（　　）元。

  A. 15,500　　　B. 16,400　　　C. 15,970　　　D. 13,675

42. 某公司年末庫存甲材料帳面餘額為 800 萬元，甲材料將全部用於生產 A 產品，預計 A 產品市場價格總額為 1,000 萬元，生產 A 產品還需加工費 100 萬元，預計相關稅費為 50 萬元。產品銷售中有固定銷售合同的是 60%，合同價格總額為 550 萬元。甲材料存貨跌價準備帳面餘額為 8 萬元。假定不考慮其他因素，年末甲材料應計提存貨

跌價準備為（　　）萬元。

　　A. 20　　　　　B. 12　　　　　C. -8　　　　　D. 0

43. 下列項目中，與自用材料的可變現淨值的確定無關的是（　　）。

　　A. 材料的實際成本

　　B. 用該材料生產的產品的預計售價

　　C. 用該材料生產的產品的預計銷售費用和稅金

　　D. 將材料加工成產品還要再投入的成本

44. 期末轉回多提的存貨跌價準備時，應衝減（　　）。

　　A. 管理費用　　　　　　　　B. 資產減值損失

　　C. 主營業務成本　　　　　　D. 資本公積

45. 下列會計處理，不正確的是（　　）。

　　A. 由於管理不善造成的存貨淨損失計入管理費用

　　B. 非正常原因造成的存貨淨損失計入營業外支出

　　C. 以存貨抵償債務結轉的相關存貨跌價準備衝減資產減值損失

　　D. 為特定客戶設計產品發生的可直接確定的設計費用計入相關產品成本

46. 某公司有甲、乙、丙三種存貨，並按單個存貨項目的成本與可變現淨值孰低法對期末存貨計價。假設該公司「存貨跌價準備」帳戶 2009 年 12 月初的貸方餘額為 6,000 元，其中甲存貨為 2,000 元，乙存貨為 3,000 元，丙存貨為 1,000 元。2009 年 12 月 31 日甲、乙、丙 3 種存貨的帳面成本和可變現淨值分別為：甲存貨成本 20,000 元，可變現淨值 17,000 元；乙存貨成本 30,000 元，可變現淨值 29,000 元；丙存貨成本 55,000 元，可變現淨值 50,000 元。2009 年 12 月發出存貨均為生產所用，且無存貨處置事項。則該公司 2009 年 12 月 31 日應補提的存貨跌價準備為（　　）元。

　　A. 3,000　　　　B. 6,000　　　　C. 8,000　　　　D. 9,000

47. 某商品流通企業為增值稅一般納稅人，進口商品一批，貨物價值 200,000 元，支付進口貨物增值稅 34,000 元、關稅 40,000 元，發生國內貨物運費和保險費等 27,000 元。該批商品的入帳價值是（　　）元。

　　A. 301,000　　　B. 299,000　　　C. 267,000　　　D. 240,000

48. 下列費用中，不應當包括在存貨成本中的是（　　）。

　　A. 製造企業為生產產品而發生的人工費用

　　B. 商品流通企業在商品採購過程中發生的運輸費

　　C. 商品流通企業進口商品支付的關稅

　　D. 庫存商品發生的倉儲費用

49. A 公司期末存貨採用成本與可變現淨值孰低法計價。2009 年 8 月 9 日 A 公司與 N 公司簽訂銷售合同，規定 A 公司 2010 年 5 月 15 日向 N 公司銷售機床 5,000 臺，每臺 12,000 元。2009 年 12 月 31 日 A 公司已經生產出機床 4,000 臺，單位成本為 8,000 元，帳面成本為 32,000,000 元。2009 年 12 月 31 日市場銷售價格為每臺 11,000 元，預計銷售稅費為 2,640,000 元。則 2009 年 12 月 31 日機床的可變現淨值為（　　）元。

　　A. 44,000,000　　B. 41,360,000　　C. 45,360,000　　D. 48,000,000

50. 東方公司2009年9月10日與甲企業簽訂銷售合同：東方公司於2010年3月10日按每件1,500元的價格向甲企業提供T產品120件。2009年12月31日東方公司還沒有生產出T產品，但已經持有生產T產品120件的原材料，其帳面價值為144,000元，市場售價為140,400元。將原材料加工成T產品預計進一步加工所需費用為56,000元，T產品預計銷售費用及稅金為每件0.6元，原材料預計銷售費用及稅金共計50元。則2009年12月31日原材料應計提的存貨跌價準備為（　　　）元。

A. 144,000　　　　B. 140,400　　　　C. 20,072　　　　D. 180,000

（二）多項選擇題

1. 按中國企業會計制度規定，下列資產中，應在資產負債表的「存貨」項目中反應的有（　　　）。

A. 工程物資　　　B. 委託代銷商品　　C. 週轉材料　　　D. 庫存商品

2. 存貨應當按照成本進行初始計量，存貨的成本包括（　　　）。

A. 採購成本　　　　　　　　　　B. 加工成本
C. 其他成本　　　　　　　　　　D. 非正常損耗的成本

3. 會計上不作為包裝物存貨進行核算的有（　　　）。

A. 包裝紙張　　　B. 包裝鐵絲　　　C. 管理用具　　　D. 玻璃器皿

4. 下列各項屬於購貨方存貨的有（　　　）。

A. 對銷售方按照銷售合同、協議規定已確認銷售，而尚未發運給購貨方的商品
B. 購貨方已收到商品但尚未收到銷貨方結算發票等的商品
C. 對於購貨方已經確認為購進而尚未到達入庫的在途商品
D. 銷貨方已經發出商品但尚未確認銷售的存貨

5. 實地盤存制的缺點有（　　　）。

A. 不能隨時反應存貨收入、發出和結存的動態，不便於管理人員掌握情況
B. 存貨明細記錄的工作量較大
C. 容易掩蓋存貨管理中存在的自然和人為的損失
D. 只能到期末盤點時結轉耗用和銷貨成本，而不能隨時結轉成本

6. 對於工業企業一般納稅人而言，下列費用應當在發生時確認為當期損益的有（　　　）。

A. 非正常損耗的直接材料、直接人工和製造費用
B. 生產過程中為達到下一個生產階段所必需的倉儲費用
C. 不能歸屬於使存貨達到目前場所和狀態的其他支出
D. 採購存貨所支付的保險費

7. 存貨計價對企業損益的計算有直接影響，具體表現在（　　　）。

A. 期末存貨計價（估價）如果過低，當期的收益可能因此而相應地減少
B. 期末存貨計價（估價）如果過高，當期的收益可能因此而相應地增加
C. 期初存貨計價如果過低，當期的收益可能因此而相應地減少
D. 期初存貨計價如果過低，當期的收益可能因此而相應地增加

第二章　存貨

8.「在途物資」帳戶可按照（　　）進行明細核算。
　　A. 供應單位　　B. 物資品種　　C. 存放地點　　D. 交貨時間
9. 發出材料借方登記的帳戶有（　　）。
　　A. 生產成本　　B. 管理費用　　C. 製造費用　　D. 在建工程
10. 下列各項屬於發出材料的原始憑證的有（　　）。
　　A. 銷售發料單　B. 領料登記簿　C. 限額領料單　D. 入庫單
11. 在企業正常生產經營過程中構成存貨可變現淨值的項目有（　　）。
　　A. 存貨估價的售價
　　B. 估計存貨完工時將要發生的成本
　　C. 估計銷售存貨時的銷售費用
　　D. 估計銷售存貨時的消費稅
12. 企業計提存貨跌價準備正確的方法有（　　）。
　　A. 為了簡化核算可以按照綜合方法計提
　　B. 一般情況下按照存貨單個項目計提
　　C. 數量多且單價較低的存貨可以按類別計提
　　D. 數量少的存貨可以合併計提
13. 企業盤虧和毀損的存貨經查明原因後，由「待處理財產損溢——待處理流動資產損溢」科目轉出後，可能轉入的科目有（　　）。
　　A.「管理費用」　　　　　　B.「銷售費用」
　　C.「製造費用」　　　　　　D.「營業外支出」
14. 下列項目中表明存貨可變現淨值低於成本的有（　　）。
　　A. 存貨市價持續下跌，在可預見的未來無回升希望
　　B. 使用原材料生產的產品成本大於其銷售價格
　　C. 產品更新換代使庫存材料不適應新的需要，而該材料市價低於其帳面成本
　　D. 企業提供的商品過時，導致市場價格逐漸下跌
15. 在物價上漲時，採用先進先出法發出存貨，下列項目表述正確的有（　　）。
　　A. 高估企業當期利潤
　　B. 低估企業當期利潤
　　C. 高估企業期末庫存存貨價值
　　D. 低估企業期末庫存存貨價值
16. 一般納稅企業在正常生產經營過程中，存貨可變現淨值包括的內容有（　　）。
　　A. 估計售價　　　　　　　B. 估計完工成本
　　C. 估計可變現價格　　　　D. 估計銷售過程中發生的費用
17.「材料成本差異」科目貸方可以記載的項目有（　　）。
　　A. 原材料實際成本大於計劃成本的差額
　　B. 原材料實際成本小於計劃成本的差額
　　C. 月末分配發出材料節約的差異
　　D. 月末分配發出材料超支的差異
18. 下列項目表明存貨可變現淨值為零的有（　　）。

27

A. 已不再需要又無使用和轉讓價值的存貨

B. 已經霉爛變質的存貨

C. 存貨的市場價格持續下跌

D. 已過期且無轉讓價值的存貨

19. 企業委託外單位加工物資後直接用於銷售的，一般納稅企業應計入委託加工物資成本中的項目有（　　）。

A. 發出物資的實際成本

B. 實際支付的加工費

C. 受託方代扣代繳的消費稅

D. 實際支付一般納稅企業的增值稅

20. 企業外購存貨發生的相關稅費應計入其成本的有（　　）。

A. 小規模納稅企業購買存貨支付的增值稅

B. 一般納稅企業購買存貨支付的增值稅

C. 採購存貨發生的包裝費

D. 採購存貨發生的倉儲費

21. 下列各項目，在企業期末編制資產負債表時應記入「存貨」科目的有（　　）。

A. 材料採購　　B. 在途物資　　C. 委託加工物資　　D. 製造費用

22. 下列關於存貨跌價準備的轉回的敘述中，正確的有（　　）。

A. 存貨跌價準備一經計提，不得轉回

B. 轉回的存貨跌價準備與計提該準備的存貨項目或類別應當存在直接對應關係

C. 轉回金額以將存貨跌價準備的餘額沖減至零為限

D. 導致存貨跌價準備轉回的是以前減記存貨價值的影響因素的消失

23. 下列項目中，應計入商品流通企業存貨入帳價值的有（　　）。

A. 一般納稅人購入存貨時支付的增值稅額

B. 購入存貨支付的運雜費

C. 購入存貨時支付的包裝費

D. 進口商品時支付的關稅

24. 下列關於存貨的核算中，不正確的會計處理方法有（　　）。

A. 期末採用成本與可變現淨值孰低法對存貨計價，必須按單個存貨項目計提存貨跌價準備

B. 投資者投入存貨的成本，應當按照投資合同或協議約定的價值確定，合同或協議約定價值不公允的除外

C. 對已售存貨計提了存貨跌價準備的，還應結轉已計提的存貨跌價準備

D. 資產負債表日，企業應當確定存貨的可變現淨值，如果以前已計提存貨跌價準備，而當期存貨的可變現淨值大於帳面價值，減記的金額應當予以恢復，並在原已計提的存貨跌價準備金額內轉回

25. 下列有關存貨會計核算的表述中，正確的有（　　）。

A. 商品流通企業在存貨採購過程中發生的運輸費，一般應計入存貨成本

B. 為執行銷售合同而持有的存貨，通常應以產成品或商品的合同價格作為其可變現淨值的計量基礎

C. 用於生產而持有的材料，如果用其生產的產成品的可變現淨值高於成本，則該材料仍應按成本計量

D. 沒有銷售合同約定的產成品，其可變現淨值應以產成品或商品的一般銷售價格作為計量基礎

26. 甲企業生產汽車輪胎，屬一般納稅人，適用增值稅稅率為17%。3月5日委託乙單位（一般納稅人）加工汽車外胎20個，發出材料的實際成本為4,000元，加工費為936元（含增值稅），乙單位同類外胎的單位銷售價格為400元，外胎的消費稅稅率為10%。3月20日該廠將外胎提回後當即投入整胎生產（加工費及乙單位代收代交的消費稅均未結算），此時，甲企業所做的會計分錄有（　　）。

　A. 借：原材料　　　　　　　　　　　　　　　　4,800
　　　　貸：委託加工物資　　　　　　　　　　　　　　4,800
　B. 借：應交稅費——應交消費稅　　　　　　　　　800
　　　　貸：應付帳款　　　　　　　　　　　　　　　　800
　C. 借：委託加工物資　　　　　　　　　　　　　　800
　　　　　應交稅費——應交增值稅（進項稅額）　　136
　　　　貸：應付帳款　　　　　　　　　　　　　　　936
　D. 借：主營業務稅金及附加　　　　　　　　　　　800
　　　　貸：應交稅費——應交消費稅　　　　　　　　800

27. 下列項目中，應計入存貨成本的有（　　）。
　A. 購入存貨支付的關稅
　B. 商品流通企業採購過程中發生的保險費
　C. 自製存貨生產過程中發生的直接費用
　D. 一般納稅人委託加工材料發生的增值稅

28. 下列關於企業存貨跌價準備的計提方法的敘述中，正確的有（　　）。
　A. 通常應當按照存貨總體計提
　B. 與具有類似目的或最終用途並在同一地區生產和銷售的產品系列相關，且難以將其與該產品系列的其他項目區別開來進行估計的存貨，可以合併計提
　C. 數量繁多、單價較低的存貨可以按照類別計提
　D. 通常應當按照存貨單個項目計提

29. 確定存貨可變現淨值應考慮的主要因素有（　　）。
　A. 生產成本資料
　B. 產品的市場銷售價格
　C. 銷售方或供貨方提供的有關資料
　D. 持有存貨的目的

30. 下列項目可以作為外購存貨採購成本的有（　　）。
　A. 運輸途中的合理損耗　　　　　B. 入庫前的挑選整理費用

C. 自然災害損失的金額　　　　D. 從外單位收回短缺物資款項

(三) 判斷題

1. 期末存貨按成本與可變現淨值孰低法計量時所提取的損失金額，應計入「營業外支出」科目的借方。（　）

2. 在企業正常生產經營過程中，應當以該存貨的估計售價減去估計的銷售費用和相關稅費後的金額確定其可變現淨值。（　）

3. 企業在確定存貨的估計售價時應當以資產負債表日為基準，如果當月存貨價格變動較大，則應當以當月該存貨最高售價或資產負債表日最近幾次售價的平均數，作為其估計售價的基礎。（　）

4. 為執行銷售合同或者勞務合同而持有的存貨，應當以產成品或者商品的合同價格作為其可變現淨值的計算基礎。（　）

5. 企業所生產的產成品已經簽訂了銷售合同，則該產成品的可變現淨值應當以合同價格為計算基礎。（　）

6. 企業銷售合同的標的物尚未生產出來，但有專門用於該標的生產的原材料，其可變現淨值應當以市場價格作為計算基礎。（　）

7. 期末企業持有存貨的數量多於銷售合同的訂購數量，則超出銷售合同部分存貨的可變現淨值，應當以該存貨的銷售合同價格為基礎進行計算。（　）

8. 沒有銷售合同約定的存貨（不包括用於出售的材料），應當以該存貨的一般採購價格為基礎計算其可變現淨值。（　）

9. 用於出售的材料通常以市場價格作為其可變現淨值的計算基礎。若該存貨存在銷售合同約定的，則應按合同價格作為其可變現淨值的計算基礎。（　）

10. 隨同商品出售並且單獨計價的包裝物，包裝物的收入應與所銷售的商品一同計入「主營業務收入」科目中。（　）

11. 凡是在盤存日期法定所有權屬於企業的物品，不論存放在何處或處於何種狀態都應視為企業的存貨。（　）

12. 商品流通企業的商品採購成本包括採購價格、進口關稅及其他稅金，不包括相關的進貨費用。（　）

13. 存貨期末採用成本與可變現淨值孰低法進行計量時，應採用分類比較法。（　）

14. 企業取得存貨時應當按照可變現淨值計量。（　）

15. 企業通過進一步加工取得的存貨，其成本應由採購成本和加工成本構成。（　）

16. 企業採購存貨時，對於採購過程中發生的毀損、短缺等，應計入存貨的採購成本。（　）

17. 企業採購存貨時，對於採購途中發生的合理損耗應計入存貨的採購成本。（　）

18. 採用先進先出法發出存貨時，存貨成本是按照最先購貨時確定的。（　）

19. 低值易耗品採用五五攤銷法進行攤銷，應在領用低值易耗品時攤銷其價值的一

半，在年末攤銷其價值的另外一半。   (   )

20. 商品流通企業的商品存貨的採購成本的構成與其他企業存貨的採購成本一致。
                                                                           (   )

21. 如果對已銷售存貨計提了存貨跌價準備，還應結轉已計提的存貨跌價準備。這種結轉是通過調整「資產減值損失」科目實現的。   (   )

22. 按中國《企業會計準則第 1 號——存貨》的規定，採用成本與可變現淨值孰低法對存貨計價，任何情況下均應按單項存貨計提存貨跌價準備。   (   )

23. 符合資本化條件的存貨，發生的借款費用可以資本化。   (   )

24. 已計提存貨跌價準備的存貨，當可變現淨值回升時，允許轉回部分或全部存貨跌價準備。   (   )

25. 成本與可變現淨值孰低法中的「成本」是指存貨的實際成本，「可變現淨值」是售價。   (   )

26. 企業每期都應當重新確定存貨的可變現淨值，如果以前減記存貨價值的影響因素已經消失，則減記的金額應當予以恢復，並在原已計提的存貨跌價準備的金額內轉回。
                                                                           (   )

27. 工業企業確定存貨實際成本的買價是指購貨價格扣除商業折扣和現金折扣以後的金額。   (   )

28. 投資者投入存貨的成本，應當一律按照投資合同或協議約定的價值確定入帳價值。   (   )

29. 會計期末，在採用成本與可變現淨值孰低原則對材料存貨進行計量時，對用於生產而持有的材料等，可直接將材料的成本與材料的市價相比較。   (   )

30. 存貨已經提取跌價準備後，其可變現淨值回升時應轉回已經提取的跌價準備金額。   (   )

(四) 計算分析題

1. 根據下表中所列的資料，分別採用先進先出法、月末一次加權平均法、移動平均法來確定領用該材料的成本。

日期	摘要	數量（件）	單價（元）	金額（元）
1 日	期初餘額	100	300	30,000
3 日	購入	50	310	15,500
10 日	生產領用	125		
20 日	購入	200	315	63,000
25 日	生產領用	150		

2. 某企業本期某種生產用原材料購入、發出及結存的資料如下：

期初結存 1,000 件，單價 10 元；

1 日，生產車間領用 800 件用於產品生產；

3 日，購入並驗收入庫 1,000 件，購買單價為每件 11 元；

8日，購入並驗收入庫1,000件，購買單價為每件11.6元；

13日，生產車間領用1,800件用於產品生產；

18日，購入並驗收入庫1,000件，購買單價為每件12.6元；

22日，生產車間領用800件用於產品生產；

28日，購入並驗收入庫1,000件，購買單價為每件12.8元；

29日，生產車間領用600件用於產品生產；

要求：分別採用月末一次加權平均法和移動加權平均法計算發出材料的實際成本與期末結存材料的實際成本。

3. A企業將生產應稅消費品（甲產品）所需原材料委託B企業加工。5月10日A企業發出材料實際成本為51,950元，應付加工費為7,000元（不含增值稅），消費稅稅率為10%。A企業收回後將加工應稅消費品甲產品。5月25日A企業收回加工物資並驗收入庫，另支付往返運費150元，加工費及代扣代繳的消費稅均未結算。5月28日A企業將所加工收回的物資投入生產。A、B企業均為一般納稅人，增值稅稅率為17%。

要求：編制A企業有關會計分錄。

4. 某企業原材料採用計劃成本核算，月初原材料計劃成本為200,000元，材料成本差異貸方餘額為2,000元，月初在途原材料實際成本為60,000元。本期發生下列經濟業務：

（1）購買第一批生產用材料，購買成本為200,000元，增值稅為34,000元，企業簽發一張期限為30天、金額為234,000元的商業匯票，並以銀行存款1,000元支付運費，材料驗收計劃成本為202,000元。

（2）購買第二批生產用材料，購買成本為300,000元，增值稅為51,000元，運雜費為2,000元，以銀行匯票支付全部款項，材料驗收計劃成本為304,500元，同時銀行退回500元尚未用完的銀行匯票款項。

（3）月初在途材料驗收，短缺5,000元，原因待查，驗收材料的計劃成本為56,000元。

（4）短缺材料原因查明，其中20%屬於運輸途中的合理損耗，80%屬於運輸部門責任，運輸部門同意賠款。

（5）期末，根據發料憑證計算出本期生產產品共領用650,000元材料。

要求：

（1）根據上述經濟業務編制購買材料與發出材料的會計分錄；

（2）計算本期材料成本差異率；

（3）編制調整發出材料的會計分錄。

5. 某製造企業為增值稅一般納稅企業，原材料採用計劃成本計價核算。期初「原材料——丙材料」借方餘額為80,000元，「材料成本差異」貸方餘額為1,600元，期初「材料採購——丙材料」借方餘額為100,000元。本月份發生下列經濟業務：

（1）以銀行存款購入丙材料一批，增值稅發票上註明的價款為100,000元，增值稅金額為17,000元，計劃成本為103,000元，材料已驗收入庫並結轉採購成本。

（2）簽發商業匯票購買丙材料，增值稅發票上註明的價款為200,000元，增值稅

稅額為 34,000 元，計劃成本為 196,000 元，材料驗收並結轉採購成本。

（3）期初在途材料驗收，短缺 10,000 元丙材料。原因待查。其餘丙材料驗收入庫，計劃成本為 91,500 元。

（4）本期共領用 350,000 元丙材料。其中：生產產品領用 300,000 元，車間一般耗用 50,000 元。

要求：根據上述資料編制會計分錄。

6. 某企業外購生產用原材料採用實際成本核算，本期發生下列經濟業務：

（1）期初在途材料 20,000 元驗收入庫。

（2）購買 100,000 元材料，增值稅為 17,000 元，銷售企業代墊運雜費 1,000 元，全部款項尚未支付，材料已驗收。

（3）上月預付 50,000 元貨款的原材料驗收入庫，材料款為 80,000 元，增值稅為 13,600 元，銷售企業墊付 1,200 元運雜費，企業委託銀行支付所欠款項。

（4）本期所購買的一批材料月末結算單證尚未到達，材料已經驗收入庫，暫估該批材料款為 120,000 元。

要求：根據上項經濟業務編制會計分錄。

7. 某公司按照成本與可變現淨值孰低法對期末存貨進行計價。本期末，該公司乙種材料帳面成本為 15 萬元，預計可變現淨值為 13 萬元；第二年年末，乙種材料帳面成本為 18 萬元，預計可變現淨值為 17 萬元；第三年年末，乙種材料帳面成本為 16 萬元，預計可變現淨值為 18 萬元；第四年年末，乙種材料帳面成本為 21 萬元，預計可變現淨值為 20 萬元。

要求：根據上項經濟業務編制會計分錄。

8. 某公司為增值稅的一般納稅企業，適用 17% 的增值稅稅率。該公司在財產清查中，盤盈 A 種材料，原因待查，其實際成本為 39,000 元；盤虧 B 種材料，原因待查，其實際成本為 67,000 元。經查明，盤盈 A 種材料屬於計量原因造成，經批准，計入當期損益。盤虧 B 材料的 40% 屬於責任事故，由該責任事故者賠償；10% 屬於計量差錯，經批准後計入當期損益；50% 屬於自然災害原因造成，保險公司同意賠款。

要求：根據上述經濟業務編制會計分錄。

（五）綜合題

1. 某企業甲種原材料採用計劃成本核算，每千克計劃成本為 10 元。本期期初甲種原材料計劃成本為 5,600 元，材料成本差異借方餘額為 45 元。本期購入 3 批該種材料並全部驗收入庫：第 1 批購入 2,500 千克，每千克購進單價為 9.8 元；第 2 批購入 2,000 千克，每千克購進單價為 10.2 元；第 3 批購入 2,000 千克，每千克購進單價為 10.6 元。本期生產產品共領用 6,400 千克。根據經濟業務要求計算與核算下列項目：

（1）期末材料成本差異率；

（2）本期發出材料應負擔的材料成本差異；

（3）本期發出材料的實際成本；

（4）月末結存原材料的實際成本；

（5）編制本期發出原材料的會計分錄；

（6）編制調整發出材料成本差異的會計分錄。

2. ABC 公司期末庫存甲材料 20 噸，每噸實際成本為 1,600 元，每噸直接出售的價格為 1,500 元。全部 20 噸甲材料將用於生產 A 產品 10 件，A 產品每件加工成本為 2,000 元，每件一般售價為 5,000 元。現有 8 件已簽訂銷售合同，合同規定每件為 4,500 元，假定銷售稅費為售價的 10%。

要求：計算甲材料的期末可變現淨值和應計提的存貨跌價準備，並做會計分錄。

3. 某公司系上市公司，期末採用成本與可變現淨值孰低法計價。20×9 年年初「存貨跌價準備——甲產品」科目餘額為 100 萬元，庫存「原材料——A 原材料」未計提存貨跌價準備。20×9 年年末「原材料——A 原材料」科目餘額為 1,000 萬元，「庫存商品——甲產品」科目的帳面餘額為 500 萬元。庫存 A 原材料將全部用於生產乙產品，共計 100 件，每件產品成本直接材料費用為 10 萬元。80 件乙產品已經簽訂了不可撤銷銷售合同，合同價格為每件 11.25 萬元，其餘 20 件乙產品未簽訂不可撤銷銷售合同。預計乙產品的市場價格為每件 11 萬元。預計生產乙產品還需發生除 A 原材料以外的成本為每件 3 萬元，預計為銷售乙產品發生的相關稅費為每件 0.55 萬元。

甲產品簽訂了不可撤銷銷售合同，市場價格總額為 350 萬元，預計銷售甲產品發生的相關稅費總額為 18 萬元。假定不考慮其他因素。

要求：

（1）計算 20×9 年 12 月 31 日庫存原材料 A 原材料應計提的存貨跌價準備。

（2）計算 20×9 年 12 月 31 日甲產品應計提的存貨跌價準備。

（3）計算 20×9 年 12 月 31 日應計提的存貨跌價準備合計金額。

（4）編制計提存貨跌價準備的會計分錄。

4. 甲股份有限責任公司期末持有下列存貨，按單項存貨計提存貨跌價準備。

（1）A 材料為生產而儲備，庫存材料成本為 20 萬元，市價為 18 萬元，前期存貨跌價準備餘額為 1.5 萬元，A 材料生產產品加工費用預計 10 萬元，其產品預計售價為 35 萬元，銷售稅費預計為 3 萬元。會計師認為，A 材料市價低於成本價，累計應提取存貨跌價準備 2 萬元，扣除已提取的存貨跌價準備，當期提取存貨跌價準備 0.5 萬元，期末計價 18 萬元。

（2）B 材料為生產而儲備，庫存材料成本為 40 萬元，市價為 41 萬元，B 材料生產產品加工費用預計 16 萬元，其產品預計售價為 60 萬元，銷售稅費預計為 6 萬元。會計師認為，B 材料成本價低於市價，期末未提取存貨跌價準備，期末計價 40 萬元。

（3）C 材料因不再需要計劃近期處置，庫存材料成本為 10 萬元，已提取存貨跌價準備 1 萬元，市價為 9 萬元，銷售稅費預計為 0.5 萬元。會計師認為，C 材料的可變現淨值低於成本，應累計提取存貨跌價準備 1.5 萬元，當期提取存貨跌價準備 0.5 萬元，期末計價 8.5 萬元。

（4）甲產品全部為合同生產，成本為 48 萬元，合同售價為 52 萬元，相同商品的售價為 48 萬元，預計銷售稅費為 5 萬元。會計師認為，甲產品按合同價計算的可變現淨值低於成本，當期提取存貨跌價準備 1 萬元，期末計價 47 萬元。

（5）乙在產品成本為 80 萬元，進一步加工成本為 10 萬元。該產品 50% 有合同，合同售價為 50 萬元，預計銷售稅費為 2 萬元。另外 50% 無合同，預計市場售價為 46 萬

元，預計銷售稅費為 2 萬元。會計師認為，乙在產品的可變現淨值高於成本，當期未提取存貨跌價準備，期末計價 80 萬元。

要求：分析該公司期末各項存貨計提跌價準備的會計處理是否正確（列出分析過程）。如有錯誤，寫出正確的會計處理（單位：萬元）。

五、參考答案及解析

（一）單項選擇題

1. 【答案】D

【解析】該批存貨的實際實際成本＝80+1＝81（萬元）。

2. 【答案】C

【解析】採用先進先出法，期末存貨成本比較接近現行的市場價值，當物價上漲時，會高估企業當期利潤和庫存存貨的價值。

3. 【答案】A

【解析】一般納稅人企業採購存貨支付的增值稅按規定可以抵扣的，應計入增值稅進項稅額。

4. 【答案】A

【解析】外購存貨的成本即存貨的採購成本，指企業物資從採購到入庫前所發生的全部支出，包括購買價款、相關稅費、運輸費、裝卸費、保險費以及其他可歸屬於存貨採購成本的費用。

5. 【答案】A

【解析】發出存貨成本＝1,000×50+1,050×50＝102,500（元）。

6. 【答案】A

【解析】採用先進先出法，期末存貨成本比較接近現行的市場價值，當物價上漲時，會高估企業當期利潤和庫存存貨的價值。

7. 【答案】B

8. 【答案】C

9. 【答案】C

10. 【答案】B

【解析】發出存貨單價＝(3,100×40+3,000×60)÷(40+60)＝3,040（元/噸）。

11. 【答案】A

12. 【答案】A

【解析】以收入材料的計劃成本入帳，即評估確認的價值。

13. 【答案】D

【解析】隨商品出售而不單獨計價的包裝物，應於包裝物發出時，按其實際成本計入銷售費用。隨同商品出售且單獨計價的包裝物，一方面反應銷售收入，計入其他業務收入，另一方面反應實際銷售成本，計入其他業務成本。

14. 【答案】B

【解析】委託加工存貨收回後用於連續生產應稅消費品，由受託加工方代收代繳的消費稅按規定準予抵扣的，借記「應交稅費——應交消費稅」科目，貸記「銀行存款」「應付帳款」等科目。

15．【答案】A

【解析】委託加工存貨收回後直接用於銷售，由受託加工方代收代繳的消費稅應計入委託加工存貨成本，借記「委託加工物資」科目，貸記「銀行存款」「應付帳款」等科目。待銷售委託加工存貨時，不需要再繳納消費稅。

16．【答案】D

17．【答案】A

18．【答案】C

19．【答案】C

20．【答案】D

【解析】本月材料成本差異率＝(－300＋2,500)÷(10,000＋100,000)×100％＝2％；本月發出材料應負擔的成本差異＝950×100×2％＝1,900（元）；本月發出材料實際成本＝950×100＋1,900＝96,900（元）；期末結存材料實際成本＝10,000－300＋105,500－96,900＝18,300（元）。

21．【答案】B

【解析】78,000＋13,260＋800＋200－85,000＝7,260（元），因為超支，所以為借方餘額。

22．【答案】C

【解析】材料成本差異率＝[400－(2,000×200－390,000)]÷(200×2,000＋20,000)×100％＝－2.29％。

23．【答案】A

【解析】自然災害或意外事故造成的存貨毀損，應先扣除殘料價值和可以收回的保險賠償，然後將淨損失轉作營業外支出。

24．【答案】A

【解析】簽署合同的，且合同訂購數量大於期末存貨量，可變現淨值等於合同價。可變現淨值＝96×3＝288（萬元）。

25．【答案】D

【解析】簽署合同的，且合同訂購數量小於期末存貨量，多生產的部分按市價計算可變現淨值。可變現淨值＝100×3＋96×2＝492（萬元）。

26．【答案】C

【解析】沒有銷售合同約定的存貨以商品售價為基礎確定可變現淨值。可變現淨值＝10×95.8＝958（萬元）。

27．【答案】D

【解析】由於不再生產，應該按其出售的市場售價作為基礎計算可變現淨值。可變現淨值＝100×9.2＝920（萬元）。

28．【答案】B

【解析】對於為生產而持有的材料，若產成品的可變現淨值預計高於成本，則該材

料仍然應當按照成本計量。

29.【答案】C
【解析】（1,000+240+60）-（1,200×50%+650+15）= 35（萬元）。

30.【答案】A

31.【答案】C
【解析】500,000 + 85,000 = 585,000（元）；585,000 - 585,000 × 7% = 544,050（元）。

32.【答案】C
【解析】150,000+(9,000-9,000×7%)+7,000 = 165,370（元）。

33.【答案】D
【解析】800,000 + 17,670 + 1,000 + 8,300 = 826,970(元)，826,970 - 80 × 120 = 817,370（元）。

34.【答案】D
【解析】60,000+3,600+1,400+2,000 = 67,000（元）。

35.【答案】B
【解析】小規模納稅企業的一切稅額包含於成本中，一般納稅企業不能抵扣的增值稅進項稅額計入存貨採購成本。

36.【答案】C
【解析】對於已銷售商品的進貨費用，計入主營業務成本。

37.【答案】A

38.【答案】B
【解析】先進先出法，存貨成本是按最近購貨確定的，期末存貨成本較接近現行的市場價格。

39.【答案】B
【解析】先進先出法是以先購進的存貨先發出為假定前提，物價上漲時，該方法會高估企業當期利潤和庫存存貨價值。

40.【答案】D

41.【答案】C
【解析】農產品的採購成本 = 14,000×(1-13%)+3,000×(1-7%)+1,000 = 15,970(元)。

42.【答案】B
【解析】有合同和無合同的存貨，在判定減值狀況的時候，應分別計算、分別確定，而不能合併計算、合併確定。有合同的產品的可變現淨值=估計售價-估計銷售費用及稅金=550-50×60% = 520（萬元），有合同的 A 產品成本=（800+100）×60% = 540（萬元）。可變現淨值低於成本，說明產品發生減值，材料按可變現淨值計量。可變現淨值=550-100×60%-50×60% = 460（萬元），材料成本=800×60% = 480（萬元），應計提 480-460 = 20（萬元）存貨跌價準備。無合同的產品的可變現淨值=估計售價-估計銷售費用及稅金=1,000×40%-50×40% = 380（萬元），有合同的 A 產品成本=（800+100）×40% = 360（萬元）。可變現淨值高於成本，說明產品未發生減值，材料按成本計量，故無須計提存貨跌價準備。所以，應計提存貨跌價準備=20-8 = 12（萬元）。

43.【答案】A

【解析】自用材料的可變現淨值＝產成品的估計售價－將材料加工成產成品尚需投入的成本－產成品估計銷售費用及相關稅金，與材料的實際成本無關。

44.【答案】B

【解析】對於以前期間已經計提存貨跌價準備，期末由於價值回升需要衝回以前期間多計提的跌價準備時，應借記「存貨跌價準備」科目，貸記「資產減值準備」科目。

45.【答案】C

【解析】對於因債務重組、非貨幣性資產交換轉出的存貨，應同時結轉已計提的存貨跌價準備，但不衝減當期的資產減值損失，應按債務重組相關規定進行會計處理，比如衝減主營業務成本。

46.【答案】A

【解析】應補提的存貨跌價準備＝（20,000－17,000－2,000）＋（30,000－29,000－3,000）＋（55,000－50,000－1,000）＝3,000（元）。

47.【答案】C

【解析】商品流通企業購入的商品，按照進價和按規定應計入商品成本的稅金（包括關稅）以及採購過程中發生的運輸費、裝卸費、保險費、包裝費、倉儲費等費用，運輸途中的合理損耗，入庫前的挑選整理費用等作為實際成本，即進貨費用應計入存貨成本。但如果金額較小，也可直接計入當期損益。

48.【答案】D

【解析】庫存商品的倉儲費用應計入當期管理費用。

49.【答案】C

【解析】由於A公司生產的計算機已經簽訂銷售合同，該批計算機的銷售價格已由銷售合同約定，並且庫存數量4,000臺小於銷售合同約定數量5,000臺。因此該批計算機的可變現淨值應以銷售合同約定的價格48,000,000元（12,000×4,000＝48,000,000）作為計量基礎。該批計算機的可變現淨值＝12,000×4,000－2,640,000＝48,000,000－2,640,000＝45,360,000（元）。

50.【答案】C

【解析】由於甲公司與某企業簽訂了銷售合同。銷售合同約定，甲公司還沒有生產出來T產品，但已經持有生產T產品120件的原材料——A材料，且可生產T產品的數量不大於銷售合同訂購數量，因此該批原材料——A材料可變現淨值應以銷售合同約定價格作為計量基礎。①T產品的可變現淨值＝120×1,500－120×0.6＝179,928（元）；②T產品的成本＝144,000+56,000＝200,000（元）；③由於T產品的可變現淨值低於產品的成本，表明原材料應該按可變現淨值計量；④A原材料可變現淨值＝120×1,500－56,000－120×0.6＝123,928（元）；⑤A原材料應計提的存貨跌價準備＝144,000－123,928＝20,072（元）。

(二) 多項選擇題

1.【答案】BCD

【解析】工程物資屬於非流動資產。

2.【答案】ABC

3.【答案】AB

【解析】包裝紙張、包裝鐵絲屬於原材料。

4.【答案】ABC

5.【答案】ACD

【解析】實地盤存制平時記收不記發，期末以實記存，以實記耗，倒擠出發出數，所以實地盤存制不能隨時反應存貨收入、發出和結存的動態，不便於管理人員掌握情況，只能到期末盤點時結轉耗用和銷貨成本，而不能隨時結轉成本，容易掩蓋存貨管理中存在的自然和人為的損失。

6.【答案】AC

【解析】生產過程中為達到下一個生產階段所必需的倉儲費用屬於生產過程發生的必要合理支出，應計入生產成本；採購存貨所支付的保險費屬於採購費用，應計入採購成本。

7.【答案】BC

【解析】期末存貨計價（估價）如果過高，則計入當期的營業成本則較低，因此當期收益可能相應地增加；反之亦然。

8.【答案】AB

9.【答案】ABCD

【解析】發出材料可分別用於產品生產、車間耗費、行政部門耗用、自行建造固定資產領用。

10.【答案】ABC

【解析】入庫單屬於記錄材料入庫的原始憑證。

11.【答案】ABCD

【解析】可變現淨值是指企業在正常經營過程中，存貨的估計售價減去完工時估計將要發生的成本、估計的銷售費用及相關稅費後的金額，由存貨的估計售價、估計銷售費用、至完工時將要發生的成本及相關稅費等內容構成。

12.【答案】ABC

【解析】企業計提存貨跌價準備的方法：①企業通常應當按單個存貨項目計提存貨跌價準備。②對於數量繁多並且單價較低的存貨，可按照存貨類別計提存貨跌價準備。③與在同一地區生產和銷售的產品系列相關、具有相同或類似最終用途或目的，且難以與其他項目分開計量的存貨，可以合併計提存貨跌價準備。

13.【答案】BD

【解析】屬於自然消耗產生的定額內損耗，轉作管理費用；屬於計量收發差錯和管理不善等原因造成的存貨短缺或損毀，應先扣除殘料價值可以收回的保險賠償和過失人的賠償，然後將淨損失計入管理費用；屬於自然災害或意外事故造成的毀損，應先扣除殘料價值和可以收回的保險賠償，然後將淨損失轉作營業外支出。

14.【答案】ABCD

【解析】存貨可變現淨值低於成本的情形：①該存貨市場價格持續下跌，在可預見的未來無回升希望。②企業使用該原材料生產的產品成本大於產品的銷售價格。③企

業產品更新，原有材料不適應新產品需要，而該原材料的市場價格低於其帳面價格。④因企業提供的商品或勞務過時或消費者偏好改變而使市場的需求發生變化，導致市場價格逐漸下跌。⑤其他足以證明該存貨實質上已發生減值的情形。

15.【答案】AC

【解析】當物價上漲時，先進先出法會高估企業當期利潤和庫存存貨價值；反之，會低估企業存貨價值和當期利潤。

16.【答案】ACD

【解析】存貨可變現淨值包括估計售價、估計成本、估計銷售費用及相關稅費，不包括增值稅。

17.【答案】BC

【解析】貸方登記驗收入庫材料實際成本小於計劃成本的差異，貸方餘額反應庫存各種材料的實際成本小於計劃成本的差額。

18.【答案】ABCD

19.【答案】AB

【解析】企業委託外單位加工物資後直接用於銷售，委託方應將受託方代繳的消費稅隨同應支付的加工費一併計入委託加工的應稅消費品成本。

20.【答案】ACD

【解析】存貨的相關稅費計入其成本的包括倉儲費、包裝費、運輸途中的合理損耗、入庫前的挑選整理費用等，以及進口關稅、消費稅、資源稅、不能抵扣的增值稅進項稅額。

21.【答案】ABCD

22.【答案】ACD

【解析】如果以前減記存貨價值的影響因素已經消失，則減記的金額應當予以恢復，並在原已計提的存貨跌價準備的金額內轉回，轉回的金額計入當期損益。按照存貨準則規定，企業的存貨在符合條件的情況下可以轉回計提的存貨跌價準備。存貨跌價準備轉回的條件是以前減記存貨價值的影響因素已經消失，而不是在當期造成存貨可變現淨值高於成本的其他影響因素。當符合存貨跌價準備轉回的條件時，應在原已計提的存貨跌價準備的金額內轉回。

23.【答案】BCD

【解析】商品流通企業在採購商品過程中發生的運輸費、裝卸費、保險費以及其他可歸屬於存貨採購成本的費用等進貨費用，應計入所購商品成本。在實務中，企業也可以將發生的運輸費、裝卸費、保險費以及其他可歸屬於存貨採購成本的費用等進貨費用先進行歸集，期末，再按照所購商品的存銷情況進行分攤。對於已銷售商品的進貨費用，計入主營業務成本；對於未售商品的進貨費用，計入期末存貨成本。商品流通企業採購商品的進貨費用金額較小的，可以在發生時直接計入當期銷售費用。

24.【答案】AD

【解析】企業通常應當按照單個存貨項目計提存貨跌價準備，對於數量繁多、單價較低的存貨，可以按照存貨類別計提存貨跌價準備，所以 A 不正確；只有以前減記存貨價值的影響因素已經消失時，減記的金額應當予以恢復，如果是當期其他原因造成存貨可變現淨值高於成本，則不能轉回已計提的存貨跌價準備，所以 D 不正確；存貨的可變現淨值為存貨的預計未來淨現金流量，而不是存貨的售價或合同價。

25.【答案】ABCD

26.【答案】ABC

【解析】委託外單位加工完成的存貨的入帳價值一般包括：撥付委託加工物資的實際成本、支付的加工費、增值稅、繳納的消費稅等。特別需要注意的是：①委託加工物資所涉及的增值稅，可抵扣的應交增值稅，應計入「應交稅費——應交增值稅（進項稅額）」科目；不可抵扣，則構成加工完成物資的實際成本。②委託加工物資所涉及的應交消費稅，直接用於銷售的，計入委託加工物資成本；用於連續生產應稅消費品的，不計入委託加工物資成本，而計入「應交稅費——應交消費稅」科目的借方。

27.【答案】ABC

【解析】外購存貨的採購成本包括企業購入的材料或商品的發票帳單上列明的價款和企業購買、自製或委託加工存貨發生的消費稅、資源稅、關稅等，但不包括按規定可以抵扣的增值稅進項稅額；商品流通企業採購過程中發生的運輸費、裝卸費、保險費、包裝費、倉儲費等費用，運輸途中的合理損耗，入庫前的挑選整理費用等，計入採購成本，不再通過「銷售費用」科目核算；自製存貨的成本就是製造過程中的各項實際支出，包括直接材料、直接人工和製造費用。經過相當長時間才能達到可銷售狀態的存貨發生的借款費用，按照借款費用準則的規定可以計入存貨成本。

28.【答案】BCD

【解析】企業計提存貨跌價準備時，一般情況下按照單個項目計提。但有兩種特別情況：①與具有類似目的或最終用途並在同一地區生產和銷售的產品系列相關，且難以將其與該產品系列的其他項目區別開來進行估計的存貨，可以合併計提；②數量繁多、單價較低的存貨可以按照類別計提。

29.【答案】ABC

【解析】企業在確定存貨的可變現淨值時，應當以取得的可靠證據為基礎，並且考慮持有存貨的目的、資產負債表日後事項的影響等因素。A、B、C屬於「可靠證據」，D為影響因素。

30.【答案】AB

【解析】外購存貨成本指企業物資從採購到入庫前所發生的全部支出。

(三) 判斷題

1.【答案】錯誤

【解析】期末存貨按成本與可變現淨值孰低法計量時所提取的損失金額，應計入「資產減值損失」科目的借方。

2.【答案】錯誤

【解析】可變現淨值＝估計售價-估計銷售費用-估計銷售稅費

3.【答案】錯誤

【解析】如果當月存貨價格變動較大，則應當以當月該存貨平均售價或資產負債表日最近幾次售價的平均數，作為估計售價的基礎。

4.【答案】錯誤

【解析】執行勞務合同的，應以產品合同價作為可變現淨值的計算基礎。

5.【答案】正確

6.【答案】錯誤

【解析】如果企業銷售合同的標的物還沒有生產出來，但有專門用於該標的物生產的原材料，其可變現淨值也應當以合同價格作為計算基礎。

7.【答案】錯誤

【解析】如果企業持有存貨的數量多於銷售合同的訂購數量，則超出部分的可變現淨值應當以產品或商品的一般銷售價作為基礎來計算。

8.【答案】錯誤

【解析】沒有銷售合同約定的存貨，應當以產成品或商品的一般銷售價格為基礎計算其可變現淨值。

9.【答案】正確

10.【答案】錯誤

【解析】隨同商品出售且單獨計價的包裝物，一方面反應其銷售收入，計入其他業務收入；另一方面反應其實際銷售成本，計入其他業務成本。

11.【答案】錯誤

【解析】存貨是指企業在日常活動中持有已被出售的產成品或商品，處在生產過程中的在產品，以及在生產過程或提供勞務過程中耗用的材料、物料等。

12.【答案】錯誤

【解析】採購成本包括購買價款、相關稅費、運輸費、裝卸費、保險費及其他可歸屬於存貨採購成本的費用。

13.【答案】錯誤

【解析】存貨期末採用成本與可變現淨值孰低法計量時，以兩者中相對較低者計價。

14.【答案】錯誤

【解析】企業取得存貨應當按照成本計量。

15.【答案】錯誤

【解析】企業通過進一步加工取得的存貨，其成本應由採購成本、加工成本和其他成本構成。

16.【答案】錯誤

【解析】企業採購存貨，若為供貨單位等造成的物資短缺，應計入採購成本；若為意外災害或尚待查明原因的途中損耗，暫作為待處理財產損溢核算。

17.【答案】正確

【解析】企業外購存貨，採購途中發生的合理損耗應衝減所購物資的採購成本；因遭受意外災害發生的損失和待查明原因的損耗，暫作為待處理財產損溢進行核算。

18.【答案】錯誤

【解析】期末存貨成本按現行市價確定。

19.【答案】錯誤

【解析】五五攤銷法是在領用時攤銷一半，報廢時攤銷另一半。

20.【答案】正確

【解析】存貨準則規定，商品流通企業在採購商品過程中發生的運輸費、裝卸費、保險費以及其他可歸屬於存貨採購成本的費用等進貨費用，應當計入存貨採購成本。

21.【答案】錯誤

【解析】如果對已銷售存貨計提了存貨跌價準備，還應結轉已計提的存貨跌價準備。這種結轉是通過調整「主營業務成本」或「其他業務成本」科目實現。

22.【答案】錯誤

【解析】按中國準則規定，企業計提存貨跌價準備時，一般情況下按照單個項目計提。但有兩種特別情況：①與具有類似目的或最終用途並在同一地區生產和銷售的產品系列相關，且難以將其與該產品系列的其他項目區別開來進行估計的存貨，可以合併計提；②數量繁多、單價較低的存貨可以按照類別計提。

23.【答案】正確

【解析】企業發生的借款費用，可直接歸屬於符合資本化條件的資產的購建或者生產的，應當予以資本化，計入相關資產成本。符合資本化條件的資產，是指需要經過相當長時間的購建或者生產活動才能達到預定可使用或可銷售狀態的固定資產、投資性房地產和存貨等資產。

24.【答案】錯誤

【解析】存貨跌價準備轉回的條件：影響以前期間對該類存貨計提存貨跌價準備的因素已經消除，例如價格回升或生產成本下降。注意如果原先導致計提的原因並未消除，則雖然本期內成本已經高於市價，也不作為影響因素消除，不轉回原計提的存貨跌價準備。例如原先計提是因為售價下降，本期售價未回升而成本下降，則原先計提的存貨跌價準備不能轉回。

25.【答案】錯誤

【解析】「可變現淨值」是淨現金流入的概念，而不是指存貨的售價或合同價。

26.【答案】正確

【解析】以前會計期間已計提存貨跌價準備的某項存貨，當其可變現淨值恢復到等於或大於成本時，不應保留存貨跌價準備，應將該項存貨跌價準備的帳面已提數全部衝回。

27.【答案】錯誤

【解析】購貨價格扣除商業折扣，但不扣除現金折扣，因為現金折扣採用總價法核算。

28.【答案】錯誤

【解析】投資者投入存貨的成本，應當按照投資合同或協議約定的價值確定，但合同或協議約定價值不公允的除外。

29.【答案】錯誤

【解析】期末對用於生產而持有的材料等計價時，按以下原則處理：①如果用其生產的產成品的可變現淨值預計高於成本，則該材料應當按照成本計量；②如果材料價格的下降表明產成品的可變現淨值低於成本，則該材料應當按照可變現淨值計量。

30.【答案】正確

（四）計算分析題

1.（1）先進先出法

10 日領用：125 件成本＝100×300+25×310＝37,750（元）

25 日領用：150 件成本＝25×310+125×315＝47,125（元）

（2）月末一次加權平均法

單位成本：(30,000+15,500+63,000)÷(300+310+315)＝117.30（元）

本月領用：(125+150)×117.30＝32,257.5（元）

（3）移動平均法

第一次購入後平均單價：(30,000+15,500)÷(100+50)＝303.33（元）

10 日領用成本：125×303.33＝37,916.25（元）

20 日購入後平均單價：(30,000+15,500-37,916.25+63,000)÷(100+50-125+200)＝313.71（元）

25 日領用成本：150×313.71＝47,056.5（元）

2.（1）月末一次加權平均法

加權平均單位成本＝(10,000+11,000+11,600+12,600+12,800)÷(1,000×5)＝11.6（元）

本月發出存貨成本＝(800+1,800+800+600)×11.6＝46,400（元）

月末存貨成本＝(1,000×5-4,000)×11.6＝11,600（元）

（2）移動加權平均法

第一批發出：800×10＝8,000（元）

結存：200×10＝2,000（元）

第一批購入：(2,000+11,000)÷(200+1,000)＝10.8（元）

第二批購入：(2,000+11,000+11,600)÷(200+1,000+1,000)＝11.2（元）

第二批發出：11.2×1,800＝20 160（元）

結存：11.2×400＝4,480（元）

第三批購入：(4,480+12,600)÷(400+1,000)＝12.2（元）

第三批發出：12.2×800＝9,760（元）

結存：12.2×600＝7,320（元）

第四批購入：(7,320+12,800)÷(600+1,000)＝12.6（元）

第四批發出：12.6×600＝7,560（元）

結存：12.6×1,000＝12,600（元）

該存貨月末結存 1,000 件，成本為 12,600 元，本月發出存貨成本合計為 8,000+20 160+9,760+7,560＝45,480（元）。

3.（1）發出原材料時

借：委託加工物資　　　　　　　　　　　　　　　　51,950

　　貸：原材料　　　　　　　　　　　　　　　　　　　　51,950

（2）應付加工費和消費稅

應稅消費品計稅價格＝(51,950+7,000)÷(1-10%)＝65,500（元）

代扣代交的消費稅 = 65,500×10% = 6,550（元）
　　借：委託加工物資　　　　　　　　　　　　　　　　　7,000
　　　　應交稅費——應交增值稅（進項稅額）　　　　　　1,190
　　　　應交稅費——應交消費稅　　　　　　　　　　　　6,550
　　　貸：應付帳款　　　　　　　　　　　　　　　　　　　14,740
（3）支付往返運雜費
　　借：委託加工物資　　　　　　　　　　　　　　　　　150
　　　貸：銀行存款　　　　　　　　　　　　　　　　　　　150
（4）收回加工物資驗收入庫
　　借：原材料　　　　　　　　　　　　　　　　　　　　59,100
　　　貸：委託加工物資　　　　　　　　　　　　　　　　　59,100
4.（1）購買材料與發出材料
購買第一批生產用材料：
　　借：物資採購　　　　　　　　　　　　　　　　　　　201,000
　　　　應交稅費——應交增值稅（進項稅額）　　　　　　34,000
　　　貸：應付票據　　　　　　　　　　　　　　　　　　　234,000
　　　　　銀行存款　　　　　　　　　　　　　　　　　　　1,000
　　借：原材料　　　　　　　　　　　　　　　　　　　　202,000
　　　貸：物資採購　　　　　　　　　　　　　　　　　　　202,000
　　借：物資採購　　　　　　　　　　　　　　　　　　　1,000
　　　貸：材料成本差異　　　　　　　　　　　　　　　　　1,000
購買第二批生產用材料：
　　借：物資採購　　　　　　　　　　　　　　　　　　　302,000
　　　　應交稅費——應交增值稅（進項稅額）　　　　　　51,000
　　　　銀行存款　　　　　　　　　　　　　　　　　　　500
　　　貸：其他貨幣資金——銀行匯票存款　　　　　　　　353,500
　　借：原材料　　　　　　　　　　　　　　　　　　　　304,500
　　　貸：物資採購　　　　　　　　　　　　　　　　　　　304,500
　　借：物資採購　　　　　　　　　　　　　　　　　　　2,500
　　　貸：材料成本差異　　　　　　　　　　　　　　　　　2,500
月初在途材料驗收：
　　借：原材料　　　　　　　　　　　　　　　　　　　　56,000
　　　貸：物資採購　　　　　　　　　　　　　　　　　　　56,000
　　借：待處理財產損溢——待處理流動資產損溢　　　　　5,000
　　　貸：物資採購　　　　　　　　　　　　　　　　　　　5,000
　　借：物資採購　　　　　　　　　　　　　　　　　　　1,000
　　　　其他應收款——運輸部門　　　　　　　　　　　　4,000
　　　貸：待處理財產損溢——待處理流動資產損溢　　　　　5,000
發出材料
　　借：生產成本　　　　　　　　　　　　　　　　　　　650,000

貸：原材料　　　　　　　　　　　　　　　　　　　　　　650,000
（2）計算本期材料成本差異率
本期材料成本差異率＝（2,000＋1,000＋2,500）÷（200,000＋202,000＋304,500＋56,000）×100％＝－0.72％
（3）編制調整發出材料的會計分錄
　　借：材料成本差異　　　　　　　　　　　　　　　　　　4,680
　　　貸：生產成本　　　　　　　　　　　　　　　　　　　　4,680
5.（1）以銀行存款購入丙材料一批
　　借：材料採購——丙材料　　　　　　　　　　　　　　100,000
　　　　應交稅費——應交增值稅（進項稅額）　　　　　　　17,000
　　　貸：銀行存款　　　　　　　　　　　　　　　　　　117,000
　　借：原材料——丙材料　　　　　　　　　　　　　　　103,000
　　　貸：材料採購——丙材料　　　　　　　　　　　　　103,000
　　借：材料採購——丙材料　　　　　　　　　　　　　　　3,000
　　　貸：材料成本差異　　　　　　　　　　　　　　　　　3,000
（2）簽發商業匯票購買丙材料
　　借：材料採購——丙材料　　　　　　　　　　　　　　200,000
　　　　應交稅費——應交增值稅（進項稅額）　　　　　　　34,000
　　　貸：應付票據　　　　　　　　　　　　　　　　　　234,000
　　借：原材料——丙材料　　　　　　　　　　　　　　　196,000
　　　貸：材料採購——丙材料　　　　　　　　　　　　　196,000
　　借：材料成本差異　　　　　　　　　　　　　　　　　　4,000
　　　貸：材料採購——丙材料　　　　　　　　　　　　　　4,000
（3）期初在途材料驗收
　　借：原材料——丙材料　　　　　　　　　　　　　　　 91,500
　　　貸：材料採購——丙材料　　　　　　　　　　　　　 91,500
　　借：待處理財產損溢　　　　　　　　　　　　　　　　 10,000
　　　貸：材料採購——丙材料　　　　　　　　　　　　　 10,000
　　借：材料採購——丙材料　　　　　　　　　　　　　　　1,500
　　　貸：材料成本差異　　　　　　　　　　　　　　　　　1,500
（4）發出材料
　　借：生產成本　　　　　　　　　　　　　　　　　　　300,000
　　　　製造費用　　　　　　　　　　　　　　　　　　　 50,000
　　　貸：原材料——丙材料　　　　　　　　　　　　　　350,000
　　借：材料成本差異　　　　　　　　　　　　　　　　　　1,562
　　　貸：生產成本　　　　　　　　　　　　　　　　　　　1,339
　　　　　製造費用　　　　　　　　　　　　　　　　　　　　223
6.（1）期初在途材料20,000元驗收入庫
　　借：原材料　　　　　　　　　　　　　　　　　　　　 20,000

  貸：在途物資   20,000
 （2）購買材料
 借：原材料   101,000
   應交稅費——應交增值稅（進項稅額）   17,000
  貸：應付帳款   118,000
 （3）購買材料
 借：原材料   81,200
   應交稅費——應交增值稅（進項稅額）   13,600
  貸：預付帳款   50,000
    銀行存款   44,800
 （4）本期所購買的一批材料月末結算單證尚未到達
 借：原材料   120,000
  貸：應付帳款——暫估應付帳款   120,000
 7. 借：資產減值損失   20,000
   貸：存貨跌價準備   20,000
 借：存貨跌價準備   10,000
  貸：資產減值損失   10,000
 借：存貨跌價準備   10,000
  貸：資產減值損失   10,000
 借：資產減值損失   10,000
  貸：存貨跌價準備   10,000
 8. 借：原材料——A 材料   39,000
   貸：待處理財產損溢——待處理流動資產損溢   39,000
 借：待處理財產損溢——待處理流動資產損溢   39,000
  貸：營業外收入   39,000
 借：待處理財產損溢——待處理流動資產損溢   78,390
  貸：原材料——B 材料   67,000
    應交稅費——應交增值稅（進項稅額轉出）   11,390
 借：其他應收款——過失人   31,356
      ——保險公司   39,195
   營業外支出   7,839
  貸：待處理財產損溢——待處理流動資產損溢   78,390

（五）綜合題

1.（1）期末材料成本差異率

  期末材料成本差異率 =（45-0.2×2,500+0.2×2,000+0.6×2,000）÷［5,600+(2,500+2,000+2,000)×10］×100% = 1.6%

 （2）本期發出材料應負擔的材料成本差異

  本期發出材料應負擔的材料成本差異 = 6,400÷(560+2,500+2,000+2,000)×(45-0.2×

2,500+0.2×2,000+0.6×2,000）=1,038（元）

（3）本期發出材料的實際成本

本期發出材料的實際成本=6,400×10+1,038=65,038（元）

（4）月末結存原材料的實際成本

月末結存原材料的實際成本=（560+2,500+2,000+2,000−6,400）×10+（45−0.2×2,500+0.2×2,000+0.6×2,000）−1,038=6,707（元）

（5）編制本期發出原材料的會計分錄

借：生產成本　　　　　　　　　　　　　　　　　　　64,000
　貸：原材料　　　　　　　　　　　　　　　　　　　　　64,000

（6）編制調整發出材料成本差異的會計分錄

借：生產成本　　　　　　　　　　　　　　　　　　　1,038
　貸：材料成本差異　　　　　　　　　　　　　　　　　　1,038

2.（1）甲材料生產的 A 產品的成本=1,600×20÷10+2,000=5,200（元），高於一般售價 5,000 元和合同售價 4,500 元，說明 A 產品發生了減值，需要計算甲材料的可變現淨值。

（2）每件 A 產品耗用的甲材料的成本=20÷10×1,600=3,200（元）。

（3）因為有合同訂購的甲材料的可變現淨值將按照甲產品的合同價計算，而沒有合同訂購的甲材料的可變現淨值將按照甲產品的一般售價計算。所以：

有合同的每件 A 產品耗用的甲材料的可變現淨值=4,500×（1−10%）−2,000=2,050（元）

無合同的每件 A 產品耗用的甲材料的可變現淨值=5,000×（1−10%）−2,000=2,500（元）

（4）由於有合同和無合同的 A 產品耗用的甲材料可變現淨值均低於成本，說明有合同和無合同的 A 產品耗用的甲材料均發生了減值。

有合同的 A 產品確認的甲材料可變現淨值=[4,500×（1−10%）−2,000]×8=16,400（元）

無合同的 A 產品確認的甲材料可變現淨值=[5,000×（1−10%）−2,000]×2=5,000（元）

（5）期末甲材料可變現淨值=16,400+5,000=21,400（元）

期末甲材料成本=20×1,600=32,000（元）

（6）可變現淨值低於成本，因此需要計提的存貨跌價準備：

期末甲材料應計提的存貨跌價準備=32,000−21,400=10,600（元）

借：資產減值損失　　　　　　　　　　　　　　　　　10,600
　貸：存貨跌價準備　　　　　　　　　　　　　　　　　　10,600

3.（1）20×9 年 12 月 31 日庫存 A 原材料應計提的存貨跌價準備

①有合同部分

乙產品可變現淨值=80×11.25−80×0.55=856（萬元）

乙產品成本=80×10+80×3=1,040（萬元）

可以判斷，庫存 A 原材料應按可變現淨值計量。

庫存 A 原材料可變現淨值=80×11.25−80×3−80×0.55=616（萬元）

庫存 A 原材料應計提的存貨跌價準備=80×10−616=184（萬元）

②無合同部分

乙產品可變現淨值=20×11−20×0.55=209（萬元）

乙產品成本＝20×10+20×3＝260（萬元）

可以判斷，庫存 A 原材料應按可變現淨值計量：

庫存 A 原材料可變現淨值＝20×11-20×3-20×0.55＝149（萬元）

庫存 A 原材料應計提的存貨跌價準備＝20×10-149＝51（萬元）

③庫存 A 原材料應計提的存貨跌價準備合計＝184+51＝235（萬元）。

（2）20×9 年 12 月 31 日甲產品應計提的存貨跌價準備

甲產品成本＝500（萬元）

甲產品可變現淨值＝350-18＝332（萬元）

甲產品應計提的存貨跌價準備＝500-332-100＝68（萬元）

（3）20×9 年 12 月 31 日應計提的存貨跌價準備合計金額

20×9 年 12 月 31 日應計提的存貨跌價準備合計金額＝235+68＝303（萬元）

（4）編制會計分錄

借：資產減值損失　　　　　　　　　　　　　　　　　303

　　貸：存貨跌價準備　　　　　　　　　　　　　　　　　303

4.（1）錯誤

原因：甲材料為生產而儲備，當用材料生產的產成品的可變現淨值＞產成品成本時，材料期末價值＝材料成本，不需要計提存貨跌價準備；當用材料生產的產成品的可變現淨值＜產成品成本時，材料期末價值＝材料可變現淨值，需要計提存貨跌價準備。材料可變現淨值的比較，是以加工出的產品售價作為計算可變現淨值的基礎，不是以材料市價作為計算可變現淨值的基礎。

產品生產成本＝20+10＝30（萬元）

產品可變現淨值＝35-3＝32（萬元）

產成品的可變現淨值＞產成品成本時，材料期末價值＝材料成本，不需要計提存貨跌價準備，還應轉回前期存貨跌價準備餘額 1.5 萬元。

正確的會計處理：

借：存貨跌價準備——A 材料　　　　　　　　　　　　1.5

　　貸：資產減值損失　　　　　　　　　　　　　　　　　1.5

（2）錯誤

原因：乙材料為生產而儲備，當用材料生產的產成品的可變現淨值＞產成品成本時，材料期末價值＝材料成本，不需要計提存貨跌價準備；當用材料生產的產成品的可變現淨值＜產成品成本時，材料期末價值＝材料可變現淨值，需要計提存貨跌價準備。材料可變現淨值的比較，是以加工出的產品售價作為計算可變現淨值的基礎，不是以材料市價作為計算可變現淨值的基礎。

產品生產成本＝40+16＝56（萬元）

產品可變現淨值＝60-6＝54（萬元）

當用材料生產的產成品的可變現淨值＜產成品成本時，材料期末價值＝材料可變現淨值，需要計提存貨跌價準備，乙材料可變現淨值＝60-6-16＝38（萬元）。乙材料可變現淨值低於成本，應按可變現淨值 38 萬元計價，當期應提取存貨跌價準備 2 萬元。

正確的會計處理：

借：資產減值損失　　　　　　　　　　　　　　　　　　　　2

　　貸：存貨跌價準備——乙材料　　　　　　　　　　　　　　　2

（3）正確

原因：丙材料為待售材料，期末分析是否需要計提存貨跌價準備，應以成本與可變現淨值比較，而不是成本與市價比較，並考慮前期存貨跌價準備餘額。

C材料可變現淨值=9-0.5=8.5（萬元）

C材料可變現淨值低於成本，應按可變現淨值8.5萬元計價，累計應提取存貨跌價準備1.5萬元，扣除存貨跌價準備餘額1萬元，當期應提取存貨跌價準備0.5萬元。

（4）正確

原因：甲產品為有合同待售商品，計算可變現淨值時，市價以合同價為基礎，並應扣除預計銷售稅費。

甲產品可變現淨值=52-5=47（萬元）

甲產品可變現淨值低於成本，按可變現淨值47萬元計價，當期應提取存貨跌價準備1萬元。

（5）錯誤

原因：乙在產品，50%有銷售合同，另50%無銷售合同，應分開計算。

①有銷售合同的乙在產品

有銷售合同的乙在產品可變現淨值=50-2-10×50%=43（萬元）

有銷售合同的乙在產品成本=80×50%=40（萬元）

有銷售合同的乙在產品，可變現淨值高於成本，應按成本40萬元計價，當期無須提取存貨跌價準備。

②無銷售合同的乙在產品

無銷售合同的乙在產品可變現淨值=46-2-10×50%=39（萬元）

無銷售合同的乙在產品成本=80×50%=40（萬元）

無銷售合同的乙在產品，可變現淨值低於成本，應按可變現淨值39萬元計價，當期應提取存貨跌價準備1萬元。

正確的會計處理：

借：資產減值損失　　　　　　　　　　　　　　　　　　　　1

　　貸：存貨跌價準備——乙在產品　　　　　　　　　　　　　1

第三章　金融資產

一、要點總覽

金融資產
- 金融資產的分類
- 貨幣資金的管理和會計處理原則
- 交易性金融資產
  - 初始計量
  - 期末以公允價值調整帳面價值
  - 被投資方分紅
  - 債券利息到期
  - 處置
- 持有至到期投資
  - 初始計量
  - 計提利息
  - 期末減值計提
  - 處置
- 貸款和應收款項的會計處理原則
- 可供出售金融資產
  - 初始計量
  - 後續計量
  - 期末減值處理
  - 到期時處理
  - 處置
- 金融資產的重分類
  - 重分類的原則
  - 重分類的會計處理
- 金融資產減值
  - 減值跡象
  - 持有至到期投資、貸款和應收款項減值計量原則
  - 可供出售金融資產減值計量原則

二、重點難點

（一）重點

$\begin{cases} 交易性金融資產 \\ 持有至到期投資 \\ 應收款項 \\ 可供出售金融資產 \\ 金融資產減值 \end{cases}$

（二）難點

$\begin{cases} 持有至到期投資 \\ 可供出售金融資產 \\ 金融資產減值 \end{cases}$

三、關鍵內容小結

（一）金融資產的分類

類別	劃分條件
1. 貨幣資金	貨幣資金是指企業的生產經營資金在循環週轉過程中處於貨幣形態的那部分資金，包括庫存現金、銀行存款或其他貨幣資金等可以立即支付使用的交換媒介物
2. 以公允價值計量且其變動計入當期損益的金融資產（交易性金融資產）	準備近期出售，目的是短期內獲取差價
3. 持有至到期投資	有到期日，到期金額固定或者可以確定有意圖和能力準備持有至到期
4. 貸款和應收款項	貸款一般指銀行等金融機構發放的貸款；應收款項是指企業從事銷售商品、提供勞務等日常生產經營活動形成的債權，包括應收票據、應收帳款、其他應收款等
5. 可供出售金融資產	不準備近期出售，但也不準備持有至到期或永遠持有

（二）貨幣資金的核算

1. 庫存現金	（1）現金的管理原則 （2）現金的使用範圍 （3）備用金的核算
2. 銀行存款	（1）銀行存款的開戶規定 （2）銀行存款的結算方式 （3）銀行存款的清查
3. 其他貨幣資金	（1）其他貨幣資金的內容 （2）其他貨幣資金的會計處理

(三) 交易性金融資產的核算

1. 取得交易性金融資產	借：交易性金融資產——成本（公允價值） 　　　投資收益　　（發生的交易費用） 　　　應收股利　　（已宣告但尚未發放的現金股利） 　　　應收利息　　（實際支付的款項中包含的利息） 　　貸：銀行存款等
2. 持有期間的股利或利息	借：應收股利（被投資單位宣告發放的現金股利×投資持股比例） 　　　應收利息（資產負債表日計算的應收利息） 　　貸：投資收益
3. 資產負債表日	(1) 交易性金融資產的公允價值>其帳面餘額 借：交易性金融資產——公允價值變動 　　貸：公允價值變動損益 (2) 公允價值<其帳面餘額 借：公允價值變動損益 　　貸：交易性金融資產——公允價值變動
4. 處置該金融資產	借：銀行存款（實際收到的價款） 　　貸：交易性金融資產——成本 　　　　　　　　　　　　——公允價值變動（帳面餘額，或借記） 　　　　投資收益（差額，或借記） 同時，將原計入「公允價值變動損益」科目的累計金額轉出： 借：公允價值變動損益 　　貸：投資收益（或作相反分錄）

【提示】交易性金融資產處置時，應將持有期間形成的公允價值變動損益轉入投資收益，此項影響投資收益，但不影響利潤總額，即不影響處置損益。

(四) 持有至到期投資的核算

帳戶的設置	持有至到期投資有三個明細帳： 成本：登記面值 應計利息：登記一次還本付息的債券利息 利息調整：登記購買成本與面值之間的差額
1. 企業取得的持有至到期投資	借：持有至到期投資——成本（面值） 　　　應收利息（已到付息期但尚未領取的利息） 　　　持有至到期投資——利息調整（倒擠差額，也可能在貸方） 　　貸：銀行存款等 注意：交易費用計入「利息調整」
2. 資產負債表日計算利息	如果債券為分期付息，到期還本的： 借：應收利息（票面利率×面值） 　　貸：投資收益（期初攤餘成本×實際利率） 　　　　持有至到期投資——利息調整（差額，可能在借方） 如果債券為到期一次還本付息的： 借：持有至到期投資——應計利息（票面利率×面值） 　　貸：投資收益（期初攤餘成本×實際利率） 　　　　持有至到期投資——利息調整（差額，可能在借方）

(續表)

3. 將持有至到期投資重分類為可供出售金融資產	借：可供出售金融資產（重分類日公允價值） 　　持有至到期投資減值準備 　貸：持有至到期投資 　　　其他綜合收益（差額，也可能在借方）
4. 出售持有至到期投資	借：銀行存款等 　　持有至到期投資減值準備 　貸：持有至到期投資（成本、利息調整明細科目餘額） 　　　投資收益（差額，也可能在借方）

（五）貸款和應收款項

1. 應收票據的核算	（1）因企業銷售商品、提供勞務等而收到開出、承兌的商業匯票 借：應收票據 　貸：主營業務收入 　　　應交稅費——應交增值稅（銷項稅額） 如為帶息應收票據，期末按應收票據的票面價值和確定的利率計提利息： 借：應收票據 　貸：財務費用 （2）商業匯票到期收回款項時 借：銀行存款 　貸：應收票據 （3）因付款人無力支付票款，收到銀行退回的商業承兌匯票 借：應收帳款 　貸：應收票據
2. 應收帳款的核算	（1）一般處理 ①賒銷時 借：應收帳款 　貸：主營業務收入 　　　應交稅費——應交增值稅（銷項稅額） ②收款時 借：銀行存款 　貸：應收帳款 （2）商業折扣：打折後價格確認收入 借：應收帳款 　貸：主營業務收入 　　　應交稅費——應交增值稅（銷項稅額） （3）現金折扣 ①賒銷時 借：應收帳款 　貸：主營業務收入 　　　應交稅費——應交增值稅（銷項稅額） ②在折扣期內收款 借：銀行存款 　　財務費用（現金折扣額） 　貸：應收帳款 ③在折扣期外收款（全額收款） 借：銀行存款 　貸：應收帳款

(六) 可供出售金融資產的核算

1. 企業取得可供出售金融資產	(1) 股票投資 借：可供出售金融資產——成本（公允價值+交易費用） 　　應收股利（內含的已宣告但尚未發放的現金股利） 　貸：銀行存款等（實際支付的金額）		
	(2) 債券投資 借：可供出售金融資產——成本（債券的面值） 　貸：應收利息（內含的已到付息期但尚未領取的利息） 借：可供出售金融資產——利息調整（差額） 　貸：銀行存款等（實際支付的金額）		
2. 資產負債表日	(1) 資產負債表日計算利息	如果債券為分期付息，到期還本的： 借：應收利息（票面利率×面值） 　貸：投資收益（期初攤餘成本×實際利率） 　　可供出售金融資產——利息調整（差額，可能在借方） 如果債券為到期一次還本付息的： 借：可供出售金融資產——應計利息（票面利率×面值） 　貸：投資收益（期初攤餘成本×實際利率） 　　可供出售金融資產——利息調整（差額，可能在借方）	
	(2) 資產負債表日公允價值變動	公允價值上升	借：可供出售金融資產——公允價值變動 　貸：其他綜合收益
		公允價值下降	借：其他綜合收益 　貸：可供出售金融資產——公允價值變動
3. 將持有至到期投資重分類為可供出售金融資產	借：可供出售金融資產（重分類日按其公允價值） 　　持有至到期投資減值準備 　貸：持有至到期投資 　　其他綜合收益（差額，也可能在借方）		
4. 出售可供出售金融資產	(1) 借：銀行存款（應按實際收到的金額） 　　貸：可供出售金融資產（帳面價值） 　　　投資收益 (2) 借：其他綜合收益（轉出的公允價值累計變動額） 　　貸：投資收益		

(七) 金融資產減值

1. 減值跡象
(1) 發行方或債務人發生嚴重財務困難。
(2) 債務人違反了合同條款，如償付利息或本金發生違約或逾期等。
(3) 債權人出於經濟或法律等方面因素的考慮，對發生財務困難的債務人做出讓步。
(4) 債務人很可能倒閉或進行其他財務重組。
(5) 因發行方發生重大財務困難，該金融資產無法在活躍市場繼續交易。
(6) 無法辨認一組金融資產中的某項資產的現金流量是否已經減少，但根據公開

的數據對其進行總體評價後發現，該組金融資產自初始確認以來的預計未來現金流量確已減少且可計量。如該組金融資產的債務人支付能力逐步惡化，或債務人所在國家或地區失業率提高、擔保物在其所在地區的價格明顯下降、所處行業不景氣等。

（7）權益工具發行方經營所處的技術、市場、經濟或法律環境等發生重大不利變化，使權益工具投資人可能無法收回投資成本。

（8）權益工具投資的公允價值發生嚴重或非暫時性下跌。

（9）其他表明金融資產發生減值的客觀證據。

2. 金融資產減值損失的計量

項目	減值的判斷	計提減值準備	減值準備轉回
持有至到期投資、貸款和應收款項	預計未來現金流量的現值小於其帳面價值	發生減值，應當將該金融資產的帳面價值減記至預計未來現金流量現值，減記的金額確認為資產減值損失，計入當期損益 應收款項的減值估計，通常有應收項餘額百分比法、帳齡分析法、賒銷額百分比法	如有客觀證據表明該金融資產價值已恢復，原確認的減值損失應當予以轉回，計入當期損益
可供出售金融資產	發生嚴重非暫時性價值下跌	發生減值時，應當將該金融資產的帳面價值減記至公允價值，原直接計入其他綜合收益的因公允價值下降形成的累計損失，也應當予以轉出，計入當期損益	可供出售債務工具投資發生的減值損失，在隨後的會計期間公允價值已上升且客觀上與原減值損失確認後發生的事項有關的，原確認的減值損失應當予以轉回，計入當期損益 可供出售權益工具投資發生的減值損失，不得通過損益轉回，公允價值上升計入其他綜合收益

3. 金融資產減值損失的會計處理

持有至到期投資	借：資產減值損失 　　貸：持有至到期投資減值準備
應收款項	（1）首次計提壞帳準備 借：資產減值損失 　　貸：壞帳準備 （2）實際發生壞帳 借：壞帳準備 　　貸：應收帳款 （3）補提壞帳準備 應計提的壞帳準備＝應收帳款期末餘額×壞帳百分比 ①當應計提數＞壞帳準備貸方餘額時 實際計提的壞帳準備＝應計提的壞帳準備－壞帳準備貸方餘額（補提） ②當壞帳準備出現借方餘額時 實際計提的壞帳準備＝應計提的壞帳準備＋實際計提的壞帳準備 　　　　　　　　　　＝應計提的壞帳準備＋壞帳準備借方餘額 借：資產減值損失 　　貸：壞帳準備

（續表）

	(4) 衝減壞帳準備 當壞帳準備貸方餘額＞應計提數時 實際衝減的壞帳準備＝壞帳準備貸方餘額－應計提的壞帳準備 借：壞帳準備 　　貸：資產減值損失 (5) 已確認為壞帳的應收帳款又收回時 借：應收帳款 　　貸：壞帳準備 借：銀行存款 　　貸：應收帳款
可供出售金融資產	借：資產減值損失 　　貸：可供出售金融資產——減值準備

四、練習題

(一) 單項選擇題

1. 藍田公司於 2008 年 6 月 10 日購買運通公司股票 300 萬股，成交價格為每股 9.4 元，作為可供出售金融資產，購買該股票另支付手續費等 45 萬元。10 月 20 日，藍田公司收到運通公司按每 10 股 6 元派發的現金股利。11 月 30 日該股票市價為每股 9 元，2008 年 12 月 31 日藍田公司以每股 8 元的價格將股票全部售出，則該可供出售金融資產影響 2008 年投資收益的金額為（　　　）萬元。

　　A. -645　　　　B. 180　　　　C. -285　　　　D. -465

2. 甲公司於 2×17 年 2 月 10 日購入某上市公司股票 10 萬股，每股價格為 15 元（其中包含已宣告但尚未發放的現金股利每股 0.5 元）。甲公司購入的股票暫不準備隨時變現，劃分為可供出售金融資產，甲公司購買該股票另支付手續費等 10 萬元。則甲公司該項投資的入帳價值為（　　　）萬元。

　　A. 145　　　　B. 150　　　　C. 155　　　　D. 160

3. 2013 年 1 月 2 日，A 公司從股票二級市場以每股 3 元的價格購入 B 公司發行的股票 50 萬股，劃分為可供出售金融資產。2013 年 3 月 31 日，該股票的市場價格為每股 3.2 元。2013 年 6 月 30 日，該股票的市場價格為每股 2.9 元。A 公司預計該股票的價格下跌是暫時的。2013 年 9 月 30 日，B 公司因違反相關證券法規，受到證券監管部門的查處。受此影響，B 公司股票的價格發生大幅度下跌，該股票的市場價格下跌到每股 1.5 元。則 2013 年 9 月 30 日 A 公司正確的會計處理是（　　　）。

　　A. 借：資產減值損失　　　　　　　　　　　　　　75
　　　　　貸：可供出售金融資產——減值準備　　　　　　70
　　　　　　　其他綜合收益　　　　　　　　　　　　　5
　　B. 借：資產減值損失　　　　　　　　　　　　　　75
　　　　　貸：可供出售金融資產——減值準備　　　　　　75

C. 借：資產減值損失　　　　　　　　　　　　　　　　　75
　　貸：其他綜合收益　　　　　　　　　　　　　　　　　　75
D. 借：其他綜合收益　　　　　　　　　　　　　　　　　75
　　貸：可供出售金融資產——公允價值變動　　　　　　　　75

4. 在已確認減值損失的金融資產價值恢復時，下列金融資產的減值損失不得通過損益轉回的是（　　）。
　　A. 持有至到期投資的減值損失　　B. 可供出售債務工具的減值損失
　　C. 可供出售權益工具的減值損失　　D. 貸款及應收款項的減值損失

5. 甲公司2×16年6月1日銷售產品一批給大海公司，價款為300,000元，增值稅為51,000元，雙方約定大海公司應於2×16年9月30日付款。甲公司2×16年7月10日將應收大海公司的帳款出售給招商銀行，出售價款為260,000元。甲公司與招商銀行簽訂的協議中規定，在應收大海公司帳款到期，大海公司不能按期償還時，銀行不能向甲公司追償。甲公司已收到款項並存入銀行。甲公司出售應收帳款時，下列說法正確的是（　　）。
　　A. 減少應收帳款300,000元　　　B. 增加財務費用91,000元
　　C. 增加營業外支出91,000元　　　D. 增加短期借款351,000元

6. 下列金融資產中，應作為可供出售金融資產核算的是（　　）。
　　A. 企業從二級市場購入準備隨時出售的普通股票
　　B. 企業購入有意圖和能力持有至到期的公司債券
　　C. 企業購入的A公司90%的股權
　　D. 企業購入有公開報價但不準備隨時變現的A公司5%的股權

7. 下列各項中，不應計入相關金融資產或金融負債初始入帳價值的是（　　）。
　　A. 發行長期債券發生的交易費用
　　B. 取得持有至到期投資發生的交易費用
　　C. 取得交易性金融資產發生的交易費用
　　D. 取得可供出售金融資產發生的交易費用

8. 長城股份有限公司於20×9年2月28日以每股15元的價格購入某上市公司股票100萬股，劃分為交易性金融資產，購買該股票另支付手續費20萬元。6月22日，長城股份有限公司收到該上市公司按每股1元發放的現金股利。12月31日該股票的市價為每股18元。20×9年該交易性金融資產對長城公司營業利潤的影響額為（　　）萬元。
　　A. 280　　　B. 320　　　C. 380　　　D. -20

9. 20×9年1月1日，甲上市公司購入一批股票，作為交易性金融資產核算和管理。實際支付價款100萬元，其中包含已經宣告的現金股利1萬元，另發生相關費用2萬元，均以銀行存款支付。假定不考慮其他因素，該項交易性金融資產的入帳價值為（　　）萬元。
　　A. 100　　　B. 102　　　C. 99　　　D. 103

10. 甲公司2×10年7月1日將其於2×08年1月1日購入的債券予以轉讓，轉讓價款為2,100萬元。該債券系2×08年1月1日發行的，面值為2,000萬元，票面年利率

為 3%，到期一次還本付息，期限為 3 年。甲公司將其劃分為持有至到期投資。轉讓時，利息調整明細科目的貸方餘額為 12 萬元。2×10 年 7 月 1 日，該債券投資的減值準備金額為 25 萬元。甲公司轉讓該項金融資產應確認的投資收益為（　　）萬元。

    A. -87　　　　　B. -37　　　　　C. -63　　　　　D. -13

11. 甲股份有限公司於 20×8 年 4 月 1 日購入面值為 1,000 萬元的 3 年期債券並劃分為持有至到期投資。實際支付的價款為 1,500 萬元，其中包含已到付息期但尚未領取的債券利息 20 萬元。另支付相關稅費 10 萬元。該項債券投資的初始入帳金額為（　　）萬元。

    A. 1,510　　　　B. 1,490　　　　C. 1,500　　　　D. 1,520

12. 2×16 年 6 月 1 日，甲公司將持有至到期投資重分類為可供出售金融資產，在重分類日該債券的公允價值為 50 萬元，其帳面餘額為 48 萬元（未計提減值準備）。2×16 年 6 月 20 日，甲公司將可供出售的金融資產出售，所得價款為 53 萬元。則出售時確認的投資收益為（　　）萬元。

    A. 3　　　　　　B. 2　　　　　　C. 5　　　　　　D. 8

13. 下列金融資產中，應按公允價值進行初始計量，且交易費用不計入初始入帳價值的是（　　）。

    A. 交易性金融資產　　　　　　　B. 持有至到期投資
    C. 應收款項　　　　　　　　　　D. 可供出售金融資產

(二) 多項選擇題

1. 下列關於可供出售金融資產，說法正確的有（　　）。

    A. 相對於交易性金融資產而言，可供出售金融資產的持有意圖不明確
    B. 可供出售金融資產應當按取得該金融資產的公允價值作為初始確認金額，相關交易費用計入投資收益
    C. 支付的價款中包含了已宣告發放的現金股利的，應單獨確認為應收項目
    D. 企業持有上市公司限售股權且對上市公司不具有控制、共同控制或重大影響的，該限售股權可劃分為可供出售金融資產，也可劃分為以公允價值計量且其變動計入當期損益的金融資產

2. 下列有關金融資產減值損失的計量，處理方法正確的有（　　）。

    A. 對於持有至到期投資，有客觀證據表明其發生了減值的，應當根據其帳面價值與預計未來現金流量現值之間的差額計算確認減值損失
    B. 如果可供出售金融資產的公允價值發生較大幅度下降，或在綜合考慮各種相關因素後，預期這種下降趨勢屬於非暫時性的，可以認定該可供出售金融資產已發生減值，應當確認減值損失
    C. 對於已確認減值損失的可供出售債務工具，在隨後的會計期間公允價值已上升且客觀上與確認原減值損失後發生的事項有關的，原確認的減值損失應當予以轉回，計入當期損益
    D. 對於已確認減值損失的可供出售權益工具投資發生的減值損失，不得轉回

3. 下列關於金融資產的後續計量，說法不正確的有（　　）。

    A. 貸款和應收款項以攤餘成本進行後續計量

B. 如果某債務工具投資在活躍市場沒有報價，則企業視其具體情況也可以將其劃分為持有至到期投資
C. 貸款在持有期間所確認的利息收入必須採用實際利率計算，不能使用合同利率
D. 貸款和應收款項僅指金融企業發放的貸款和其他債權

4. 下列金融資產中，應按攤餘成本進行後續計量的有（　　）。
   A. 交易性金融資產　　　　　B. 持有至到期投資
   C. 貸款及應收款項　　　　　D. 可供出售金融資產

5. 下列關於金融資產重分類的表述中，正確的有（　　）。
   A. 初始確認為持有至到期投資的，不得重分類為交易性金融資產
   B. 初始確認為交易性金融資產的，不得重分類為可供出售金融資產
   C. 初始確認為可供出售金融資產的，不得重分類為持有至到期投資
   D. 初始確認為貸款和應收款項的，不得重分類為可供出售金融資產

6. 將某項金融資產劃分為持有至到期投資，應滿足的條件有（　　）。
   A. 到期日固定
   B. 回收金額固定或可確定
   C. 企業有明確意圖和能力持有至到期
   D. 有活躍市場

7. 下列各項中，應計入當期損益的有（　　）。
   A. 金融資產發生的減值損失
   B. 交易性金融資產在資產負債表日的公允價值變動額
   C. 持有至到期投資取得時的交易費用
   D. 可供出售金融資產在資產負債表日的公允價值變動額

8. 下列各項中，影響持有至到期投資期末攤餘成本計算的有（　　）。
   A. 確認的減值準備
   B. 分期收回的本金
   C. 利息調整的累計攤銷額
   D. 對到期一次付息債券確認的票面利息

9. 下列各項關於金融資產的表述中，正確的有（　　）。
   A. 以公允價值計量且其變動計入當期損益的金融資產不能重分類為持有至到期投資
   B. 可供出售權益工具投資可以劃分為持有至到期投資
   C. 持有至到期投資不能重分類為以公允價值計量且其變動計入當期損益的金融資產
   D. 持有至到期投資可以重分類為以公允價值計量且其變動計入當期損益的金融資產

10. 企業因持有至到期投資部分出售或重分類的金額較大，且不屬於企業會計準則所允許的例外情況，使該投資的剩餘部分不再適合劃分為持有至到期投資的，企業應

將該投資的剩餘部分重分類為可供出售金融資產。下列關於該重分類過程的說法中，正確的是（　　）。

  A. 重分類日該剩餘部分劃分為可供出售金融資產，按照公允價值入帳
  B. 重分類日該剩餘部分的帳面價值和公允價值之間的差額計入其他綜合收益
  C. 在出售該項可供出售金融資產時，原計入其他綜合收益的部分相應地轉出
  D. 重分類日該剩餘部分劃分為可供出售金融資產，按照攤餘成本進行後續計量

11. 企業發生的下列事項中，影響「投資收益」科目金額的有（　　）。
  A. 交易性金融資產在持有期間取得的現金股利
  B. 貸款持有期間所確認的利息收入
  C. 處置權益法核算的長期股權投資時，結轉持有期間確認的其他綜合收益金額
  D. 取得可供出售金融資產發生的交易費用

（三）判斷題

1. 資產負債表日，可供出售金融資產的公允價值低於其帳面餘額時，應該計提可供出售金融資產減值準備。（　　）

2. 可供出售金融資產如發生減值，應計入資產減值損失；如屬於暫時性的公允價值變動，則計入其他綜合收益。（　　）

3. 可供出售權益工具投資發生的減值損失，不得通過損益轉回。（　　）

4. 企業應當在資產負債表日對所有的金融資產的帳面價值進行檢查，金融資產發生減值的，應當計提減值準備。（　　）

5. 可供出售金融資產公允價值變動形成的利得或損失，除減值損失和外幣貨幣性金融資產形成的匯兌差額外，應當直接計入其他綜合收益，在該金融資產終止確認時轉出，計入當期損益。（　　）

6. 會計期末，如果交易性金融資產的成本高於市價，應該計提交易性金融資產跌價準備。（　　）

7. 企業處置貸款和應收款項時，應將取得的價款與該貸款或應收款項帳面價值之間的差額計入投資收益。（　　）

8. 處置持有至到期投資時，應將實際收到的金額與其帳面價值的差額計入公允價值變動損益。（　　）

9. 持有至到期投資、貸款、應收款項、可供出售金融資產不能重分類為以公允價值計量且其變動計入當期損益的金融資產；持有至到期投資和可供出售債務工具之間，滿足一定條件時可以重分類，但不得隨意進行重分類。（　　）

（四）計算分析題

1. 甲公司為上市公司，至 2×16 年對乙公司股票投資有關的材料如下：
  (1) 2×15 年 5 月 20 日，甲公司以銀行存款 300 萬元（其中包含乙公司已宣告但尚未發放的現金股利 6 萬元）從二級市場購入乙公司 10 萬股普通股股票，另支付相關交易費用 1.8 萬元。甲公司將該股票投資劃分為可供出售金融資產。
  (2) 2×15 年 5 月 27 日，甲公司收到乙公司發放的現金股利 6 萬元。

(3) 2×15 年 6 月 30 日，乙公司股票收盤價跌至每股 26 元，甲公司預計乙公司股價下跌是暫時性的。

(4) 2×15 年 7 月起，乙公司股票價格持續下跌，至 12 月 31 日，乙公司股票收盤價跌至每股 20 元。甲公司判斷該股票投資已發生減值。

(5) 2×15 年 4 月 26 日，乙公司宣告發放現金股利每股 0.1 元。

(6) 2×16 年 5 月 10 日，甲公司收到乙公司發放的現金股利 1 萬元。

(7) 2×16 年 1 月起，乙公司股票價格持續上升，至 6 月 30 日，乙公司股票收盤價升至每股 25 元。

(8) 2×16 年 12 月 24 日，甲公司以每股 28 元的價格在二級市場售出所持乙公司的全部股票，同時支付相關交易費用 1.68 萬元。

假定甲公司在每年 6 月 30 日和 12 月 31 日確認公允價值變動並進行減值測試，不考慮所得稅因素，所有款項均以銀行存款收付。

要求：

(1) 根據上述資料，逐筆編制甲公司相關業務的會計分錄。

(2) 分別計算甲公司該項投資對 2×15 年度和 2×16 年度營業利潤的影響額。

(「可供出售金融資產」科目要求寫出明細科目，答案中的金額單位用萬元表示)

2. A 公司於 2×15 年 1 月 1 日從證券市場購入 B 公司 2008 年 1 月 1 日發行的債券，債券是 5 年期，票面年利率是 5%，每年 1 月 5 日支付上年度的利息，到期日為 2×13 年 1 月 1 日，到期日一次歸還本金和最後一期的利息。A 公司購入債券的面值為 1,000 萬元，實際支付的價款是 1,005.35 萬元，另外，支付相關的費用 10 萬元。A 公司購入以後將其劃分為持有至到期投資，購入債券實際利率為 6%，假定按年計提利息。

2×15 年 12 月 31 日，B 公司發生財務困難，該債券的預計未來的現金流量的現值為 930 萬元（不屬於暫時性的公允價值變動）。

2×16 年 1 月 2 日，A 公司將該持有至到期投資重分類為可供出售金融資產，且其公允價值為 925 萬元。

2×16 年 2 月 20 日 A 公司以 890 萬元的價格出售所持有的 B 公司債券。

要求：

(1) 編制 2×15 年 1 月 1 日，A 公司購入債券時的會計分錄。

(2) 編制 2×15 年 1 月 5 日收到利息時的會計分錄。

(3) 編制 2×15 年 12 月 31 日確認投資收益的會計分錄。

(4) 計算 2×15 年 12 月 31 日應計提的減值準備的金額，並編制相應的會計分錄。

(5) 編制 2×16 年 1 月 2 日持有至到期投資重分類為可供出售金融資產的會計分錄。

(6) 編制 2×16 年 2 月 20 日出售債券的會計分錄。

3. A 公司與下述公司均不存在關聯方關係。A 公司 2012 年的有關交易或事項如下：

(1) 2012 年 1 月 2 日，A 公司從深圳證券交易所購入甲公司股票 1,000 萬股，占其表決權資本的 1%，對甲公司無控制、共同控制和重大影響。A 公司支付款項 8,000 萬元，另付交易費用 25 萬元，準備近期出售。2012 年 12 月 31 日公允價值為 8,200 萬元。

(2) 2012 年 1 月 20 日，A 公司從上海證券交易所購入乙公司股票 2,000 萬股，佔其表決權資本的 2%，對乙公司無控制、共同控制和重大影響。A 公司支付款項 10,000 萬元，另付交易費用 50 萬元，不準備近期出售。2012 年 12 月 31 日公允價值為 11,000 萬元。

(3) 2012 年 2 月 20 日，A 公司取得丙公司 30% 的表決權資本，對丙公司具有重大影響。A 公司支付款項 60,000 萬元，另付交易費用 500 萬元，其目的是準備長期持有。

(4) 2012 年 3 月 20 日，A 公司取得丁公司 60% 的表決權資本，對丁公司構成非同一控制下企業合併。A 公司支付款項 90,000 萬元，另付評估審計費用 800 萬元，其目的是準備長期持有。

(5) 2012 年 4 月 20 日，A 公司以銀行存款 500 萬元對戊公司投資，佔其表決權資本的 6%，另支付相關稅費 2 萬元。A 公司對戊公司無控制、無共同控制和重大影響，準備長期持有。

要求：分別說明 A 公司對各項股權投資如何劃分，計算該投資的初始確認金額，編制相關會計分錄。

4. 甲企業系上市公司，按年對外提供財務報表。企業有關交易性金融資產投資資料如下：

(1) 2×15 年 3 月 6 日甲企業以賺取差價為目的從二級市場購入 X 公司股票 100 萬股，作為交易性金融資產，取得時公允價值為每股為 5.2 元，每股含已宣告但尚未發放的現金股利 0.2 元，另支付交易費用 5 萬元。全部價款以銀行存款支付。

(2) 2×15 年 3 月 16 日，甲企業收到購買價款中所含現金股利。

(3) 2×15 年 12 月 31 日，該股票公允價值為每股 4.5 元。

(4) 2×16 年 2 月 21 日，X 公司宣告每股發放現金股利 0.3 元。

(5) 2×16 年 3 月 21 日，甲企業收到現金股利。

(6) 2×16 年 12 月 31 日，該股票公允價值為每股 5.3 元。

(7) 2×17 年 3 月 16 日，甲企業將該股票全部處置，每股 5.1 元，交易費用為 5 萬元。

要求：編制有關交易性金融資產的會計分錄。

5. 某企業按照應收帳款餘額的 3% 提取壞帳準備。該企業第一年的應收帳款餘額為 100,000 元；第二年發生壞帳 6,000 元，其中甲單位 1,000 元，乙單位 5,000 元，年末應收帳款餘額為 120,000 元；第三年，已沖銷的上年乙單位的應收帳款 5,000 元又收回，期末應收帳款餘額為 130,000 元。

要求：估計每年的壞帳準備金額並做每年相應的會計分錄。

五、參考答案及解析

(一) 單項選擇題

1.【答案】C

【解析】該可供出售金融資產影響 2008 年投資收益的金額＝－465+180＝－285（萬元）。

會計處理為：

借：可供出售金融資產——成本　　　　　　　2,865（300×9.4+45）
　　貸：銀行存款　　　　　　　　　　　　　　　　　　　　2,865
借：銀行存款　　　　　　　　　　　　　　　180（300×6÷10）
　　貸：投資收益　　　　　　　　　　　　　　　　　　　　　180
借：其他綜合收益　　　　　　　　　　　　　165（2,865-300×9）
　　貸：可供出售金融資產——公允價值變動　　　　　　　　　165
借：銀行存款　　　　　　　　　　　　　　　2,400（300×8）
　　投資收益　　　　　　　　　　　　　　　　　　　　　　　465
　　可供出售金融資產——公允價值變動　　　　　　　　　　　165
　　貸：可供出售金融資產——成本　　　　　　　　　　　　2,865
　　　　其他綜合收益　　　　　　　　　　　　　　　　　　　165

2.【答案】C

【解析】本題考核可供出售金融資產的會計處理。可供出售金融資產應按公允價值進行初始計量，交易費用應計入初始確認金額。但價款中包含的已宣告尚未發放的現金股利或已到期尚未領取的債券利息，應當單獨確認為應收項目（應收股利或應收利息）。因此，甲公司購入該股票的初始入帳金額=10×15-5+10=155（萬元）。

3.【答案】A

【解析】確認股票投資的減值損失=3×50-50×1.5=75（萬元），原已確認股票公允價值變動=(3-2.9)×50=-5（萬元）。會計分錄如選項A所示。

4.【答案】C

【解析】對持有至到期投資、貸款及應收款項和可供出售債務工具，在隨後的會計期間公允價值已上升且客觀上與確認原減值損失後發生的事項有關的，原確認的減值損失應當予以轉回，計入當期損益。而可供出售權益工具發生的減值損失，不得通過損益轉回，而是通過其他綜合收益轉回。

5.【答案】C

【解析】本題考核不附追索權的應收帳款出售的處理。甲公司出售應收帳款時的會計處理是：

借：銀行存款　　　　　　　　　　　　　　　　　　　　260,000
　　營業外支出　　　　　　　　　　　　　　　　　　　　91,000
　　貸：應收帳款　　　　　　　　　　　　　　　　　　351,000

6.【答案】D

【解析】本題考核金融資產的分類。選項A應作為交易性金融資產核算，選項B應作為持有至到期投資核算，選項C應作為長期股權投資核算，選項D應作為可供出售金融資產核算。

7.【答案】C

【解析】取得交易性金融資產發生的交易費用應計入投資收益借方，其他幾項業務涉及的相關交易費用皆計入其初始入帳價值。

8.【答案】C

【解析】2月28日，購入時：

借：交易性金融資產——成本	1,500
投資收益	20
貸：銀行存款	1,520

6月22日，收到現金股利時：

借：銀行存款	100
貸：投資收益	100

12月31日，公允價值變動時：

借：交易性金融資產——公允價值變動	300
貸：公允價值變動損益	300

因此，20×9年該交易性金融資產對長城公司營業利潤的影響額＝−20+100+300＝380（萬元）。

9.【答案】C

【解析】交易性金融資產的入帳價值＝100−1＝99（萬元）。取得交易性金融資產時發生的相關費用應計入投資收益科目。本題會計分錄為：

借：交易性金融資產	99
投資收益	2
應收股利	1
貸：銀行存款	102

10.【答案】D

【解析】處置持有至到期投資時，應將所取得價款與該投資帳面價值之間的差額計入投資收益：2,100−(2,000+2,000×3%×2.5−12−25)＝−13（萬元）。

本題的會計分錄為：

借：銀行存款	2,100
持有至到期投資減值準備	25
持有至到期投資——利息調整	12
投資收益	13
貸：持有至到期投資——成本	2,000
——應計利息	150（2,000×3%×2.5）

11.【答案】B

【解析】對持有至到期投資，應按公允價值進行初始計量，交易費用應計入初始確認金額。但企業取得金融資產支付的價款中包含已到付息期但尚未領取的債券利息，應當單獨確認為應收利息。債券投資的初始入帳金額＝1,500−20+10＝1,490（萬元）。

12.【答案】C

【解析】本題考核不同金融資產的重分類。企業將持有至到期投資重分類為可供出售金融資產，在最終處置該金融資產時要將重分類時產生的其他綜合收益轉入投資收益。所以此題出售時確認的投資收益＝(53−50)+(50−48)＝5（萬元）。

13.【答案】A

【解析】持有至到期投資、應收款項、可供出售金融資產按公允價值進行初始計量，交易費用計入初始確認金額。交易性金融資產按公允價值進行初始計量，交易費用計入投資收益。

(二) 多項選擇題

1.【答案】ACD

【解析】選項B，可供出售金融資產應當按取得該金融資產的公允價值和相關交易費用之和作為初始確認金額。

2.【答案】ABC

【解析】選項D，對於已確認減值損失的可供出售權益工具投資發生的減值損失，可以轉回，但不得通過損益轉回。

3.【答案】BCD

【解析】本題考核金融資產的後續計量。選項B，如果某債務工具投資在活躍市場沒有報價，則企業不能將其劃分為持有至到期投資。選項C，貸款在持有期間所確認的利息收入應當根據實際利率計算。實際利率和合同利率差別較小的，也可以按合同利率計算利息收入。選項D，貸款和應收款項一般是指金融企業發放的貸款和其他債權，但是又不限於金融企業發放的貸款和其他債權。一般企業發生的應收款項也可以劃分為這一類。

4.【答案】BC

【解析】交易性金融資產和可供出售金融資產均應按公允價值進行後續計量，持有至到期投資和貸款及應收款項按攤餘成本計量。

5.【答案】AB

【解析】企業在初始確認時將某金融資產或某金融負債劃分為以公允價值計量且其變動計入當期損益的金融資產或金融負債後，不能重分類為其他類金融資產或金融負債；其他類金融資產或金融負債也不能重分類為以公允價值計量且其變動計入當期損益的金融資產或金融負債。所以本題應選AB。

6.【答案】ABCD

【解析】持有至到期投資是指到期日固定、回收金額固定或可確定，且企業有明確意圖和能力持有至到期的非衍生金融資產。

7.【答案】AB

【解析】選項C，持有至到期投資取得時的交易費用計入初始確認金額，不計入當期損益；選項D，可供出售金融資產在資產負債表日的公允價值變動額應當計入所有者權益。

8.【答案】ABCD

【解析】持有至到期投資的攤餘成本與其帳面價值相同，上述四項都會影響持有至到期投資的帳面價值（攤餘成本），所以都應選擇。

9.【答案】AC

【解析】選項B，股權投資沒有固定的到期日，因此不能劃分為持有至到期投資；選

項D，持有至到期投資不能重分類為以公允價值計量且其變動計入當期損益的金融資產。

10.【答案】ABC

【解析】重分類日該剩餘部分劃分為可供出售金融資產，應該按照公允價值進行後續計量，而不是按照攤餘成本進行後續計量。

11.【答案】AC

【解析】選項B，貸款持有期間所確認的利息收入直接通過「利息收入」科目核算；可供出售金融資產取得時發生的交易費用應計入初始入帳金額，作為可供出售金融資產的入帳價值。

(三) 判斷題

1.【答案】錯

【解析】資產負債表日，可供出售金融資產的公允價值低於其帳面餘額時，一般應該借記「其他綜合收益」科目，貸記「可供出售金融資產」科目。可供出售金額資產出現減值必須是有這樣類似的表述：股票的市價大幅度的下跌或嚴重下跌，債券表現為非暫時性的或長期的下跌。這種情況下才可以計提相關的減值。

2.【答案】對

3.【答案】對

【解析】可供出售權益工具發生的減值損失轉回時要借記「可供出售金融資產」科目，貸記「其他綜合收益」科目，可供出售債務工具減值損失轉回時通過損益類科目「資產減值損失」核算。

4.【答案】錯

【解析】企業應當在資產負債表日對以公允價值計量且其變動計入當期損益的金融資產以外的金融資產的帳面價值進行檢查，有客觀證據表明該金融資產發生減值的，應當計提減值準備。

5.【答案】對

6.【答案】錯

【解析】交易性金融資產按公允價值計價，不計提減值準備。

7.【答案】錯

【解析】處置貸款和應收款項的損益不計入投資收益，應計入營業外收支。

8.【答案】錯

【解析】本題考核持有至到期投資的會計處理。處置持有至到期投資時，應將實際收到的金額與其帳面價值的差額計入「投資收益」科目。

9.【答案】對

(四) 計算分析題

1. (1) 2×15年5月20日：

借：可供出售金融資產——成本　　　　　　　295.8
　　應收股利　　　　　　　　　　　　　　　　6
　貸：銀行存款　　　　　　　　　　　　　　　301.8

2×15 年 5 月 27 日：
　　借：銀行存款　　　　　　　　　　　　　　　　　　　　　6
　　　　貸：應收股利　　　　　　　　　　　　　　　　　　　　　　6
2×15 年 6 月 30 日：
　　借：其他綜合收益　　　　　　　　　　　　　　　　　　35.8
　　　　貸：可供出售金融資產——公允價值變動　　　　　　　　　35.8
2×15 年 12 月 31 日：
　　借：資產減值損失　　　　　　　　　　　　　　　　　　95.8
　　　　貸：其他綜合收益　　　　　　　　　　　　　　　　　　　35.8
　　　　　　可供出售金融資產——減值準備　　　　　　　　　　　60
2×16 年 4 月 26 日：
　　借：應收股利　　　　　　　　　　　　　　　　　　　　　1
　　　　貸：投資收益　　　　　　　　　　　　　　　　　　　　　　1
2×16 年 5 月 10 日：
　　借：銀行存款　　　　　　　　　　　　　　　　　　　　　1
　　　　貸：應收股利　　　　　　　　　　　　　　　　　　　　　　1
2×16 年 6 月 30 日：
　　借：可供出售金融資產——減值準備　　　　　　　　　　　50
　　　　貸：其他綜合收益　　　　　　　　　　　　　　　　　　　50
2×16 年 12 月 24 日：
　　借：銀行存款　　　　　　　　　　　　　　　　　　　　　278.32
　　　　可供出售金融資產——減值準備　　　　　　　　　　　　10
　　　　　　　　　　　　——公允價值變動　　　　　　　　　　　35.8
　　　　貸：可供出售金融資產——成本　　　　　　　　　　　　　295.8
　　　　　　投資收益　　　　　　　　　　　　　　　　　　　　　28.32
　　借：其他綜合收益　　　　　　　　　　　　　　　　　　50
　　　　貸：投資收益　　　　　　　　　　　　　　　　　　　　　50

（2）甲公司該項投資對 2×15 年度營業利潤的影響額為資產減值損失 95.8 萬元，即減少營業利潤 95.8 萬元。

甲公司該項投資對 2×16 年度營業利潤的影響額＝1+28.32+50＝79.32（萬元），即增加營業利潤 79.32 萬元。

2.（1）編制 2×15 年 1 月 1 日，A 公司購入債券時的會計分錄
　　借：持有至到期投資——成本　　　　　　　　　　　　　1,000
　　　　應收利息　　　　　　　　　　　　　　　　　　　　50
　　　　貸：銀行存款　　　　　　　　　　　　　　　　　　　　1,015.35
　　　　　　持有至到期投資——利息調整　　　　　　　　　　　34.65
（2）編制 2×15 年 1 月 5 日收到利息時的會計分錄
　　借：銀行存款　　　　　　　　　　　　　　　　　　　　　50
　　　　貸：應收利息　　　　　　　　　　　　　　　　　　　　　50

（3）編制 2×15 年 12 月 31 日確認投資收益的會計分錄

投資收益＝期初攤餘成本×實際利率＝(1,000－34.65)×6%＝57.92（萬元）

借：應收利息 50
　　持有至到期投資——利息調整 7.92
　　貸：投資收益 57.92

（4）計算 2×15 年 12 月 31 日應計提減值準備的金額，並編制相應的會計分錄

2×15 年 12 月 31 日計提減值準備前的攤餘成本＝1,000－34.65＋7.92＝973.27（萬元）

計提減值準備＝973.27－930＝43.27（萬元）

借：資產減值損失 43.27
　　貸：持有至到期投資減值準備 43.27

（5）編制 2×16 年 1 月 2 日持有至到期投資重分類為可供出售金融資產的會計分錄

借：可供出售金融資產——成本 1,000
　　持有至到期投資——利息調整 26.73
　　持有至到期投資減值準備 43.27
　　其他綜合收益 5
　　貸：持有至到期投資——成本 1,000
　　　　可供出售金融資產——利息調整 26.73
　　　　——公允價值變動 48.27（1,000－925－26.73）

（6）編制 2×16 年 2 月 20 日出售債券的會計分錄

借：銀行存款 890
　　可供出售金融資產——利息調整 26.73
　　　　——公允價值變動 48.27
　　投資收益 35
　　貸：可供出售金融資產——成本 1,000

借：投資收益 5
　　貸：其他綜合收益 5

3.（1）購入甲公司股票應確認為交易性金融資產，對甲公司的投資初始確認成本為 8,000 萬元：

借：交易性金融資產——成本 8,000
　　投資收益 25
　　貸：銀行存款 8,025

借：交易性金融資產——公允價值變動 200（8,200－8,000）
　　貸：公允價值變動損益 200

（2）購入乙公司股票應確認為可供出售金融資產，對乙公司的投資初始確認成本為 10,050 萬元（10,000＋50）

借：可供出售金融資產——成本 10,050
　　貸：銀行存款 10,050

借：可供出售金融資產——公允價值變動 950（11,000－10,050）
　　貸：其他綜合收益 950

（3）取得丙公司股權應確認為長期股權投資，對丙公司的投資初始確認成本為 60,500 萬元（60,000+500）

借：長期股權投資——投資成本　　　　　　　　　　　60,500
　　貸：銀行存款　　　　　　　　　　　　　　　　　　　　60,500

（4）取得丁公司股權應確認為長期股權投資，對丁公司的投資初始確認成本為 90,000 萬元

借：長期股權投資　　　　　　　　　　　　　　　　90,000
　　管理費用　　　　　　　　　　　　　　　　　　　800
　　貸：銀行存款　　　　　　　　　　　　　　　　　　　　90,800

（5）對戊公司的投資應確認為可供出售金融資產，對戊公司的投資初始確認成本為 502 萬元（500+2）

借：可供出售金融資產　　　　　　　　　　　　　　502
　　貸：銀行存款　　　　　　　　　　　　　　　　　　　　502

4.（1）2×15 年 3 月 6 取得交易性金融資產

借：交易性金融資產——成本　　　　500 [100×(5.2-0.2)]
　　應收股利　　　　　　　　　　　　20
　　投資收益　　　　　　　　　　　　5
　　貸：銀行存款　　　　　　　　　　　　　　　　　　　525

（2）2×15 年 3 月 16 日收到購買價款中所含的現金股利

借：銀行存款　　　　　　　　　　　　20
　　貸：應收股利　　　　　　　　　　　　　　　　　　　20

（3）2×15 年 12 月 31 日，該股票公允價值為每股 4.5 元

借：公允價值變動損益　　　　　　　50 [(5-4.5)×100]
　　貸：交易性金融資產——公允價值變動　　　　　　　50

（4）2×16 年 2 月 21 日，X 公司宣告發放的現金股利

借：應收股利　　　　　　　　　　　30（100×0.3）
　　貸：投資收益　　　　　　　　　　　　　　　　　　　30

（5）2×16 年 3 月 21 日，收到現金股利

借：銀行存款　　　　　　　　　　　30
　　貸：應收股利　　　　　　　　　　　　　　　　　　　30

（6）2×16 年 12 月 31 日，該股票公允價值為每股 5.3 元

借：交易性金融資產——公允價值變動　　　　　　　80
　　貸：公允價值變動損益　　　　　　80 [(5.3-4.5)×100]

（7）2×17 年 3 月 16 日，將該股票全部處置，每股 5.1 元，交易費用為 5 萬元。

借：銀行存款　　　　　　　　　　　505（510-5）
　　投資收益　　　　　　　　　　　　25
　　貸：交易性金融資產——成本　　　　　　　　　　　500
　　　　　　　　　　　　——公允價值變動　　　　　　30

借：公允價值變動損益 30
　　貸：投資收益 30
5.（1）借：資產減值損失 3,000
　　　　貸：壞帳準備 3,000
（2）第2年發生壞帳損失
借：壞帳準備 6,000
　　貸：應收帳款——甲單位 1,000
　　　　應收帳款——乙單位 5,000
（3）年末應收帳款餘額為120,000元時

計提 120,000×3% = 3,600（元），但由於第一年計提數 3,000 元不夠支付損失數 6,000 元，因此，在第二年年末時應補提第一年多損失的 3,000 元。即，第二年年末共計提 6,600 元。

借：資產減值損失 6,600
　　貸：壞帳準備 6,600
（4）已衝銷的上年應收帳款又收回
借：應收帳款——乙單位 5,000
　　貸：壞帳準備 5,000
同時：
借：銀行存款 5,000
　　貸：應收帳款 5,000
（5）期末應收帳款餘額為130,000元時
130,000×3%-（3,600+5,000）= -4,700（元）

由於第3年收回以前衝銷的壞帳 5,000 元，因此，年末壞帳準備的貸方餘額已經為 8,600 元了，而當年按應收帳款餘額計算，只能將壞帳準備貸方餘額保持為 3,900 元，因此，應將多計提的 4,700 元衝回。

借：壞帳準備 4,700
　　貸：資產減值損失 4,700

第四章　長期股權投資

一、要點總覽

長期股權投資
- 長期股權投資的分類
- 長期股權投資的初始計量
  - 企業合併：同一控制下，非同一控制下
  - 非企業合併：合營企業、聯營企業
- 長期股權投資的後續計量
  - 控制：成本法
  - 重大影響或共同控制：權益法
- 長期股權投資的轉換
- 長期股權投資的減值
- 長期股權投資的處置

二、本章重點難點

（一）重點

- 長期股權投資的範圍
- 長期股權投資的初始計量
- 長期股權投資的權益法核算
- 股權投資轉換的會計處理

（二）難點

- 長期股權投資的權益法核算
- 股權投資轉換的會計處理

三、關鍵內容小結

（一）長期股權投資分類

1. 母公司對子公司的投資	控制
2. 合營方對合營企業的投資	共同控制
3. 聯營方對聯營企業的投資	重大影響：投資方直接或者通過持有被投資方 20%以上但低於 50%的表決權

(二) 同一控制下控股合併形成的長期股權投資的會計處理

1. 初始計量原則	長期股權投資的初始成本按取得被合併方所有者權益在最終控制方合併財務報表中的帳面價值的份額確定
2. 以銀行存款、非現金的轉讓為合併對價的	借：長期股權投資 　　資本公積/盈餘公積/利潤分配——未分配利潤（差額） 　　累計折舊/累計攤銷/資產減值準備 　貸：××資產 　　　應交稅費——應交增值稅（銷）等 註：如果差額在貸方，貸記「資本公積」
3. 以代償負債作為合併對價的	借：長期股權投資 　　資本公積/盈餘公積/利潤分配——未分配利潤（差額） 　貸：應付帳款/應付債券等 註：如果差額在貸方，貸記「資本公積」
4. 以換股合併方式取得長期股權投資的	借：長期股權投資 　貸：股本 　　　資本公積——股本溢價（差額） 註：如果差額在借方，依次衝減「資本公積/盈餘公積/利潤分配——未分配利潤」

(三) 非同一控制下控股合併形成的長期股權投資的會計處理

1. 初始計量原則	以合併對價的公允價值作為長期股權投資初始入帳成本
2. 以銀行存款買入股權	借：長期股權投資 　　應收股利（內含股利部分） 　貸：銀行存款
3. 以轉讓非現金方式換取股權	視為公允價值模式下的非貨幣性資產交換處理
4. 以代償負債作為合併對價的	借：長期股權投資 　貸：應付帳款/應付債券等
5. 以換股合併方式取得長期股權投資的	借：長期股權投資 　貸：股本 　　　資本公積——股本溢價（差額）

(四) 合併直接費用、證券發行費用的會計處理

1. 合併直接費用	借：管理費用 　貸：銀行存款等
2. 股票發行費用	依次衝減「資本公積/盈餘公積/利潤分配——未分配利潤」 借：資本公積/盈餘公積/利潤分配——未分配利潤 　貸：銀行存款等
3. 債券發行費用	借：應付債券——利息調整 　貸：銀行存款等

（五）對聯營企業、合營企業的長期股權投資的會計處理

1. 初始計量原則	以「合併對價的公允價值+初始直接費用」作為長期股權投資初始入帳成本
2. 以銀行存款買入股權	借：長期股權投資 　　應收股利（內含股利部分） 貸：銀行存款
3. 轉讓非現金方式換取股權	視為公允價值模式下的非貨幣性資產交換處理

（六）後續計量方法

1. 會計核算方法	（1）對被投資企業達不到控制、共同控制或重大影響的，視為金融資產核算 （2）對被投資企業達到共同控制或重大影響的，採用權益法核算 （3）對被投資企業達到控制的，採用成本法核算
2. 成本法下的會計處理	（1）現金股利入投資收益 （2）被投資方股票股利、盈餘公積轉增資本等所有者權益內部結構調整時，投資方不作處理
3. 權益法下的會計處理	（1）特點：根據投資企業享有被投資單位所有者權益份額的變動對投資的帳面價值進行調整 （2）科目設置 長期股權投資——投資成本（投資時點） 　　　　　　——損益調整（持有期間被投資單位淨損益及利潤分配變動） 　　　　　　——其他綜合收益（持有期間被投資單位其他綜合收益變動） 　　　　　　——其他權益變動（持有期間被投資單位其他權益變動） （3）初始投資時 ①初始投資成本大於所享有被投資企業可辨認淨資產份額，其差額為內含的商譽，無須調整長期股權投資 ②初始投資成本小於所享有被投資企業可辨認淨資產份額，其差額確認為「營業外收入」，同時調整長期股權投資 （4）投資期間，投資企業的「長期股權投資」隨著被投資企業的所有者權益變動而變動 ①若被投資企業實現盈利，投資企業做相應的會計處理 借：長期股權投資——損益調整 　貸：投資收益 ②若被投資企業發生虧損，投資企業做相應的會計處理 借：投資收益 　貸：長期股權投資——損益調整 若被投資企業宣告發放現金股利，投資企業做相應的會計處理 借：應收股利 　貸：長期股權投資——損益調整 若被投資企業其他所有者權益發生變動，投資企業按享有被投資單位所有者權益份額的變動對投資的帳面價值進行調整 （5）注意三點 ①被投資企業的盈虧要調整至投資時點的公允價值的口徑 ②內部未實現的交易損益要剔除 ③如果被投資企業發生巨額虧損，「長期股權投資」的帳面價值至多調整至零，如果存在具有投資性質的「長期應收款」，應抵減「長期應收款」。如果投資協議有約定，投資企業承擔連帶責任的，不足以衝減的虧損確認為「預計負債」；否則，不足以衝減的虧損可在備查簿中登記，以後年度被投資方實現盈利時，按相反順序轉回

（七）長期股權投資核算方法的轉換

股權投資轉換涉及六種情形，如下表所示：

轉換形式		個別報表	合併報表
上升	（1）公允價值計量轉換為權益法	原投資調整到公允價值	
	（2）權益法轉換為成本法（非同一控制）	保持原投資帳面價值	原投資調整到公允價值
	（3）公允價值計量轉換為成本法（非同一控制）	購買日原投資帳面價值與新增投資成本之和	因個別報表原投資公允價值與帳面價值相等，所以合併報表無須調整
下降	（4）成本法轉換為權益法	剩餘投資追溯調整權益法帳面價值	剩餘投資調整到公允價值
	（5）權益法轉換為公允價值計量	剩餘投資調整到公允價值	
	（6）成本法轉換為公允價值計量	剩餘投資調整到公允價值	無須調整剩餘投資價值

（八）長期股權減值的會計處理

借：資產減值損失
　　貸：長期股權投資減值準備

此減值損失不得恢復。

（九）長期股權投資的處置

註銷投資帳面價值：
借：銀行存款等
借：長期股權投資減值準備
借或者貸：投資收益（差額）
　　貸：長期股權投資

之前形成的「其他綜合收益」和「資本公積」轉入「投資收益」。

四、練習題

（一）單項選擇題

1. 2×17 年 1 月 1 日，甲公司購入乙公司 30% 的普通股權，對乙公司有重大影響，甲公司支付買價 640 萬元，同時支付相關稅費 4 萬元，購入的乙公司股權準備長期持有。乙公司 2×17 年 1 月 1 日的所有者權益的帳面價值為 2,000 萬元，公允價值為 2,200 萬元。甲公司長期股權投資的初始投資成本為（　　）萬元。

　　A. 600　　　　　B. 640　　　　　C. 644　　　　　D. 660

2. 2×17 年 1 月 20 日，甲公司以銀行存款 1,000 萬元及一項土地使用權取得其母公司控制的乙公司 80% 的股權，並於當日起能夠對乙公司實施控制。合併日，該土地

使用權的帳面價值為 3,200 萬元（假定尚未開始攤銷），公允價值為 4,000 萬元；乙公司淨資產的帳面價值為 6,000 萬元，公允價值為 6,250 萬元。假定甲公司與乙公司的會計年度和採用的會計政策相同，不考慮其他因素，甲公司的下列會計處理中，正確的是（　　）。

　　A. 確認長期股權投資 5,000 萬元，不確認資本公積
　　B. 確認長期股權投資 5,000 萬元，確認資本公積 800 萬元
　　C. 確認長期股權投資 4,800 萬元，確認資本公積 600 萬元
　　D. 確認長期股權投資 4,800 萬元，衝減資本公積 200 萬元

　3. 甲公司持有乙公司 30% 的有表決權股份，採用權益法核算。2015 年 1 月 1 日，該項長期股權投資的帳面價值為 4,800 萬元（其中投資成本為 3,500 萬元，損益調整為 400 萬元，其他綜合收益為 400 萬元，其他權益變動為 500 萬元）。2015 年 1 月 1 日，甲公司增持乙公司 40% 的股份，共支付價款 5,700 萬元。不考慮其他因素，則 2015 年 1 月 1 日，甲公司的長期股權投資的帳面價值是（　　）萬元。
　　A. 10,500　　　B. 9,200　　　C. 9,600　　　D. 5,700

　4. 甲公司將持有的乙公司 20% 有表決權的股份作為長期股權投資，並採用權益法核算。該投資系甲公司 2×16 年購入，取得投資當日，乙公司各項可辨認資產、負債的公允價值與其帳面價值均相同。2×17 年 12 月 25 日，甲公司以銀行存款 1,000 萬元從乙公司購入一批產品，作為存貨核算，至 12 月 31 日尚未出售。乙公司生產該批產品的實際成本為 800 萬元，2×17 年度利潤表列示的淨利潤為 3,000 萬元。甲公司在 2×17 年度因存在全資子公司內公司需要編制合併財務報表。假定不考慮其他因素，下列關於甲公司會計處理的表述中，正確的是（　　）。
　　A. 合併財務報表中抵銷存貨 200 萬元
　　B. 個別財務報表中確認投資收益 560 萬元
　　C. 合併財務報表中抵銷營業成本 160 萬元
　　D. 合併財務報表中抵銷營業收入 1,000 萬元

　5. 2×11 年 1 月 1 日，A 公司以銀行存款取得 B 公司 30% 的股權，初始投資成本為 2,000 萬元，投資時 B 公司各項可辨認資產、負債的公允價值與其帳面價值相同，可辨認淨資產公允價值及帳面價值的總額均為 7,000 萬元，A 公司取得投資後即派人參與 B 公司生產經營決策，但無法對 B 公司實施控制。B 公司 2×11 年實現淨利潤 800 萬元，A 在 2×11 年 6 月銷售給 B 公司一批存貨，售價為 500 萬元，成本為 300 萬元。該批存貨尚未對外銷售，假定不考慮所得稅因素。A 公司 2×11 年度因該項投資增加當期損益的金額為（　　）萬元。
　　A. 180　　　B. 280　　　C. 100　　　D. 200

　6. 2×15 年 3 月 1 日，甲公司以一項專利權和銀行存款 150 萬元向丙公司投資，占丙公司註冊資本的 60%。該專利權的帳面原價為 9,880 萬元，已累計攤銷 440 萬元，已計提無形資產減值準備 320 萬元，公允價值為 9,000 萬元。甲公司和丙公司此前不存在關聯方關係。不考慮其他相關稅費，則甲公司的合併成本為（　　）萬元。
　　A. 150　　　B. 9,000　　　C. 9,150　　　D. 9,880

　7. A 公司有關投資業務資料如下：2007 年 1 月 1 日，A 公司對 B 公司投資，取得

B公司60%的股權，投資成本為46,500萬元，B公司可辨認淨資產公允價值總額為51,000萬元（其中包含一項W存貨評估增值1,000萬元）。2016年6月30日，A公司將其持有的對B公司40%的股權出售給某企業，出售取得價款41,000萬元。2007年至2016年6月30日B公司實現淨利潤3,000萬元，B公司其他綜合收益為1,500萬元，假定B公司一直未進行利潤分配。購買日W存貨已全部對第三方銷售。在出售40%的股權後，A公司對B公司的持股比例為20%。2016年6月30日剩餘20%股權的公允價值為21,000萬元，B公司可辨認淨資產公允價值為54,500萬元。不考慮所得稅影響。A公司按淨利潤的10%提取盈餘公積。下列關於A公司在喪失控制權日會計處理的表述中，不正確的是（　　）。

　　A. 確認長期股權投資處置損益為10,000萬元
　　B. 處置後剩餘20%股權，假定對B公司不具有控制、共同控制和重大影響，應將剩餘投資作為金融資產計量
　　C. 處置後剩餘20%股權，假定對B公司不具有控制、共同控制和重大影響，並且在活躍市場中有報價、公允價值能可靠計量，應將其帳面價值15,500萬元作為長期股權投資，並採用公允價值進行後續計量
　　D. 處置後剩餘20%股權，假定對B公司實施共同控制或重大影響，屬於因處置投資導致對被投資單位的影響能力由控制轉為具有共同控制或重大影響的情形，應按權益法調整長期股權投資，調整後長期股權投資的帳面價值為16,200萬元

8. 下列各項中，影響長期股權投資帳面價值增減變動的是（　　）。
　　A. 採用權益法核算的長期股權投資，持有期間被投資單位宣告分派股票股利
　　B. 採用權益法核算的長期股權投資，持有期間被投資單位宣告分派現金股利
　　C. 採用成本法核算的長期股權投資，持有期間被投資單位宣告分派股票股利
　　D. 採用成本法核算的長期股權投資，持有期間被投資單位宣告分派現金股利

9. 甲公司2×17年1月1日以4,500萬元購入乙公司30%的股份，另支付相關費用22.5萬元。購入時乙公司可辨認淨資產的公允價值為16,500萬元（假定乙公司各項可辨認資產、負債的公允價值與帳面價值相等）。乙公司2×17年實現淨利潤900萬元。甲公司取得該項投資後對乙公司具有重大影響。假定不考慮其他因素，該投資對甲公司2×17年度利潤總額的影響為（　　）萬元。
　　A. 697.5　　　　B. 270　　　　C. 247.5　　　　D. 720

10. 甲公司2×17年1月1日取得乙公司30%的股權，採用權益法核算。投資當日乙公司除一批存貨的帳面價值為400萬元，公允價值為500萬元外，其他項目的帳面價值與公允價值均相等。當年乙公司實現淨利潤1,000萬元。假定年底乙公司上述存貨的60%對外銷售。2×17年8月5日，乙公司出售一批商品給甲公司，商品成本為400萬元，售價為600萬元，甲公司購入的商品作為存貨。至2×17年年末，甲公司已將從乙公司購入商品的60%出售給外部獨立的第三方。則2×17年甲公司因該項投資計入投資收益的金額為（　　）萬元。
　　A. 448　　　　B. 258　　　　C. 300　　　　D. 282

11. A公司於2×17年1月1日用貨幣資金從證券市場上購入B公司發行在外股份

的 20%，並對 B 公司具有重大影響，實際支付價款 450 萬元，另支付相關稅費 5 萬元。同日，B 公司可辨認淨資產的公允價值為 2,200 萬元。不考慮其他因素，則 2×17 年 1 月 1 日，A 公司該項長期股權投資的帳面價值為（　　）萬元。

　　　A. 450　　　　　B. 455　　　　　C. 440　　　　　D. 445

12. A 公司持有 B 公司 40%的股權，20×9 年 11 月 30 日，A 公司出售所持有 B 公司股權中的 25%。出售時出售部分 A 公司帳面上對 B 公司長期股權投資的構成為：投資成本為 9,000,000 元，損益調整為 2,400,000 元，其他綜合收益為 1,500,000 元。出售取得價款 14,100,000 元。A 公司 20×9 年 11 月 30 日應該確認的投資收益為（　　）元。

　　　A. 1,200,000　　B. 2,500,000　　C. 2,700,000　　D. 1,500,000

13. 2×17 年年初甲公司購入乙公司 30%的股權，成本為 60 萬元，2×17 年年末長期股權投資的可收回金額為 50 萬元，因此計提長期股權投資減值準備 10 萬元。2×18 年年末該項長期股權投資的可收回金額為 70 萬元，則 2×18 年年末甲公司應恢復長期股權投資減值準備為（　　）萬元。

　　　A. 10　　　　　B. 20　　　　　C. 30　　　　　D. 0

14. A 公司 2×17 年有關長期股權投資業務如下：2×17 年 1 月 20 日 B 公司宣告分配現金股利 2,000 萬元，2×17 年 1 月 25 日收到現金股利。2×17 年 6 月 20 日將其股權全部出售，收到價款 9,000 萬元。該股權為 2×08 年 1 月 20 日以銀行存款 7,000 萬元自 A 公司的母公司處購入，持股比例為 80%並取得控制權。A 和 B 屬於同一集團控制。取得該股權時，B 公司所有者權益相對於集團最終控制方而言的帳面價值為 10,000 萬元，公允價值為 15,000 萬元。下列有關 A 公司長期股權投資會計處理的表述中，不正確的是（　　）。

　　A. 初始投資成本為 8,000 萬元
　　B. B 公司宣告現金股利，A 公司衝減長期股權投資的帳面價值 1,600 萬元
　　C. 處置 B 公司股權時帳面價值為 8,000 萬元
　　D. 處置 B 公司股權確認的投資收益為 1,000 萬元

15. A 公司 2015 年 4 月 1 日購入 B 公司股權進行投資，占 B 公司 65%的股權，支付價款 500 萬元，取得該項投資後，A 公司能夠控制 B 公司。B 公司於 2015 年 4 月 20 日宣告分派 2014 年現金股利 100 萬元，B 公司 2015 年實現淨利潤 200 萬元（其中 1~3 月份實現淨利潤 50 萬元）。假定無其他影響 B 公司所有者權益變動的事項。該項投資 2015 年 12 月 31 日的帳面價值為（　　）萬元。

　　　A. 502　　　　　B. 500　　　　　C. 497　　　　　D. 504.5

16. 2×19 年 1 月 1 日，甲公司以支付銀行存款的方式取得其母公司持有的乙公司 25%的股權，支付銀行存款 110 萬元，對乙公司具有重大影響。當日乙公司可辨認淨資產的公允價值為 400 萬元。假定乙公司 2×19 年未發生淨損益等所有者權益的變動。2×14 年甲公司從集團母公司手中進一步取得乙公司 30%的股權，付出對價為一項固定資產，該固定資產的帳面價值為 100 萬元，公允價值為 120 萬元。至此甲公司取得乙公司的控制權。合併日乙公司相對於最終控制方的所有者權益帳面價值為 800 萬元。已知該交易不屬於一攬子交易。假定不考慮其他因素，則甲公司合併日應確認乙公司股

權的初始投資成本為（　　）。

　　A. 230萬元　　　　B. 210萬元　　　　C. 350萬元　　　　D. 440萬元

(二) 多項選擇題

1. 對於企業取得長期股權投資時發生的各項費用，下列表述正確的有（　　）。
    A. 同一控制下的企業合併，合併方為進行企業合併發生的各項費用（不包括發行債券或權益性證券發生的手續費、佣金等），應當於發生時計入當期損益
    B. 企業合併中發行權益性證券發生的手續費、佣金等費用，應當抵減權益性證券溢價收入，溢價收入不足以衝減的，衝減留存收益
    C. 非企業合併方式下以支付現金方式取得長期股權投資，支付的手續費等必要支出應計入初始投資成本
    D. 非企業合併方式下，通過發行權益性證券方式取得長期股權投資，其手續費、佣金等要從溢價收入中扣除，溢價不足以衝減的，衝減盈餘公積和未分配利潤

2. 在同一控制下的企業合併中，合併方取得的淨資產帳面價值的份額與支付的合併對價帳面價值（或發行股份面值總額）的差額，可能調整（　　）。
    A. 利潤分配——未分配利潤　　　　B. 資本公積
    C. 營業外收入　　　　　　　　　　D. 投資收益

3. 下列有關長期股權投資的表述中，不正確的有（　　）。
    A. 長期股權投資在取得時，應按取得投資的公允價值入帳
    B. 企業合併取得長期股權投資，其中發行債券支付的手續費、佣金等應計入初始投資成本
    C. 企業取得長期股權投資時，實際支付的價款中包含的已宣告但尚未發放的現金股利應計入初始投資成本
    D. 投資企業在確認應享有被投資單位淨損益的份額時，不須對被投資單位的帳面淨利潤進行調整

4. 下列關於非同一控制下企業合併的表述中，正確的有（　　）。
    A. 以權益性證券作為合併對價的，與發行有關的佣金、手續費等，應從所發行權益性證券的發行溢價收入中扣除，權益性證券的溢價收入不足以衝減的，應衝減盈餘公積和未分配利潤
    B. 非同一控制下企業合併過程中發生的審計、法律服務、評估諮詢等仲介費用，應於發生時計入當期損益
    C. 以發行債券方式進行的企業合併，與發行有關的佣金、手續費等應計入債券的初始計量金額中。如是折價發行，則增加折價金額；如是溢價發行，則減少溢價金額
    D. 對於初始投資成本小於享有被投資方可辨認淨資產公允價值份額的差額，應計入營業外收入

5. 可供出售金融資產因追加投資而轉換為權益法核算的長期股權投資時，下列說

法中不正確的有（　　）。
- A. 對於原持有股權投資在增資日的公允價值與帳面價值的差額，應計入資本公積
- B. 對於原持有股權投資在增資日的公允價值與帳面價值的差額，無須進行調整
- C. 對於原持有股權投資在增資之前所確認的其他綜合收益，應轉入營業外收入
- D. 對於原持有股權投資在增資之前所確認的其他綜合收益，無須進行處理

6. 下列有關長期股權投資權益法核算的會計論述中，正確的是（　　）。
- A. 當投資方對被投資方影響程度達到重大影響或重大影響以上時應採用權益法核算長期股權投資
- B. 因被投資方除淨損益、其他綜合收益和利潤分配以外所有者權益的其他變動應計入資本公積，此項資本公積在投資處置時應轉入投資收益
- C. 初始投資成本如果高於投資當日在被投資方擁有的可辨認淨資產公允價值的份額，應作為投資損失，在以後期間攤入各期損益
- D. 當被投資方的虧損使得投資方的帳面價值減至零時，如果投資方擁有被投資方的長期債權，實質上構成權益性投資，則應沖減此債權。如果依然不夠沖抵，當投資方對被投資方承擔連帶虧損責任時，應貸記「預計負債」科目；否則將超額虧損列入備查簿中，等到將來被投資方實現盈餘時，先沖減備查簿中的未入帳虧損，再依次沖減預計負債，恢復長期債權價值，最後追加投資價值

7. 權益法下，被投資單位發生的下列交易或事項中，可能會影響「長期股權投資──損益調整」科目餘額的有（　　）。
- A. 被投資單位實現淨利潤
- B. 被投資單位宣告分派現金股利
- C. 被投資單位可供出售金融資產公允價值變動
- D. 發放股票股利

8. 下列有關長期股權投資處置的說法中正確的有（　　）。
- A. 採用成本法核算的長期股權投資，處置長期股權投資時，其帳面價值與實際取得價款的差額，應當計入當期損益
- B. 採用權益法核算的長期股權投資，因被投資單位除淨損益、其他綜合收益和利潤分配以外所有者權益的其他變動而計入所有者權益的，處置該項投資時應當將原計入所有者權益部分的金額按相應比例轉入當期損益
- C. 採用成本法核算的長期股權投資，處置長期股權投資時，其帳面價值與實際取得價款的差額，應當計入所有者權益
- D. 採用權益法核算的長期股權投資，因被投資單位除淨損益、其他綜合收益和利潤分配以外所有者權益的其他變動而計入所有者權益的，處置該項投資時不應將原計入所有者權益的部分轉入當期損益，應按其帳面價值與實際取得價款的差額，計入當期損益

9. A公司所持有的下列股權投資中，通常應採用權益法核算的有（　　）。
    A. A公司與C公司各持有B公司50%的股權，由A公司與C公司共同決定B公司的財務和經營政策
    B. A公司持有D公司15%的股權，並在D公司董事會派有代表
    C. A公司持有E公司10%的股權，E公司的生產經營須依賴A公司的技術資料
    D. A公司持有F公司5%的股權，同時持有F公司部分當期可轉換公司債券，如果將F公司所發行的該項可轉換債券全部轉股，A公司對F公司的持股比例將達到30%

10. 下列股權投資中，不應作為長期股權投資，不應採用成本法核算的有（　　）。
    A. 投資企業對子公司的長期股權投資
    B. 投資企業對合營企業的股權投資
    C. 投資企業對聯營企業的股權投資
    D. 投資企業對被投資單位不具有控制、共同控制和重大影響的股權投資

(三) 判斷題

1. 對於同一控制下的控股合併，合併方應以所取得的對方帳面淨資產份額作為長期股權投資成本。　　　　　　　　　　　　　　　　　　　　　　　　　（　　）

2. 合營方向共同經營投出或出售資產等（不構成業務），在該資產等由共同經營出售給第三方前，應當僅確認因該交易產生的損益中歸屬於共同經營其他參與方的部分。
　　　　　　　　　　　　　　　　　　　　　　　　　　　　　　　　　　（　　）

3. 非同一控制企業合併下，以發行權益性證券作為合併對價的，與發行權益性證券相關的佣金、手續費等應計入合併成本。　　　　　　　　　　　　　（　　）

4. 非同一控制下的企業合併，合併成本以企業作為對價所付出的資產、發生或者承擔的負債以及發行權益性證券的公允價值進行計量，所支付的非貨幣性資產在購買日的公允價值與帳面價值的差額計入資本公積。　　　　　　　　　　　（　　）

5. 權益法下，長期股權投資的初始投資成本小於投資時應享有被投資單位可辨認淨資產公允價值份額的差額，應計入資本公積。　　　　　　　　　　　（　　）

6. 當長期股權投資的可收回金額低於其帳面價值時，應當計提減值準備，長期股權投資減值準備一經確認，在以後會計期間不得轉回。　　　　　　　　（　　）

7. 投資者投入的長期股權投資，均應按照協議約定的價值確定初始投資成本。
　　　　　　　　　　　　　　　　　　　　　　　　　　　　　　　　　　（　　）

(四) 計算分析題

1. 甲公司為上市公司，為提高市場佔有率及實現多元化經營，在2×16年進行了一系列的投資和資本運作。

(1) 甲公司於2×16年4月6日與乙公司的控股股東A公司簽訂了股權轉讓協議，主要內容如下：

①以乙公司2×16年4月30日經評估確認的淨資產為基礎，甲公司定向增發本公司普通股股票給A公司，A公司以其所持有乙公司80%的股權作為對價。

②甲公司定向增發的普通股股數以協議公告前一段合理時間內公司普通股股票的加權平均股價（每股16.35元）為基礎計算確定。

③A公司取得甲公司定向增發的股份當日即撤出其原派駐乙公司的董事會成員，由甲公司對乙公司董事會進行改組。

（2）上述協議經雙方股東大會批准後，具體執行情況如下：

①經評估確定，乙公司可辨認淨資產於2×16年5月31日的公允價值為150,000萬元。

②經相關部門批准，甲公司於2×16年5月31日向A公司定向增發10,000萬股普通股股票（每股面值1元），並於當日辦理了股權登記手續。2×16年5月31日甲公司普通股收盤價為每股18.50元。

③甲公司為定向增發普通股股票，支付佣金和手續費230萬元。相關款項已通過銀行存款支付。

④甲公司於2×16年5月31日向A公司定向發行普通股股票後，即對乙公司董事會進行改組。改組後乙公司的董事會由9名董事組成，其中甲公司派出6名，其他股東派出1名，其餘2名為獨立董事。乙公司章程規定，其財務和生產經營決策須由董事會半數以上成員表決通過。

2×16年6月6日，乙公司宣告分派2×15年度的現金股利100萬元。

2×17年3月20日，乙公司宣告分派2×16年度的現金股利200萬元。

（3）其他有關資料如下：

甲公司與A公司在交易前不存在任何關聯方關係，雙方採用的會計政策和會計期間相同。合併前甲公司與乙公司未發生任何交易，不考慮增值稅和所得稅的影響。

要求：

（1）判斷甲公司對乙公司合併所屬類型，簡要說明理由。

（2）判斷甲公司對乙公司的長期股權投資後續計量採用的方法。

（3）計算長期股權投資的初始投資成本，並編制購買日的會計分錄，同時計算購買日的合併商譽。

（4）編制甲公司2×16年6月6日相關的會計分錄。

（5）編制甲公司2×17年3月20日相關的會計分錄。

2. 甲公司2×16年至2×19年發生下列與長期股權投資有關的經濟業務：

資料（一）：2×16年10月15日，甲公司委託B公司加工一批材料，甲公司發出原材料實際成本為296萬元。完工收回時支付加工費100萬元（不含增值稅）。該材料屬於消費稅應稅物資，B公司無同類物資售價。甲公司收回材料後計劃將其直接對外出售。假設該材料的銷售是甲公司的主營業務，甲、B公司均為增值稅一般納稅企業，適用的增值稅稅率為17%，消費稅稅率為10%。

2×16年12月5日，甲公司已收回該批材料，並取得增值稅專用發票。

資料（二）：

（1）2×17年1月1日，甲公司以資料（一）中委託加工的材料為對價，取得乙公司80%的股份。該項投資屬於非同一控制下的企業合併。當日，該批材料的公允價值為500萬元，乙公司所有者權益的帳面價值為700萬元。為進行該項企業合併，甲公司

發生審計、法律服務、評估諮詢等仲介費用共計 15 萬元，以銀行存款支付。

(2) 2×17 年 5 月 2 日，乙公司宣告分配 2×16 年度現金股利 100 萬元，2×17 年度乙公司實現利潤 200 萬元。

資料（三）：

(1) 甲公司 2×17 年 3 月 1 日從證券市場上購入丙公司發行在外的 30%的股份準備長期持有，從而對丙公司能夠施加重大影響，實際支付款項為 2,000 萬元（含已宣告但尚未發放的現金股利 60 萬元），另支付相關稅費 10 萬元。

2×17 年 3 月 1 日，丙公司可辨認淨資產公允價值為 6,600 萬元，除一臺管理用設備外，其他資產的公允價值與帳面價值相等。該設備 2×17 年 3 月 1 日的帳面價值為 400 萬元，公允價值為 520 萬元，採用年限平均法計提折舊，預計尚可使用年限為 10 年。

(2) 2×17 年 3 月 20 日收到現金股利。

(3) 2×17 年 12 月 31 日丙公司可出售金融資產的公允價值上升 200 萬元。

(4) 2×17 年丙公司實現淨利潤 510 萬元，其中 1 月份和 2 月份共實現淨利潤 100 萬元。

(5) 2×18 年 3 月 10 日，丙公司宣告分派現金股利 100 萬元。

(6) 2×18 年 3 月 25 日，收到現金股利。

(7) 2×18 年丙公司實現淨利潤 612 萬元，除此之外，所有者權益未發生其他變動。

(8) 2×19 年 1 月 5 日，甲公司將持有的丙公司 5%的股份對外轉讓，收到款項 390 萬元存入銀行。轉讓後，甲公司持有丙公司 25%的股份，對丙公司仍具有重大影響。

假設不考慮所得稅等其他因素。

要求：

(1) 編制資料（一）的相關會計分錄；

(2) 編制資料（二）的相關會計分錄；

(3) 編制資料（三）的相關會計分錄。

（金額單位以萬元表示）

(五) 綜合題

1. A 公司對 B 公司進行投資，相關資料如下：

(1) A 公司於 2×15 年 1 月 1 日以銀行存款 3,000 萬元取得 B 公司 40%的股權，對被投資單位具有重大影響，採用權益法核算長期股權投資。2×15 年 1 月 1 日，B 公司可辨認淨資產的公允價值為 10,000 萬元，取得投資時被投資單位僅有一項固定資產的公允價值與帳面價值不相等，除此以外，其他可辨認資產、負債的帳面價值與公允價值相等。該固定資產原值為 200 萬元，B 公司預計使用年限為 10 年，淨殘值為零，按照年限平均法計提折舊；該固定資產公允價值為 400 萬元，A 公司預計其尚可使用年限為 8 年。雙方採用的會計政策、會計期間相同，不考慮所得稅因素。假定 A、B 公司未發生任何內部交易。

要求：編制 A 公司於 2×15 年 1 月 1 日投資的會計分錄。

(2) 2×15 年 9 月 10 日，B 公司將其帳面價值為 500 萬元的一批商品以 600 萬元的價格出售給 A 公司，A 公司將取得的商品作為存貨核算，至 2×15 年資產負債表日，A 公司仍未對外出售該存貨。2×15 年 B 公司可供出售金融資產公允價值上升導致其他綜合收益淨增加 60 萬元，2×15 年 B 公司實現的淨利潤為 402.5 萬元。

要求：編制 A 公司 2×15 年有關長期股權投資的會計分錄。

(3) 2×16 年 3 月 10 日，B 公司宣告分配 2×15 年現金股利 200 萬元，於 2×16 年 4 月 10 日實際對外發放。2×16 年 B 公司可供出售金融資產公允價值上升導致其他綜合收益淨增加 40 萬元，2×16 年 B 公司實現的淨利潤為 440 萬元。至 2×16 年資產負債表日，2×15 年 9 月 10 日 B 公司出售給 A 公司的存貨已經對外出售 70%。

要求：編制 A 公司 2×16 年有關長期股權投資的會計分錄。

(4) 2×17 年 1 月至 9 月末，B 公司實現的淨利潤為 777.5 萬元。至 2×17 年資產負債表日，2×15 年 9 月 10 日 B 公司出售給 A 公司的存貨全部對外出售。2×17 年 1 月至 9 月末 B 公司未宣告分配現金股利，可供出售金融資產公允價值未發生變動。

要求：編制 A 公司 2×17 年 1 月至 9 月有關長期股權投資的會計分錄。

(5) A 公司於 2×17 年 10 月 2 日，以銀行存款 5,500 萬元取得 B 公司 30% 的股權。至此 A 公司持有 B 公司 70% 的股權，對 B 公司生產經營決策實施控制。A 公司對 B 公司長期股權投資由權益法改為按照成本法核算。2×17 年 10 月 2 日 B 公司可辨認淨資產公允價值為 17,000 萬元。2×17 年 10 月 2 日之前持有的被購買方 40% 股權的公允價值為 7,350 萬元。A 公司按照 10% 提取盈餘公積。

假設不考慮所得稅因素影響。

要求：編制 A 公司於 2×17 年 10 月 2 日追加投資及調整長期股權投資帳面價值的相關會計分錄，計算 2×17 年 10 月 2 日長期股權投資初始投資成本，計算 2×17 年 10 月 2 日合併成本及合併商譽。

2. 甲股份有限公司（本題下稱「甲公司」）2×18 年至 2×19 年與長期股權投資有關的資料如下：

(1) 2×18 年 1 月 20 日，甲公司與乙公司簽訂購買乙公司持有的丙公司 60% 股權的合同。合同規定：以丙公司 2×18 年 6 月 30 日評估的可辨認淨資產價值為基礎，協商確定對丙公司 60% 股權的購買價格；合同經雙方股東大會批准後生效。

購買丙公司 60% 股權時，甲公司與乙公司不存在關聯方關係。

(2) 購買丙公司 60% 股權的合同執行情況如下：

①2×18 年 3 月 15 日，甲公司和乙公司分別召開股東大會，批准通過了該購買股權的合同。

②2×18 年 6 月 30 日，丙公司的所有者權益帳面價值總額為 8,400 萬元，其中股本 6,000 萬元，資本公積 1,000 萬元，盈餘公積 400 萬元，未分配利潤 1,000 萬元。當日經評估後的丙公司可辨認淨資產公允價值總額為 10,000 萬元。

丙公司的所有者權益帳面價值總額與可辨認淨資產公允價值總額的差額，由下列資產所引起：

單位：萬元

項目	帳面價值	公允價值
固定資產	3,600	4,800
無形資產	2,000	2,400

上表中，固定資產為一棟辦公樓，預計該辦公樓自 2×18 年 6 月 30 日起剩餘使用年限為 20 年，淨殘值為零，採用年限平均法計提折舊；無形資產為一項土地使用權，預計該土地使用權自 2×18 年 6 月 30 日起剩餘使用年限為 10 年，淨殘值為零，採用直線法攤銷。該辦公樓和土地使用權均為管理使用。

③經協商，雙方確定丙公司 60%股權的價格為 5,700 萬元，甲公司以一項投資性房地產和一項交易性金融資產作為對價。

甲公司作為對價的投資性房地產，在處置前採用公允模式計量，在 2×18 年 6 月 30 日的帳面價值為 3,800 萬元（其中「成本」明細為 3,000 萬元，「公允價值變動」明細為 800 萬元），公允價值為 4,200 萬元；

作為對價的交易性金融資產，在 2×18 年 6 月 30 日的帳面價值為 1,400 萬元（其中「成本」明細為 1,200 萬元，「公允價值變動」明細為 200 萬元），公允價值為 1,500 萬元。

2×18 年 6 月 30 日，甲公司以銀行存款支付購買股權過程中發生的審計費用、評估諮詢費用共計 200 萬元。

④甲公司和乙公司均於 2×18 年 6 月 30 日辦理完畢上述相關資產的產權轉讓手續。

⑤甲公司於 2×18 年 6 月 30 日對丙公司董事會進行改組，並取得控制權。

(3) 丙公司 2×18 年及 2×19 年實現損益等有關情況如下：

①2×18 年度丙公司實現淨利潤 1,200 萬元（假定有關收入、費用在年度中間均勻發生），當年提取盈餘公積 120 萬元，未對外分配現金股利。

②2×19 年度丙公司實現淨利潤 1,600 萬元，當年提取盈餘公積 160 萬元，未對外分配現金股利。

③2×18 年 7 月 1 日至 2×19 年 12 月 31 日，丙公司除實現淨利潤外，未發生引起股東權益變動的其他交易或事項。

(4) 2×19 年 1 月 2 日，甲公司以 2,500 萬元的價格出售丙公司 20%的股權。當日，收到購買方通過銀行轉帳支付的價款，並辦理完畢股權轉讓手續。

甲公司在出售該部分股權後，持有丙公司的股權比例降至 40%，不再擁有對丙公司的控制權，但能夠對丙公司實施重大影響。

2×19 年度丙公司實現淨利潤 800 萬元，當年提取盈餘公積 80 萬元，未對外分配現金股利。丙公司因當年購入的可供出售金融資產公允價值上升導致其他綜合收益淨增加 300 萬元。

(5) 其他有關資料：

①不考慮相關稅費因素的影響。

②甲公司按照淨利潤的 10%提取盈餘公積。

③不考慮投資單位和被投資單位的內部交易。

④出售丙公司20%股權後，甲公司無子公司，無須編制合併財務報表。

要求：

（1）根據資料（1）和（2），判斷甲公司購買丙公司60%股權的合併類型，並說明理由。

（2）根據資料（1）和（2），計算甲公司該企業合併的成本、甲公司轉讓作為對價的投資性房地產和交易性金融資產對2×18年度損益的影響金額。

（3）根據資料（1）和（2），計算甲公司對丙公司長期股權投資的入帳價值並編制相關會計分錄。

（4）計算2×19年12月31日甲公司對丙公司長期股權投資的帳面價值。

（5）計算甲公司出售丙公司20%股權產生的損益並編制相關會計分錄。

（6）編制甲公司對丙公司長期股權投資由成本法轉為權益法的相關追溯調整分錄。

（7）計算2×19年12月31日甲公司對丙公司長期股權投資的帳面價值，並編制相關會計分錄。

（答案中的金額單位用萬元表示）

五、參考答案及解析

（一）單項選擇題

1.【答案】C

【解析】本題考核以企業合併以外的方式取得長期股權投資的初始計量。企業會計準則規定，除同一控制下的企業合併外，其他方式取得的長期股權投資，其中以支付現金取得的長期股權投資，應當按照實際支付的購買價款作為初始投資成本。初始投資成本包括與取得長期股權投資直接相關的費用、稅金及其他必要支出。甲公司長期股權投資的初始投資成本＝640+4＝644（萬元）。

借：長期股權投資　　　　　　　　　　　　　　　　　　　　644
　　貸：銀行存款　　　　　　　　　　　　　　　　　　　　　　　644

2.【答案】C

【解析】同一控制下長期股權投資的入帳價值＝6,000×80%＝4,800（萬元）。應確認的資本公積＝4,800-(1,000+3,200)＝600（萬元）。相關會計分錄如下：

借：長期股權投資　　　　　　　　　　　　　　　　　　　4,800
　　貸：銀行存款　　　　　　　　　　　　　　　　　　　　　1,000
　　　　無形資產　　　　　　　　　　　　　　　　　　　　　3,200
　　　　資本公積——股本溢價/資本溢價　　　　　　　　　　　600

3.【答案】A

【解析】增資導致權益法轉為成本法，不須追溯調整。因此增資後該項長期股權投資的帳面價值＝4,800+5,700＝10,500（萬元）。

4.【答案】B

【解析】本題考核權益法涉及順逆流交易時的處理。個別報表：
調整後的淨利潤份額=[3,000-(1,000-800)]×20%=560（萬元）
借：長期股權投資——損益調整　　　　　　　　　　　560
　　貸：投資收益　　　　　　　　　　　　　　　　　　　560
合併報表：
　借：長期股權投資　　　　　　　　　　　　　　　　40
　　貸：存貨　　　　　　　　　　　　　　　　　　　　　40

5.【答案】B

【解析】2×11年1月1日初始投資的帳務處理：
借：長期股權投資——乙公司——投資成本　　　　　2,100
　　貸：銀行存款　　　　　　　　　　　　　　　　　　2,000
　　　　營業外收入　　　　　　　　　　　　　　　　　　100
調整後的淨利潤=800-（500-300）=600（萬元）
計入投資收益的金額=600×30%=180（萬元）
借：長期股權投資——乙公司——損益調整　　　　　　180
　　貸：投資收益　　　　　　　　　　　　　　　　　　　180
因為「投資收益」和「營業外收入」均影響當期損益，因此2×11年度因該項投資增加當期損益的金額=180+100=280（萬元）。

6.【答案】C

【解析】甲公司的合併成本=9,000+150=9,150（萬元）。
該題的會計分錄為：
借：長期股權投資　　　　　　　　　　　9,150（9,000+150）
　　累計攤銷　　　　　　　　　　　　　　　　　　　　440
　　無形資產減值準備　　　　　　　　　　　　　　　　320
　　營業外支出　　　　　　　　　　　　　　　　　　　120
　　貸：無形資產　　　　　　　　　　　　　　　　　9,880
　　　　銀行存款　　　　　　　　　　　　　　　　　　150

7.【答案】C

【解析】選項A，長期股權投資處置損益=41,000-46,500×40%÷60%=10,000（萬元）；

選項B，處置後剩餘20%股權，46,500-31,000=15,500（萬元）；

選項C，處置後剩餘20%股權，假定對B公司不具有控制、共同控制和重大影響，並且在活躍市場中有報價、公允價值能可靠計量，應將其帳面價值15,500萬元作為交易性金融資產或可供出售金融資產，並採用公允價值進行後續計量，所以不正確；

選項D，剩餘長期股權投資的帳面價值15,500萬元大於原剩餘投資時應享有被投資單位可辨認淨資產公允價值的份額5,300萬元（15,500-51,000×20%），不調整長期股權投資。2016年6月30日的帳面價值=15,500+(3,000-1,000)×20%+1,500×20%=16,200（萬元）。

8.【答案】B

【解析】選項 B 的會計分錄為：

借：應收股利

　　貸：長期股權投資

9.【答案】A

【解析】初始投資時產生的營業外收入＝16,500×30%－（4,500＋22.5）＝427.5（萬元），期末根據淨利潤確認的投資收益＝900×30%＝270（萬元），所以對甲公司2×17年度利潤總額的影響＝427.5＋270＝697.5（萬元）。

10.【答案】B

【解析】2×17年甲公司應確認的投資收益＝［1,000－(500－400)×60%－(600－400)×(1－60%)］×30%＝258（萬元）。

11.【答案】B

【解析】本題考核長期股權投資權益法的核算。長期股權投資的初始投資成本＝450＋5＝455（萬元），大於A公司享有B公司可辨認淨資產公允價值份額440萬元（2,200×20%），不須調整長期股權投資成本。

12.【答案】C

【解析】（1）A公司確認處置損益的帳務處理為：

借：銀行存款	14,100,000
貸：長期股權投資——B公司——投資成本	9,000,000
——損益調整	2,400,000
——其他綜合收益	1,500,000
投資收益	1,200,000

（2）除應將實際取得價款與出售長期股權投資的帳面價值進行結轉，確認為處置當期損益外，還應將原計入其他綜合收益的部分按比例轉入當期損益。

借：其他綜合收益	1,500,000
貸：投資收益	1,500,000

A公司20×9年11月30日應該確認的投資收益＝1,200,000＋1,500,000＝2,700,000（元）

13.【答案】D

【解析】本題考核長期股權投資的減值和處置。按《企業會計準則第8號——資產減值》的規定，長期股權投資已計提的減值準備不得轉回。2×18年年末即使甲公司長期股權投資的可收回金額高於帳面價值，也不能恢復原來計提的10萬元減值準備。

14.【答案】B

【解析】選項A，初始投資成本＝10,000×80%＝8,000（萬元）；選項B，B公司宣告現金股利，A公司確認投資收益1,600萬元；選項C、D，處置B公司股權確認的投資收益＝9,000－10,000×80%＝1,000（萬元）。

15.【答案】B

【解析】因取得該項投資後A公司能夠控制B公司，所以A公司對此投資作為長期股權投資核算，並採用成本法進行後續計量。B公司宣告分配現金股利和實現淨利潤對長

期股權投資的帳面價值沒有影響，因此該項投資 2015 年 12 月 31 日的帳面價值 = 500 萬元。

16.【答案】D

【解析】本題屬於多次交易分步實現同一控制企業合併的情況，合併日初始投資成本 = 相對於最終控制方而言的所有者權益帳面價值×持股比例 = 800×（25% + 30%）= 440（萬元）。

(二) 多項選擇題

1.【答案】ABCD

2.【答案】AB

【解析】在同一控制下的企業合併中，合併方取得的資產和負債，應當按照合併日在被合併方的帳面價值計量。合併方取得的淨資產帳面價值的份額與支付的合併對價帳面價值（或發行股份面值總額）的差額，應當調整資本公積；資本公積不足以衝減的，調整留存收益。

3.【答案】ABCD

【解析】選項 A，並不是所有的長期股權投資在取得時，都應按公允價值入帳。比如同一控制下的企業合併，在取得長期股權投資時，按照取得的被投資方所有者權益的帳面價值份額入帳，故選項 A 不對；選項 B，應當計入所發行債券及其他債務的初始計量金額，而不是計入長期股權投資的初始投資成本；選項 C，應作為應收項目處理，不計入初始投資成本；選項 D，投資企業在確認應享有被投資單位淨損益的份額時，應當以取得投資時點被投資單位各項可辨認資產的公允價值為基礎，對被投資單位的淨利潤進行調整後確認。

4.【答案】ABC

【解析】選項 B，根據企業準則解釋四中的規定，非同一控制下的企業合併中，購買方為企業合併所發生的審計、法律服務、評估諮詢等仲介費用以及其他相關管理費用，應當於發生時計入當期損益；選項 D，非同一控制下企業合併中，採用成本法對長期股權投資進行核算，不需要對初始投資成本小於應享有被投資單位可辨認淨資產的差額進行調整。

5.【答案】ABCD

【解析】可供出售金融資產因追加投資而轉換為權益法核算的長期股權投資時，對於原持有的股權投資的公允價值與帳面價值之間的差額，以及原計入其他綜合收益的累計公允價值變動應當轉入改按權益法核算的當期損益（投資收益）。

6.【答案】BD

【解析】備選答案 A，當投資方對被投資方達到控制程度時，應採用成本法核算投資；備選答案 C，初始投資成本高於投資當日在被投資方擁有的可辨認淨資產公允價值的份額的應視作購買商譽，不調整長期股權投資價值。

7.【答案】AB

【解析】選項 C，影響的是「長期股權投資——其他綜合收益」科目；選項 D，被投資單位發放股票股利不影響被投資單位的所有者權益，投資方是不對長期股權投資

的帳面價值進行調整的。

8.【答案】AB

【解析】選項C，處置長期股權投資，其帳面價值與實際取得價款的差額，應當計入投資收益；選項D，採用權益法核算的長期股權投資，因被投資單位除淨損益、其他綜合收益和利潤分配以外所有者權益的其他變動而計入所有者權益的，處置該項投資時應當將原計入所有者權益的部分按相應比例轉入當期損益。

9.【答案】ABCD

【解析】本題考核權益法核算的範圍。在判斷投資企業對被投資方的影響時，需要考慮潛在表決權的影響。選項D，考慮潛在表決權後，A公司持股比例將達到30%，能夠對F公司施加重大影響。

10.【答案】BCD

【解析】選項BC，應採取權益法核算；選項D，按照最新的準則規定不應作為長期股權投資核算。

(三) 判斷題

1.【答案】對

【解析】同一控制下的企業合併，合併方以支付現金、轉讓非現金資產或承擔債務方式作為合併對價的，應按被合併方所有者權益帳面價值份額作為長期股權投資的初始投資成本。

2.【答案】對

3.【答案】錯

【解析】應自發行收入中扣減，無溢價或溢價不足以扣減時，應衝減留存收益。

4.【答案】錯

【解析】非同一控制下的企業合併，合併成本以企業作為對價所付出的資產、發生或者承擔的負債以及發行權益性證券的公允價值進行計量，所支付的非貨幣性資產在購買日的公允價值與帳面價值的差額應作為資產處置損益。

5.【答案】錯

【解析】該差額應計入營業外收入。

6.【答案】對

7.【答案】錯

【解析】投資者投入的長期股權投資，應按投資合同或協議約定的價值作為初始投資成本，但合同或協議約定價值不公允的除外。

(四) 計算分析題

1. (1) 因甲公司與A公司在合併前不存在任何關聯方關係，該項合併中參與合併各方在合併前後不存在同一最終控制方，屬於非同一控制下的企業合併。

(2) 由於乙公司章程規定，其財務和生產經營決策須由董事會半數以上成員表決通過，而乙公司的董事會由9名董事組成，其中甲公司派出6名，其他股東派出1名，其餘2名為獨立董事。因此甲公司擁有絕對控制權，故採用成本法進行後續計量。

(3) 初始投資成本 = 合併成本 = $18.50 \times 10,000 = 185,000$（萬元）

借：長期股權投資——乙公司　　　　　　　　　　　　　185,000
　　貸：股本　　　　　　　　　　　　　　　　　　　　　　10,000
　　　　資本公積——股本溢價　　　　　　　　　　　　　174,770
　　　　銀行存款　　　　　　　　　　　　　　　　　　　　　230
計算購買日合併商譽＝185,000−150,000×80%＝65,000（萬元）
(4) 甲公司2×16年6月6日相關的會計分錄：
借：應收股利　　　　　　　　　　　　　80（100×80%）
　　貸：投資收益　　　　　　　　　　　　　　　　　　　　　80
(5) 甲公司2×17年3月20日相關的會計分錄：
借：應收股利　　　　　　　　　　　　160（200×80%）
　　貸：投資收益　　　　　　　　　　　　　　　　　　　　160
2. (1) 資料（一）相關會計分錄編制如下：
發出原材料時：
借：委託加工物資　　　　　　　　　　　　　　　　　　　296
　　貸：原材料　　　　　　　　　　　　　　　　　　　　　296
支付加工費以及相關稅金：
消費稅組成計稅價格＝(296+100)÷(1−10%)＝440（萬元）
借：委託加工物資　　　　　　　　　144（100+440×10%）
　　應交稅費——應交增值稅（進項稅額）　17（100×17%）
　　貸：銀行存款　　　　　　　　　　　　　　　　　　　161
收回委託加工物資時：
借：庫存商品　　　　　　　　　　　　　　　　　　　　　440
　　貸：委託加工物資　　　　　　　　　　　　　　　　　　440
(2) 資料（二）相關會計分錄編制如下：
①2×17年1月1日：
借：長期股權投資——乙公司　　　　　　　　　　　　　　585
　　貸：主營業務收入　　　　　　　　　　　　　　　　　　500
　　　　應交稅費——應交增值稅（銷項稅額）　　　　　　　　85
借：管理費用　　　　　　　　　　　　　　　　　　　　　　15
　　貸：銀行存款　　　　　　　　　　　　　　　　　　　　15
借：主營業務成本　　　　　　　　　　　　　　　　　　　440
　　貸：庫存商品　　　　　　　　　　　　　　　　　　　　440
②2×17年5月2日：
借：應收股利　　　　　　　　　　　　　　　　　　　　　　80
　　貸：投資收益　　　　　　　　　　　　　　　　　　　　80
(3) 資料（三）的相關會計分錄編制如下：
①2×17年3月1日：
借：長期股權投資——丙公司（投資成本）　1,980（6,600×30%）
　　應收股利　　　　　　　　　　　　　　　　　　　　　　60

貸：銀行存款　　　　　　　　　　　　　　　　　　　　　2,010
　　　　營業外收入　　　　　　　　　　　　　　　　　　　　　　30
②2×17年3月20日：
　借：銀行存款　　　　　　　　　　　　　　　　　　　　　　　60
　　貸：應收股利　　　　　　　　　　　　　　　　　　　　　　60
③2×17年12月31日：
　借：長期股權投資——丙公司（其他綜合收益）　　　60（200×30%）
　　貸：其他綜合收益　　　　　　　　　　　　　　　　　　　　60
④2×17年12月31日：
先將投資後獲得的帳面淨利潤調整成按照公允價值計算的淨利潤＝(510-100)-(520-400)÷(10×12)×10=400（萬元）
　借：長期股權投資——丙公司（損益調整）　　　　120（400×30%）
　　貸：投資收益　　　　　　　　　　　　　　　　　　　　　 120
⑤2×18年3月10日：
　借：應收股利　　　　　　　　　　　　　　　　　30（100×30%）
　　貸：長期股權投資——丙公司（損益調整）　　　　　　　　　　30
⑥2×18年3月25日：
　借：銀行存款　　　　　　　　　　　　　　　　　　　　　　　30
　　貸：應收股利　　　　　　　　　　　　　　　　　　　　　　30
⑦2×18年12月31日：
先將投資後獲得的帳面淨利潤調整成按照公允價值計算的淨利潤＝612-(520-400)÷10=600（萬元）
　借：長期股權投資——丙公司（損益調整）　　　　180（600×30%）
　　貸：投資收益　　　　　　　　　　　　　　　　　　　　　 180
⑧2×19年1月5日：
　借：銀行存款　　　　　　　　　　　　　　　　　　　　　　 390
　　貸：長期股權投資——丙公司（投資成本）　　　　　　　　　330
　　　　　　　　——丙公司（其他綜合收益）　　　　　　　　　 10
　　　　　　　　——丙公司（損益調整）　　　　　　　　　　　 45
　　　　投資收益　　　　　　　　　　　　　　　　　　　　　　 5
　借：其他綜合收益　　　　　　　　　　　　　　　　　　　　　10
　　貸：投資收益　　　　　　　　　　　　　　　　　　　　　　10

（五）綜合題

1.（1）A公司於2×15年1月1日投資的會計分錄：
　借：長期股權投資——投資成本　　　　　　　　　　　　　3,000
　　貸：銀行存款　　　　　　　　　　　　　　　　　　　　3,000
　借：長期股權投資——投資成本　　　　　　　　　　　　　1,000
　　貸：營業外收入　　　　　　　　　　　　　　　　　　　1,000

（2）調整後的淨利潤＝402.5－(400÷8－200÷10)－100＝272.5（萬元）

借：長期股權投資——損益調整　　　　　　　109（272.5×40%）
　　貸：投資收益　　　　　　　　　　　　　　　　　　　　　109
借：長期股權投資——其他綜合收益　　　　24（60×40%）
　　貸：其他綜合收益　　　　　　　　　　　　　　　　　　24

（3）A公司2×16年有關長期股權投資的會計分錄：

借：應收股利　　　　　　　　　　　　　　80（200×40%）
　　貸：長期股權投資——損益調整　　　　　　　　　　　　80
借：銀行存款　　　　　　　　　　　　　　80
　　貸：應收股利　　　　　　　　　　　　　　　　　　　　80

調整後的淨利潤＝440－(400÷8－200÷10)＋100×70%＝480（萬元）

借：長期股權投資——損益調整　　　　　　192（480×40%）
　　貸：投資收益　　　　　　　　　　　　　　　　　　　　192
借：長期股權投資——其他綜合收益　　　　16（40×40%）
　　貸：其他綜合收益　　　　　　　　　　　　　　　　　　16

（4）調整後的淨利潤＝777.5－(400÷8－200÷10)×9÷12＋100×30%＝785（萬元）

借：長期股權投資——損益調整　　　　　　314（785×40%）
　　貸：投資收益　　　　　　　　　　　　　　　　　　　　314

（5）A公司於2×17年10月2日追加投資及調整長期股權投資帳面價值的相關會計分錄：

借：長期股權投資　　　　　　　　　　　　5,500
　　貸：銀行存款　　　　　　　　　　　　　　　　　　　5,500

調整長期股權投資帳面價值：

借：長期股權投資　　　　　　　　　　　　4,575
　　貸：長期股權投資——投資成本　　　　　　　　　　4,000
　　　　　　　　　　——損益調整　　　　535（109－80＋192＋314）
　　　　　　　　　　——其他權益變動　　40（24＋16）

2×17年10月2日長期股權投資初始投資成本＝4,575＋5,500＝10,075（萬元）

2×17年10月2日合併成本＝7,350＋5,500＝12,850（萬元）

2×17年10月2日合併商譽＝12,850－17,000×70%＝950（萬元）

2.（1）屬於非同一控制下的控股合併。

理由：購買丙公司60%股權時，甲公司和乙公司不存在關聯方關係。

（2）企業合併成本為所支付的非現金資產的公允價值5,700萬元（4,200＋1,500）。

甲公司轉讓的投資性房地產和交易性金融資產使2×18年利潤總額增加的金額＝(4,200－3,800)＋(1,500－1,400)＝500（萬元）。

（3）長期股權投資的入帳價值為5,700萬元。

借：長期股權投資——丙公司　　　　　　　5,700
　　貸：其他業務收入　　　　　　　　　　　　　　　　4,200
　　　　交易性金融資產——成本　　　　　　　　　　1,200

——公允價值變動		200
投資收益		100
借：其他業務成本		3,800
貸：投資性房地產——成本		3,000
——公允價值變動		800
借：公允價值變動損益		800
貸：其他業務成本		800
借：公允價值變動損益		200
貸：投資收益		200
借：管理費用		200
貸：銀行存款		200

(4) 2×19 年 12 月 31 日甲公司對丙公司長期股權投資的帳面價值為 5,700 萬元。

(5) 甲公司出售丙公司 20% 股權產生的損益 = 2,500－5,700×20%÷60% = 600（萬元）。

借：銀行存款		2,500
貸：長期股權投資——丙公司	1,900	(5,700×20%萬元 60%)
投資收益		600

(6) 剩餘 40% 部分長期股權投資在 2×18 年 6 月 30 日的初始投資成本 = 5,700－1,900 = 3,800（萬元），小於可辨認淨資產公允價值的份額 4,000 萬元（10,000×40%），應分別調整長期股權投資和留存收益 200 萬元。

借：長期股權投資——投資成本		200
貸：盈餘公積		20
利潤分配——未分配利潤		180
借：長期股權投資——投資成本		3,800
貸：長期股權投資——丙公司		3,800

剩餘 40% 部分按權益法核算追溯調整的長期股權投資金額 = [(1,200÷2＋1,600)－1,200÷20×1.5－400÷10×1.5]×40% = 820（萬元）。

借：長期股權投資——損益調整	820
貸：盈餘公積	82
利潤分配——未分配利潤	738

(7) 2×19 年 12 月 31 日甲公司對丙公司長期股權投資的帳面價值 = (3,800＋200＋820)＋(800－1,200÷20－400÷10)×40%＋300×40% = 5,220（萬元）。

借：長期股權投資——損益調整	280
貸：投資收益	280
借：長期股權投資——其他綜合收益	120
貸：其他綜合收益	120

第五章 固定資產

一、要點總覽

固定資產的初始計量 { 外購 / 建造 / 租入 / 投資者投入

固定資產的後續計量 { 折舊 / 修理 / 更新 / 改良

固定資產的處置與清查 { 出售 / 報廢 / 毀損 / 盤虧

二、本章重點難點

(一) 重點

固定資產的確認與初始計量
固定資產的後續計量
固定資產的處置與清查

(二) 難點

固定資產建造的核算
固定資產加速折舊的計算
固定資產更新的核算

三、關鍵內容小結

(一) 固定資產的確認和初始計量

1. 固定資產的確認條件

定義	固定資產是指同時具有下列特徵的有形資產： (1) 為生產商品、提供勞務、出租或經營管理而持有的 (2) 使用壽命超過一個會計年度
特徵	(1) 固定資產是有形資產 (2) 可供企業長期使用 (3) 不以投資和銷售為目的 (4) 具有可衡量的未來經濟利益
確認條件	(1) 與該固定資產有關的經濟利益很可能流入企業 (2) 該固定資產的成本能夠可靠地計量

2. 固定資產的初始計量

初始計量的原則：按成本計量，企業取得某項固定資產達到預定使用狀態前所發生的一切合理、必要的支出。

(1) 固定資產的成本

直接成本	買價、運輸費、包裝費、安裝費
間接成本	可資本化的借款利息、外幣借款折算差額、應分攤的其他費用
棄置費用	按國家法律、國際公約所規定的由企業承擔的環境保護和生態恢復等義務所確定的支出

(2) 固定資產的初始計量

外購固定資產	①外購固定資產的入帳成本＝前述的直接成本＋相關稅費 ②注意賒購的處理：超過正常信用條件延期支付（三年以上），實質上具有融資性質的，入帳成本按現值確定 借：固定資產/在建工程（現值） 　　未確認融資費用（在信用期內用實際利率法攤銷） 　貸：長期應付款 如同時取得幾項固定資產，各項資產的入帳價值，應按各項固定資產的公允價的比例進行分配

(續表)

自行建造固定資產	固定資產的入帳成本＝在建造過程中實際發生的全部支出 核算上通過「在建工程」科目歸集成本，完工後轉入「固定資產」科目 （1）自行建造固定資產，在建工程成本包括各項料工費的成本 注意三點： ①注意區分領用工程物資和領用原材料處理的不同（與應交稅金業務相關） ②剩餘的原材料要衝減在建工程成本 ③盤盈、盤虧、報廢、毀損的工程物資發生的損益淨額，工程未完工的，記入或衝減工程成本；工程已完工的計入營業外收支 （2）以出包方式取得固定資產，在建工程只是預付工程款
融資租入固定資產	①條件：實質上轉移了與資產所有權有關的全部風險和報酬，如租期超過使用壽命的75% ②承租方負債——長期應付款：按最低租賃付款額入帳（應付出租方的租金、最後一筆買價或「擔保餘值」） ③資產的入帳價值： A.「租賃開始日租賃資產公允價值」與「最低租賃付款額現值」兩者的低者 B. 租賃直接費用（租賃項目的手續費、律師費、差旅費、印花稅等） ④會計分錄 購入時： 借：固定資產/在建工程（入帳價值） 　　未確認融資費用（在租賃期內用實際利率法攤銷） 　貸：長期應付款 付款時： 借：長期應付款 　貸：銀行存款 按期攤銷確認融資費用和提折舊時： 借：財務費用 　貸：未確認融資費用 借：製造費用/管理費用 　貸：累計折舊 到期付清最後買價後轉自有資產時： 借：固定資產——自有 　貸：固定資產——融資租賃
存在棄置費用的固定資產	棄置費用——企業承擔環境保護和生態恢復等確定的支出 一般企業的清理費用不屬於棄置費用 棄置費用的現值應計入固定資產初始價值，並形成預計負債 棄置費用現值與終值的差額，採用實際利率法計算，在固定資產的使用壽命內計入財務費用 公式：每期攤銷額＝期初預計負債的攤餘成本×實際利率

(二) 固定資產的後續計量

固定資產的後續計量包括：固定資產折舊及更新改造、修理支出等。

1. 固定資產折舊

(1) 折舊範圍

①類別範圍

除以下情況外，企業應當對所有固定資產計提折舊：

第一，已提足折舊仍繼續使用的固定資產；

第二，作為固定資產入帳的土地；

第三，持有待售的固定資產。

②時間範圍

當月增加的固定資產，當月不提，次月起計提；

當月減少的固定資產，當月照提，次月起不提。

③應計折舊總額範圍

應計折舊總額＝原值－淨殘值

(2) 折舊方法

折舊方法	折舊率	折舊額	備註
年限平均法（直線法）	年折舊率＝1－預計淨殘值率÷預計使用年限	年折舊額＝原價×年折舊率	預計淨殘值率＝預計淨殘值÷原價×100%
工作量法	單位工作量折舊額＝固定資產原價×（1－預計淨殘值率）÷預計總工作量	年折舊額＝該項固定資產當期工作量×單位工作量折舊額	按單位工作量計算，工作量可以是千米、臺班、小時等
雙倍餘額遞減法	年折舊率＝2÷預計使用年限×100%（不考慮殘值，以直線法折舊率的兩倍作為折舊率）	年折舊額＝固定資產帳面淨值×折舊率	在固定資產折舊年限到期的前兩年內，將固定資產的帳面淨值扣除預計淨殘值後的淨值平均攤銷
年數總和法	折舊率＝尚可使用年限÷預計使用年限的年數總和×100%	折舊額＝（固定資產原值－預計淨殘值）×折舊率	已計提減值準備的固定資產，應當按照該項資產的帳面價值（固定資產帳面餘額扣減累計折舊和累計減值準備後的金額）以及尚可使用壽命重新計算確定折舊率和折舊額

2. 固定資產後續支出

後續支出符合固定資產定義及確認條件時，資本化；後續支出不符合固定資產定義及確認條件的——費用化。（一次性記入當期損益）

處理原則：與固定資產有關的更新改造等後續支出，符合固定資產確認條件的，應當計入固定資產成本，同時將被替換部分的帳面價值扣除；與固定資產有關的修理費用等後續支出，不符合固定資產確認條件的，應當計入當期損益。

(1) 資本化的後續支出	具體業務包括：更新改造、改良、房屋裝修。轉在建工程並停止提折舊；後續支出通過「在建工程」科目核算；完工後轉回固定資產重新確認年折舊（掌握更新改造後新的入帳價值）
(2) 費用化的後續支出	不符合上述資本化條件的均費用化 具體業務形式：固定資產修理支出 支出時均一次性費用化，不再進行待攤和預提
具體實務中，發生後續支出通常的處理方法	①固定資產修理費用，應當直接計入當期費用 ②固定資產改良支出，應當計入固定資產帳面價值 ③不能區分是修理或改良時，按是否滿足固定資產確認條件來判斷 ④固定資產裝修費用，如果滿足固定資產確認條件的，單設「固定資產——固定資產裝修」科目核算 同時注意： ①折舊期間取兩次裝修的間隔期與固定資產尚可使用年限兩者中的較短者 ②下次裝修時，將未攤完的價值一次全部計入營業外支出

（三）固定資產的處置

業務形式包括：出售、轉讓、報廢、毀損、對外投資、非貨幣性資產交換、債務重組等。

核算上：應通過「固定資產清理」帳戶核算。

核算上要區別於固定資產清查的核算。

固定資產清查指盤盈和盤虧的處理，核算上，盤虧通過「待處理財產損溢」核算；盤盈按前期會計差錯處理。

固定資產終止確認的條件	固定資產處於處置狀態	處於處置狀態的固定資產不再用於生產商品、提供勞務、出租或經營管理，因此不再符合固定資產的定義，應予以終止確認
	預期不能產生經濟利益	固定資產的確認條件之一是「經濟利益很可能流入企業」，如果一項固定資產不能產生經濟利益，就不再符合固定資產的定義和確認條件，應予以終止確認
固定資產處置的會計處理		固定資產進入清理階段後，帳面價值轉入「固定資產清理」科目，轉銷帳面價值即轉銷帳面餘額、累計折舊、減值準備科目餘額
		出售機器設備，有可能會涉及計算增值稅銷項稅額；出售建築物不繳納增值稅
		固定資產處置的淨損益，計入營業外收支
固定資產盤虧和盤盈的會計處理	固定資產盤虧	發現盤虧時	借：待處理財產損溢 　　累計折舊 　　固定資產減值準備 　貸：固定資產
		報經批准後	借：其他應收款，營業外支出 　貸：待處理財產損溢

四、練習題

(一) 單項選擇題

1. 下列各項資產中，不符合固定資產定義的是（   ）。
   A. 企業以融資租賃方式租入的機器設備
   B. 企業以經營租賃方式出租的機器設備
   C. 企業為生產持有的機器設備
   D. 企業以經營租賃方式出租的建築物

2. 甲公司為增值稅一般納稅人，適用的增值稅稅率為17%，2×15年1月購入一臺設備，取得的增值稅專用發票上標明價款為10,000元，增值稅稅額為1,700元。取得的貨物運輸行業增值稅專用發票上註明運輸費為1,000元，增值稅進項稅額為110元。另發生保險費1,500元、裝卸費300元。款項全部以銀行存款支付，則甲公司購入該設備的入帳價值為（   ）元。
   A. 11,800   B. 12,800   C. 12,970   D. 12,690

3. 企業自行建造固定資產過程中發生的損失，應計入當期營業外支出的是（   ）。
   A. 完工後工程物資報廢或毀損的淨損失
   B. 建設期間工程物資的盤虧淨損失
   C. 建設期間工程物資的毀損淨損失
   D. 在建工程進行負荷聯合試車發生的費用

4. 英明公司為增值稅一般納稅人，適用的增值稅稅率為17%。2×14年9月1日，英明公司決定自行建造一棟辦公樓，外購工程物資一批並全部領用，其價款為50,000元（含增值稅），款項已通過銀行存款支付；辦公樓建造時，領用本公司外購的原材料一批，價值（不含增值稅）20,000元；領用本公司所生產的庫存產品一批，成本為48,000元，公允價值為50,000元，應付建造工人的工資為10,000元。辦公樓於2×15年12月完工。該辦公樓達到預定可使用狀態時的入帳價值為（   ）元。
   A. 128,000   B. 130,000   C. 138,500   D. 139,900

5. 甲公司屬於核電站發電企業，2×15年1月1日正式建造完成並交付使用一座核電站核設施，成本為300,000萬元，預計使用壽命為50年。據國家法律和行政法規、國際公約等規定，企業應承擔環境保護和生態恢復等義務。2×15年1月1日預計50年後該核電站核設施在棄置時，將發生棄置費用20,000萬元，且金額較大。在考慮貨幣的時間價值和相關期間通貨膨脹等因素後確定的折現率為5%（50年期折現率為5%的複利現值系數為0.087,2）。則該固定資產的入帳價值為（   ）萬元。
   A. 320,000   B. 280,000   C. 301,744   D. 429,357.80

6. 2×13年6月30日，英明公司購入一臺不需要安裝的生產設備，以銀行存款支付價款300萬元，並支付增值稅稅額51萬元，購入後立即達到預定可使用狀態。該設備的預計使用壽命為8年，預計淨殘值為20萬元，採用年限平均法計提折舊。2×14年

12 月 31 日因出現減值跡象，英明公司對該設備進行減值測試，預計該設備的公允價值為 200 萬元，處置費用為 15 萬元；如果繼續使用，預計未來使用及處置產生現金流量的現值為 175 萬元。假定原預計使用壽命、淨殘值以及選用的折舊方法不變。不考慮其他因素，英明公司 2×14 年 12 月 31 日對該生產設備應當計提減值準備的金額為（　）萬元。

  A. 0   B. 47.5   C. 62.5   D. 72.5

7. 2×15 年 3 月 31 日，甲公司採用出包方式對某固定資產進行改良，該固定資產帳面原價為 3,600 萬元，預計使用年限為 5 年，已使用 3 年，預計淨殘值為零，採用年限平均法計提折舊。甲公司改良過程中支付出包工程款 96 萬元。2×15 年 8 月 31 日，改良工程完工，固定資產達到預定可使用狀態並投入使用，重新預計其尚可使用年限為 4 年，預計淨殘值為零，採用年限平均法計提折舊。2×15 年度甲公司對該固定資產應計提的折舊額為（　）萬元。

  A. 128   B. 180   C. 308   D. 384

8. 甲公司為增值稅一般納稅人，適用的增值稅稅率為 17%。甲公司建造一棟辦公樓於 2×14 年 6 月 20 日達到預定可使用狀態，但尚未辦理竣工決算，暫估價值為 100 萬元。2×14 年 12 月 31 日辦理完竣工決算手續，實際結算金額為 120 萬元。該辦公樓預計使用年限為 10 年，預計淨殘值為零，甲公司採用年限平均法計提折舊。不考慮其他因素，甲公司 2×15 年應該計提的折舊的金額為（　）萬元。

  A. 12.63   B. 12.11   C. 12.22   D. 5

9. 浩然公司 2×14 年年底出售一臺設備，協議設備售價為 60 萬元，發生清理費用 3 萬元。該設備為 2×12 年 3 月購入，原價為 200 萬元，至出售時已經計提折舊 50 萬元，計提減值準備 25 萬元。浩然公司 2×14 年因出售該設備對利潤總額的影響金額為（　）萬元。

  A. -57.8   B. -65   C. -68   D. 68

10. 下列選項中，不屬於企業將非流動資產劃分為持有待售資產應滿足的條件的是（　）。

  A. 企業已經就處置該非流動資產做出決議
  B. 企業已經與受讓方簽訂了不可撤銷的轉讓協議
  C. 該項轉讓將在六個月內完成
  D. 該項轉讓將在一年內完成

(二) 多選擇選擇

1. 如果購買固定資產的價款超過正常信用條件延期支付，實質上具有融資性質的，下列說法中正確的有（　）。

  A. 固定資產的成本以購買價款的現值為基礎確定
  B. 實際支付的價款與購買價款的現值之間的差額，無論是否符合資本化條件，均應當在信用期間內計入當期損益
  C. 實際支付的價款與購買價款的現值之間的差額，無論是否符合資本化條件，均應當在信用期間內資本化

D. 實際支付的價款與購買價款的現值之間的差額，符合資本化條件的，應當在信用期間內資本化；不符合資本化條件的，在信用期間內計入當期損益

2. 英明公司為增值稅一般納稅人，適用的增值稅稅率為17%。2×15年2月28日，英明公司購入一臺需要安裝的設備，以銀行存款支付設備價款600萬元、增值稅進項稅額102萬元。3月10日，設備開始安裝，在安裝過程中，英明公司發生安裝人員工資50萬元；領用原材料一批，該批原材料的成本為30萬元，相應的增值稅進項稅額為5.1萬元，市場價格（不含增值稅）為40萬元。設備於2×15年6月20日完成安裝，達到預定可使用狀態。下列支出應當計入英明公司外購設備的初始入帳價值的有（　　）。

　　A. 設備價款600萬元　　　　B. 安裝人員工資50萬元
　　C. 材料成本30萬元　　　　　D. 材料市價40萬元

3. 下列有關以出包方式建造固定資產的表述中，正確的有（　　）。
　　A. 以出包方式建造的固定資產成本包括發生的建築工程支出、安裝工程支出，以及須分攤計入固定資產價值的待攤支出
　　B. 待攤支出包括為建造工程發生的管理費、應負擔的稅金、符合資本化條件的借款費用、建設期間發生的工程物資盤虧、報廢及毀損淨損失以及負荷聯合試車費等
　　C. 企業為建造固定資產通過出讓方式取得土地使用權而支付的土地出讓金，計入在建工程成本
　　D. 按規定預付的工程價款通過「預付帳款」科目核算

4. 下列有關固定資產成本的確定，說法正確的有（　　）。
　　A. 投資者投入固定資產的成本，應當按照投資合同或協議約定的價值確定
　　B. 企業以融資租賃方式租入的固定資產發生的改良支出，符合資本化條件的，應予以資本化
　　C. 核電站核設施企業預計的棄置費用現值應計入固定資產的成本
　　D. 融資租入的固定資產，承租人應當將租賃開始日租賃資產公允價值與最低租賃付款額現值兩者中較低者作為租入資產入帳價值的基礎

5. 下列項目中，應計提折舊的有（　　）。
　　A. 以經營租賃方式出租的機器設備
　　B. 已達到預定可使用狀態但尚未辦理竣工決算的固定資產
　　C. 已提足折舊仍繼續使用的固定資產
　　D. 融資租入的固定資產

6. 關於固定資產計提折舊應記入科目的說法中，正確的有（　　）。
　　A. 基本生產車間使用的固定資產，其計提的折舊計入製造費用
　　B. 管理部門使用的固定資產，其計提的折舊計入管理費用
　　C. 經營出租的固定資產，其計提的折舊計入管理費用
　　D. 未使用的固定資產，其計提的折舊應計入管理費用

7. A公司為增值稅一般納稅人，適用的增值稅稅率為17%。A公司於2×14年12月31日對一項生產設備的某一主要部件進行更換，被更換部件的帳面原值為420萬元，

出售取得變價收入 1 萬元。該生產設備為 2×11 年 12 月購入，原價為 1,200 萬元，採用年限平均法計提折舊，使用壽命為 10 年，預計淨殘值為零，2×14 年年末計提減值準備 60 萬元。A 公司於 2×15 年 1 月購買工程物資，支付價款 800 萬元、增值稅稅額 136 萬元。它符合固定資產確認條件，不考慮殘值。關於 A 公司的會計處理，下列說法中正確的有（　　）。

  A. 對該項固定資產進行更換前的帳面價值為 780 萬元
  B. 被更換部件的帳面價值為 294 萬元
  C. 對該項固定資產進行更換後的入帳價值為 1,074 萬元
  D. 被替換部件影響利潤總額的金額為 -272 萬元

8. 下列關於固定資產的有關核算中，表述正確的有（　　）。
  A. 生產車間的固定資產日常修理費用應當計入製造費用
  B. 企業專設銷售機構發生的固定資產日常修理費用計入銷售費用
  C. 建造廠房領用外購原材料時，原材料對應的增值稅進項稅額應計入在建工程成本
  D. 盤盈固定資產，應通過「待處理財產損溢」科目核算

9. 下列為建造工程發生的費用中，屬於「待攤支出」科目核算範圍的有（　　）。
  A. 可行性研究費
  B. 應負擔的稅金
  C. 建設期間發生的工程物資盤虧、報廢及毀損淨損失
  D. 負荷聯合試車費

10. 下列有關專項儲備的表述中正確的有（　　）。
  A. 高危行業按照國家規定提取的安全生產費，應當計入相關產品成本或當期費用
  B. 使用提取的安全生產費用形成固定資產的，形成固定資產的同時按固定資產的成本全額計提折舊，該固定資產在以後期間不再分期計提折舊
  C. 企業使用提取的安全生產費時，屬於費用性支出的，支付時會減少所有者權益
  D. 使用提取的安全生產費時，屬於費用性支出的，直接衝減專項儲備

(三) 判斷題

1. 企業因固定資產盤虧造成的待處理非流動資產淨損失屬於企業的資產。（　　）
2. 以一筆款項購入多項沒有單獨標價的固定資產，應當按照各項固定資產的帳面價值比例對總成本進行分配，分別確定各項固定資產的成本。（　　）
3. 對於融資租入固定資產，無法合理確定租賃期屆滿後承租人是否能夠取得租賃資產所有權的，應當以租賃期與租賃資產使用壽命兩者中較短者作為折舊期間。
  （　　）
4. 企業固定資產的預計報廢清理費用，可作為棄置費用，按其現值計入固定資產成本，並確認為預計負債。（　　）
5. 企業採用年數總和法計算折舊額時，在固定資產使用初期不考慮淨殘值，只有

在其折舊年限到期以前兩年內才考慮淨殘值的問題。　　　　　　　　　（　　）

6. 更新改造固定資產時，發生的支出應當直接計入當期損益。　　　　（　　）

7. 在處置固定資產（不動產）時，發生的營業稅，應通過「稅金及附加」科目核算。　　　　　　　　　　　　　　　　　　　　　　　　　　　　　　　　（　　）

8. 企業購入不需要安裝的生產設備，購買價款超過正常信用條件延期支付，實質上具有融資性質的，應當以合同約定的購買價款確定其成本。　　　　　　（　　）

9. 企業使用提取的安全生產費購建不需要安裝的安全防護設備時，應借記「專項儲備」科目，貸記「銀行存款」科目。　　　　　　　　　　　　　　　（　　）

10. 確定融資租入固定資產的折舊期間時，應以租賃開始日租賃資產的使用壽命作為折舊期間。　　　　　　　　　　　　　　　　　　　　　　　　　　（　　）

（四）計算分析題

1. 長江公司有關固定資產更新改造的資料如下：

（1）2×12年12月30日，該公司自行建造一條生產線，建造成本為1,536,000元；採用年限平均法計提折舊；預計淨殘值率為4%，預計使用壽命為5年。

（2）2×14年12月31日，由於生產的產品適銷對路，現有生產線的生產能力已難以滿足公司生產發展的需要，但若新建生產線則建設週期過長。公司決定對現有生產線進行改擴建，以提高其生產能力。假定該生產線未發生減值。

（3）2×15年1月1日至3月31日，經過三個月的改擴建，長江公司完成了對這條生產線的改擴建工程。生產線達到預定可使用狀態，共發生支出4,50,800元，全部以銀行存款支付。

（4）該生產線改擴建工程達到預定可使用狀態後，大大提高了生產能力，預計尚可使用壽命為10年。假定改擴建後的生產線的預計淨殘值率為改擴建後固定資產帳面價值的3%，折舊方法為年數總和法。

（5）不考慮其他相關稅費等因素，公司按年度計提固定資產折舊。

要求：根據以上資料，逐筆編制2×13年至2×15年年末與固定資產相關的會計分錄。（答案中金額單位用元表示）

2. 長江公司2×11年至2×15年與固定資產有關的業務資料如下：

（1）2×11年12月12日，長江公司購進一臺不需要安裝的設備，取得的增值稅專用發票上註明的設備價款為456萬元，另支付運雜費5萬元。款項以銀行存款支付，假設沒有發生其他相關稅費。該設備於當日投入使用，預計使用年限為6年，預計淨殘值為11萬元，採用年限平均法計提折舊。

（2）2×12年6月長江公司對該設備進行簡單維修，領用維修材料9,000元，發生修理人員工資1,000元。

（3）2×13年12月31日，因存在減值因素，長江公司對該設備進行減值測試，2×13年12月31日該設備的公允價值減去處置費用的淨額為271萬元，預計該設備未來使用及處置產生的現金流量現值為291萬元。假定計提減值準備後設備的預計淨殘值、使用年限和折舊方法不變。

（4）2×15年6月，因轉產該設備停止使用，2×15年11月30日長江公司以90萬

元將該設備出售給甲公司，處置時發生固定資產清理費用 10 萬元，以銀行存款支付。

假定不考慮其他相關稅費，要求：

(1) 計算長江公司購入設備的入帳價值；

(2) 計算 2×15 年上述設備應計提的折舊額；

(3) 編制 2×15 年長江公司出售該設備的會計分錄。

(答案中的金額單位用萬元表示)

(五) 綜合題

1. 甲公司為增值稅一般納稅人，適用的增值稅稅率為 17%，該公司內部審計部門在對其 2×14 年度財務報表進行內審時，對以下交易或事項的會計處理提出疑問：

(1) 2×14 年 12 月 1 日，甲公司將自己生產的 20 臺空調安裝在廠房。其每臺成本金額為 0.5 萬元，市場價格為 0.6 萬元，發生安裝費 0.4 萬元。款項均以銀行存款支付，沒有發生其他相關稅費。

甲公司對上述交易或事項的會計處理如下：

借：在建工程　　　　　　　　　　　　　　　　　　　14.44
　貸：主營業務收入　　　　　　　　　　　　　　　　　　12
　　　應交稅費——應交增值稅（銷項稅額）　　　　　　2.04
　　　銀行存款　　　　　　　　　　　　　　　　　　　0.4
借：主營業務成本　　　　　　　　　　　　　　　　　　10
　貸：庫存商品　　　　　　　　　　　　　　　　　　　　10

(2) 2×14 年 3 月 31 日，甲公司與丙公司簽訂合同，自丙公司購買不需要安裝的設備供管理部門使用，合同價款為 6,000 萬元（不考慮增值稅的影響）。因甲公司現金流量不足，按合同約定，價款自合同簽訂之日起滿 1 年後分 3 期支付，每年 4 月 1 日支付 2,000 萬元。預計該設備使用壽命為 5 年，預計淨殘值為零，採用年限平均法計提折舊。

甲公司 2×14 年對上述交易或事項的會計處理如下：

借：固定資產　　　　　　　　　　　　　　　　　　　6,000
　貸：長期應付款　　　　　　　　　　　　　　　　　　6,000
借：管理費用　　　　　　　　　　　　　　　　　　　　900
　貸：累計折舊　　　　　　　　　　　　　　　　　　　900

(3) 2×12 年 6 月 30 日，甲公司正式建造完成並交付使用一座核電站，全部成本為 200,000 萬元，預計使用壽命為 40 年。根據國家法律和行政法規、國際公約等的規定，企業應承擔環境保護和生態恢復等義務。2×12 年 6 月 30 日預計 40 年後該核電站核設施棄置時，將發生棄置費用 20,000 萬元（金額較大）。假定計提固定資產折舊記入「生產成本」科目，2×12 年下半年生產的產品尚未完工。

甲公司對上述交易或事項的會計處理如下：

借：固定資產　　　　　　　　　　　　　　　　　　200,000
　貸：在建工程　　　　　　　　　　　　　　　　　　200,000
借：生產成本　　　　　　　　　　　　　　　　　　　2,500
　貸：累計折舊　　　　　　　　　　　　　　　　　　2,500

假定在考慮貨幣的時間價值和相關期間通貨膨脹等因素下確定的折現率為10%。已知：(P/F,10%,40)= 0.022,1，(P/A,10%,3)= 2.486,9。(計算結果保留兩位小數，答案中的金額單位用萬元表示)

要求：根據上述資料，逐項判斷甲公司的會計處理是否正確；如不正確，簡要說明理由，並給出正確的會計處理。

2. 大海公司經當地有關部門批准，新建一個火電廠。建造的火電廠由3個單項工程組成，包括建造發電車間、冷卻塔以及安裝發電設備。2×13年3月2日，大海公司與祥瑞公司簽訂合同，將該項目出包給祥瑞公司承建。根據雙方簽訂的合同，建造發電車間的價款為2,000萬元，建造冷卻塔的價款為1,200萬元，安裝發電設備須支付安裝費用200萬元。建造期間發生的有關事項如下（假定不考慮相關稅費）：

(1) 2×13年3月15日，大海公司按合同約定向祥瑞公司預付10%的備料款320萬元，其中發電車間200萬元、冷卻塔120萬元。

(2) 2×13年9月10日，發電車間和冷卻塔的工程進度達到50%，大海公司與祥瑞公司辦理工程價款結算1,600萬元，其中發電車間1,000萬元、冷卻塔600萬元。大海公司抵扣了預付備料款後，將餘款用銀行存款付訖。

(3) 2×13年10月5日，大海公司購入一臺需要安裝的發電設備，價款總計1,400萬元，已用銀行存款付訖。

(4) 2×14年3月5日，建築工程主體已完工，大海公司與祥瑞公司辦理工程價款結算1,600萬元，其中發電車間1,000萬元、冷卻塔600萬元。大海公司向祥瑞公司開具了一張期限為3個月的商業票據。

(5) 2×14年4月1日，大海公司將發電設備運抵現場，交付祥瑞公司安裝。

(6) 2×14年5月10日，發電設備安裝完成，大海公司與祥瑞公司辦理了設備安裝價款結算200萬元，款項以銀行存款支付。

(7) 工程項目發生管理費、可行性研究費、公證費、監理費共計116萬元，已用銀行存款付訖。

(8) 2×14年5月，進行負荷聯合試車，領用本企業材料40萬元，用銀行存款支付其他試車費用20萬元，試車期間取得發電收入80萬元。

(9) 2×14年6月1日，完成試車，各項指標達到設計要求。

要求：編制大海公司上述業務的會計分錄。

3. 甲公司為上市公司，該公司內部審計部分在對其2×13年度財務報表進行內審時，對以下交易或事項的會計處理提出疑問：

(1) 為降低能源消耗，甲公司對A生產設備部分構件進行更換。構件更換工程於2×13年1月1日開始，2×13年10月25日達到預訂可使用狀態並交付使用，共發生成本1,300萬元。至2×13年1月1日，A生產設備的成本為4,000萬元，已計提折舊1,600萬元，帳面價值為2,400萬元。其中被替換構件的帳面價值為400萬元，被替換構件已無使用價值。A生產設備原預計使用10年，更換構件後預計還可使用8年。採用年限平均法計提折舊，假定無殘值。甲公司2×13年相關會計處理如下：

借：在建工程　　　　　　　　　　　　　　　　　　　2,400
　　累計折舊　　　　　　　　　　　　　　　　　　　1,600

貸：固定資產	4,000
借：在建工程	1,300
貸：銀行存款等	1,300
借：固定資產	3,700
貸：在建工程	3,700
借：製造費用	77.1
貸：累計折舊	77.1

(2) 2×12年11月20日，甲公司購進一臺需要安裝的B設備，取得的增值稅專用發票上註明的設備價款為1,000萬元，可抵扣增值稅進項稅額為170萬元，款項已通過銀行支付。安裝B設備時，甲公司領用原材料50萬元（不含增值稅），支付安裝人員工資30萬元。2×13年6月30日，B設備達到預訂可使用狀態，B設備預計使用年限為5年，預計淨殘值率為5%，甲公司採用雙倍餘額遞減法計提折舊。假定該設備是用於管理部門使用。甲公司2×13年計提折舊的會計處理如下：

借：管理費用	205.2
貸：累計折舊	205.2

(3) 甲公司採用融資租賃方式租入一臺不需要安裝的生產用大型設備，設備已於2×13年1月1日達到預定可使用狀態。租賃期為3年，每年年末支付租金400萬元，租賃合同表明年利率為5%，該設備的公允價值為1,300萬元。簽訂合同過程中發生直接歸屬於該租賃項目的差旅費等7.96萬元，承租人相關的第三方提供的租賃資產擔保餘值為200萬元，該設備的預計使用年限為4年，預計淨殘值為140萬元。甲公司採用年限平均法計提折舊。（假定2×13年按全年計提折舊，不考慮未確認融資費用的攤銷）已知(P/A,5%,3)=2.723,2，(P/F,5%,3)=0.863,8。甲公司2×13年會計處理如下：

借：固定資產	1,300
未確認融資費用	100
貸：長期應付款	1,400
借：製造費用	290
貸：累計折舊	290

假定生產產品的機器設備在年末全部生產完工並未對外進行銷售。

要求：根據資料（1）至（3），逐項判斷甲公司會計處理是否正確。如不正確，簡要說明理由，並編制有關差錯更正的會計分錄。（有關差錯更正按當期差錯處理，且不要求編制結轉損益的會計分錄）

五、參考答案及解析

(一) 單項選擇題

1.【答案】D

【解析】選項ABC均屬於固定資產的核算範圍，符合固定資產的定義；選項D，出租的建築物屬於投資性房地產的核算範圍，不符合固定資產的定義。

2.【答案】B

【解析】該設備的入帳價值＝10,000+1,000+1,500+300＝12,800（元）。

3.【答案】A

【解析】選項A，完工後工程物資報廢或毀損的淨損失，應記入「營業外支出」科目；選項B和C，應借記「在建工程——待攤支出」科目，貸記「工程物資」科目；選項D，應借記「在建工程——待攤支出」科目，貸記「銀行存款」等科目。

4.【答案】D

【解析】該辦公樓的入帳價值＝50,000+20,000+20,000×17%+48,000+50,000×17%+10,000＝139,900（元）。

5.【答案】C

【解析】該固定資產的入帳價值＝300,000+20,000×0.087,2＝301,744（萬元）。

6.【答案】C

【解析】12月31日固定資產已計提折舊的金額＝（300-20）÷8×1.5＝52.5（萬元）。2×14年12月31日固定資產計提減值前的帳面價值＝300-52.5＝247.5（萬元），公允價值減去處置費用後的淨額＝200-15＝185（萬元），預計未來現金流量現值為175萬元，所以可收回金額為185萬元。因此應當計提減值準備的金額＝247.5-185＝62.5（萬元）。

7.【答案】C

【解析】2×15年8月31日改良後固定資產的帳面價值＝3,600-3,600÷5×3+96＝1,536（萬元），2×15年9月至12月份應計提折舊額＝1,536÷4×4÷12＝128（萬元）。2×15年1月至3月份應計提的折舊額＝3,600÷5÷12×3＝180（萬元），所以2×15年甲公司對該項固定資產應計提折舊額＝180+128＝308（萬元）。

8.【答案】B

【解析】所建造的固定資產已達到預定可使用狀態，但尚未辦理竣工決算的，應當自達到預定可使用狀態之日起，根據工程預算、造價或者工程實際成本等，按暫估價值轉入固定資產，並按有關計提固定資產折舊的規定，計提固定資產折舊。待辦理竣工決算手續後再調整原來的暫估價值，但不需要調整原已計提的折舊額。2×15年計提的折舊金額＝（100+20-100÷10×6÷12）÷9.5＝12.11（萬元）。

9.【答案】C

【解析】出售時該設備帳面價值＝200-50-25＝125（萬元）。計入營業外支出的金額＝125-60+3＝68（萬元），則對利潤總額的影響金額為-68萬元。

10.【答案】C

【解析】企業將非流動資產劃分為持有待售資產應同時滿足下列條件：①企業已經就處置該非流動資產做出決議；②企業已經與受讓方簽訂了不可撤銷的轉讓協議；③該項轉讓將在一年內完成。

(二) 多項選擇題

1.【答案】AD

【解析】購買固定資產的價款超過正常信用條件延期支付，實質上具有融資性質

的，固定資產的成本以購買價款的現值為基礎確定，選項 A 正確。實際支付的價款與購買價款的現值之間的差額，符合資本化條件的，應當在信用期間內資本化；不符合資本化條件的，在信用期間內計入當期損益，選項 D 正確。

2.【答案】ABC

【解析】英明公司領用外購原材料安裝設備，設備屬於增值稅應稅項目，因此領用材料的增值稅進項稅額無須轉出；而材料被領用之前屬於英明公司的資產，領用之後，材料只是以不同的形式為企業提供經濟利益，因此是按照領用材料的成本增加固定資產的價值，而不是領用時的市場價格。

3.【答案】ABD

【解析】選項 C，企業為建造固定資產通過出讓方式取得土地使用權而支付的土地出讓金，不計入在建工程成本，取得的土地使用權應確認為無形資產。

4.【答案】BCD

【解析】選項 A，投資者投入固定資產的成本，應當按照投資合同或協議約定的價值確定，但合同或協議約定價值不公允的除外。

5.【答案】ABD

【解析】選項 C，對已提足折舊仍繼續使用的固定資產，不再計提折舊。

6.【答案】ABD

【解析】選項 C，經營出租的固定資產，其計提的折舊應計入其他業務成本。

7.【答案】AD

【解析】選項 A，對該項固定資產進行更換前的帳面價值＝1,200－1,200÷10×3－60＝780（萬元）；選項 B，被更換部件的帳面價值＝420－420÷10×3－420÷1,200×60＝273（萬元）；選項 C，發生的後續支出 800 萬元（工程物資）應計入固定資產成本，該項固定資產進行更換後的入帳價值＝780－273＋800＝1,307（萬元）；選項 D，被替換部件減少利潤總額的金額＝273－1＝272（萬元）。

8.【答案】BC

【解析】選項 A，企業生產車間（部門）和行政管理部門等發生的固定資產修理費用等後續支出，在「管理費用」科目核算；選項 D，盤盈固定資產應作為前期會計差錯，通過「以前年度損益調整」科目核算。

9.【答案】ABCD

10.【答案】ABCD

【解析】選項 A，高危行業按照國家規定提取的安全生產費，應當計入相關產品的成本或當期費用，同時記入「專項儲備」科目；選項 B，使用提取的安全生產費用形成固定資產的，按照形成固定資產的成本衝減專項儲備，並確認相同金額的累計折舊，該固定資產在以後期間不再計提折舊；選項 C 和 D 企業使用提取的安全生產費時，屬於費用性支出的，直接衝減專項儲備，專項儲備是所有者權益類科目，支付時會減少所有者權益。

（三）判斷題

1.【答案】錯

【解析】企業因固定資產盤虧造成的待處理非流動資產淨損失，預期不會給企業帶來經濟利益的流入，不符合資產的定義，不屬於企業的資產。

2.【答案】錯

【解析】以一筆款項購入多項沒有單獨標價的固定資產，應當按照各項固定資產的公允價值比例對總成本進行分配，分別確定各項固定資產的成本。

3.【答案】對

4.【答案】錯

【解析】對於一般工商企業的固定資產而言，處置時發生的相關清理費先計入固定資產清理，最終以固定資產清理淨額轉入營業外收支，體現為固定資產的處置利得或者損失。對於特殊行業的特定固定資產，企業需要承擔環境保護和生態恢復等義務所確定的支出，如核電站核設施等的棄置和恢復環境義務，才有棄置費用，才需要計算現值，計入相關資產的成本，並確認預計負債。

5.【答案】錯

【解析】在固定資產使用初期，用雙倍餘額遞減法計提年折舊額時不考慮淨殘值，只有在其折舊年限到期以前兩年內才考慮其淨殘值的問題。

6.【答案】錯

【解析】固定資產更新改造時發生的支出符合資本化條件的應當予以資本化。

7.【答案】錯

【解析】在處置固定資產（不動產）時，發生的營業稅，應通過「固定資產清理」科目核算。

8.【答案】錯

【解析】企業購入不需要安裝的生產設備，購買價款超過正常信用條件延期支付，實質上具有融資性質的，應當以購買價款的現值為基礎確定其成本。

9.【答案】錯

【解析】企業使用提取的安全生產費購建不需要安裝的安全防護設備應確認為固定資產，同時按相同金額衝減專項儲備，借記「專項儲備」科目，貸記「累計折舊」科目。

10.【答案】錯

【解析】確定融資租入固定資產的折舊期間時，應當依據租賃合同而定。能夠合理確定租賃期屆滿時將會取得租賃資產所有權的，應以租賃開始日租賃資產的使用壽命作為折舊期間；無法合理確定租賃期屆滿後承租人是否能夠取得租賃資產所有權的，應以租賃期與租賃資產使用壽命兩者中較短者作為折舊期間。

（四）計算分析題

1. 生產線改擴建後，生產能力大大提高，能夠為企業帶來更多的經濟利益，改擴建的支出金額也能可靠計量，因此該後續支出符合固定資產的確認條件，應計入固定資產的成本。有關的帳務處理如下：

(1) 固定資產改擴建之前：

該條生產線的應計折舊額 = 1,536,000×(1-4%) = 1,474,560（元）

年折舊額 = 1,474,560÷5 = 294,912（元）

2×13 年、2×14 年計提固定資產折舊的帳務處理為：

借：製造費用　　　　　　　　　　　　　　　　294,912
　　貸：累計折舊　　　　　　　　　　　　　　　　　　294,912

(2) 2×14 年 12 月 31 日，固定資產的帳面價值 = 1,536,000-294,912×2 = 946,176（元）。固定資產轉入改擴建：

借：在建工程　　　　　　　　　　　　　　　　946,176
　　累計折舊　　　　　　　　　　　　　589,824（294,912×2）
　　貸：固定資產　　　　　　　　　　　　　　　　　1,536,000

(3) 2×15 年 1 月 1 日至 3 月 31 日，發生改擴建工程支出：

借：在建工程　　　　　　　　　　　　　　　　450,800
　　貸：銀行存款　　　　　　　　　　　　　　　　　450,800

(4) 2×15 年 3 月 31 日，生產線改擴建工程達到預定可使用狀態，固定資產的入帳價值 = 946,176+450,800 = 1,396,976（元）。

借：固定資產　　　　　　　　　　　　　　　　1,396,976
　　貸：在建工程　　　　　　　　　　　　　　　　　1,396,976

(5) 2×15 年 3 月 31 日，轉為固定資產後，按重新確定的使用壽命、預計淨殘值和折舊方法計提折舊：

2×15 年應計提的折舊額 = 1,396,976×(1-3%)×10÷55÷12×9 = 184,781.83（元）

會計分錄為：

借：製造費用　　　　　　　　　　　　　　　　184,781.83
　　貸：累計折舊　　　　　　　　　　　　　　　　　184,781.83

2. (1) 該設備的入帳價值 = 456+5 = 461（萬元）。

(2) 2×12 年度和 2×13 年度該設備計提的折舊額合計 = (461-11)÷6×2 = 150（萬元），2×12 年發生的設備修理費不影響固定資產帳面價值。

2×13 年 12 月 31 日該設備的帳面價值 = 461-150 = 311（萬元），其可收回金額為 291 萬元，低於帳面價值，故應計提的固定資產減值準備金額 = 311-291 = 20（萬元）。

2×14 年應計提的折舊額 = (291-11)÷(6-2) = 70（萬元）

2×15 年 1 至 11 月計提的折舊額 = (291-11-70)÷(3×12)×11 = 64.17（萬元）

(3) 2×15 年 11 月 30 日：

借：固定資產清理　　　　　　　　　　　　　　156.83
　　累計折舊　　　　　　　　　　　284.17（150+70+64.17）
　　固定資產減值準備　　　　　　　　　　　　　20
　　貸：固定資產　　　　　　　　　　　　　　　　　461

借：固定資產清理　　　　　　　　　　　　　　10
　　貸：銀行存款　　　　　　　　　　　　　　　　　10

借：銀行存款　　　　　　　　　　　　　　　　90

營業外支出　　　　　　　　　　　　　　　　　　76.83
　　　　貸：固定資產清理　　　　　　　　　　　　　　　　166.83
（五）綜合題
　　1.（1）資料（1）甲公司的會計處理不正確。
　　理由：將其自產的產品用於非增值稅應稅項目，不確認收入。正確的處理是直接貸記「庫存商品」科目，對應的增值稅的金額按照市場價值來計算。其正確的會計處理是：
　　　借：在建工程　　　　　　　　　　　　　　　　　12.44
　　　　貸：庫存商品　　　　　　　　　　　　　　　　　　10
　　　　　　應交稅費——應交增值稅（銷項稅額）　　　　　2.04
　　　　　　銀行存款　　　　　　　　　　　　　　　　　　0.4
　（2）資料（2）甲公司的會計處理不正確。
　　理由：對於分期購買固定資產的價款超過正常信用條件延期支付，實質上是具有融資性質的，固定資產的入帳價值是以其現值為基礎確定的。正確的會計處理是：
　　　借：固定資產　　　　　　4,973.8（2,000×2.486,9）
　　　　　未確認融資費用　　　　　　　　　　　　　1,026.2
　　　　貸：長期應付款　　　　　　　　　　　　　　　6,000
　　　借：管理費用　　　　　746.07（4,973.8÷5×9÷12）
　　　　貸：累計折舊　　　　　　　　　　　　　　　　746.07
　　　借：財務費用　　　　　373.04（4,973.8×10%×9÷12）
　　　　貸：未確認融資費用　　　　　　　　　　　　　373.04
　（3）資料（3）甲公司的會計處理不正確。
　　理由：棄置費用的現值應該計入固定資產的成本中，其計提折舊的基數應包含其棄置費用的現值；棄置費用的現值與終值的差額應按實際利率法分期確認為財務費用。正確的會計處理是：
　　　借：固定資產　　　　200,442（200,000+20,000×0.022,1）
　　　　貸：銀行存款　　　　　　　　　　　　　　　200,000
　　　　　　預計負債　　　　　　　　　　　　　　　　　442
　　　借：生產成本（製造費用）　2,505.53（200,442÷40×6÷12）
　　　　貸：累計折舊　　　　　　　　　　　　　　　2,505.53
　　　借：財務費用　　　　　　22.1（442×10%×6/12）
　　　　貸：預計負債　　　　　　　　　　　　　　　　22.1
　　2.（1）2×13年3月15日，預付備料款：
　　　借：預付帳款　　　　　　　　　　　　　　　　　320
　　　　貸：銀行存款　　　　　　　　　　　　　　　　　320
　（2）2×13年9月10日，辦理建築工程價款結算：
　　　借：在建工程——建築工程（發電車間）　　　　1,000
　　　　　　——建築工程（冷卻塔）　　　　　　　　　600

貸：銀行存款　　　　　　　　　　　　　　　　　　　　　　　　　1,280
　　　　　預付帳款　　　　　　　　　　　　　　　　　　　　　　　　　　320
（3）2×13年10月5日，購入發電設備：
　　借：工程物資——發電設備　　　　　　　　　　　　　　　　　　　1,400
　　　貸：銀行存款　　　　　　　　　　　　　　　　　　　　　　　　1,400
（4）2×14年3月5日，辦理建築工程價款結算：
　　借：在建工程——建築工程（發電車間）　　　　　　　　　　　　　1,000
　　　　　　　　——建築工程（冷卻塔）　　　　　　　　　　　　　　　600
　　　貸：應付票據　　　　　　　　　　　　　　　　　　　　　　　　1,600
（5）2×14年4月1日，將發電設備交付祥瑞公司安裝：
　　借：在建工程——在安裝設備（發電設備）　　　　　　　　　　　　1,400
　　　貸：工程物資——發電設備　　　　　　　　　　　　　　　　　　1,400
（6）2×14年5月10日，辦理安裝工程價款結算：
　　借：在建工程——安裝工程（發電設備）　　　　　　　　　　　　　　200
　　　貸：銀行存款　　　　　　　　　　　　　　　　　　　　　　　　　200
（7）支付工程發生的管理費、可行性研究費、公證費、監理費：
　　借：在建工程——待攤支出　　　　　　　　　　　　　　　　　　　　116
　　　貸：銀行存款　　　　　　　　　　　　　　　　　　　　　　　　　116
（8）進行負荷聯合試車：
　　借：在建工程——待攤支出　　　　　　　　　　　　　　　　　　　　 60
　　　貸：原材料　　　　　　　　　　　　　　　　　　　　　　　　　　 40
　　　　　銀行存款　　　　　　　　　　　　　　　　　　　　　　　　　 20
　　借：銀行存款　　　　　　　　　　　　　　　　　　　　　　　　　　 80
　　　貸：在建工程——待攤支出　　　　　　　　　　　　　　　　　　　 80
（9）計算分配待攤支出，並結算在建工程：
待攤支出分配率＝(116+60−80)÷(2,000+1,200+200+1,400)×100%＝2%
發電車間應分配的待攤支出＝2,000×2%＝40（萬元）
冷卻塔應分配的待攤支出＝1,200×2%＝24（萬元）
發電設備應分配的待攤支出＝(1,400+200)×2%＝32（萬元）
結轉「在建工程——待攤支出」：
　　借：在建工程——建築工程（發電設備）　　　　　　　　　　　　　　 40
　　　　　　　　——建築工程（冷卻塔）　　　　　　　　　　　　　　　　24
　　　　　　　　——在安裝設備（發電設備）　　　　　　　　　　　　　　32
　　　貸：在建工程——待攤支出　　　　　　　　　　　　　　　　　　　 96
計算已完工的固定資產的成本：
發電車間的成本＝2,000+40＝2,040（萬元）
冷卻塔的成本＝1,200+24＝1,224（萬元）
發電設備的成本＝(1,400+200)+32＝1,632（萬元）
　　借：固定資產——發電車間　　　　　　　　　　　　　　　　　　　2,040

——冷卻塔		1,224
——發電設備		1,632
貸：在建工程——建築工程（發電車間）		2,040
——建築工程（冷卻塔）		1,224
——在安裝設備（發電設備）		1,632

3. (1) 事項（1）會計處理不正確。

理由：固定資產更新改造的後續支出，符合固定資產確認條件的，應當計入固定資產成本，同時將被替換部分的帳面價值扣除。所以更新改造後固定資產的帳面價值＝2,400－400＋1,300＝3,300（萬元），應計提折舊額＝3,300÷8÷12×2＝68.75（萬元）。

更正後的會計分錄如下：

借：營業外支出	400	
貸：在建工程		400
借：在建工程	400	
貸：固定資產		400
借：累計折舊	8.35（77.1－68.75）	
貸：庫存商品		8.35

(2) 事項（2）會計處理不正確。

理由：雙倍餘額遞減法是在不考慮固定資產殘值的情況下，用直線法折舊率的兩倍作為固定資產的折舊率，乘以逐年遞減的固定資產期初淨值，得出各年應提折舊額的方法。所以應當計提的折舊額＝(1,000＋50＋30)×2÷5×1÷2＝216（萬元）。

更正後的會計分錄如下：

借：管理費用	10.8（216－205.2）	
貸：累計折舊		10.8

(3) 事項（3）會計處理不正確。

理由：融資租賃固定資產在租賃期開始日，承租人應當以租賃開始日租賃資產的公允價值與最低租賃付款額現值兩者中較低者，確認租入資產的入帳價值基礎。無法合理確定租賃期屆滿後承租人是否能夠取得租賃資產的所有權時，則應以租賃期與租賃資產壽命兩者中較短者作為折舊期間。如果承租人或與其有關的第三方對租賃資產餘值提供了擔保，則應提折舊總額為租賃開始日固定資產的入帳價值扣除擔保餘值後的餘額。最低租賃付款額現值＝400×2.723,2＋200×0.863,8＝1,262.04（萬元），所以設備的入帳價值＝1,262.04＋7.96＝1,270（萬元），應計提折舊額＝(1,270－200)÷3＝356.67（萬元）。

借：未確認融資費用	30	
貸：固定資產		30
借：庫存商品	66.67（356.67－290）	
貸：累計折舊		66.67

第六章　無形資產與其他資產

一、要點總覽

無形資產的確認和初始計量
- 無形資產的定義與特徵
- 無形資產的確認條件
- 無形資產的初始計量

無形資產的後續計量
- 無形資產後續計量的原則
- 使用壽命有限的無形資產
- 使用壽命不確定的無形資產

無形資產的處置
- 無形資產的出售
- 無形資產的出租
- 無形資產的報廢

其他資產

二、重點難點

（一）重點
- 無形資產的確認和初始計量
- 無形資產的後續計量
- 無形資產的處置

（二）難點
- 自行開發無形資產的確認
- 無形資產的攤銷

三、關鍵內容小結

(一) 無形資產的確認和初始計量

1. 無形資產的定義與特徵

無形資產，是指企業擁有或者控制的沒有實物形態的可辨認非貨幣性資產。商譽的存在無法與企業自身分離，不具有可辨認性，不屬於本章所指的無形資產。

2. 無形資產的內容

無形資產主要包括專利權、非專利技術、商標權、著作權、土地使用權、特許權等。

3. 無形資產的確認條件

無形資產同時滿足下列條件的，才能予以確認：

(1) 與該無形資產有關的經濟利益很可能流入企業；

(2) 該無形資產的成本能夠可靠地計量。

4. 無形資產的初始計量

無形資產應當按照成本進行初始計量。

來源	要點
外購的無形資產	成本包括購買價款、相關稅費以及直接歸屬於使該項資產達到預定用途所發生的其他支出
投資者投入的無形資產	成本應當按照投資合同或協議約定的價值確定，但合同或協議約定價值不公允的除外
非貨幣性資產交換、債務重組和政府補助取得的無形資產	成本應當分別按照本書「非貨幣性資產交換」「債務重組」「政府補助」的有關規定確定
企業取得的土地使用權	土地使用權用於自行開發建造廠房等地上建築物時，土地使用權與地上建築物分別進行攤銷和提取折舊。但下列情況除外： (1) 房地產開發企業取得的土地使用權用於建造對外出售的房屋建築物，相關的土地使用權應當計入所建造的房屋建築物成本 (2) 企業外購房屋建築物所支付的價款應當在地上建築物與土地使用權之間進行分配；難以合理分配的，應當全部作為固定資產處理
自行開發的無形資產	成本包括自滿足確認條件至達到預定用途前所發生的支出總額。已經計入各期費用的研究與開發費用，在該項無形資產符合確認條件後，不得再資本化

(二) 無形資產的後續計量

1. 無形資產後續計量的原則

(1) 判斷使用壽命	企業應當於取得無形資產時分析判斷其使用壽命
(2) 使用壽命的確定	①企業持有的無形資產，通常來源於合同性權利或是其他法定權利，而且合同規定或法律規定有明確的使用年限 ②合同或法律沒有規定使用壽命的，企業應當綜合各方面因素判斷，以確定無形資產能為企業帶來經濟利益的期限 經過上述方法仍無法合理確定無形資產為企業帶來經濟利益期限的，才能將其作為使用壽命不確定的無形資產
(3) 復核	企業至少應當於每年度終了，對使用壽命有限的無形資產的使用壽命及攤銷方法進行復核

2. 使用壽命有限的無形資產

(1) 選擇攤銷方法	(1) 根據經濟利益的預期實現方式確定其攤銷方法 (2) 無法可靠確定預期實現方式的，應當採用直線法攤銷
(2) 殘值	①使用壽命有限的無形資產，其殘值應當視為零 ②以下兩種情況有殘值： A. 有第三方承諾在無形資產使用壽命結束時購買該項無形資產 B. 可以根據活躍市場得到無形資產預計殘值信息，並且該市場在該項無形資產使用壽命結束時可能存在
(3) 列支渠道	無形資產的攤銷金額一般應當計入當期損益（管理費用、其他業務成本等）。某項無形資產包含的經濟利益通過所生產的產品或其他資產實現的，其攤銷金額應當計入相關資產的成本

3. 使用壽命不確定的無形資產

對於根據可獲得的情況判斷，無法合理估計其使用壽命的無形資產，應作為使用壽命不確定的無形資產。按照準則規定，對於使用壽命不確定的無形資產，在持有期間內不需要攤銷，但需要至少於每一會計期末進行減值測試。發生減值時，借記「資產減值損失」科目，貸記「無形資產減值準備」科目。

(三) 無形資產的處置

1. 無形資產的出售 （要點：淨額計入營業外收支）	企業出售無形資產，應當將取得的價款與該無形資產帳面價值的差額計入當期損益（營業外收入或營業外支出）
2. 無形資產的出租（要點：通過其他業務收支科目進行核算）	讓渡無形資產使用權而取得的租金收入，借記「銀行存款」等科目，貸記「其他業務收入」等科目 攤銷出租無形資產的成本並發生與轉讓有關的各種費用支出時，借記「其他業務成本」科目，貸記「無形資產」科目 相關稅費應計入稅金及附加
3. 無形資產的報廢	無形資產預期不能為企業帶來經濟利益的，應將該無形資產的帳面價值予以轉銷，其帳面價值轉作當期損益（營業外支出）

(四) 其他資產

其他資產是指不屬於固定資產、無形資產和長期投資的其他資產，主要包括長期待攤費用、凍結資產和特準儲備物資等。

四、練習題

(一) 單項選擇題

1. 下列各項關於無形資產會計處理的表述中，正確的是（　　）。
    A. 計算機軟件依賴於實物載體，不應確認為無形資產
    B. 計提的無形資產減值準備在該資產價值恢復時應予以轉回
    C. 使用壽命不確定的無形資產帳面價值均應按 10 年平均攤銷
    D. 無形資產屬於非貨幣性資產

2. 2015 年 2 月 5 日，甲公司以 2,000 萬元的價格從產權交易中心競價獲得一項專利權，另支付相關稅費 90 萬元。為推廣由該專利權生產的產品，甲公司發生廣告宣傳費用 25 萬元、展覽費 15 萬元，上述款項均用銀行存款支付。該無形資產達到預定可使用狀態後，發生員工培訓費等相關費用 60 萬元。則該項無形資產的入帳價值為（　　）萬元。
    A. 2,190　　　B. 2,090　　　C. 2,130　　　D. 2,105

3. A 公司為甲、乙兩個股東共同投資設立的股份有限公司，經營一年後，甲、乙股東之外的另一個投資者丙意圖加入 A 公司。經協商，甲、乙同意丙以一項非專利技術投入，三方確認該非專利技術的價值為 200 萬元。該項非專利技術在丙公司的帳面餘額為 280 萬元，市價為 260 萬元，那麼該項非專利技術在 A 公司的入帳價值為（　　）萬元。
    A. 200　　　B. 280　　　C. 0　　　D. 260

4. 2015 年 1 月 1 日，A 公司從 B 公司購入一項管理用無形資產，雙方協議採用分期付款方式支付價款，合同價款為 600 萬元。A 公司自 2015 年 12 月 31 日起每年年末付款 200 萬元，3 年付清。假定銀行同期貸款年利率為 6%。A 公司另以現金支付相關稅費 15.4 萬元。該項無形資產購入當日即達到預定用途，預計使用壽命為 10 年，採用直線法攤銷，無殘值。假定不考慮其他因素，該項無形資產的有關事項影響 A 公司 2015 年度損益的金額為（　　）萬元。（已知 3 年期利率為 6% 的年金現值系數為 2.673,0，計算結果保留兩位小數）
    A. -55　　　B. 0　　　C. -87.08　　　D. -32.08

5. 下列有關無形資產研發支出的處理中，正確的是（　　）。
    A. 應於發生時計入管理費用
    B. 應全部計入無形資產的成本
    C. 開發階段的支出，應計入無形資產的成本
    D. 研究階段的支出，應計入發生當期損益

6. 甲公司 2015 年 1 月 10 日開始自行研究開發無形資產，並於 2015 年 12 月 31 日

完成開發項目，該項無形資產達到預定用途。在研究開發過程中，研究階段發生職工薪酬30萬元，計提專用設備折舊費用40萬元。進入開發階段後，相關支出符合資本化條件前發生職工薪酬30萬元，計提專用設備折舊費用30萬元；符合資本化條件後發生職工薪酬100萬元，計提專用設備折舊費用200萬元。此外，在研究開發階段中還有100萬元的專用設備折舊費用無法區分研究階段和開發階段。假定不考慮其他因素，甲公司2015年對上述研發支出的會計處理中，正確的是（　　）。

  A. 確認管理費用70萬元，確認無形資產460萬元
  B. 確認管理費用170萬元，確認無形資產360萬元
  C. 確認管理費用230萬元，確認無形資產300萬元
  D. 確認管理費用100萬元，確認無形資產430萬元

 7. 2015年4月15日，甲公司從乙公司購入一項非專利技術，成本為200萬元，購買當日達到預定用途，甲公司將其作為無形資產核算。該項非專利技術的法律保護期限為15年，甲公司預計運用該項非專利技術生產的產品在未來10年內會為公司帶來經濟利益。就該項非專利技術，第三方承諾在4年內以甲公司取得日成本的70%購買該項非專利技術，根據目前甲公司管理層的持有計劃，預計4年後轉讓給第三方。該項非專利技術經濟利益的預期實現方式無法可靠確定。2015年12月31日，該項非專利技術無減值跡象。假定不考慮其他因素，則2015年甲公司該項非專利技術的攤銷額為（　　）萬元。

  A. 20   B. 15   C. 11.25   D. 10

 8. 英明公司於2014年1月1日購入一項無形資產，初始入帳價值為500萬元，其預計使用年限為10年，無殘值，採用直線法計提攤銷。2014年12月31日，該無形資產出現減值跡象，預計可收回金額為360萬元。計提減值準備之後，該無形資產原預計使用年限、淨殘值和攤銷方法不變。則該無形資產在2015年應計提的攤銷金額為（　　）萬元。

  A. 50   B. 36   C. 40   D. 30

 9. 2014年7月2日，甲公司將其擁有的商標權對外出售，取得價款120萬元，應繳納的相關稅費為6萬元。該商標權系2011年1月份購入，成本為150萬元，預計使用年限為10年，採用直線法攤銷，無殘值，未計提相關減值準備。不考慮其他因素，則該商標權的處置損益為（　　）萬元。

  A. 28.5   B. 16.5   C. 22.5   D. 120

 10. 下列關於企業出售無形資產的會計處理中，正確的是（　　）。
  A. 出售收到的價款應計入其他業務收入
  B. 出售時，無形資產的帳面價值應轉入其他業務成本
  C. 出售時，收到的價款與無形資產帳面價值之間的差額應計入營業外收入或營業外支出
  D. 出售時，只需要結轉「無形資產」科目和「累計攤銷」科目的帳面餘額，不需要結轉「無形資產減值準備」科目的帳面餘額

（二）多項選擇題

1. 下列關於無形資產特徵的說法中，正確的有（　　）。
   A. 無形資產不具有實物形態　　B. 無形資產是可辨認的
   C. 無形資產屬於非貨幣性資產　　D. 無形資產具有可控制性

2. 關於無形資產的確認，應同時滿足下列哪些條件？（　　）
   A. 與該無形資產有關的經濟利益很可能流入企業
   B. 該無形資產的成本能夠可靠地計量
   C. 該無形資產存在活躍的交易市場
   D. 該無形資產是生產經營用的資產

3. 下列各項中，應計入外購無形資產成本的有（　　）。
   A. 購買價款
   B. 為引入新產品進行宣傳發生的廣告費
   C. 使無形資產達到預定用途發生的專業服務費用
   D. 無形資產達到預定用途以後發生的相關費用

4. 企業採用分期付款方式購買無形資產具有融資性質時，下列關於未確認融資費用攤銷的說法中，正確的有（　　）。
   A. 企業應當採用實際利率法將未確認融資費用在信用期間內進行攤銷
   B. 企業應當採用直線法將未確認融資費用在無形資產的使用壽命內進行攤銷
   C. 未確認融資費用的攤銷均應計入當期財務費用
   D. 未確認融資費用的攤銷額滿足資本化條件時，應當計入無形資產的成本

5. 下列屬於開發活動的有（　　）。
   A. 意在獲取知識而進行的活動
   B. 生產前或使用前的原型和模型的設計、建造和測試
   C. 材料、設備、產品、工序、系統或服務替代品的研究
   D. 不具有商業性生產經濟規模的試生產設施的設計、建造和營運

6. 下列各項中，不屬於內部開發無形資產成本的有（　　）。
   A. 註冊費
   B. 可直接歸屬於無形資產開發活動的支出（符合資本化條件）
   C. 無形資產達到預定用途前發生的可辨認的無效和初始運作損失
   D. 為運行無形資產發生的培訓支出

7. 下列關於無形資產使用壽命的說法中，正確的有（　　）。
   A. 估計無形資產的使用壽命時應予以考慮該資產生產產品或提供服務的市場需求情況
   B. 如果合同性權利或其他法定權利能夠在到期時因續約等延續，且續約不需要付出重大成本時，續約期應包括在資產的估計使用壽命中
   C. 企業應當在每個會計期間對使用壽命不確定的無形資產的使用壽命進行復核，如果有證據表明其使用壽命是有限的，應按照會計估計變更處理
   D. 無形資產的使用壽命一經確定，不得變更

8. 下列有關無形資產的說法中，正確的有（　　）。
   A. 無形資產當月增加，當月開始攤銷；當月減少，當月停止攤銷
   B. 無形資產減值準備一經計提，以後期間不得轉回
   C. 使用壽命有限的無形資產，無須在會計期間進行減值測試
   D. 無形資產均應當採用直線法攤銷
9. 下列有關營業稅的相關會計處理中，說法正確的有（　　）。
   A. 企業出售投資性房地產繳納的營業稅，應計入稅金及附加
   B. 企業出售固定資產（不動產）繳納的營業稅應記入「固定資產清理」科目核算，不影響固定資產處置損益
   C. 企業出售無形資產（土地使用權）繳納的營業稅影響無形資產處置損益
   D. 企業出租無形資產繳納的營業稅，影響利潤表中營業利潤的金額
10. 下列關於無形資產的處置和報廢的處理中，說法不正確的有（　　）。
    A. 無形資產對外出租取得的收入計入營業外收入
    B. 對外出租的無形資產計提的累計攤銷計入管理費用
    C. 處置無形資產時應當將取得的價款與該無形資產帳面價值及應交稅費的差額計入營業外收支
    D. 無形資產預期不能為企業帶來未來經濟利益的，應當將該無形資產的帳面價值予以轉銷，其帳面價值轉作當期損益（營業外支出）

(三) 判斷題

1. 房地產開發企業取得的土地使用權用於建造對外出售房屋建築物的，相關的土地使用權按照無形資產核算，不計入該房屋建築物的成本中。（　　）
2. 只要與無形資產有關的經濟利益很可能流入企業，就可以將其確認為無形資產。（　　）
3. 投資者投入無形資產的成本，一定按照投資合同或協議約定的價值確定。（　　）
4. 購買無形資產超過正常信用條件延期支付價款，實質上具有融資性質的，無形資產的成本應以購買價款的現值為基礎確定。（　　）
5. 對於企業內部的研究開發項目，研究階段的有關支出，應當在發生時全部費用化，計入當期損益（管理費用）。（　　）
6. 為引入新產品進行宣傳發生的廣告費、管理費用及其他間接費用，不應計入無形資產的初始計量金額。（　　）
7. 企業內部研發無形資產研究階段的支出全部費用化，計入當期損益（管理費用）。會計核算時，首先在「研發支出——費用化支出」科目中歸集，期末列示在資產負債表「開發支出」科目中。（　　）
8. 使用壽命不確定的無形資產，應當在出現減值跡象時進行減值測試。（　　）
9. 企業出租無形資產（土地使用權）發生的相關營業稅，應借記「營業外支出」科目，貸記「應交稅費——應交營業稅」科目。（　　）
10. 企業轉讓無形資產所有權取得的收益應計入其他業務收入。（　　）

(四) 計算分析題

1. 英明公司 2×13 年至 2×16 年發生以下相關事項和交易：

(1) 2×13 年 3 月 1 日，採用分期付款方式從甲公司購買一項專利技術，購買合同註明該項專利技術總價款為 1,400 萬元，當日支付了 200 萬元。剩餘款項分 4 次支付，於 2×14 年起每年 3 月 1 日支付 300 萬元。假定英明公司的增量貸款年利率為 6%，相關手續已辦理完畢。該專利技術的預計使用年限為 10 年，採用直線法進行攤銷，無殘值，其包含的經濟利益與產品生產無關。

(2) 2×15 年 1 月 1 日，英明公司用一項可供出售金融資產與科貿公司的一項土地使用權進行資產交換，以實現資產優化配置。英明公司換出可供出售金融資產的帳面價值為 2,300 萬元（成本為 2,200 萬元，公允價值變動為 100 萬元），公允價值為 2,400 萬元。科貿公司換出的土地使用權的帳面餘額為 2,300 萬元，累計攤銷為 80 萬元，公允價值為 2,400 萬元。英明公司換入的土地使用權採用直線法並按照 50 年攤銷，無殘值。假定該非貨幣性資產交換具有商業實質。

(3) 2×16 年 1 月 1 日，英明公司管理層經協商，將從甲公司購買的專利技術轉讓給鼎盛公司，轉讓價款為 1,000 萬元。

(4) 已知期數為 4、利率為 6% 的年金現值系數為 3.465,1。不考慮其他因素的影響。

要求：

(1) 計算英明公司 2×13 年 3 月 1 日購入專利技術的入帳價值，並編制 2×13 年有關該專利技術和長期應付款的會計分錄。

(2) 計算 2×14 年 12 月 31 日長期應付款的帳面價值並編制相關的會計分錄。

(3) 分別編制英明公司換入土地使用權的會計分錄與科貿公司換入可供出售金融資產的會計分錄。

(4) 編制英明公司處置專利技術的會計分錄，不考慮與長期應付款有關的會計處理。

(計算結果保留兩位小數，答案中的金額單位用萬元表示)

2. 甲公司 2×13 年 1 月 10 日開始自行研究開發無形資產，2×14 年 1 月 1 日達到預定用途。其中研究階段發生職工薪酬 60 萬元、計提專用設備折舊 40 萬元。進入開發階段後，相關資產符合資本化條件前發生職工薪酬 50 萬元、計提專用設備折舊 30 萬元；符合資本化條件後發生職工薪酬 200 萬元、計提專用設備折舊 100 萬元。甲公司對該項無形資產採用直線法計提攤銷，預計使用年限為 10 年，無殘值。2×16 年 12 月 31 日，由於市場條件發生了變化，需要對該項無形資產進行減值測試。減值測試的結果表明，該項無形資產的公允價值減去處置費用後的淨額為 180 萬元，預計未來現金流量的現值為 170 萬元。計提減值後，該項無形資產的預計使用年限縮短為 8 年，攤銷方法和預計淨殘值均未發生變化。

不考慮其他因素的影響。

要求：

(1) 計算研發過程中應計入當期損益的金額和應予以資本化計入無形資產的金額，並做出相應的會計處理。

(2) 計算甲公司 2×14 年、2×15 年和 2×16 年每年應計提的攤銷額,並確定該項無形資產在 2×16 年年末是否發生了減值。如發生減值,做出相應的會計處理。

(3) 計算甲公司該項無形資產 2×17 年應計提的攤銷額。

(答案中的金額單位用萬元表示)

五、參考答案及解析

(一) 單項選擇題

1.【答案】D

【解析】計算機控制的機械工具沒有特定計算機軟件就不能運行時,則說明該軟件是構成相關硬件不可缺少的組成部分,該軟件應作為固定資產處理,如果計算機軟件不是構成相關硬件不可缺少的組成部分,則該軟件應作為無形資產處理,選項 A 不正確;無形資產減值準備一經計提,在持有期間不得轉回,選項 B 不正確;使用壽命不確定的無形資產不進行攤銷,選項 C 不正確。

2.【答案】B

【解析】無形資產的初始成本不包括為引入新產品進行宣傳發生的廣告費、管理費及其他間接費用,也不包括無形資產已經達到預定用途以後發生的費用,故無形資產的入帳價值 = 2,000+90 = 2,090 (萬元)。

3.【答案】D

【解析】投資者投入無形資產的成本,應當按照投資合同或協議約定的價值確定,但是合同或協議約定價值不公允的除外;如果合同或協議約定價值不公允,則按照公允價值確定。因為協議約定價值是 200 萬元,而公允價值是 260 萬元,所以按公允價值入帳。

4.【答案】C

【解析】該項無形資產的入帳價值 = 200×2.673,0+15.4 = 534.6+15.4 = 550 (萬元),未確認融資費用金額 = 600-534.6 = 65.4 (萬元),2015 年度應攤銷的未確認融資費用金額 = 534.6×6% = 32.08 (萬元),計入當期財務費用;無形資產當期攤銷額 = 550÷10 = 55 (萬元),計入當期管理費用。故該項無形資產的有關事項影響 A 公司 2015 年度損益的金額 = -32.08+(-55) = -87.08 (萬元)。

5.【答案】D

【解析】自行研發無形資產,研究階段的有關支出,應在當期全部費用化,計入當期損益 (管理費用);開發階段的支出,滿足資本化條件的才能予以資本化,計入無形資產的成本,不滿足資本化條件的計入當期損益。

6.【答案】C

【解析】根據相關的規定,自行研發無形資產只有在開發階段符合資本化條件後的支出才能計入無形資產成本。此題中開發階段符合資本化的支出金額 = 100+200 = 300 (萬元),確認為無形資產。其他支出包括無法區分研究階段和開發階段的支出全部計入當期損益,所以計入管理費用的金額 = (30+40)+(30+30)+100 = 230 (萬元)。

7.【答案】C

【解析】由於該項非專利技術經濟利益的預期實現方式無法可靠確定，所以應採用直線法對其進行攤銷。根據管理層的持有計劃，預計在 4 年後以取得日成本的 70% 轉讓給第三方，所以其攤銷期為 4 年。應攤銷總額 = 200×(1-70%) = 60（萬元），2015 年甲公司該項非專利技術應計提的攤銷額 = 60÷4×9÷12 = 11.25（萬元）。

8.【答案】C

【解析】該無形資產計提減值前帳面價值 = 500-500÷10 = 450（萬元），大於其可收回金額，故計提減值後的帳面價值為 360 萬元，2015 年計提攤銷的金額 = 360÷(10-1) = 40（萬元）。

9.【答案】B

【解析】2014 年出售時商標權帳面價值 = 150-150÷10×(3+6÷12) = 97.5（萬元），處置損益 = 120-97.5-6 = 16.5（萬元）。

10.【答案】C

【解析】企業出售無形資產時，應按實際收到的金額，借記「銀行存款」等科目；按已計提的累計攤銷額，借記「累計攤銷」科目；原已計提減值準備的，借記「無形資產減值準備」科目；按應支付的相關稅費及其他費用，貸記「應交稅費」「銀行存款」等科目；按其帳面餘額，貸記「無形資產」科目；按其差額，貸記「營業外收入——處置非流動資產利得」科目或借記「營業外支出——處置非流動資產損失」科目。故選項 C 正確。

(二) 多項選擇題

1.【答案】ABCD

2.【答案】AB

【解析】無形資產在符合定義的前提下應同時滿足以下兩個條件才能予以確認：①與該無形資產有關的經濟利益很可能流入企業；②該無形資產的成本能夠可靠地計量。

3.【答案】AC

【解析】為引入新產品進行宣傳發生的廣告費和無形資產達到預定用途以後發生的相關費用不屬於使無形資產達到預定用途所發生的必要支出，不應計入無形資產的成本，選項 B 和 D 不正確。

4.【答案】AD

【解析】企業採用分期付款方式購買無形資產具有融資性質時，購買價款與其現值的差額未確認融資費用，在信用期間內應當採用實際利率法進行攤銷，攤銷金額滿足借款費用資本化條件的應當計入無形資產的成本，除此之外，均應當計入財務費用。故選項 A 和 D 正確。

5.【答案】BD

【解析】選項 A 和 C 屬於研究活動。

6.【答案】CD

【解析】內部開發無形資產的可直接歸屬成本包括開發該無形資產時耗費的材料、

勞務成本、註冊費用、開發過程中使用的其他無形資產的攤銷費用、可資本化的借款費用等，不包括無形資產達到預定用途前發生的可辨認的無效和初始運作損失、為運行無形資產發生的培訓支出等。

7.【答案】ABC

【解析】企業對無形資產的使用壽命進行復核時，若有證據表明其使用壽命與以前估計不同，確需變更其使用壽命的，應當改變其攤銷期限，並按照會計估計變更進行處理。故選項 D 錯誤。

8.【答案】AB

【解析】使用壽命有限的無形資產，若出現減值跡象應進行減值測試並計提減值準備，選項 C 錯誤；無形資產的攤銷方法與其預期經濟利益的實現方式有關，不一定都採用直線法進行攤銷，選項 D 錯誤。

9.【答案】ACD

【解析】選項 B，企業出售固定資產（不動產）繳納的營業稅應記入「固定資產清理」科目核算，但最終結轉「固定資產清理」科目的金額時，影響處置固定資產損益。

10.【答案】AB

【解析】無形資產對外出租取得的收入計入其他業務收入，選項 A 錯誤；對外出租無形資產計提的累計攤銷計入其他業務成本，選項 B 錯誤。

(三) 判斷題

1.【答案】錯

【解析】房地產開發企業取得的土地使用權用於建造對外出售房屋建築物的，相關的土地使用權應當計入所建造的房屋建築物成本。

2.【答案】錯

【解析】無形資產在符合定義的前提下應同時滿足以下兩個條件才能予以確認：①與該無形資產有關的經濟利益很可能流入企業；②該無形資產的成本能夠可靠地計量。

3.【答案】錯

【解析】投資者投入無形資產的成本，應當按照投資合同或協議約定的價值確定，但合同或協議約定價值不公允的除外。

4.【答案】對

5.【答案】對

6.【答案】對

7.【答案】錯

【解析】研究階段的支出全部費用化，計入當期損益（管理費用）。會計核算時，首先在「研發支出——費用化支出」科目中歸集，期末列示在利潤表「管理費用」科目中。

8.【答案】錯

【解析】對於使用壽命不確定的無形資產，在持有期間內不需要進行攤銷，但應當至少在每年度終了按照《企業會計準則第 8 號——資產減值》的有關規定進行減值測試。

9.【答案】對

【解析】企業出租無形資產（日常活動）發生的營業稅應借記「稅金及附加」科目，貸記「應交稅費——應交營業稅」科目。

10.【答案】錯

【解析】企業轉讓無形資產的所有權屬於非日常活動，取得的收益應計入營業外收入。

（四）計算分析題

1.（1）專利技術的入帳價值＝200+300×3.465,1＝1,239.53（萬元）

2×13年3月1日未確認融資費用金額＝1,200-300×3.465,1＝160.47（萬元），2×13年12月31日，未確認融資費用攤銷額＝(1,200-160.47)×6%×10÷12＝51.98（萬元）。

會計分錄如下：

2×13年3月1日：

借：無形資產　　　　　　　　　　　　　　　　　1,239.53

　　未確認融資費用　　　　　　　　　　　　　　　160.47

　貸：長期應付款　　　　　　　　　　　　　　　　1,200

　　　銀行存款　　　　　　　　　　　　　　　　　200

2×13年12月31日：

借：財務費用　　　　　　　　　　　　　　　　　51.98

　貸：未確認融資費用　　　　　　　　　　　　　　51.98

借：管理費用　　　　　　　103.29（1,239.5÷10÷12×10）

　貸：累計攤銷　　　　　　　　　　　　　　　　　103.29

（2）2×14年1月至2月未確認融資費用攤銷額＝(1,200-160.47)×6%×2÷12＝10.40（萬元），2×14年3月至12月未確認融資費用攤銷額＝[(1,200-300)-(160.47-51.98-10.4)]×6%×10÷12＝40.10（萬元），故2×14年未確認融資費用攤銷額＝10.4+40.1＝50.50（萬元）。2×14年12月31日長期應付款的帳面價值＝(1,200-300)-(160.47-51.98-50.50)＝842（萬元）。

借：長期應付款　　　　　　　　　　　　　　　　300

　貸：銀行存款　　　　　　　　　　　　　　　　　300

借：財務費用　　　　　　　　　　　　　　　　　50.50

　貸：未確認融資費用　　　　　　　　　　　　　　50.50

借：管理費用　　　　　　　　　　　　　　　　　123.95

　貸：累計攤銷　　　　　　　　　123.95（1,239.5÷10）

（3）英明公司：

借：無形資產　　　　　　　　　　　　　　　　　2,400

　貸：可供出售金融資產——成本　　　　　　　　　2,200

　　　　　　　　　　——公允價值變動　　　　　　100

　　　投資收益　　　　　　　　　　　　　　　　　100

借：其他綜合收益　　　　　　　　　　　　　　　100

　貸：投資收益　　　　　　　　　　　　　　　　　100

科貿公司：
借：可供出售金融資產　　　　　　　　　　　　　　　2,400
　　累計攤銷　　　　　　　　　　　　　　　　　　　　　80
　貸：無形資產　　　　　　　　　　　　　　　　　　　2,300
　　　營業外收入　　　　　　　　　　　　　　　　　　　180
(4) 相關的會計分錄：
借：銀行存款　　　　　　　　　　　　　　　　　　　1,000
　　累計攤銷　　　　　　　　　351.19（123.95×2+103.29）
　貸：無形資產　　　　　　　　　　　　　　　　　　1,239.53
　　　營業外收入　　　　　　　　　　　　　　　　　　111.66

2. (1) 研發過程中應計入當期損益的金額=(60+40)+(50+30)=180（萬元）
應予以資本化計入無形資產的金額=200+100=300（萬元）
研究階段：
借：研發支出——費用化支出　　　　　　　　　　　　　100
　貸：應付職工薪酬　　　　　　　　　　　　　　　　　　60
　　　累計折舊　　　　　　　　　　　　　　　　　　　　40
開發階段符合資本化條件前：
借：研發支出——費用化支出　　　　　　　　　　　　　80
　貸：應付職工薪酬　　　　　　　　　　　　　　　　　　50
　　　累計折舊　　　　　　　　　　　　　　　　　　　　30
開發階段符合資本化條件後：
借：研發支出——資本化支出　　　　　　　　　　　　　300
　貸：應付職工薪酬　　　　　　　　　　　　　　　　　200
　　　累計折舊　　　　　　　　　　　　　　　　　　　100
研發支出結轉時：
借：管理費用　　　　　　　　　　　　　　　　　　　　180
　　無形資產　　　　　　　　　　　　　　　　　　　　300
　貸：研發支出——費用化支出　　　　　　　　　　　　180
　　　　　　——資本化支出　　　　　　　　　　　　　300

(2) 由於該項無形資產採用直線法計提攤銷，因此2×14年、2×15年和2×16年每年計提的攤銷額是一樣的，攤銷額=300÷10=30（萬元）。

2×16年12月31日計提減值前，無形資產的帳面價值=300-30×3=210（萬元）。

該項無形資產的公允價值減去處置費用後的淨額為180萬元，預計未來現金流量現值為170萬元，因此該項無形資產的可收回金額為180萬元，低於無形資產的帳面價值，因此該項無形資產發生了減值。應當計提減值準備的金額=210-180=30（萬元）。
借：資產減值損失　　　　　　　　　　　　　　　　　　30
　貸：無形資產減值準備　　　　　　　　　　　　　　　　30

計提減值後，無形資產的帳面價值=210-30=180（萬元）。

該項無形資產2×17年應計提的攤銷額=180÷(8-3)=36（萬元）。

第七章　投資性房地產

一、要點總覽

$$\left\{\begin{array}{l}投資性房地產的確認和初始計量\\投資性房地產的後續計量\left\{\begin{array}{l}成本計量模式\\公允價計量模式\end{array}\right.\\投資性房地產的（用途）轉換和處置\left\{\begin{array}{l}自用/商品轉「投資性」\\「投資性」轉自用\end{array}\right.\end{array}\right.$$

二、重點難點

（一）重點

$$\left\{\begin{array}{l}投資性房地產的確認和初始計量\\投資性房地產的後續計量\\投資性房地產的（用途）轉換和處置\end{array}\right.$$

（二）難點

$$\left\{\begin{array}{l}投資性房地產的後續計量\\投資性房地產的（用途）轉換和處置\end{array}\right.$$

三、關鍵內容小結

（一）投資性房地產的概念和形式

　1. 投資性房地產的概念

　投資性房地產是指為賺取租金或資本增值，或兩者兼有而持有的房地產。

　（1）能夠單獨計量和出售。

　（2）對出租資產後的經營不提供服務或只提供輔助性服務。

　概念辨析舉例：

企業擁有並自行經營的旅館飯店，是否屬於投資性房地產	否，因為其經營目的主要是通過提供客房服務而賺取服務收入
一辦公樓，一部分出租給別人，是否屬於	能單獨計量和出售的屬於，不能單獨計量和出售的不屬於
按照國家有關規定認定的閒置土地，是否屬於	否，因為不屬於持有並準備增值的土地使用權

2. 投資性房地產的形式

(1) 已出租的土地使用權；

(2) 持有並準備增值後轉讓的土地使用權；

(3) 已出租的建築物。

3. 不屬於投資性房地產的

(1) 自用房地產；

(2) 作為存貨的房地產。

(二) 投資性房地產的確認和初始計量

1. 資性房地產的確認

符合定義，同時滿足兩個確認條件。

2. 初始計量——應當按照成本進行初始計量（與固定資產、無形資產初始計量相同）

(1) 企業外購、自行建造等取得時

①購入時同時對外出租的 (或用於資本增值)	購入日＝對外出租日，確認為投資性房地產
②購入自用，後改出租的	在購入日確認為固定資產/無形資產 在租賃期開始日轉為投資性房地產

(2) 自行建造的（同理）

(三) 投資性房地產的後續計量

1. 投資性房地產的後續計量模式

兩種計量模式	核算要點
成本模式（首選）	核算與固定資產或無形資產相同： 按期折舊、攤銷；發生後續支出，期末可能計提減值等
公允價值模式	(1) 不計提折舊或攤銷 (2) 期末以公允價進行再計價，差額計入公允價值變動損益 (3) 租金收入確認為其他業務收入
注意： (1) 同一企業只能採用一種模式，不得同時採用兩種計量模式 (2) 公允價值模式使用的前提條件 ①公允價值能夠持續可靠取得 ② 有活躍的交易市場（或能夠從交易市場上取得同類或類似的市場價格）	

2. 房地產的轉換形式及轉換日

投資性房地產開始自用	「投資性房地產」轉「固定資產」
	轉換日：房地產達到自用狀態、企業開始使用於生產經營或管理的日期
作為存貨的房地產改為出租	「開發產品」轉「投資性房地產」
	轉換日：為房地產的租賃期開始日
自用建築物或土地使用權停止自用，改為出租	固定資產或無形資產轉「投資性房地產」
	轉換日：租賃期開始日
自用土地使用權停止自用，改用於資本增值	無形資產轉「投資性房地產」
	轉換日：自用土地使用權停止自用後確定用於資本增值的日期

3. 房地產轉換的會計處理

成本模式下的轉換	要點：轉換前的帳面價為轉換後的入帳價
	自用轉投資時： 借：投資性房地產 　　存貨跌價準備/累計折舊/累計攤銷 　貸：開發產品/固定資產/無形資產
公允價值模式下的轉換	(1) 投資性轉換為自用： 要點：轉換日公允價為自用的帳面價值，差額計入公允價值變動損益 借：固定資產（轉換當日的公允價值） 借或貸：公允價值變動損益（差額） 　　貸：投資性房地產——成本（餘額） 　　　　　　　　　——公允價值變動（餘額）
	(2) 自用或存貨轉換投資性房地產： 要點：投資性房地產以轉換當日的公允價計量 公允價值 < 原帳面價值 ——差額計入公允價值變動損益 公允價值 > 原帳面價值 ——差額計入資本公積——其他資本公積 借：投資性房地產（轉換當日的公允價值） 　　累計折舊/減值準備（已提折舊及減值） 　　公允價值變動損益（公允價值 < 原帳面價值） 　貸：固定資產（帳面餘額） 　　　資本公積（差額） 處置該項投資性房地產時，原計入所有者權益的部分，應當轉入處置當期損益（其他業務收入） 借：資本公積 　　公允價值變動損益 　貸：其他業務收入

四、練習題

(一) 單項選擇題

1. 下列各項中，不屬於投資性房地產項目的是（　　）。
   A. 已出租的土地使用權
   B. 企業以經營租賃方式租入再對外轉租的建築物
   C. 持有並準備增值後轉讓的土地使用權
   D. 企業擁有產權並以經營租賃方式出租的建築物

2. 2014年2月1日，甲公司從其他單位購入一塊土地使用權，並在這塊土地上建造兩棟相同的廠房。2014年9月1日，甲公司預計廠房即將完工，與乙公司簽訂了經營租賃合同，約定將其中的一棟廠房於完工時租賃給乙公司使用。2014年9月15日，兩棟廠房同時完工。該土地使用權的帳面價值為1,200萬元，兩棟廠房實際發生的建造成本均為300萬元，能夠單獨計量。甲公司採用成本模式對投資性房地產進行後續計量。則甲公司2014年9月15日投資性房地產的入帳價值為（　　）萬元。
   A. 900　　　B. 1,500　　　C. 750　　　D. 1,200

3. 甲公司2014年7月1日購入一幢辦公樓，購買價款為5,000萬元，另發生相關稅費100萬元。購買當日即與丙公司簽訂租賃協議，將該幢辦公樓出租給丙公司使用，租賃期為3年，每年租金為520萬元，每年年末支付。甲公司因該項租賃業務發生談判費用20萬元，另預計租賃期內每年將產生10萬元的辦公樓使用維護費用。則2014年7月1日，應確認的投資性房地產的初始入帳價值為（　　）萬元。
   A. 5,100　　　B. 5,080　　　C. 5,150　　　D. 5,120

4. 投資性房地產進入改擴建或裝修階段後，應將其帳面價值轉入（　　）科目進行核算。
   A. 在建工程　　　　　　B. 投資性房地產——在建
   C. 開發產品　　　　　　D. 投資性房地產——成本

5. 下列關於投資性房地產核算的表述中，正確的是（　　）。
   A. 採用成本模式計量的投資性房地產應計提折舊或攤銷，但不需要確認減值損失
   B. 採用成本模式計量的投資性房地產，符合條件時可轉換為按公允價值模式計量
   C. 採用公允價值模式計量的投資性房地產，公允價值的變動金額應計入其他綜合收益
   D. 採用公允價值模式計量的投資性房地產，符合條件時可轉換為按成本模式計量

6. 下列關於公允價值模式計量的投資性房地產說法中，正確的是（　　）。
   A. 當月增加的土地使用權當月進行攤銷
   B. 公允價值模式下不計提減值

C. 資產負債表日，投資性房地產的公允價值高於帳面價值的差額計入其他業務收入

D. 資產負債表日，投資性房地產的公允價值高於帳面價值的差額計入資本公積——其他資本公積

7. 英明公司採用成本價值模式對投資性房地產進行後續計量，2014年9月20日將2013年12月31日達到預定可使用狀態的自行建造的辦公樓對外出租。該辦公樓建造成本為5,150萬元，預計使用年限為25年，預計淨殘值為150萬元。採用年限平均法計提折舊。不考慮其他因素，則2014年該辦公樓應計提的折舊額為（　　）萬元。

A. 0　　　　　B. 150　　　　　C. 200　　　　　D. 100

8. 投資性房地產的後續計量模式由成本模式轉換為公允價值模式。其公允價值與帳面價值之間的差額計入（　　）。

A. 盈餘公積和未分配利潤　　　　B. 公允價值變動損益
C. 其他綜合收益　　　　　　　　D. 營業外收入

9. 2014年12月8日甲公司董事會決定自2015年1月1日起將位於城區的一幢已出租建築物由成本模式改為公允價值模式計量。該建築物系2014年1月20日投入使用並對外出租，入帳時初始成本為1,940萬元，公允價值為2,400萬元；預計使用年限為20年，預計淨殘值為20萬元，採用年限平均法計提折舊；年租金為180萬元，按月收取。2015年1月1日該建築物的公允價值為2,500萬元。不考慮所得稅等因素，下列各項會計處理中，正確的是（　　）。

A. 減少「投資性房地產累計折舊」科目餘額88萬元
B. 增加「投資性房地產——成本」科目餘額2,400萬元
C. 增加「投資性房地產」科目餘額2,500萬元
D. 增加「盈餘公積」科目餘額43.42萬元

10. 2015年2月2日，甲公司董事會做出決議，將其持有的一項土地使用權停止自用，待其增值後，再予以轉讓以獲取增值收益。該項土地使用權的成本為1,500萬元，預計使用年限為10年，預計淨殘值為200萬元，採用直線法進行攤銷。甲公司對其投資性房地產採用成本模式計量，該項土地使用權轉換後，其預計使用年限、預計淨殘值以及攤銷方法不發生改變。土地使用權至2015年年末已使用了6年，則2015年年末甲公司該項投資性房地產的帳面價值為（　　）萬元。

A. 600　　　　　B. 720　　　　　C. 1,500　　　　　D. 130

（二）多項選擇題

1. 下列關於投資性房地產的特徵中，說法正確的有（　　）。

A. 投資性房地產是一種投資性活動
B. 投資性房地產是一種經營性活動
C. 投資性房地產在用途、狀態、目的等方面區別於作為生產經營場所的房地產和用於銷售的房地產
D. 投資性房地產是指，為賺取租金或資本增值，或者兩者兼有而持有的房地產

2. 下列各項中，不屬於投資性房地產核算範圍的有（　　）。
   A. 閒置的土地
   B. 房地產開發企業開發完成的對外銷售的商品房
   C. 已出租的辦公樓
   D. 企業自用的廠房
3. 下列各項中，不屬於投資性房地產確認條件的是（　　）。
   A. 投資性房地產是指，為賺取租金或資本增值，或者兩者兼有而持有的房地產
   B. 與該投資性房地產有關的經濟利益很可能流入企業
   C. 該投資性房地產的成本能夠可靠地計量
   D. 投資性房地產屬於有形資產
4. 下列有關投資性房地產後續支出的表述中，正確的有（　　）。
   A. 與投資性房地產有關的後續支出應區分資本化支出和費用化支出分別處理
   B. 發生的資本化支出應通過「投資性房地產——在建」科目歸集
   C. 與投資性房地產有關的後續支出均應計入投資性房地產的成本
   D. 投資性房地產的資本化支出可以提高其使用效能和經濟利益流入量
5. 下列有關投資性房地產採用成本模式計量的說法中，正確的有（　　）。
   A. 企業外購的建築物對外出租，購入當月不計提折舊
   B. 企業外購的土地使用權對外出租，購入當月需要計提攤銷
   C. 取得的租金收入應計入其他業務收入
   D. 資產負債表日，應按公允價值確認公允價值變動金額並計入當期損益
6. 投資性房地產採用公允價值模式計量，應同時滿足的條件包括（　　）。
   A. 投資性房地產所在地有活躍的房地產交易市場
   B. 投資性房地產所在地有專門的資產評估機構對投資性房地產的公允價值做出估計
   C. 企業對所有投資性房地產均採用公允價值模式計量
   D. 企業能夠從活躍的房地產交易市場上取得同類或類似房地產的市場價格及其他相關信息，從而對投資性房地產的公允價值做出合理的估計
7. 下列關於投資性房地產後續計量模式變更的說法中，正確的有（　　）。
   A. 為保證會計信息的可比性，企業對投資性房地產的計量模式一經確定，不得隨意變更
   B. 只有在房地產市場比較成熟、能夠滿足採用公允價值模式條件的情況下，才允許企業對投資性房地產從成本模式計量變更為以公允價值模式計量
   C. 成本模式轉為公允價值模式的，應當作為會計政策變更處理，並按計量模式變更時公允價值與帳面價值的差額調整其他綜合收益
   D. 已採用公允價值模式計量的投資性房地產，不得從公允價值模式轉為成本模式
8. 關於投資性房地產轉換日的確定，下列說法中，正確的有（　　）。
   A. 作為存貨的房地產改為出租，其轉換日為租賃期開始日
   B. 投資性房地產轉為存貨，轉換日為董事會或類似機構做出書面決議，明確

表明將其重新開發用於對外銷售的日期
C. 自用建築物停止自用改為出租，其轉換日為租賃期開始日
D. 自用土地使用權停止自用，改用於資本增值，其轉換日為自用土地使用權停止自用後，確定用於資本增值的日期

9. 關於投資性房地產轉換後的入帳價值的確定，下列說法中，正確的有（　　）。
A. 作為存貨的房地產轉換為採用成本模式計量的投資性房地產時，應按該項存貨在轉換日的帳面價值，借記「投資性房地產」科目
B. 採用公允價值模式計量的投資性房地產轉換為自用房地產時，應以其轉換當日的公允價值作為自用房地產的入帳價值
C. 採用公允價值模式計量的投資性房地產轉換為自用房地產時，應當以其轉換當日的帳面價值作為自用房地產的入帳價值
D. 自用房地產或存貨轉換為採用公允價值模式計量的投資性房地產時，投資性房地產按照轉換當日房地產的帳面價值作為入帳價值

10. 處置採用公允價值模式計量的投資性房地產時，下列說法中，正確的有（　　）。
A. 應按累計公允價值變動金額，將公允價值變動損益轉入其他業務成本
B. 如涉及營業稅，則營業稅應記入「稅金及附加」科目
C. 實際收到的金額與該投資性房地產帳面價值之間的差額，應計入營業外收支
D. 若存在原轉換日計入其他綜合收益的金額，處置時應結轉到其他業務成本

(三) 判斷題

1. 投資性房地產實質上屬於一種讓渡資產使用權行為。　　　　　　（　　）
2. 企業以經營租賃方式租入再轉租的土地使用權和計劃用於出租但尚未出租的土地使用權不屬於投資性房地產。　　　　　　　　　　　　　　　　（　　）
3. 自行建造投資性房地產，其成本由建造該項資產達到預定可使用狀態之前發生的必要支出構成，包括土地開發費用、建築成本、安裝成本、應予以資本化的借款費用、支付的其他費用和分攤的間接費用等。　　　　　　　　　　　（　　）
4. 對於企業外購的房地產，在購入房地產的同時未開始對外出租或用於資本增值的，也可以作為投資性房地產進行核算。　　　　　　　　　　　　　（　　）
5. 投資性房地產改擴建或裝修支出滿足資本化條件的，應當將其資本化，計入投資性房地產的成本；不滿足資本化條件的，應計入其他業務成本。　　　（　　）
6. 投資性房地產後續計量模式包括成本和公允價值兩種模式，同一企業可以同時採用兩種計量模式對其投資性房地產進行後續計量。　　　　　　　（　　）
7. 只有存在確鑿證據表明投資性房地產的公允價值能夠持續可靠取得的情況下，企業才可以採用公允價值模式對投資性房地產進行後續計量。　　　（　　）
8. 採用公允價值模式計量的投資性房地產，資產負債表日確認的公允價值變動金額應當計入所有者權益（其他綜合收益）。　　　　　　　　　　　（　　）
9. 投資性房地產後續計量由成本模式轉為公允價值模式，轉換日公允價值與帳面

價值的差額，借方差額記入「公允價值變動損益」科目，貸方差額記入「其他綜合收益」科目。   （ ）

10. 處置投資性房地產時，應當按實際收到的金額，貸記「其他業務收入」科目；按該項投資性房地產的帳面價值，借記「其他業務成本」科目。若為公允價值模式計量，還應同時結轉持有期間確認的累計公允價值變動；若存在原轉換日計入其他綜合收益的金額，也一併結轉。   （ ）

(四) 計算分析題

1. 甲公司主要從事房地產開發經營業務，對投資性房地產採用成本模式進行後續計量，2×16年度發生的有關交易或事項如下：

(1) 1月1日，因商品房滯銷，董事會決定將兩棟商品房用於對外出租。1月20日，甲公司與乙公司簽訂租賃合同並已將兩棟商品房以經營租賃方式提供給乙公司使用。出租商品房的帳面餘額為9,000萬元，未計提存貨跌價準備，公允價值為10,000萬元。該出租商品房預計使用年限為50年，預計淨殘值為零，採用年限平均法計提折舊。

(2) 1月5日，收回租賃期屆滿的一宗土地使用權，經批准用於建造辦公樓。該土地使用權成本為2,750萬元，未計提減值準備，至辦公樓開工之日已攤銷10年，預計尚可使用40年，預計淨殘值為0，採用直線法攤銷。辦公樓於1月5日開始建造，至年末尚未完工，共發生工程支出3,500萬元，假定全部已由銀行存款支付。

(3) 3月5日，收回租賃期屆滿的商鋪，並計劃對其重新裝修後繼續用於出租。該商鋪成本為6,500萬元，至重新裝修之日，已計提累計折舊2,000萬元，帳面價值為4,500萬元。裝修工程於8月1日開始，於年末完工並達到預定可使用狀態，共發生裝修支出1,500萬元。其中包括材料支出700萬元和職工薪酬800萬元，職工薪酬尚未支付。裝修後預計租金收入將大幅增加。

假定不考慮相關稅費及其他因素的影響。

要求：

(1) 計算上述出租商品房2×16年度應計提的折舊金額；

(2) 做出上述交易或事項的相關會計處理。

(答案中的金額單位用萬元表示)

2. 2×16年2月10日，甲房地產開發公司（以下簡稱甲公司）與承租方丁公司簽訂辦公樓租賃合同，將其開發的一棟用於出售的辦公樓出租給丁公司使用，租賃期為2年，租賃期開始日為2×16年3月1日。2×16年3月1日辦公樓帳面價值為1,100萬元，公允價值為2,400萬元。甲公司採用公允價值模式對投資性房地產進行後續計量。辦公樓在2×16年12月31日的公允價值為2,600萬元，2×17年12月31日的公允價值為2,640萬元。2×18年3月1日，甲公司收回租賃期屆滿的辦公樓並對外出售，取得價款2,800萬元。

假定不考慮相關稅費等因素的影響。

要求：

(1) 編制甲公司將辦公樓出租時的會計分錄；

(2) 編制辦公樓出售前與公允價值變動損益相關的會計分錄；
(3) 編制辦公樓出售時的會計分錄。

五、參考答案及解析

(一) 單項選擇題

1.【答案】B
【解析】投資性房地產主要包括已出租的土地使用權、持有並準備增值後轉讓的土地使用權和已出租的建築物。已出租的建築物是指企業擁有產權並以經營租賃方式出租的房屋等建築物。企業以經營租賃方式租入再轉租的建築物，由於企業對該租入的建築物不擁有產權，所以不屬於投資性房地產。

2.【答案】A
【解析】甲公司2014年9月15日投資性房地產的入帳價值=1,200÷2+300=900(萬元)。

3.【答案】A
【解析】企業外購的投資性房地產，應當按照取得時的實際成本進行初始計量，取得時的實際成本包括購買價款、相關稅費和可直接歸屬於該資產的其他支出。故甲公司2014年7月1日應確認的投資性房地產的初始入帳價值=5,000+100=5,100（萬元）。

4.【答案】B
【解析】無論是採用成本模式還是公允價值模式進行後續計量，投資性房地產進入改擴建或裝修階段後，應將其帳面價值轉入「投資性房地產——在建」科目進行核算。

5.【答案】B
【解析】選項A，採用成本模式計量的投資性房地產期末應考慮確認減值損失；選項C，採用公允價值模式計量的投資性房地產公允價值變動應計入公允價值變動損益；選項D，公允價值模式計量的投資性房地產不能再轉為成本模式計量；而採用成本模式計量的投資性房地產在符合一定的條件時可以轉為公允價值模式計量。

6.【答案】B
【解析】選項A，公允價值模式下不計提折舊或攤銷；選項C和D，資產負債表日，投資性房地產的公允價值高於帳面價值的差額計入公允價值變動損益。

7.【答案】C
【解析】2014年該辦公樓的計提折舊金額=(5,150-150)÷25=200（萬元）。

8.【答案】A
【解析】投資性房地產的後續計量模式由成本模式轉換為公允價值模式，應當作為會計政策變更，將公允價值與帳面價值的差額，調整期初留存收益。

9.【答案】A
【解析】將投資性房地產由成本模式轉為以公允價值模式計量，屬於會計政策變更。截止至2014年年末，成本模式下的投資性房地產帳面價值=1,940-(1,940-20)÷20×11÷12=1,852（萬元）。

會計分錄為：

借：投資性房地產——成本　　　　　　　　　　　2,500
　　投資性房地產累計折舊　　　　　　　　　　　　88
　貸：投資性房地產　　　　　　　　　　　　　1,940
　　　盈餘公積　　　　　　　　　　　　　　　　64.8
　　　利潤分配——未分配利潤　　　　　　　　　583.2

10.【答案】B

【解析】2015年年末甲公司該項投資性房地產的帳面價值＝1,500－(1,500－200)×6÷10＝720（萬元）。

(二) 多項選擇題

1.【答案】BC

【解析】投資性房地產具有以下兩個特徵：①投資性房地產是一種經營性活動；②投資性房地產在用途、狀態、目的等方面區別於作為生產經營場所的房地產和用於銷售的房地產。

2.【答案】ABD

【解析】選項A，按照國家有關規定認定的閒置土地，不屬於持有並準備增值的土地使用權，不作為投資性房地產核算；選項B，房地產開發企業開發完成的對外銷售的商品房應作為企業的存貨，通過「開發產品」科目核算；選項D，企業自用的廠房通過「固定資產」科目核算，不屬於投資性房地產的核算範圍。

3.【答案】AD

【解析】投資性房地產只有在符合定義的前提下，同時滿足下列條件時，才能予以確認：①與該投資性房地產有關的經濟利益很可能流入企業；②該投資性房地產的成本能夠可靠地計量。

4.【答案】ABD

【解析】與投資性房地產有關的後續支出應區分資本化支出和費用化支出分別處理：發生的資本化的改良或裝修支出，應記入「投資性房地產——在建」科目；費用化的後續支出，應當在發生時計入當期損益，借記「其他業務成本」等科目，貸記「銀行存款」等科目。故選項C錯誤。

5.【答案】ABC

【解析】選項D，屬於公允價值模式計量下的會計處理。

6.【答案】AD

【解析】採用公允價值模式計量的投資性房地產，應當同時滿足以下兩個條件：①投資性房地產所在地有活躍的房地產交易市場；②企業能夠從活躍的房地產交易市場上取得同類或類似房地產的市場價格及其他相關信息，從而對投資性房地產的公允價值做出合理的估計。

7.【答案】ABD

【解析】選項C，成本模式轉為公允價值模式的，應當作為會計政策變更處理，並按計量模式變更時公允價值與帳面價值的差額調整期初留存收益。

第七章　投資性房地產

8.【答案】ABCD

【解析】上述說法均正確。

9.【答案】AB

【解析】作為存貨的房地產轉換為採用成本模式計量的投資性房地產時,應按該項存貨在轉換日的帳面價值,借記「投資性房地產」科目,原已計提跌價準備的,借記「存貨跌價準備」科目,按其帳面餘額,貸記「開發產品」等科目,選項A正確;採用公允價值模式計量的投資性房地產轉換為自用房地產時,應當以其轉換當日的公允價值作為自用房地產的入帳價值,公允價值與原帳面價值的差額計入當期損益,選項B正確,選項C不正確;自用房地產或存貨轉換為採用公允價值模式計量的投資性房地產時,投資性房地產按照轉換當日的公允價值作為入帳價值,轉換當日的公允價值小於原帳面價值的差額計入當期損益,轉換當日的公允價值大於原帳面價值的差額計入所有者權益,選項D不正確。

10.【答案】ABD

【解析】實際收到的金額與該投資性房地產帳面價值之間的差額,應通過其他業務收入和其他業務成本的差額反應,選項C不正確。

(三) 判斷題

1.【答案】對
2.【答案】對
3.【答案】對
4.【答案】錯

【解析】對於企業外購的房地產,只有在購入房地產的同時開始對外出租或用於資本增值的,才可以作為投資性房地產進行核算。

5.【答案】對
6.【答案】錯

【解析】投資性房地產後續計量有成本和公允價值兩種模式,但是,同一企業只能採用一種模式對所有的投資性房地產進行後續計量,不得同時採用兩種計量模式。

7.【答案】對
8.【答案】錯

【解析】採用公允價值模式計量的投資性房地產,資產負債表日確認的公允價值變動金額應當計入當期損益(公允價值變動損益)。

9.【答案】錯

【解析】投資性房地產後續計量模式的變更屬於會計政策變更,無論是借方差額還是貸方差額,均反應為留存收益(盈餘公積和未分配利潤)。

10.【答案】對

(四) 計算分析題

1. (1) 出租商品房 2×16 年度應計提的折舊金額 = 9,000÷50×11÷12 = 165(萬元)。

(2) 相關會計分錄:

2×16 年 1 月 20 日:

借：投資性房地產　　　　　　　　　　　　　　　9,000
　　貸：開發產品　　　　　　　　　　　　　　　　　　　9,000
2×16 年 12 月 31 日：
借：其他業務成本　　　　　　　　　　　　　　　165
　　貸：投資性房地產累計折舊　　　　　　　　　　　　165
2×16 年 1 月 5 日：
借：無形資產——土地使用權　　　　　　　　　2,750
　　投資性房地產累計攤銷　　　　　　　　　　550（2,750÷50×10）
　　貸：投資性房地產　　　　　　　　　　　　　　　2,750
　　　　累計攤銷　　　　　　　　　　　　　　　　　　550
建造發生的支出：
借：在建工程　　　　　　　　　　　　　　　　　3,500
　　貸：銀行存款　　　　　　　　　　　　　　　　　　3,500
2×16 年 12 月 31 日：
借：在建工程　　　　　　　　　　　　　　55［(2,750-550)÷40］
　　貸：累計攤銷　　　　　　　　　　　　　　　　　　55
2×16 年 3 月 5 日：
借：投資性房地產——在建　　　　　　　　　　4,500
　　投資性房地產累計折舊　　　　　　　　　　　2,000
　　貸：投資性房地產　　　　　　　　　　　　　　　6,500
發生的裝修支出：
借：投資性房地產——在建　　　　　　　　　　1,500
　　貸：原材料　　　　　　　　　　　　　　　　　　　700
　　　　應付職工薪酬　　　　　　　　　　　　　　　　800
2×16 年 12 月 31 日：
借：投資性房地產　　　　　　　　　　　　　　　6,000
　　貸：投資性房地產——在建　　　　　　　　　　　　6,000
2.（1）2×16 年 3 月 1 日：
借：投資性房地產——成本　　　　　　　　　　2,400
　　貸：開發產品　　　　　　　　　　　　　　　　　　1,100
　　　　其他綜合收益　　　　　　　　　　　　　　　　1,300
（2）2×16 年 12 月 31 日：
借：投資性房地產——公允價值變動　　　　　　200
　　貸：公允價值變動損益　　　　　　　　　　　　　　200
2×17 年 12 月 31 日：
借：投資性房地產——公允價值變動　　　　　　40
　　貸：公允價值變動損益　　　　　　　　　　　　　　40
（3）2×18 年 3 月 1 日，出售時：
借：銀行存款　　　　　　　　　　　　　　　　　2,800

貸：其他業務收入　　　　　　　　　　　　　　　　2,800
　　借：其他業務成本　　　　　　　　　　　　　　　　　2,640
　　　貸：投資性房地產——成本　　　　　　　　　　　　2,400
　　　　　　　　　　——公允價值變動　　　　　　　　　　240
　　借：公允價值變動損益　　　　　　　　　　　　　　　　240
　　　貸：其他業務成本　　　　　　　　　　　　　　　　　240
　　借：其他綜合收益　　　　　　　　　　　　　　　　　1,300
　　　貸：其他業務成本　　　　　　　　　　　　　　　　1,300

第八章　資產減值

一、要點總覽

會計的計量屬性
- 資產減值概述
  - 資產減值的範圍
  - 資產減值的跡象與測試
- 可收回金額的計量
  - 公允價值減去處理費用後的淨額
  - 資產預計未來現金流量的現值
- 資產減值損失的確認與計量
- 資產組的認定與減值處理
  - 資產組的認定
  - 資產組的減值測試與處理
  - 總部資產的減值測試
- 商譽減值測試與處理

二、重點難點

(一) 重點
- 資產減值的範圍
- 可收回金額的計量
- 資產減值損失的確認與計量
- 資產組的認定與減值處理

(二) 難點
- 可收回金額的計量
- 資產減值損失的確認與計量
- 資產組的認定與減值處理
- 商譽減值的處理

三、關鍵內容小結

(一) 資產減值概述

1. 資產減值的概念

資產減值是指因外部因素、內部因素發生變化而對資產造成不利影響，導致資產使用價值降低，致使資產未來可流入企業的全部經濟利益低於其現有的帳面價值。

2. 資產減值的範圍

企業所有的資產在發生減值時，原則上都應當及時加以確認和計量。但是由於有關資產特性不同，其減值會計處理也有所差別，因而所適用的具體準則不盡相同。《企業會計準則第8號——資產減值》主要規範了企業下列非流動資產的減值會計問題：①對子公司、聯營企業和合營企業的長期股權投資；②採用成本模式進行後續計量的投資性房地產；③固定資產；④生產性生物資產；⑤無形資產；⑥商譽；⑦探明石油天然氣礦區權益和井及相關設施等。

3. 資產減值的跡象與測試

(1) 資產減值的跡象

①資產的市價當期大幅度下降，其跌幅明顯大於因時間推移或者正常使用而預計的下跌；

②企業經營所處的經濟、技術或者法律等環境以及資產所處的市場在當期或者將在近期發生重大變化，從而對企業產生不利影響；

③市場利率或者其他市場投資報酬率在當期已經提高，從而影響企業計算資產預計未來現金流量現值的折現率，導致資產可收回金額大幅度減低；

④有證據表明資產已經陳舊過時或者其實體已經損壞；

⑤資產已經或者將被閒置、終止使用或者提前處置；

⑥企業內部報告的證據表明資產的經濟績效已經低於或者將低於預期，如資產所創造的淨現金流量或者實現的營業利潤（或者虧損）遠遠低於（或者）高於預計金額等；

⑦其他表明資產可能已經發生減值的跡象。

(2) 資產減值的測試

企業在判斷資產減值跡象以決定是否需要估計資產可收回金額時，應當遵循重要性原則。根據這一原則，企業資產存在下列情況的，可以不估計其可收回金額：

①以前報告期間的計算結果表明，資產可收回金額遠高於其帳面價值，之後又沒有發生消除這一差異的交易或者事項的，企業在資產負債表日可以不需要重新估計該資產的可收回金額。

②以前報告期間的計算與分析表明，資產可收回金額相對於某種減值跡象反應不敏感，在本報告期間又發生了該減值跡象的，可以不應該減值跡象的出現而重新估計該資產的可收回金額。比如當期市場利率或市場投資報酬率上升，對計算資產未來現金流量現值採用的折現率影響不大的，可以不重新估計資產的可收回金額。

應注意的是，因企業合併所形成的商譽和使用壽命不確定的無形資產，無論是否存在減值跡象，每年都應當進行價值測試。

(二) 資產可收回金額的計量

1. 資產可收回金額的基本方法

資產可收回金額的估計，應當根據其公允價值減去處置費用後的淨額與資產預計未來現金流量的現值兩者之間較高者確定。

要估計資產的可收回金額，通常需要同時估計該資產的公允價值減去處置費用後的淨額和資產預計未來現金流量的現值。但是在下列情況下，可以有例外或者做特殊考慮：

(1) 資產的公允價值減去處置費用後的淨額與資產預計未來現金流量的現值，只要有一項超過了資產的帳面價值，就表明資產沒有發生減值，不需要再估計另一項金額。

(2) 沒有確鑿證據或者理由表明，資產預計未來現金流量現值顯著高於其公允價值減去處置費用後的淨額的，可以將資產的公允價值減去處置費用後的淨額視為資產的可收回金額。

(3) 資產的公允價值減去處置費用後的淨額如果無法可靠估計的，應當以該資產預計未來現金流量的現值作為其可收回金額。

2. 資產的公允價值減去處置費用後的淨額的估計

公允價值	是指市場參與者在計量日發生的有序交易中，出售一項資產所能收到或者轉移一項負債所支付的價格
處置費用	是指可以直接歸屬於資產處置的增量成本，包括與資產處置有關的法律費用、相關稅費、搬運費以及為使資產達到可銷售狀態所發生的直接費用等，但是財務費用和所得稅費用等不包括在內
確定順序	(1) 應當根據公平交易中資產的銷售協議價格減去可直接歸屬於該資產處置費用的金額確定資產的公允價值減去處置費用後的淨額。這是估計資產的公允價值減去處置費用後的淨額的最佳方法 (2) 在資產不存在銷售協議但存在活躍市場的情況下，應當根據該資產的市場價格減去處置費用後的金額確定。資產的市場價格通常應當按照資產的買方出價確定 (3) 在既不存在資產銷售協議，又不存在資產活躍市場的情況下，企業應當以可獲取的最佳信息為基礎，根據在資產負債表日假定處置該資產，熟悉情況的交易雙方自願進行公平交易，願意提供的交易價格減去資產處置費用後的金額，作為估計資產的公允價值減去處置費用後的淨額 (4) 企業如果按照上述要求仍然無法可靠估計資產的公允價值減去處置費用後的淨額的，應當以該資產預計未來現金流量的現值作為其可收回金額

3. 資產預計未來現金流量的現值的估計

原則		（1）資產預計未來現金流量的現值——應當按照資產在持續使用過程中和最終處置時所產生的預計未來現金流量，選擇恰當的折現率對其進行折現後的金額加以確定 （2）在確定時，應當綜合考慮以下因素：資產的預計未來現金流量，使用壽命，折現率等
未來現金流量的預計	依據	（1）資產未來現金流量的預計——應當以企業管理層批准的最近財務預算或者預測數據為基礎 （2）建立在該預算或者預測基礎上的預計未來現金流量，最多涵蓋5年，如果企業管理層能夠證明更長的時間是合理的，可以涵蓋更長的時間
	內容	（1）資產持續使用過程中預計產生的現金流入 （2）為實現資產持續使用過程中產生的現金流入所必需的預計現金流出（包括為使資產達到預定可使用狀態所發生的現金流出）。該現金流出應當是可直接歸屬於或者可通過合理和一致的基礎分配到資產中的現金流出，後者通常是指那些與資產直接相關的間接費用 （3）資產使用壽命結束時，處置資產所收到或者支付的淨現金流量
	應考慮的因素	（1）以資產的當前狀況為基礎預計資產未來現金流量 （2）不應當包括籌資活動和所得稅收付產生的現金流量 （3）對通貨膨脹因素的考慮應當和折現率相一致 （4）涉及內部轉移價格應當予以調整
	方法	預計資產未來現金流量——通常應當根據資產未來每期最有可能產生的現金流量進行預測
		傳統法：使用單一的未來每期預計現金流量和單一的折現率計算資產未來現金流量的現值
		預期現金流量法：資產未來每期現金流量，應當根據每期現金流量期望值進行預計 每期現金流量期望值，按照各種可能情況下的現金流量乘以相應的發生概率加總計算
折現率的預計		折現率——反應當前市場貨幣時間價值和資產特定風險的稅前利率。該折現率是企業在購置或者投資資產時所要求的必要報酬率 如果用於估計折現率的基礎是稅後的，應當將其調整為稅前的折現率
		折現率的確定——通常應當以該資產的市場率為依據，該資產的利率無法從市場獲得的，可以使用替代利率估計折現率
		替代利率可以根據企業加權平均資本成本、增量借款利率或者其他相關市場借款利率作適當調整後確定
		估計資產未來現金流量現值，通常應當使用單一的折現率
資產未來現金流量的現金的預計		資產未來現金流量的現值——根據該資產預計的未來現金流量和折現率在預計期限內予以折現後，即可確定該資產未來現金流量的現值
外幣未來現金流量及其現值的預計		應當以該資產所產生的未來現金流量的結算貨幣為基礎預計其未來現金流量，並按照該貨幣適用的折現率計算資產的現值
		將該外幣現值按照計算資產未來現金流量現值當日的即期匯率進行折算，從而折現成按照記帳本位幣表示的資產未來現金流量的現值

(三) 資產減值損失的確認與計量

1. 資產發生減值	資產減值損失的確認	資產的可收回金額低於其帳面價值的，應當將資產的帳面價值減記至可收回金額，減記的金額確認為資產減值損失，計入當期損益，並計提相應的資產減值準備
	資產減值損失的會計處理	借：資產減值損失 　貸：××減值準備
2. 確認資產減值損失後的折舊或攤銷		資產減值損失確認損失後，減值資產的折舊或者攤銷費用，應當在未來期間作相應調整，以使該資產在剩餘使用壽命內，系統地分攤調整後的資產帳面價值（扣除預計淨殘值） 如直線法下的固定資產折舊： 年折舊額＝(固定資產帳面價值－淨殘值)÷剩餘使用壽命
3. 確認減值損失後資產價值恢復		資產減值損失已經確認，在以後會計期間不得轉回 在資產處置、出售、對外投資、非貨幣性資產交換方式換出以及在債務重組中抵償債務等，並符合資產終止確認條件的，企業應當將相關資產減值準備予以轉銷

應注意的是，資產減值準則中規範的資產，其減值損失一經確認，在以後持有期間不得轉回，但有些資產的減值是可以轉回。計提減值比較基礎以及資產減值是否可以轉回如下所示。

資產	計提減值比較基礎	減值是否可以轉回
存貨	可變現淨值	可以
固定資產	可收回金額	不可以
投資性房地產（成本模式）	可收回金額	不可以
長期股權投資（控制、共同控制和重大影響）	可收回金額	不可以
長期股權投資（不具控制、共同控制和重大影響，無公允價值）	公允價值	可以
無形資產	可收回金額	不可以
商譽	可收回金額	不可以
持有至到期投資	未來現金流量現值	可以
貸款和應收帳款	未來現金流量現值	可以
可供出售金融資產	公允價值	可以

(四) 資產組的認定及減值處理

1. 資產組的認定

(1) 資產組的概念

資產組是企業可以認定的最小資產組合，其產生的現金流入應當基本上獨立於其他資產或者資產組。資產組應當由與創造現金流入相關的資產構成。

根據資產減值準則規定，如果有跡象表明一項資產可能發生減值的，企業應當以單項資產為基礎估計其可收回金額。在企業難以對單項資產的可收回金額進行估計的情況下，應當以該資產所屬的資產組為基礎確定資產組的可收回金額。

(2) 資產組的認定

認定標準	資產組的認定，應當以資產組產生的主要現金流入是否獨立於其他資產或者資產組的現金流入為依據。同時，在認定資產組時，應當考慮企業管理層管理生產經營活動的方式（如是按照生產線、業務種類，還是按照地區或者區域等）和對資產的持續使用或者處置的決策方式等 如企業的某一條生產線、營業網點、業務部門、加油站等
資產組特例	幾項資產組合生產的產品（或者其他產出）存在活躍市場的，即使部分或者所有這些產品（或者其他產出）均供內部使用，也應當在符合資產組的確認條件的情況下，將這幾項資產的組合認定為一個資產組
資產組變更	資產組一經確定，各個會計期間應當保持一致，不得隨意變更 如須變更，企業管理層應當證明該變更是合理的，並在附註中說明

2. 資產組減值的處理

(1) 資產組帳面價值和可收回金額的確定

① 資產組可收回金額的確定

資產組的可收回金額應當按照該資產組的公允價值減去處置費用後的淨額與其預計未來現金流量的現值兩者之間較高者確定。

② 資產組帳面價值的確定

A. 資產組帳面價值的確定基礎應當與其可收回金額的確定方式相一致。

B. 資產組的帳面價值應當包括可直接歸屬於資產組並可以合理和一致地分攤至資產組的資產帳面價值，通常不應當包括已確認負債的帳面價值，但如不考慮該負債金額就無法確定資產組可收回金額的除外。

C. 資產組在處置時如要求購買者承擔一項負債（如恢復負債等），該負債金額已經確認並計入相關資產帳面價值，而且企業只能取得包括上述資產和負債在內的單一公允價值減去處置費用後的淨額的，為了比較資產組的帳面價值和可收回金額，在確定資產組的帳面價值及其預計未來現金流量的現值時，應當將已確認的負債金額從中扣除。

(2) 資產組減值損失的處理

①資產組減值的確定

資產組可收回金額低於其帳面價值，應當確認相應的減值損失。

②資產組減值損失的分攤

A. 減值損失金額應當按照以下順序進行分攤：

首先，抵減分攤至資產組中商譽的帳面價值；

然後，根據資產組中除商譽之外的其他各項資產的帳面價值所占比重，按比例抵減其他各項資產的帳面價值。

B. 資產帳面減值的抵減——應作為各單項資產（包括商譽）的減值損失處理，計

入當期損益。

　　C. 抵減後的各資產的帳面價值不得低於以下三者之中最高者：
　　a. 該資產的公允價值減去處置費用後的淨額（如可確定的）；
　　b. 該資產預計未來現金流量的現值（如可確定的）；
　　c. 零。
　　D. 因上述原因而導致的未能分攤的減值損失金額，應當按照相關資產組中其他各項資產的帳面價值所占比重進行分攤。
　　(3) 總部資產的減值處理
　　①總部資產與資產組組合
　　A. 總部資產
　　企業總部資產包括企業集團或其事業部的辦公樓、電子數據處理設備、研發中心等資產。總部資產的顯著特徵是難以脫離其他資產或者資產組產生獨立的現金流入，而且其帳面價值難以完全歸屬於某一資產組。
　　總部資產一般難以單獨進行減值測試，需要結合其他相關資產組或者資產組組合進行。
　　B. 資產組組合
　　資產組組合是指由若干個資產組組成的最小資產組組合，包括資產組或者資產組組合，以及按合理方法分攤的總部資產部分。
　　②總部資產的減值損失的處理
　　A. 在資產負債表日，如果有跡象表明某項總部資產可能發生減值的，企業應當計算確定該總部資產所歸屬的資產組或者資產組組合的可收回金額，然後將其與相應的帳面價值相比較，據以判斷是否需要確認減值損失。
　　B. 企業對某一資產組進行減值測試時，應當先認定所有與該資產組相關的總部資產，再根據相關總部資產能否按照合理和一致的基礎分攤至該資產組的原則，分下列情況處理：
　　a. 對於相關總部資產能夠按照合理和一致的基礎分攤至該資產組的部分，應當將該部分總部資產的帳面價值分攤至該資產組，再據以比較該資產組的帳面價值（包括已分攤的總部資產的帳面價值部分）和可收回金額，並按照前述有關資產組減值測試的順序和方法處理。
　　b. 對於相關總部資產中有部分資產難以按照合理和一致的基礎分攤至該資產組的，應當按照下列步驟處理：
　　首先，在不考慮相關總部資產的情況下，估計和比較資產組的帳面價值和可收回金額，並按照前述有關資產組減值測試的順序和方法處理。
　　其次，認定由若干個資產組組成的最小的資產組組合，該資產組組合應當包括所測試的資產組與可以按照合理和一致的基礎將該部分總部資產的帳面價值分攤其上的部分。
　　最後，比較所認定的資產組組合的帳面價值（包括已分攤的總部資產的帳面價值部分）和可收回金額，並按照前述有關資產組減值測試的順序和方法處理。

(五) 商譽減值測試與處理

1. 商譽減值測試

企業合併所形成的商譽，至少應當在每年度終了時進行減值測試。由於商譽難以獨立產生現金流量，應當結合與其相關的資產組或者資產組組合進行減值測試。

相關的資產組或者資產組組合應當是能夠從企業合併的協同效應中受益的資產組或者資產組組合，不應當大於企業所確定的報告部分。

對於已經分攤商譽的資產組或資產組組合，不論是否存在資產組或資產組組合可能發生減值的跡象，每年都應當通過比較包含商譽的資產組或資產組組合的帳面價值與可收回金額進行減值測試。

2. 商譽帳面價值的分攤

企業進行資產減值測試，對於因企業合併形成的商譽的帳面價值，應當自購買日起按照合理的方法分攤至相關的資產組；難以分攤至相關資產組的，應當將其分攤至相關的資產組組合。

在將商譽的帳面價值分攤至相關的資產組或者資產組組合時，應當按照各資產組或者資產組組合的公允價值占相關資產組或者資產組組合公允價值總額的比例進行分攤。公允價值難以可靠計量的，按照各資產組或者資產組組合的帳面價值占相關資產組或者資產組組合帳面價值總額的比例進行分攤。

企業因重組等原因改變了其報告結構，從而影響已分攤商譽的一個或者若干個資產組或者資產組組合構成的，應當按照合理的分攤方法，將商譽重新分攤至受影響的資產組或者資產組組合。

3. 商譽減值損失的處理

(1) 商譽減值測試及減值損失確認的步驟

①對不包含商譽的資產組或者資產組組合進行減值測試，計算可收回金額，並與相關帳面價值相比較，確認相應的減值損失；

②再對包含商譽的資產組或者資產組組合進行減值測試，比較這些相關資產組或者資產組組合的帳面價值（包括所分攤的商譽的帳面價值部分）與其可收回金額，如相關資產組或者資產組組合的可收回金額低於其帳面價值的，應當就其差額確認減值、損失，減值損失金額應當首先抵減分攤至資產組或者資產組組合中商譽的帳面價值；

③根據資產組或者資產組組合中除商譽之外的其他各項資產的帳面價值所占比重，按比例抵減其他各項資產的帳面價值。

(2) 商譽減值損失的處理

①減值損失金額應當先抵減分攤至資產組或者資產組組合中商譽的帳面價值。

②再根據資產組或者資產組組合中除商譽之外的其他各項資產的帳面價值所占比重，按比例抵減其他各項資產的帳面價值。相關減值損失的處理順序和方法與資產組減值損失的處理順序和方法相一致。

四、練習題

(一) 單項選擇題

1. 下列資產的減值中，不適用資產減值準則核算的是（　　）。
   A. 存貨
   B. 對子公司、聯營企業和合營企業的長期股權投資
   C. 固定資產
   D. 無形資產

2. 資產減值是指資產的（　　）低於其帳面價值的情況。
   A. 可變現淨值　　　　　　　　B. 可收回金額
   C. 預計未來現金流量現值　　　D. 公允價值

3. 在判斷下列資產是否存在可能發生減值的跡象時，不能單獨進行減值測試的是（　　）。
   A. 長期股權投資　　　　　　　B. 專利技術
   C. 商譽　　　　　　　　　　　D. 金融資產

4. 下列跡象中不能表明企業的資產發生了減值的是（　　）。
   A. 企業經營所處的經濟、技術或者法律等環境以及資產所處的市場在當期或者近期發生重大變化，從而對企業產生不利影響
   B. 有證據表明該資產已經陳舊過時或者其實體已經損壞
   C. 市場利率或者其他市場投資報酬率在當期已經提高，從而影響企業計算資產預計未來現金流量現值的折現率，導致資產可收回金額大幅度降低
   D. 企業所有者權益的帳面價值低於其市場價值

5. 下列不能作為確定資產公允價值的是（　　）。
   A. 銷售協議價格
   B. 資產的市場價格
   C. 熟悉情況的交易雙方自願進行公平交易的價格
   D. 資產的帳面價值

6. 以下不能作為資產的公允價值減去處置費用後的淨額的是（　　）。
   A. 根據公平交易中資產的銷售協議價格減去可直接歸屬於該資產處置費用後的金額
   B. 資產的市場價格減去處置費用後的金額
   C. 如果不存在資產銷售協議和資產活躍市場的，在資產負債表日處置資產，熟悉情況的交易雙方自願進行公平交易願意提供的交易價格減去處置費用後的金額
   D. 該資產的預計未來現金流量現值減去資產負債表日處置資產的處置費用後的金額

7. 計提資產減值準備時，借記的科目是（　　）。

A. 營業外支出　　B. 管理費用　　C. 投資收益　　D. 資產減值損失

8. 當有跡象表明企業已經計提了減值準備的固定資產減值因素消失時，其計提的減值準備應該（　　）。
   A. 按照帳面價值超過可收回金額的差額全部予以轉回
   B. 按照帳面價值超過可收回金額的差額補提資產減值準備
   C. 不進行帳務處理
   D. 按照帳面價值超過可收回金額的差額在原來計提的減值準備範圍內予以轉回

9. 認定為資產組最關鍵的因素是（　　）。
   A. 該企業的各項資產是否可以獨立產生現金流入
   B. 該資產組是否可以獨立產生現金流入和現金流出
   C. 該資產組的各個組成資產是否都可以獨立產生現金流入
   D. 該資產組能否獨立產生現金流入

10. 下列關於資產組可收回金額的說法中，不正確的是（　　）。
    A. 資產組的可收回金額的確定與單項資產的可收回金額的確定方法是一樣的
    B. 資產組的可收回金額是以資產組的公允價值減去處置費用後的淨額與資產組的預計未來現金流量的現值之中的較高者確定
    C. 資產組的可收回金額是以資產組的公允價值減去處置費用後的淨額與資產組的預計未來現金流量的現值之中的較低者確定
    D. 資產組帳面價值的確定基礎應當與其可收回金額的確定方式一致

11. 甲企業對其投資性房地產均採用成本模式進行後續計量。2×16 年 12 月 31 日，甲企業對某項存在減值跡象的對外出租的建築物進行減值測試。減值測試的結果表明該建築物的可收回金額為 1,000 萬元。該項建築物系甲企業於 2×13 年 6 月 15 日購入的，原價為 1,500 萬元，甲企業採用年限平均法計提折舊，預計使用年限為 20 年，預計淨殘值為 0。2×16 年 12 月 31 日該項建築物應計提的減值準備的金額為（　　）萬元。
    A. 500　　B. 231.25　　C. 237.5　　D. 262.5

12. 假定某資產因受市場行情等因素的影響，在行情好、一般和差的情況下，預計未來第 3 年可能實現的現金流量和發生的概率分別是 100 萬元（70%）、85 萬元（20%）、60 萬元（10%），則第 3 年的預計現金流量是（　　）萬元。
    A. 100　　B. 93　　C. 85　　D. 70

13. 甲公司擁有乙公司 30% 的股份，以權益法核算，2×16 年期初該長期股權投資帳面餘額為 100 萬元，2×16 年乙公司盈利 60 萬元。其他相關資料如下：根據測算，該長期股權投資市場公允價值為 120 萬元，處置費用為 20 萬元，預計未來現金流量現值為 110 萬元。則 2×16 年年末該公司應提減值準備（　　）萬元。
    A. 0　　B. 2　　C. 8　　D. 18

14. 2×16 年 12 月 31 日甲企業對其擁有的一臺機器設備進行減值測試時發現，該資產如果立即出售了，則可以獲得 920 萬元的價款，發生的處置費用預計為 20 萬元；如果繼續使用，那麼在該資產使用壽命終結時的現金流量現值為 888 萬元。該資產目

前的帳面價值是910萬元,甲企業在2×16年12月31日應該計提的固定資產減值準備為（　　）萬元。

  A. 10   B. 20   C. 12   D. 2

15. 2×14年1月1日,甲公司以銀行存款666萬元購入一項無形資產,其預計使用年限為6年,採用直線法按月攤銷。2×14年和2×15年年末,甲公司預計該無形資產的可收回金額分別為500萬元和420萬元,假定該公司於每年年末對無形資產計提減值準備。計提減值準備後,原預計的使用年限保持不變,不考慮其他因素。2×16年6月30日該無形資產的帳面餘額為（　　）萬元,該無形資產的帳面價值為（　　）萬元。

  A. 666, 405 B. 666, 350 C. 405, 350 D. 405, 388.5

16. 甲公司於2×14年3月用銀行存款6,000萬元購入不需要安裝的生產用固定資產。該固定資產預計使用壽命為20年,預計淨殘值為0,按直線法計提折舊。2×14年12月31日,該固定資產公允價值為5,544萬元。2×15年12月31日該固定資產公允價值為5,475萬元。假設該公司其他固定資產無減值跡象,則2×16年1月1日甲公司固定資產減值準備帳面餘額為（　　）萬元。

  A. 0   B. 219   C. 231   D. 156

(二) 多項選擇題

1. 下列資產的減值一經確認,在持有期間不得轉回的有（　　）。
    A. 無形資產
    B. 以成本模式進行後續計量的投資性房地產
    C. 持有至到期投資
    D. 固定資產

2. 下列說法中,正確的有（　　）。
    A. 計算資產未來現金流量的折現率應當是反應當期市場貨幣時間價值和資產特定風險的稅前利率
    B. 企業未來現金流量的估計應當以資產的當期狀況為基礎
    C. 資產未來現金流量的預計應當包括籌資活動產生的現金流量
    D. 企業未來現金流量現值的計算中除了要考慮未來現金流量的影響外,還應當考慮折現率和資產的使用壽命因素

3. 以下資產中屬於資產減值準則中所包括的資產的是（　　）。
    A. 對聯營企業的長期股權投資
    B. 商譽
    C. 採用公允價值模式進行後續計量的投資性房地產
    D. 存貨

4. 下列可以表明企業的資產發生減值的有（　　）。
    A. 資產的市價大幅下跌,其跌幅明顯大於因時間的推移或者正常的使用而預計的下跌
    B. 資產已經或者將被閒置、終止使用或計劃提前處置
    C. 企業內部報告的證據表明資產的經濟績效已經低於或者將低於預期,如資

產所創造的淨現金流量遠低於預計金額等

D. 由於通貨膨脹，投資者要求的必要報酬率大幅度上升，導致企業計算資產未來現金流量現值的折現率上升，從而引起資產的可收回金額大幅下降

5. 下列情況中有可能導致資產發生減值跡象的有（　　）。
   A. 資產在建造或者收購時所需的現金支出遠遠高於最初的預算
   B. 如果企業經營所處的經濟、技術或者法律等環境以及資產所處的市場在當期或者將在近期發生重大變化，從而對企業產生不利影響
   C. 如果有證據表明資產已經陳舊過時或者其實體已經損壞
   D. 資產所創造的淨現金流量或者實現的營業利潤遠低於原來的預算或預計金額

6. 下列關於可收回金額的說法中，正確的有（　　）。
   A. 資產的可收回金額應當根據資產的公允價值減去處置費用後的淨額與資產的預計未來現金流量的現值兩者之間的較高者確定
   B. 資產的可收回金額應當根據資產的公允價值減去處置費用後的淨額與資產的預計未來現金流量的現值兩者之間的較低者確定
   C. 沒有確鑿證據或者理由表明，資產預計未來現金流量現值顯著高於其公允價值減去處置費用後的淨額的，可以將資產的公允價值減去處置費用後的淨額視為資產的可收回金額
   D. 資產的公允價值減去處置費用後的淨額與資產預計未來現金流量的現值，只要有一項超過了資產的帳面價值，就表明資產沒有發生減值，不需要再估計另一項金額

7. 可收回金額是按照下列（　　）兩者較高者確定的。
   A. 長期資產的帳面價值減去處置費用後的淨額
   B. 長期資產的公允價值減去處置費用後的淨額
   C. 未來現金流量
   D. 未來現金流量現值

8. 企業在確定資產預計未來現金流量的現值應當考慮的因素包括（　　）。
   A. 以資產的當前狀況為基礎
   B. 預計資產未來現金流量不應當包括籌資活動和所得稅收付產生的現金流量
   C. 對通貨膨脹因素的考慮應當和折現率相一致
   D. 內部轉移價格

9. 關於資產減值，下列說法中正確的有（　　）。
   A. 無形資產的減值應當將其帳面價值與可收回金額進行比較
   B. 固定資產減值準備在發生減值的因素消失時，可以轉回
   C. 使用壽命無法確定的無形資產，應當在年度終了時進行減值測試
   D. 總部資產的減值測試必須結合相關的資產組或資產組組合

10. 下列各項中，體現會計核算謹慎性要求的有（　　）。
    A. 對固定資產採用年數總和法計提折舊
    B. 計提長期股權投資的減值準備

C. 融資租入固定資產的會計處理
D. 存貨期末採用成本與可變現淨值孰低法計價
11. 企業在計算確定資產可收回金額時，需要的步驟有（　　）。
   A. 計算確定資產的公允價值減去處置費用後的淨額
   B. 計算確定資產預計未來現金流量的現值
   C. 計算確定資產預計未來現金流量
   D. 比較資產的公允價值減去處置費用後的淨額與預計未來現金流量的現值，取其較高者
12. 企業在計提了固定資產減值準備後，下列會計處理正確的有（　　）。
   A. 固定資產預計使用壽命變更的，應當改變固定資產折舊年限
   B. 固定資產所含經濟利益預期實現方式
   C. 固定資產預計淨殘值變更的，應當改變固定資產的折舊方法
   D. 以後期間如果該固定資產的減值因素消失，那麼可以按照不超過原來計提減值準備的金額予以轉回
13. 下列各項中，需要對固定資產帳面價值進行調整的有（　　）。
   A. 對固定資產進行大修理
   B. 對固定資產進行改擴建
   C. 對經營租賃租入固定資產進行改良
   D. 計提固定資產減值準備
14. 下列關於資產組的認定中，正確的有（　　）。
   A. 資產組一經確定，在各個會計期間應當保持一致，不得隨意變更
   B. 資產組的認定，應當以資產組產生的主要現金流入是否獨立於其他資產或資產組的現金流入為依據
   C. 資產組的認定，應當考慮企業管理層對資產的持續使用的方式
   D. 資產組的認定，不需要考慮管理層對生產經營活動的管理或者監控方式
15. 對某一資產組減值損失的金額需要（　　）。
   A. 抵減分攤至該資產組中商譽的帳面價值
   B. 根據該資產組中的商譽以及其他各項資產所占比重，直接進行分攤
   C. 在企業所有資產中進行分攤
   D. 根據該資產組中除商譽之外的其他各項資產的帳面價值所占比重，按照比例抵減其他各項資產的帳面價值
16. 下列各項中影響無形資產帳面價值的有（　　）。
   A. 無形資產的入帳價值　　　　B. 計提的無形資產減值準備
   C. 出租無形資產的攤銷額　　　D. 企業自有無形資產的攤銷額
17. 下列屬於總部資產的顯著特徵的有（　　）。
   A. 總部資產難以脫離其他資產或者資產組產生獨立的現金流入
   B. 總部資產的帳面價值難以完全歸屬於某一資產組
   C. 總部資產可以產生獨立的現金流量
   D. 總部資產的帳面價值可以完全歸屬於某一資產組

18. 總部資產的顯著特徵是（　　）。
    A. 能夠脫離其他資產或者資產組產生獨立的現金流入
    B. 難以脫離其他資產或者資產組產生獨立的現金流入
    C. 資產的帳面價值難以完全歸屬於某一資產組
    D. 資產的帳面餘額難以完全歸屬於某一資產組

(三) 判斷題

1. 資產減值準則中所涉及的資產是指企業所有的資產。（　　）
2. 固定資產在計提了減值準備後，未來計提固定資產折舊時，仍然以原來的固定資產原值為基礎計提每期的折舊，不用考慮所計提的固定資產減值準備金額。（　　）
3. 折現率是反應當前市場貨幣時間價值和資產特定風險的稅前利率。該折現率是企業在購置或者投資資產時所要求的必要報酬率。（　　）
4. 如果用於估計折現率的基礎是稅後的，不用將其再調整為稅前的。（　　）
5. 如果某些機器設備是相互關聯、相互依存的，其使用和處置是一體化決策的，那麼這些機器設備很可能應當被認定為一個資產組。（　　）
6. 對於相關總部資產中有部分資產難以按照合理和一致的基礎分攤至該資產組的，應當將該部分總部資產的帳面價值分攤至該資產組，再據以比較該資產組的帳面價值和可收回金額，再按照相關處理方法進行核算。（　　）
7. 資產組確定後，在以後的會計期間也可以根據具體情況變更。（　　）
8. 因企業合併所形成的商譽和使用壽命不確定的無形資產，無論是否存在減值跡象，每年都應當進行減值測試。（　　）

(四) 計算分析題

1. 華遠公司生產的甲產品的主要銷售市場在美國，因此與甲產品有關的資產產生的預計未來現金流量是以美元為基礎計算的。2×16年12月31日華遠公司對主要生產甲產品的A設備進行減值測試。A設備系華遠公司2×11年12月13日購入的，該設備的原價為20,000萬元，預計使用年限為10年，預計淨殘值為500萬元，採用年限平均法計提折舊。2×16年12月31日，該設備的公允價值減去處置費用後的淨額為10,000萬元。C設備預計給企業帶來的未來現金流量受宏觀經濟形勢的影響較大，華遠公司預計該項固定資產產生的現金流量如下表所示（假定使用壽命結束時處置A設備產生的淨現金流量為0，有關的現金流量均發生在年末）：

單位：萬美元

年份	業務好（30%的可能性）	業務一般（50%的可能性）	業務差（20%的可能性）
第1年	350	300	240
第2年	300	240	150
第3年	320	220	150
第4年	300	220	120
第5年	310	200	120

已知華遠公司的投資者要求的人民幣的必要報酬率為 8%，美元適用的折現率為 10%。

2×16 年 12 月 31 日的匯率為 1 美元 = 6.85 元。甲公司預測以後各年年末的美元匯率如下：第 1 年年末為 1 美元 = 6.80 元，第 2 年年末為 1 美元 = 6.75 元，第 3 年年末為 1 美元 = 6.70 元，第 4 年年末為 1 美元 = 6.65 元，第 5 年年末為 1 美元 = 6.60 元。

要求：

(1) 採用期望現金流量法計算出未來現金流量，並計算出未來現金流量的現值；

(2) 計算該項固定資產的可收回金額；

(3) 計算出該項固定資產的減值金額。

2. 華遠公司擁有的甲設備原值為 3,000 萬元，已計提的折舊為 800 萬元，已計提的減值準備為 200 萬元。該公司在 2×16 年 12 月 31 日對甲設備進行減值測試時發現，該類設備存在明顯的減值跡象。即如果該公司出售甲設備，買方願意以 1,800 萬元的銷售淨價收購；如果繼續使用，尚可使用年限為 5 年，未來 4 年現金流量淨值以及第 5 年使用和期滿處置的現金流量淨值分別為 600 萬元、550 萬元、400 萬元、320 萬元、180 萬元。採用折現率 5%。

要求：判斷該項資產是否發生了減值，如果發生了減值，計算其減值準備的金額。（保留兩位小數）

3. 華遠公司在甲、乙、丙三地擁有三家分公司，這三家分公司的經營活動由總部負責運作。由於甲、乙、丙三家分公司均能產生獨立於其他分公司的現金流入，所以該公司將這三家分公司確定為三個資產組。2×16 年 12 月 31 日，企業經營所處的技術環境發生了重大不利變化，出現減值跡象，需要進行減值測試。假設總部資產的帳面價值為 200 萬元，能夠按照各資產組帳面價值的比例進行合理分攤，甲、乙、丙分公司和總部資產的使用壽命均為 20 年。減值測試時，甲、乙、丙三個資產組的帳面價值分別為 320 萬元、160 萬元、320 萬元。華遠公司計算得出甲、乙、丙三家分公司資產的可收回金額分別為 420 萬元、160 萬元、380 萬元。

要求：計算甲、乙、丙三個資產組和總部資產應計提的減值準備。

4. 華遠公司在 A、B、C 三地擁有三家分公司，其中，C 分公司是上年吸收合併的公司。這三家分公司的經營活動由總部負責運作。由於 A、B、C 三家分公司均能產生獨立於其他分公司的現金流入，所以該公司將這三家分公司確定為三個資產組。2010 年 12 月 1 日，企業經營所處的技術環境發生了重大不利變化，出現減值跡象，需要進行減值測試。假設總部資產的帳面價值為 1,000 萬元，能夠按照合理和一致的方式分攤至所有的資產組。A 分公司資產的剩餘使用壽命為 10 年，B、C 分公司和總部資產的剩餘使用壽命均為 15 年。減值測試時，A、B、C 三個資產組的帳面價值分別為 600 萬元、700 萬元和 900 萬元（其中合併商譽為 100 萬元）。該公司計算得出 A 分公司資產的可收回金額為 850 萬元，B 分公司資產的可收回金額為 1,000 萬元，C 分公司資產的可收回金額為 950 萬元。假定將總部資產分攤到各資產組時，根據各資產組的帳面價值和剩餘使用壽命加權平均計算的帳面價值分攤比例進行分攤。

要求：判斷總部資產和各資產組是否應計提減值準備，若計提減值準備，計算減值準備的金額。（答案中的金額單位用萬元表示，計算結果保留兩位小數）

(五）綜合題

華遠股份有限公司（本題下稱華遠公司）系生產日用家電的上市公司，擁有 A、B、C、D 四個資產組。華遠公司有關總部資產以及 A、B、C、D 四個資產組的資料如下：

（1）華遠公司的總部資產為一辦公樓，成本為 2,000 萬元，預計使用年限為 20 年。至 2×16 年年末，該辦公樓的帳面價值為 1,600 萬元，預計剩餘使用年限為 16 年。該辦公樓用於 A、B、C 三個資產組的行政管理，並於 2×16 年年末出現減值跡象。

（2）A 資產組為一條生產線，該生產線由 X、Y 兩部機器組成。這兩部機器的成本分別為 5,000 萬元、6,000 萬元，預計使用年限均為 8 年。至 2×16 年年末，X、Y 機器的帳面價值分別為 2,500 萬元、3,000 萬元，預計剩餘使用年限均為 4 年。由於產品技術落後於其他同類產品，產品銷量大幅下降，2×16 年比 2×15 年下降了 50%。經對 A 資產組（包括分配的總部資產，下同）未來 4 年的現金流量進行預測並按適當的折現率折現後，華遠公司預計 A 資產組未來現金流量現值為 5,600 萬元。華遠公司無法合理預計 A 資產組公允價值減去處置費用後的淨額，因 X、Y 機器均無法單獨產生現金流量，因此也無法預計 X、Y 機器各自的未來現金流量現值。華遠公司估計 X 機器公允價值減去處置費用後的淨額為 1,800 萬元，但無法估計 Y 機器公允價值減去處置費用後的淨額。

（3）B 資產組為一條生產線，成本為 1,875 萬元，預計使用年限為 20 年。至 2×16 年年末，該生產線的帳面價值為 1,125 萬元，預計剩餘使用年限為 12 年。B 資產組未出現減值跡象。經對 B 資產組（包括分配的總部資產，下同）未來 12 年的現金流量進行預測並按適當的折現率折現後，華遠公司預計 B 資產組未來現金流量現值為 2,000 萬元。華遠公司無法合理預計 B 資產組公允價值減去處置費用後的淨額。

（4）C 資產組為一條生產線，成本為 5,000 萬元，預計使用年限為 20 年。至 2×16 年年末，該生產線的帳面價值為 2,500 萬元，預計剩餘使用年限為 10 年。由於實現的營業利潤遠遠低於預期，C 資產組出現減值跡象。

經對 C 資產組（包括分配的總部資產，下同）未來 10 年的現金流量進行預測並按適當的折現率折現後，華遠公司預計 C 資產組未來現金流量現值為 2,016 萬元。華遠公司無法合理預計 C 資產組公允價值減去處置費用後的淨額。

（5）D 資產組為新購入的研發電子遊戲的丙公司。2×16 年 2 月 1 日，華遠公司與乙公司簽訂股權轉讓協議，華遠公司以 11,200 萬元的價格購買乙公司持有的丙公司 70% 的股權。4 月 15 日，上述股權轉讓協議經華遠公司臨時股東大會和乙公司股東會批准通過。4 月 25 日，華遠公司支付了上述股權轉讓款。5 月 31 日，丙公司改選了董事會，華遠公司提名的董事占半數以上。按照公司章程規定，財務和經營決策須董事會半數以上成員表決通過，當日丙公司可辨認淨資產的公允價值為 15,000 萬元。華遠公司與乙公司在該項交易前不存在關聯方關係。D 資產組不存在減值跡象。

至 2×16 年 12 月 31 日，丙公司可辨認淨資產按照購買日的公允價值持續計算的帳面價值為 15,500 萬元。華遠公司估計包括商譽在內的 D 資產組的可收回金額為 15,500 萬元。

(6) 其他資料如下：

①上述總部資產，以及 A、B、C 各資產組相關資產均採用年限平均法計提折舊，預計淨殘值均為零。

②辦公樓按各資產組的帳面價值和剩餘使用年限加權平均計算的帳面價值比例進行分配。

除上述所給資料外，不考慮其他因素。要求：

(1) 計算華遠公司 2×16 年 12 月 31 日辦公樓和 A、B、C 資產組及其各組成部分應計提的減值準備，並編制相關會計分錄；計算辦公樓和 A、B、C 資產組及其各組成部分於 2×17 年度應計提的折舊額。

(2) 計算華遠公司 2×16 年 12 月 31 日商譽應計提的減值準備，並編制相關的會計分錄。

(答案中的金額單位用萬元表示，計算結果保留兩位小數)

五、參考答案及解析

(一) 單項選擇題

1.【答案】A

【解析】存貨的減值適用於《企業會計準則第 1 號——存貨》準則。

2.【答案】B

【解析】資產減值是指資產的可收回金額低於其帳面價值的情況。

3.【答案】C

【解析】鑒於商譽難以獨立產生現金流量，因此，商譽應當結合與其相關的資產組或者資產組組合進行減值測試。

4.【答案】D

【解析】當企業的所有者權益（淨資產）的帳面價值遠高於其市值時，才表明企業的資產可能已經發生了減值，需要進行減值測試；當所有者權益（淨資產）的帳面價值低於或略低於市值時，通常是正常的價格波動，不能表明資產發生減值，因此 D 選項不能表明資產發生減值。

5.【答案】D

【解析】資產的公允價值應當按照下列順序進行確定：①銷售協議價格；②資產的市場價格；③熟悉情況的交易雙方自願進行公平交易的價格。

6.【答案】D

7.【答案】D

8.【答案】C

【解析】按照新準則的內容，對於資產減值損失一經確認，在以後會計期間不得轉回。

9.【答案】D

【解析】資產組的認定應當以資產組產生的主要現金流入是否獨立於其他資產或者

資產組的現金流入為依據。

10.【答案】C

【解析】資產組的可收回金額是以資產組的公允價值減去處置費用後的淨額與資產組的未來現金流量現值之中的較高者確定的，因此選項 C 不正確。

11.【答案】C

【解析】該項建築物計提減值準備前的帳面價值＝1,500－1,500÷20×3.5＝1,237.5（萬元），可收回金額＝1,000 萬元，因此應當計提的減值準備的金額＝1,237.5－1,000＝237.5（萬元）。

12.【答案】B

【解析】第 3 年的預計現金流量＝100×70%＋85×20%＋60×10%＝93（萬元）。

13.【答案】C

【解析】根據新準則規定，資產存在減值跡象的，應當估計其可收回金額。本題中資產的可收回金額應是（120－20）萬元和 110 萬元中的較高者，即 110 萬元。2×16 年年末長期股權投資的帳面價值＝100＋60×30%＝118（萬元），所以應計提減值準備 118－110＝8（萬元）。

14.【答案】A

【解析】可收回金額應取（920－20）萬元和 888 萬元中的較高者，即 900 萬元，計提的減值準備＝910－900＝10（萬元）。

15.【答案】B

【解析】無形資產的帳面餘額就是其購入時的入帳價值 666 萬元，無形資產的帳面價值＝無形資產的入帳價值－攤銷的無形資產－計提的無形資產減值準備＝666－111－100－50－55＝350（萬元）。

16.【答案】C

【解析】2×14 年每月應提折舊＝6,000÷240＝25（萬元），2×14 年應提折舊 25×9＝225（萬元）。即該固定資產 2×14 年年末帳面淨值為 6,000－225＝5,775（萬元），高於公允價值 5,544 萬元，應提減值準備＝5,775－5,544＝231（萬元）。2×15 年每月應提折舊＝5,544÷(240－9)＝24（萬元），2×15 年應提折舊＝24×12＝288（萬元），2×15 年年末該固定資產帳面淨值＝5,775－288－231＝5,256（萬元），低於公允價值 5,475 萬元，不需要計提減值準備。則 2×16 年 1 月 1 日固定資產減值準備帳面餘額為 231 萬元。

(二) 多項選擇題

1.【答案】ABD

2.【答案】ABD

【解析】資產的未來現金流量的預計不應當包括籌資活動和所得稅收付產生的現金流量，選項 C 不正確。

3.【答案】AB

【解析】資產減值準則中所包括的資產指的是非流動資產，所以沒有存貨；採用公允價值模式計量的投資性房地產，期末是根據投資性房地產的公允價值調整其帳面價值的，即公允價值和帳面價值的差額計入當期損益，不計提資產減值準備。

4. 【答案】ABCD

5. 【答案】ABCD

【解析】以上均屬於可能導致資產發生減值的跡象。

6. 【答案】ACD

【解析】資產的可收回金額應當根據資產的公允價值減去處置費用後的淨額與資產的預計未來現金流量的現值兩者之間的較高者確定，因此選項 B 不正確。

7. 【答案】BD

【解析】可收回金額是按照長期資產的公允價值減去處置費用後的淨額與未來現金流量現值兩者較高者確定的。

8. 【答案】ABCD

9. 【答案】ACD

【解析】固定資產的減值準備一經計提，持有期間不能轉回，選項 B 錯誤。

10. 【答案】ABD

【解析】謹慎性要求企業對交易或者事項進行會計確認、計量和報告時應保持應有的謹慎，不高估資產或收益，也不低估負債或費用。固定資產採用加速折舊法計提折舊和各種資產計提減值準備等遵循謹慎性要求。融資租入固定資產的會計處理體現的是實質重於形式的要求。

11. 【答案】ABD

12. 【答案】AB

【解析】固定資產折舊方法一經確認，不得隨意變更，固定資產預計淨殘值變更的，應當改變固定資產所應計提的折舊額；按照新準則，對於資產減值損失一經確認，在以後會計期間不得轉回。

13. 【答案】BD

【解析】對固定資產進行大修理，應將其計入當期費用；對固定資產進行改擴建，應調整固定資產的帳面價值；對經營租賃租入的固定資產進行改良，應計入「長期待攤費用」科目核算；計提固定資產減值準備，會使固定資產帳面價值減少。

14. 【答案】ABC

【解析】資產組的認定，應當考慮企業管理層對生產經營活動的管理或者監控方式和對資產的持續使用或者處置的決策方式等。

15. 【答案】AD

【解析】資產組的減值損失金額應當先抵減分攤至該資產組中商譽的帳面價值，然後根據該資產組中除商譽之外的其他各項資產的帳面價值所占比重，按照比例抵減其他各項資產的帳面價值。

16. 【答案】ABCD

【解析】無形資產的帳面價值＝無形資產的入帳價值−攤銷的無形資產−計提的無形資產減值準備。

17. 【答案】AB

【解析】總部資產的顯著特徵是難以脫離其他資產或資產組產生獨立的現金流入，而且其帳面價值難以完全歸屬於某一資產組。

18.【答案】BC

【解析】總部資產的顯著特徵是難以脫離其他資產或者資產組產生獨立的現金流入，而且其帳面價值難以完全歸屬於某一資產組。

(三) 判斷題

1.【答案】錯

【解析】資產減值準則中所包括的資產指的是非流動資產，而且由於不同資產的特性不同，其減值也有不同的具體準則規範，比如存貨、建造合同形成的資產、遞延所得稅資產等。

2.【答案】錯

【解析】固定資產在計提了減值準備後，未來計提固定資產折舊時，應當以新的固定資產帳面價值為基礎計提每期的折舊。

3.【答案】對

4.【答案】錯

【解析】折現率是反應當前市場貨幣時間價值和資產特定風險的稅前利率。如果用於估計折現率的基礎是稅後的，應當將其調整為稅前的折現率。

5.【答案】對

6.【答案】錯

【解析】對於相關總部資產能夠按照合理和一致的基礎分攤至該資產組的，應當將該部分總部資產的帳面價值分攤至該資產組，再據以比較該資產組的帳面價值和可收回金額，再按照相關處理方法進行核算。

7.【答案】錯

【解析】資產組一經確定後，在各個會計期間應當保持一致，不得隨意變更。

8.【答案】對

(四) 計算分析題

1.(1) 相關計算：

①計算期望現金流量：

第 1 年的現金流量 = 350×30%+300×50%+240×20% = 303（萬美元）

第 2 年的現金流量 = 300×30%+240×50%+150×20% = 240（萬美元）

第 3 年的現金流量 = 320×30%+220×50%+150×20% = 236（萬美元）

第 4 年的現金流量 = 300×30%+220×50%+120×20% = 224（萬美元）

第 5 年的現金流量 = 310×30%+200×50%+120×20% = 217（萬美元）

② 未來現金流量現值：

未來現金流量現值 = 303×0.909,1+240×0.826,4+236×0.751,3+224×0.683+217×0.620,9 = 938.83（萬美元）

未來現金流量現值（人民幣）= 938.83×6.85 = 6,430.99（萬元）

(2) 該項固定資產的公允價值減去處置費用後的淨額為 10,000 萬元，未來現金流量的現值為 6,430.99 萬元，因此該項固定資產的可收回金額是 10,000 萬元。

(3) 該固定資產計提減值準備前的帳面價值 = 20,000 -（20,000 - 500）÷10×5 =

10,250（萬元），可收回金額是 10,000 萬元。發生了減值，應當計提的減值準備的金額 = 10,250-10,000 = 250（萬元）。

2.（1）計算固定資產的帳面價值：

該資產的帳面價值 = 原值-累計折舊-計提的減值準備 = 3,000-800-200 = 2,000（萬元）

（2）計算資產的可收回金額：

公允價值減去處置費用後的淨額為 1,800 萬元；

預計未來現金流量現值 = $600 \div (1+5\%) + 550 \div (1+5\%)^2 + 400 \div (1+5\%)^3 + 320 \div (1+5\%)^4 + 180 \div (1+5\%)^5 = 1,820.13$（萬元）

所以該資產的可收回金額為 1,820.13 萬元，低於該資產的帳面價值 2,000 萬元，即甲設備發生了減值。

（3）應該計提的資產減值準備 = 2,000-1,820.13 = 179.87（萬元）。

3.（1）將總部資產分配至各資產組：

總部資產應分配給甲資產組的數額 = 200×320÷800 = 80（萬元）

總部資產應分配給乙資產組的數額 = 200×160÷800 = 40（萬元）

總部資產應分配給丙資產組的數額 = 200×320÷800 = 80（萬元）

分配後各資產組的帳面價值為：

甲資產組的帳面價值 = 320+80 = 400（萬元）

乙資產組的帳面價值 = 160+40 = 200（萬元）

丙資產組的帳面價值 = 320+80 = 400（萬元）

（2）進行減值測試：

甲資產組的帳面價值為 400 萬元，可收回金額為 420 萬元，沒有發生減值；

乙資產組的帳面價值為 200 萬元，可收回金額為 160 萬元，發生減值 40 萬元；

丙資產組的帳面價值為 400 萬元，可收回金額為 380 萬元，發生減值 20 萬元。

將各資產組的減值額在總部資產和各資產組之間分配：

乙資產組減值額分配給總部資產的數額 = 40×40÷200 = 8（萬元），分配給乙資產組本身的數額為 40×160÷200 = 32（萬元）。

丙資產組減值額分配給總部資產的數額 = 20×80÷400 = 4（萬元），分配給乙資產組本身的數額為 20×320÷400 = 16（萬元）。

甲資產組沒有發生減值，乙資產組發生減值 32 萬元，丙資產組發生減值 16 萬元，總部資產發生減值 = 8+4 = 12（萬元）。

4.（1）將總部資產分配至各資產組：

資產組 A 應分攤的金額 = [600×10÷(600×10+700×15+900×15)]×1,000 = 200（萬元）

資產組 B 應分攤的金額 = [700×15÷(600×10+700×15+900×15)]×1,000 = 350（萬元）

資產組 C 應分攤的金額 = [900×15÷(600×10+700×15+900×15)]×1,000 = 450（萬元）

分配後各資產組的帳面價值為：

資產組 A 的帳面價值 = 600+200 = 800（萬元）

資產組 B 的帳面價值 = 700+350 = 1,050（萬元）

資產組 C 的帳面價值 = 900+450 = 1,350（萬元）

(2) 進行減值測試：

資產組 A 的帳面價值=800 萬元，可收回金額為 850 萬元，沒有發生減值；

資產組 B 的帳面價值=1,050 萬元，可收回金額為 1,000 萬元，發生減值 50 萬元；

資產組 C 的帳面價值=1,350 萬元，可收回金額為 950 萬元，發生減值 400 萬元。

將各資產組的減值額在總部資產和各資產組之間分配：

資產組 B 減值額分配給總部資產的數額=50÷1,050×350=16.67（萬元），分配給資產組 B 本身的數額=50÷1,050×700=33.33（萬元）；

資產組 C 中的減值額先衝減商譽 100 萬元，餘下的 300 萬元分配給總部資產和資產組 C（不含商譽部分）；

分配給總部的資產減值數額=300÷（450+800）×450=108（萬元）

分配給資產組 C（不含商譽部分）的數額=300÷（450+800）×800=192（萬元）

總部資產減值=16.67+108=124.67（萬元）

資產組 A 沒有減值；

資產組 B 減值 33.33 萬元；

資產組 C 中的商譽減值 100 萬元，其他資產減值 192 萬元。

(五) 綜合題

(1) A 資產組承擔總部資產的價值

=1,600÷[（2,500+3,000）×4+1,125×12+2,500×10]×（2,500+3,000）×4=581.82（萬元）

B 資產組承擔總部資產的價值

=1,600÷[（2,500+3,000）×4+1,125×12+2,500×10]×1,125×12=357.02（萬元）

C 資產組承擔總部資產的價值

=1,600÷[（2,500+3,000）×4+1,125×12+2,500×10]×2,500×10=661.16（萬元）

含分攤總部資產價值的 A 資產組的帳面價值=（2,500+3,000）+581.82=6,081.82（萬元）

含分攤總部資產價值的 B 資產組的帳面價值=1,125+357.02=1,482.02（萬元）

含分攤總部資產價值的 C 資產組的帳面價值=2,500+661.16=3,161.16（萬元）

含總部資產價值的 A 資產組發生減值損失=6,081.82−5,600=481.82（萬元），其中總部資產分攤減值=581.82÷6,081.82×481.82=46.09（萬元），A 資產組本身分攤減值損失=（2,500+3,000）÷6,081.82×481.82=435.73（萬元）。

將 A 資產組減值損失在 X、Y 兩部機器間分配：

X 機器應承擔減值損失=2,500÷（2,500+3,000）×435.73=198.06（萬元），華遠公司估計 X 機器公允價值減去處置費用後的淨額為 1,800 萬元，所以 X 承擔的減值損失的金額為 198.06 萬元，Y 機器應當承擔減值損失=3,000÷（2,500+3,000）×435.73=237.67（萬元）。

B 資產組可收回金額為 2,000 萬元，未發生減值。

C 資產組的可收回金額為 2,016 萬元，含總部資產價值的 C 資產組發生減值=3,161.16−2,016=1,145.16（萬元），其中總部資產承擔減值=661.16÷3,161.16×1,145.16=239.51（萬元），C 資產組本身承擔減值=2,500÷3,161.16×1,145.16=905.65（萬元）。

總部資產減值＝46.09+239.51＝285.6（萬元），2×16 年年末，計提減值準備後總部資產的帳面價值＝1,600-285.6＝1,314.4（萬元），2×17 年計提折舊額＝1,314.4÷16＝82.15（萬元）。

X 機器減值為 198.06 萬元，2×16 年年末，計提減值準備後 X 機器的帳面價值＝2,500-198.06＝2,301.94（萬元），2×17 年計提折舊額＝2,301.94÷4＝575.49（萬元）。

Y 機器減值為 237.67 萬元，2×16 年年末，計提減值準備後 Y 機器的帳面價值＝3,000-237.67＝2,762.33（萬元），2×17 年計提折舊額＝2,762.33÷4＝690.58（萬元）。

A 資產組發生減值損失 435.73 萬元，計提減值後 A 資產組的帳面價值＝2,301.94+2,762.33＝5,064.27（萬元），2×17 年計提折舊額＝575.49+690.58＝1,266.07（萬元）。

B 資產組 2×17 年計提折舊＝1,125÷12＝93.75（萬元）。

C 資產組發生減值損失 905.65 萬元，計提減值後 C 資產組的帳面價值＝2,500-905.65＝1,594.35（萬元），2×17 年計提折舊額＝1,594.35÷10＝159.44（萬元）。

借：資產減值損失　　　　　　　　　　　　　1,626.98
　　貸：固定資產減值準備——X 機器　　　　　　　198.06
　　　　　　　　　　　——Y 機器　　　　　　　237.67
　　　　　　　　　　　——C 資產組　　　　　　905.65
　　　　　　　　　　　——辦公樓　　　　　　　285.60

華遠公司 2×16 年資產減值準備及 2×17 年折舊計算如下所示。

單位：萬元

項目	2×16 年年末計提減值準備前帳面價值	2×16 年應計提減值準備	2×17 年折舊額
辦公樓	1,600	285.60	82.15
A 資產組	5,500	435.73	1,266.07
其中：X 機器	2,500	198.06	575.49
Y 機器	3,000	237.67	690.58
B 資產組	1,125	0	93.75
C 資產組	2,500	905.65	159.44
合計	10,725	1,626.98	1,601.41

（2）華遠企業確認的商譽＝11,200-15,000×70%＝700（萬元），包含完全商譽調整後 D 資產組的帳面價值＝15,500+700+700÷70%×30%＝16,500（萬元）。可收回金額為 15,500 萬元，D 資產組發生的減值的金額＝16,500-15,500＝1,000（萬元），應當沖減該資產組中包含的商譽的帳面價值 700+700÷70%×30%＝1,000（萬元），其中母公司應當確認的商譽減值＝1,000×70%＝700（萬元）。

借：資產減值損失　　　　　　　　　　　　　700
　　貸：商譽減值準備　　　　　　　　　　　　　700

第九章　負債

一、要點總覽

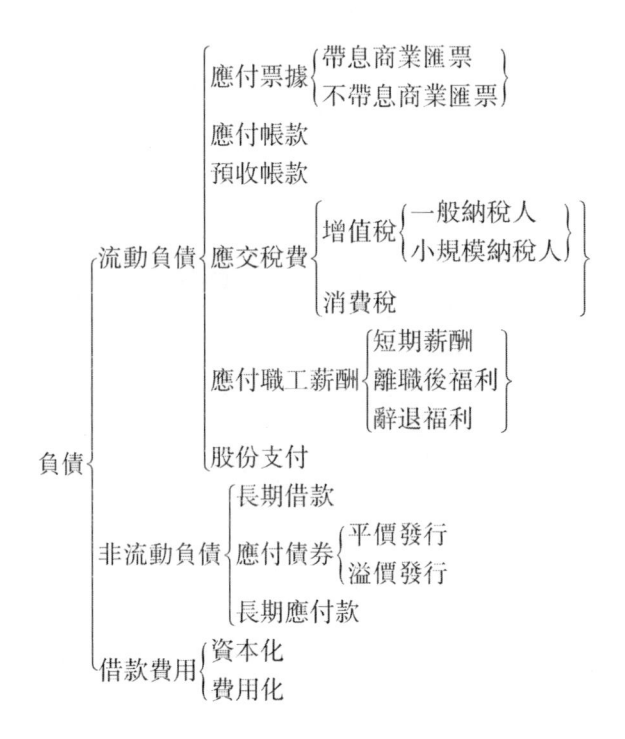

負債
- 流動負債
  - 應付票據
    - 帶息商業匯票
    - 不帶息商業匯票
  - 應付帳款
  - 預收帳款
  - 應交稅費
    - 增值稅
      - 一般納稅人
      - 小規模納稅人
    - 消費稅
  - 應付職工薪酬
    - 短期薪酬
    - 離職後福利
    - 辭退福利
  - 股份支付
- 非流動負債
  - 長期借款
  - 應付債券
    - 平價發行
    - 溢價發行
  - 長期應付款
- 借款費用
  - 資本化
  - 費用化

二、重點難點

(一) 重點

- 應付帳款
- 應付票據
- 應付職工薪酬
- 應交稅費
- 應付債券
- 借款費用

(二) 難點

$\left\{\begin{array}{l}\text{應付職工薪酬}\\\text{應交稅費}\\\text{應付債券}\\\text{借款費用}\end{array}\right.$

三、關鍵內容小結

(一) 短期借款

1. 取得借款	借：銀行存款 　貸：短期借款
2. 借款利息	借：財務費用 　貸：應付利息 借：應付利息 　貸：銀行存款
3. 到期償還	借：財務費用 　　短期借款 　貸：銀行存款

(二) 應付票據

1. 發生購買業務時，以商業匯票支付時	借：原材料/庫存商品等 　　應交稅費——應交增值稅（進項稅額） 　貸：應付票據
2. 票據到期，支付票款，收到銀行進帳單回單時	借：應付票據 　貸：銀行存款
3. 票據到期無力支付票款時： (1) 在商業承兌的商業匯票情況下 (2) 在銀行承兌的商業匯票情況下	借：應付票據 　貸：應付帳款 借：應付票據 　貸：短期借款

(三) 應付帳款

	發生購買業務時，收到發票等單據，未支付貨款時	借：原材料/庫存商品等 　　應交稅費——應交增值稅（進項稅額） 　貸：應付帳款
沒有現金折扣情況下	信用到期，支付票款時	借：應付帳款 　貸：銀行存款
	若發生購買業務時，未收到發票等單據，未支付貨款時	月末：借：原材料/庫存商品等 　　　貸：應付帳款（暫估入帳） 次月初：借：原材料/庫存商品等 　　　　貸：應付帳款（紅字衝銷）

（續表）

有現金折扣的	發生購買業務時，收到發票等單據，未支付貨款時（按總價法）	借：原材料/庫存商品等 　　應交稅費——應交增值稅（進項稅額） 貸：應付帳款
	在折扣期內付款	借：應付帳款 貸：銀行存款 　　財務費用
	在折扣期外付款	借：應付帳款 貸：銀行存款
無法支付的款項		借：應付帳款 貸：營業外收入

（四）預收帳款

簽訂購銷合同，按合同收取預收款時	借：銀行存款 貸：預收帳款
按合同規定發貨時	借：預收帳款 貸：主營業務收入 　　應交稅費——應交增值稅（銷項稅額）
多退少補	（1）原預收款少收時：借：銀行存款 　　　　　　　　　　　貸：預收帳款 （2）原預收款多收時：借：預收帳款 　　　　　　　　　　　貸：銀行存款

（五）應付職工薪酬

1. 應付職工薪酬的內容

應付職工薪酬包括短期薪酬、離職後福利、辭退福利和其他長期福利四種類型。其中短期薪酬的內容包括貨幣性短期薪酬和非貨幣性短期薪酬，具體包括：

（1）職工工資、獎金、津貼和補貼；
（2）職工福利；
（3）社會保險費；
（4）住房公積金；
（5）短期帶薪缺勤；
（6）利潤分享計劃；
（7）非貨幣性福利；
（8）其他短期薪酬。

2. 應付職工薪酬的帳務處理

短期薪酬			辭退福利
貨幣性薪酬	非貨幣薪酬	短期帶薪缺勤	
(1) 計提工資、福利保險和公積金等時： 借：生產成本 　　管理費用 　　製造費用 　　銷售費用等 　貸：應付職工薪酬 　　　——工資 　　　——住房公積金 　　　——社會保險 　　　——工會經費 　　　——職工教育經費 (2) 實際發放工資時： 借：應付職工薪酬——工資 　貸：銀行存款 　　　其他應付款 　　　——住房公積金 　　　——社會保險 　　　應交稅費 　　　——應交個人所得稅 　　　其他應收款 　　　——水電費等 (3) 上繳保險公積金、稅費等時： 借：應付職工薪酬 　　——住房公積金 　　——社會保險 　　應交稅費 　　——應交個人所得稅 　貸：銀行存款	(1) 以自己的產品作為福利發放給職工： 借：生產成本 　　管理費用 　　製造費用 　　銷售費用等 　貸：應付職工薪酬——非貨幣性福利 發放時： 借：應付職工薪酬——非貨幣性福利 　貸：主營業務收入 　　　應交稅費——應交增值稅（銷項稅額） 借：主營業務成本 　貸：庫存商品 (2) 外購商品發放給職工作為福利： 借：生產成本 　　管理費用 　　製造費用 　　銷售費用等 　貸：應付職工薪酬——非貨幣性福利 購買發放時： 借：應付職工薪酬——非貨幣性福利 　貸：銀行存款 (3) 免費為職工提供住宿： 借：生產成本 　　管理費用 　　製造費用 　　銷售費用等 　貸：應付職工薪酬——非貨幣性福利 借：應付職工薪酬——非貨幣性福利 　貸：累計折舊	(1) 非累計帶薪缺勤（不需要另作帳務處理） (2) 累計帶薪缺勤： 借：生產成本 　　管理費用 　　製造費用 　　銷售費用等 　貸：應付職工薪酬——累計帶薪缺勤 職工實際享受假期時： 借：應付職工薪酬——累計帶薪缺勤 　貸：銀行存款	按計劃計提時： 借：管理費用 　貸：應付職工薪酬——辭退福利 實際發放時： 借：應付職工薪酬——辭退福利 　貸：銀行存款

(六) 應交稅費

增值稅 (一般納稅人)	應交增值稅	進項稅額	購買貨物接受勞務	借：原材料/庫存商品等 　　應交稅費——應交增值稅（進項稅額） 　貸：應付帳款
		進項稅額轉出	購進貨物或勞務，用在職工集體福利或個人消費等項目上	借：在建工程（集體福利工程） 　貸：原材料等 　　　應交稅費——應交增值稅（進項稅額轉出）
		銷項稅額	銷售商品，提供勞務	借：銀行存款/應收帳款/預收帳款等 　貸：主營業務收入 　　　應交稅費——應交增值稅（銷項稅額）
		已交稅金	繳納當期增值稅時	借：應交稅費——應交增值稅（已交稅金） 　貸：銀行存款
	未交增值稅	出口退稅	出口退稅時	借：銀行存款 　貸：應交稅費——應交增值稅（出口退稅）
			期末轉出少交或多交增值稅時	少交時： 借：應交稅費——應交增值稅 　貸：應交稅費——未交增值稅 多交時： 借：應交稅費——未交增值稅 　貸：應交稅費——應交增值稅
增值稅 (小規模納稅人)	銷售貨物提供勞務時			借：銀行存款/應收帳款/預收帳款等 　貸：主營業務收入 　　　應交稅費——應交增值稅
消費稅	銷售應稅消費品時			借：稅金及附加 　貸：應交稅費——應交消費稅
	委託加工應稅消費品時	收回直接出售		借：委託加工物質 　貸：銀行存款等
		收回連續生產		借：應交稅費——應交消費稅 　貸：銀行存款等
	進口應稅消費品時			借：固定資產/原材料/庫存商品等 　貸：應交稅費——應交消費稅
其他稅費	資源稅、房產稅、城市維護建設稅、教育費附加等			

（七）應付債券

債券發行時	平價發行	借：銀行存款 　　貸：應付債券——面值
	溢價發行	借：銀行存款 　　貸：應付債券——面值 　　　　　　　　——利息調整
	折價發行	借：銀行存款 　　　應付債券——利息調整 　　貸：應付債券——面值
應付債券利息的確認與計量（實際利率法）	分期付息	(1) 平價發行： 借：財務費用/在建工程等 　　貸：應付利息 借：應付利息 　　貸：銀行存款 (2) 溢價發行： 借：財務費用/在建工程等 　　　應付債券——利息調整 　　貸：應付利息 借：應付利息 　　貸：銀行存款 (3) 折價發行： 借：財務費用/在建工程等 　　貸：應付利息 　　　　應付債券——利息調整 借：應付利息 　　貸：銀行存款
	到期一次還本付息	(1) 平價發行： 借：財務費用/在建工程等 　　貸：應付債券——應計利息 (2) 溢價發行： 借：財務費用/在建工程等 　　　應付債券——利息調整 　　貸：應付債券——應計利息 (3) 折價發行： 借：財務費用/在建工程等 　　貸：應付債券——應計利息 　　　　　　　　——利息調整
債券到期償還		借：應付債券——面值 　　　　　　——應計利息（應付利息） 　　貸：銀行存款

(八) 借款費用

借款費用的內容	(1) 借款利息 (2) 因借款產生的折價或者溢價的攤銷 (3) 因外幣借款而發生的匯兌差額 (4) 輔助費用		
借款費用資本化的條件	(1) 借款費用資本化的基本原則		符合資本化條件的資產是指需要經過相當長時間（大於等於1年）的購建或生產活動才能達到預定可使用或者可銷售狀態的固定資產、無形資產、投資性房地產和存貨等資產 需要注意的是，如果由於人為或者故意等非正常因素導致資產的購建或者生產時間相當長的，該資產不屬於符合資本化條件的資產
	(2) 資本化期間的確定		開始資本化的確定： ①資產支出已經發生 ②借款費用已經發生 ③為使資產達到預定可使用或者可銷售狀態所必要的購建或者生產活動已經開始
			暫停資本化期間的確定： ①屬於非正常中斷 ②中斷時間連續超過3個月
			停止資本化的確定： ①資產的實體建造全部完成或實質完成 ②購建的固定資產與設計要求或合同要求基本相符 ③繼續發生的支出很少或者幾乎不再發生
	(3) 借款費用資本化金額的確定	借款利息資本化金額的確定	①專門借款資本化金額的確定： 以專門借款當期實際發生的利息費用，減去將尚未運用的借款資金存入銀行取得的利息收入或進行暫時性投資取得的投資收益後的金額確定
			②一般借款利息資本化金額的確定： 根據累計資產支出超過專門借款部分的資產支出加權平均數乘以所占用一般借款的資本化率 資本化率根據一般借款加權平均利率計算確定
		匯兌差額資本化金額的確定	在資本化期間內，外幣專門借款本金及利息的匯兌差額應當予以資本化，計入符合資本化條件的資產的成本 一般借款的匯兌差額直接計入當期損益
		輔助費用資本化金額的確定	專門借款的輔助費用，在所購建或生產的符合資本化條件的資產達到預定可使用或者可銷售狀態之前發生的應予以資本化，在所購建或生產的符合資本化條件的資產達到預定可使用或者可銷售狀態之後發生的直接計入當期損益 一般借款發生的輔助費用應當比照上述原則處理
		輔助費用資本化金額的確定	在資本化期間內，每一會計期間的利息資本化金額，不應當超過當期相關借款實際發生的利息金額

四、練習題

(一) 單項選擇題

1. 資產負債表日，按計算確定的短期借款利息費用，貸記的會計科目是（　　）。
   A.「應計利息」　　　　　　B.「短期借款」
   C.「應付利息」　　　　　　D.「財務費用」

2. 企業開出的商業承兌的帶息匯票，在期末對尚未支付的應付票據計提利息，貸記的會計科目是（　　）。
   A.「應計利息」　　　　　　B.「財務費用」
   C.「應付利息」　　　　　　D.「應付票據」

3. 企業從應付職工薪酬中扣除的應由職工個人負擔的各種社會保險和住房公積金，貸記的會計科目是（　　）。
   A.「其他應付款」　　　　　B.「應付職工薪酬」
   C.「預收帳款」　　　　　　D.「應付帳款」

4. 企業為鼓勵生產車間職工自願接受裁減而給予的補償，應該計入的會計科目是（　　）。
   A.「生產成本」　B.「管理費用」　C.「製造費用」　D.「財務費用」

5. 某一般納稅企業月初欠繳增值稅 15 萬元，無尚未抵扣增值稅。本月發生進項稅額 50 萬元，銷項稅額 65 萬元，進項稅額轉出 5 萬元，繳納本月增值稅 15 萬元，則月末結轉後，「應交稅費——未交增值稅」科目的餘額是（　　）。
   A. 20 萬元　　　B. 0 萬元　　　C. 5 萬元　　　D. 15 萬元

6. 下列項目中，不屬於其他應付款核算範圍的是（　　）。
   A. 應付管理人員工資　　　B. 企業採用售後回購方式融入的資金
   C. 應付租入包裝物租金　　D. 應付、暫收所屬單位、個人的款

7. 甲企業委託乙企業加工一批物資（應稅消費品），甲企業當月收回該批物資後繼續生產，則甲企業支付給乙企業全部價款中的消費稅部分應當計入的會計科目是（　　）。
   A.「委託加工物資」　　　　B.「應交稅費——應交消費稅」
   C.「稅金及附加」　　　　　D.「生產成本」

8. 下列稅費中，不會影響當期利潤的是（　　）。
   A. 增值稅　　　　　　　　B. 營業稅
   C. 消費稅　　　　　　　　D. 印花稅

(二) 多項選擇題

1. 下列項目中不應作為負債確認的有（　　）。
   A. 因購買貨物而暫欠外單位的貨款
   B. 按照購貨合同約定以賒購方式購進貨物的貨款
   C. 計劃向銀行借款 100 萬元
   D. 因經濟糾紛導致的法院尚未判決且金額無法合理估計的賠償

2. 企業發生下列稅金，不需要通過「應交稅費」科目核算的有（　　）。
   A. 房產稅　　　　　　　　　B. 土地使用稅
   C. 耕地占用稅　　　　　　　D. 印花稅
3. 下列各項中，屬於職工薪酬範圍的有（　　）。
   A. 工資和獎金　　　　　　　B. 非貨幣性福利
   C. 社會保險　　　　　　　　D. 住房公積金
4. 一般納稅企業發生的下列各項業務中，發生的增值稅進項稅額不得抵扣的有（　　）。
   A. 不動產在建工程領用原材料　B. 原材料因管理不善發生毀損
   C. 福利部門領用原材料　　　　D. 修理機器設備時領用原材料
5. 下列各項中，屬於或有事項的有（　　）。
   A. 未決訴訟　　　　　　　　B. 債務擔保
   C. 產品質量保證　　　　　　D. 壞帳損失

（三）判斷題

1. 應付帳款的入帳價值既包括商品價款，也包括增值稅的進項稅額。（　）
2. 如果銷貨方在賒銷商品時提供了現金折扣條件，則購貨方應當將應付帳款按照商品價款扣除現金折扣後的淨額入帳。（　）
3. 企業對於確實無法支付的應付帳款，應將其轉入「資本公積」科目。（　）
4. 職工薪酬既包括職工在職期間支付的薪酬，也包括職工離職期間支付的養老金。（　）
5. 企業為購建一項符合資本化條件的資產取得的專門借款，應當在借款費用發生時開始資本化。（　）

（四）計算分析題

1. 甲企業於 2×15 年 11 月 1 日向宏發公司購入原材料一批，取得的增值稅專用發票上註明的價款為 60,000 元，增值稅稅額為 10,200 元。宏發公司為了及早收回貨款，在合同中承諾給予甲企業如下現金折扣條件：2/10，n/30。假定計算現金折扣時不考慮增值稅，存貨按實際成本計價核算。要求：
   （1）編制甲公司購入原材料時的會計分錄；
   （2）編制假設甲公司 10 天內付款的會計分錄；
   （3）編制假設甲公司 30 天內付款的會計分錄。

2. 2013 年 4 月 1 日，甲公司開始建造一項工程，該工程支出合計為 1,300,000 元。其中，2013 年 4 月 1 日支出 500,000 元，2013 年 10 月 1 日支出 3,000,000 元，2014 年 1 月 1 日支出 500,000 元。

   該工程所需資金來自下列兩筆借款：
   （1）2013 年 4 月 1 日從銀行取得一筆專門借款，金額為 1,000,000 元，期限 3 年，利率為 6%，利息於每年 4 月 1 日支付。未使用借款部分的存款月利率為 0.03%。
   （2）2013 年 1 月 1 日從銀行取得一筆一般借款，金額為 2,000,000 元，期限 2 年，利率為 7%，利息於每年 1 月 1 日支付。

   該工程於 2014 年 12 月 31 日達到預定可使用狀態，其中 2014 年 3 月 1 日至 2014

年 7 月 1 日該項工程由於合同糾紛停工 4 個月。

要求：
(1) 確定甲公司借款費用資本化的期間。
(2) 計算甲公司與該工程有關的專門借款利息資本化利息的金額。
(3) 計算甲公司與該工程有關的一般借款利息資本化利息的金額。
(4) 編制甲公司 2013 年 12 月 31 日計提利息的會計分錄。
(5) 編制甲公司 2014 年 12 月 31 日計提利息的會計分錄。

(五) 綜合題

1. 甲上市公司發行公司債券為建造專用生產線籌集資金，資料如下：

(1) 2011 年 12 月 31 日，委託證券公司以 7,755 萬元的價格發行 3 年期分期付息公司債券。該債券面值為 8,000 萬元，票面年利率為 4.5%，實際年利率為 5.64%，每年付息一次，到期後按面值償還。支付的發行費用與發行期間凍結資金產生的利息收入相等。

(2) 生產線建造工程採用出包方式，於 2012 年 1 月 1 日開始動工，發行債券所得款項當日全部支付給建造承包商，2013 年 12 月 31 日所建造生產線達到預定可使用狀態。

(3) 假定各年度利息的實際支付日期均為下年度的 1 月 10 日，2015 年 1 月 10 日支付 2014 年度利息，一併償付面值。

(4) 所有款項均以銀行存款收付。

要求：
(1) 計算甲公司該債券在各年年末的攤餘成本、應付利息金額、當年應予以資本化或費用化的利息金額、利息調整的本年攤銷額和年末餘額，結果填入下表。(不須列出計算過程)

應付債券利息調整和攤餘成本計算表　　　　　　　　　　單位：萬元

時間		2011 年 12 月 31 日	2012 年 12 月 31 日	2013 年 12 月 31 日	2014 年 12 月 31 日
年末攤餘成本	面值	8,000	8,000	8,000	8,000
	利息調整				
	合計				
當年應予以資本化或費用化的利息金額					
年末應付利息金額			360	360	360
「利息調整」本年攤銷額					

(2) 分別編制甲公司於 2011 年 12 月 31 日債券發行、2012 年 12 月 31 日和 2014 年 12 月 31 日確認債券利息、2015 年 1 月 10 日支付利息和面值業務相關的會計分錄。

(答案中的金額單位用萬元表示，計算結果精確到小數點後兩位，「應付債券」科目應列出明細科目)

2. 甲公司為家電生產企業，共有職工 315 人，其中車間生產工人 240 人，車間管理人員 15 人，公司行政管理人員 25 人，專設銷售機構人員 15 人，在建工程人員 20 人。甲公司適用的增值稅稅率為 17%。2011 年 6 月份發生如下經濟業務：

（1）本月應付職工工資總額為 164 萬元。「工資費用分配匯總表」中列示：產品生產工人工資為 120 萬元，車間管理人員工資為 9 萬元，企業行政管理人員工資為 18 萬元，專設銷售機構人員工資為 7 萬元，在建工程人員工資為 10 萬元。

根據規定，公司分別按照職工工資總額的 10%、10%、2%、10%、2%、1.5% 計提醫療保險費、養老保險費、失業保險費、住房公積金、工會經費和職工教育經費。公司根據自身實際情況，按職工工資總額的 5% 計提職工福利費。（已編制「職工社會保險費、住房公積金等其他職工薪酬計提、分配匯總表」）

（2）甲公司決定將已購回的 315 臺飲水機發放給每位職工。（飲水機每臺單價為 300 元，款項共計 94,500 元已通過銀行轉帳支付）

（3）以其自己生產的某種電暖氣發放給公司每名職工，每臺電暖氣的成本為 800 元，市場售價為每臺 1,000 元。

（4）結算本月應付職工工資總額 164 萬元。其中：代扣職工住房公積金 40 萬元，代扣職工醫療保險等 10 萬元，代扣職工房租 2 萬元，扣回代墊的職工水電費 1 萬元，代扣職工工會會員費 0.2 萬元，代扣個人所得稅 5.8 萬元。餘款用銀行存款支付。

（5）上繳企業代扣的職工個人所得稅 5.8 萬元。

（6）通過「同城委託收款」結算方式，將公司已計提和從職工個人應付工資中代扣的醫療保險費、養老保險費、失業保險費和住房公積金，繳納給當地社會保險經辦機構和住房公積金管理機構。

（7）開出轉帳支票，將公司已計提的工會經費和從職工個人應付工資中代扣的工會會員費，劃撥給工會組織。

（8）公司開展職工崗位培訓，以現金支付專家的課酬 0.25 萬元。

要求：編制甲公司上述業務的會計分錄。

五、參考答案及解析

(一) 單項選擇題

1.【答案】C

2.【答案】D

【解析】因為帶息匯票的利息是通過貼息票的形式計息的，因而會增加票據的面值。

3.【答案】A

【解析】社會保險和公積金屬於企業代扣代繳項目。

4.【答案】B

【解析】辭職福利計入管理費用。

5.【答案】A

【解析】本期應交增值稅＝65－50＋5＝20（萬元），本期繳納 15 萬元，本期未交增

值稅為 5 萬元，加上期初的未交增值稅 15 萬元，月末結轉後，「應交稅費——未交增值稅」科目的餘額是 20 萬元。

6.【答案】A

【解析】其他應付款具體包括：①企業應付租入包裝物的租金；②企業發生的存入保證金；③企業採用售後回購方式融入的資金；④企業代職工繳納的社會保險和住房公積金等。

7.【答案】B

【解析】收回繼續生產，代收代繳的消費稅可以抵扣記「應交稅費——應交消費稅」科目，若收回直接銷售的則記「委託加工物資」科目。

8.【答案】A

【解析】增值稅不計入損益。

(二) 多項選擇題

1.【答案】CD

【解析】負債是指企業過去的交易或者事項形成的、預期會導致經濟利益流出企業的現實義務。C 是未來的交易或事項，還沒有發生。D 無法可靠地計量，無法確認。

2.【答案】CD

【解析】耕地占用稅和印花稅都是直接通過「銀行存款」科目核算，而無須通過「應交稅費」科目。

3.【答案】ABCD

【解析】《企業會計準則第 9 號——職工薪酬》（2014 年）規定，職工薪酬主要包括短期薪酬、離職後福利、辭退福利和其他長期職工福利。職工薪酬是指企業為獲得職工提供的服務或解除勞動關係而給予的各種形式的報酬或補償。企業提供給職工配偶、子女、受贍養人、已故員工遺屬及其他受益人等的福利，也屬於職工薪酬。

4.【答案】ABC

5.【答案】ABC

【解析】或有事項，是指過去的交易或事項形成的，其結果須由某些未來事項的發生或不發生才能決定的不確定事項。具體包括：未決訴訟或未決仲裁、債務擔保、產品質量保證、虧損合同、承諾、債務重組等。

(三) 判斷題

1.【答案】對

2.【答案】錯

【解析】準則只允許採用總價法進行核算現金折扣。

3.【答案】錯

【解析】應將其看成別人捐贈，記入「營業外收入」科目。

4.【答案】對

【解析】《企業會計準則第 9 號——職工薪酬》（2014 年）規定，職工薪酬主要包括短期薪酬、離職後福利、辭退福利和其他長期職工福利。

5. 【答案】錯

【解析】借款費用允許開始資本化必須同時滿足三個條件，即資產支出已經發生，借款費用已經發生，為使資產達到預定可使用或者可銷售狀態所必要的購建或者生產活動已經開始。

(四) 計算分析題

1. 甲公司總價法的帳務處理如下：

(1) 11月1日，購入材料，形成應付帳款時：

借：原材料		60,000
應交稅金——應交增值稅（進項稅額）		10,200
貸：應付帳款——應付甲公司		70,200

(2) 如果本企業在11月10日（10天內）付清了貨款，則可按價款的2%獲得現金折扣1,200元（60,000×2%），實際付款為69,000元。

借：應付帳款——應付甲公司		70,200
貸：銀行存款		69,000
財務費用		1,200

(3) 如果本企業在11月30日以後才付款，則喪失折扣，應按全額付款，支付時：

借：應付帳款——應付甲公司		70,200
貸：銀行存款		70,200

2. (1) 資本化期間為2013年4月1日至2014年3月1日和2014年7月1日至2014年12月31日。

(2) 專門借款資本化利息 = 1,000,000×6%×17÷12 − (500,000×6+200,000×3)×0.03% = 85,000−1,080 = 83,920（元）

(3) 一般借款資本化利息 = 3,000,000×7%×8÷12 = 140,000（元）

(4) 2013年12月31日計提利息時：

應付利息 = 1,000,000×6%×9÷12+2,000,000×7% = 185,000（元）

應收利息 = (500,000×6+200,000×3)×0.03% = 1,080（元）

專門借款資本化利息 = 1,000,000×6%×9÷12 − (500,000×6+200,000×3)×0.03% = 43,920（元）

借：在建工程		43,920
應收利息		1,080
財務費用		140,000
貸：應付利息		185,000

(5) 應付利息 = 1,000,000×6%+2,000,000×7% = 200,000（元）

專門借款資本化利息 = 1,000,000×6%×8÷12 = 40,000（元）

一般借款資本化利息 = 300,000×7%×8÷12 = 14,000（元）

借：在建工程		54,000
財務費用		146,000
貸：應付利息		200,000

(五) 綜合題

1. (1) 應付債券利息調整和攤餘成本計算表：

單位：萬元

時間		2011年12月31日	2012年12月31日	2013年12月31日	2014年12月31日
年末攤餘成本	面值	8,000	8,000	8,000	8,000
	利息調整	-245	-167.62	-85.87	
	合計	7,755	7,832.38	7,914.13	8,000
當年應予資本化或費用化的利息金額			437.38	441.75	445.87
年末應付利息金額			360	360	360
「利息調整」本年攤銷額			77.38	81.75	85.87

(2) ①2011年12月31日發行債券：

借：銀行存款　　　　　　　　　　　　　　　　7,755
　　應付債券——利息調整　　　　　　　　　　 245
　　貸：應付債券——面值　　　　　　　　　　 8,000

②2012年12月31日計提利息：

借：在建工程　　　　　　　　　　　　　　　 437.38
　　貸：應付利息　　　　　　　　　　　　　 　 360
　　　　應付債券——利息調整　　　　　　　　77.38

③2014年12月31日計提利息：

借：財務費用　　　　　　　　　　　　　　　 445.87
　　貸：應付利息　　　　　　　　　　　　　 　 360
　　　　應付債券——利息調整　　　　　　　　85.87

2013年度的利息調整攤銷額 = (7,755+77.38)×5.64% - 8,000×4.5% = 81.75（萬元），2014年度屬於最後一年，利息調整攤銷額應採用倒擠的方法計算，所以應 = 245 - 77.38 - 81.75 = 85.87（萬元）。

④2015年1月10日付息還本：

借：應付債券——面值　　　　　　　　　　　 8,000
　　應付利息　　　　　　　　　　　　　　　 　 360
　　貸：銀行存款　　　　　　　　　　　　　　8,360

2. 編制甲公司的會計分錄：

(1) 借：生產成本　　　　　　　　　　　　　　 120
　　　　製造費用　　　　　　　　　　　　　　　 9
　　　　管理費用　　　　　　　　　　　　　　　18
　　　　銷售費用　　　　　　　　　　　　　　　 7
　　　　在建工程　　　　　　　　　　　　　　　10

　　　　貸：應付職工薪酬——職工工資　　　　　　　　　　　　　　　164
　　　借：生產成本　　　48.6〔120×(10%+10%+2%+10%+2%+1.5%+5%)〕
　　　　　製造費用　　　3.645〔9×(10%+10%+2%+10%+2%+1.5%+5%)〕
　　　　　管理費用　　　7.29〔18×(10%+10%+2%+10%+2%+1.5%+5%)〕
　　　　　銷售費用　　　2.835〔7×(10%+10%+2%+10%+2%+1.5%+5%)〕
　　　　　在建工程　　　4.05〔10×(10%+10%+2%+10%+2%+1.5%+5%)〕
　　　　貸：應付職工薪酬——醫療保險費　　　　　16.4（164×10%）
　　　　　　　　　　　——養老保險費　　　　　　16.4（164×10%）
　　　　　　　　　　　——失業保險費　　　　　　3.28（164×2%）
　　　　　　　　　　　——住房公積金　　　　　　16.4（164×10%）
　　　　　　　　　　　——工會經費　　　　　　　3.28（164×2%）
　　　　　　　　　　　——職工教育經費　　　　　2.46（164×1.5%）
　　　　　　　　　　　——職工福利　　　　　　　8.2（164×5%）
（或將以上兩筆分錄合二為一）
（2）借：生產成本　　　　　　　　　　　　　　　7.2（240×0.03）
　　　　　製造費用　　　　　　　　　　　　　　　0.45（15×0.03）
　　　　　管理費用　　　　　　　　　　　　　　　0.75（25×0.03）
　　　　　銷售費用　　　　　　　　　　　　　　　0.45（15×0.03）
　　　　　在建工程　　　　　　　　　　　　　　　0.6（20×0.03）
　　　　貸：應付職工薪酬——非貨幣性福利　　　　9.45（315×0.03）
　　　借：應付職工薪酬——非貨幣性福利　　　　　9.45
　　　　貸：銀行存款　　　　　　　　　　　　　　9.45
（3）借：生產成本　　　　　　　　　　　28.08〔240×0.1×(1+17%)〕
　　　　　製造費用　　　　　　　　　　　1.755〔15×0.1×(1+17%)〕
　　　　　管理費用　　　　　　　　　　　2.925〔25×0.1×(1+17%)〕
　　　　　銷售費用　　　　　　　　　　　1.755〔15×0.1×(1+17%)〕
　　　　　在建工程　　　　　　　　　　　2.34〔20×0.1×(1+17%)〕
　　　　貸：應付職工薪酬——非貨幣性福利　36.855〔315×0.1×(1+17%)〕
　　　借：應付職工薪酬——非貨幣性福利　　　　　36.855
　　　　貸：主營業務收入——電暖氣　　　　　　　31.5（315×0.1）
　　　　　　應交稅費——應交增值稅（銷項稅額）　5.355
　　　借：主營業務成本——電暖氣　　　　　　　　25.2（315×0.08）
　　　　貸：庫存商品——電暖氣　　　　　　　　　25.2
（4）借：應付職工薪酬——職工工資　　　　　　　164
　　　　貸：其他應付款——應付職工住房公積金　　40
　　　　　　　　　　　——應付職工醫療保險費等　10
　　　　　　　　　　　——應付職工房租　　　　　2
　　　　　　　　　　　——應付工會　　　　　　　0.2
　　　　　　其他應收款——應收職工水電費　　　　1

```
            應交稅費——應交個人所得稅              5.8
            銀行存款                          105
(5) 借：應交稅費——應交個人所得稅             5.8
    貸：銀行存款                              5.8
(6) 借：應付職工薪酬——醫療保險費             16.4
              ——養老保險費                 16.4
              ——失業保險費                 3.28
              ——住房公積金                 16.4
        其他應付款——應付職工住房公積金         40
              ——應付職工醫療保險費等         10
    貸：銀行存款                           102.48
(7) 借：應付職工薪酬——工會經費              3.28
        其他應付款——應付工會                0.2
    貸：銀行存款                             3.48
(8) 借：應付職工薪酬——職工教育經費          0.085
    貸：庫存現金                            0.085
```

第十章 所有者權益

一、要點總覽

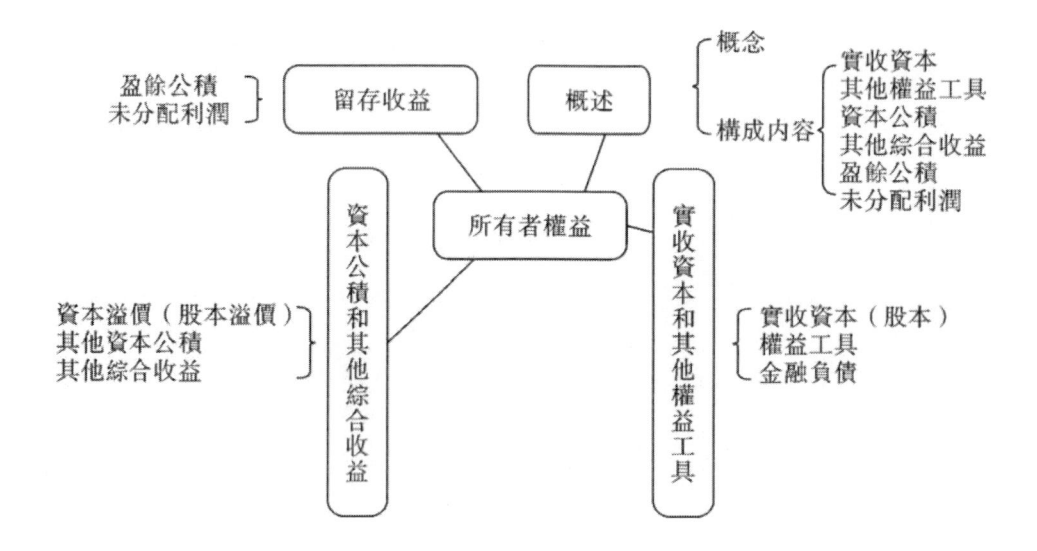

```
                                         ┌ 概念      ┌ 實收資本
         ┌盈餘公積 ┐                      │           │ 其他權益工具
         │未分配利潤├─[留存收益]  [概述]─┤           │ 資本公積
         └         ┘        │         │  └ 構成內容─┤ 其他綜合收益
                            │         │             │ 盈餘公積
                            │         │             └ 未分配利潤
                      [所有者權益]
                      ┌─────┴─────┐
              [資本公積和其他綜合收益]  [實收資本和其他權益工具]
  ┌資本溢價（股本溢價）┐                       ┌實收資本（股本）
  │其他資本公積        │                       │權益工具
  └其他綜合收益        ┘                       └金融負債
```

二、重點難點

(一) 重點

　　實收資本的確認和計量

　　實收資本增減變動的會計處理

　　資本公積的確認與計量

　　其他綜合收益的確認與計量

(二) 難點

　　其他綜合收益的確認與計量

三、關鍵內容小結

(一) 實收資本（股本）

1. 實收資本增減變動的帳務處理

（1）接受現金資產投資	借：銀行存款（實際收到的金額） 　　貸：實收資本（投資合同或協議約定的投資者在企業註冊資本中所占份額的部分） 　　　　資本公積——資本溢價（差額）
（2）接受非現金資產投資	借：原材料/固定資產 　　應交稅費——應交增值稅（進項稅額） 　　貸：實收資本（或股本） 　　　　資本公積——資本溢價（差額）
（3）發行股票，籌集股本	借：銀行存款（實際收到的金額） 　　貸：股本（每股股票面值×發行股份總額） 　　　　資本公積——股本溢價（差額）
（4）企業增資	①投資者追加投資： 借：銀行存款 　　貸：實收資本（股本） ②將資本公積轉為實收資本或股本： 借：資本公積 　　貸：實收資本（股本） ③將盈餘公積轉為實收資本或股本： 借：盈餘公積 　　貸：實收資本（股本） ④以權益結算的股份支付換取職工或其他方提供的服務： 借：資本公積——其他資本公積 　　貸：實收資本（股本） ⑤將重組債務轉為資本： 借：應付帳款 　　貸：實收資本（股本） 　　　　資本公積——資本（股本）溢價（公允價值與實收資本或股本的差額） 　　　　營業外收入——債務重組利得（差額） ⑥分配股票股利： 借：利潤分配 　　貸：股本

（續表）

（5）企業減資	①減少時： 借：庫存股（實際支付的金額） 　　貸：銀行存款 ②註銷時： 借：股本（面值總額） 　　資本公積——股本溢價（差額） 　　貸：庫存股（帳面餘額） 如果回購價格超過上述衝減「股本」及「資本公積——股本溢價」科目的部分，應依次借記「盈餘公積」「利潤分配——未分配利潤」等科目

（二）其他綜合收益

（1）可供出售金融資產公允價值的變動	①資產負債表日，可供出售金融資產的公允價值>其帳面餘額時： 借：可供出售金融資產——公允價值變動 　　貸：其他綜合收益（可供出售金融資產的公允價值-其帳面餘額） ②公允價值<其帳面餘額時： 做相反的會計分錄
（2）可供出售外幣非貨幣性項目的匯兌差額	①發生的匯兌損失： 借：其他綜合收益 　　貸：可供出售金融資產 ②發生的匯兌收益： 做相反會計分錄
（3）金融資產的重分類	①將可供出售金融資產重分類為採用成本或攤餘成本計量的金融資產： 重分類日該項金融資產的公允價值或帳面價值作為成本或攤餘成本，該項金融資產沒有固定到期日的，與該金融資產相關、原直接計入所有者權益的利得或損失，仍應記入「其他綜合收益」科目，在該金融資產被處置時轉入當期損益 ②將持有至到期投資重分類為可供出售金融資產，並以公允價值進行後續計量： 借：可供出售金融資產（金融資產的公允價值） 　　持有至到期投資減值準備 　　貸：持有至到期投資 　　　　其他綜合收益（差額，或借方） 產生的其他綜合收益在該可供出售金融資產發生減值或終止確認時轉入當期損益 ③按規定應當以公允價值計量，但以前公允價值不能可靠計量的可供出售金融資產： 在其公允價值能夠可靠計量時改按公允價值計量，將相關帳面價值與公允價值之間的差額記入「其他綜合收益」科目，在該可供出售金融資產發生減值或終止確認時轉入當期損益

(續表)

(4) 採用權益法核算的長期股權投資	①被投資單位其他綜合收益變動，投資方按持股比例計算應享有的份額： 借：長期股權投資——其他綜合收益 　　貸：其他綜合收益 被投資單位其他綜合收益減少時，做相反的會計分錄 ②處置採用權益法核算的長期股權投資時： 借：其他綜合收益 　　貸：投資收益（或相反分錄）
(5) 存貨或自用房地產轉換為投資性房地產	①企業將作為存貨的房地產轉為採用公允價值模式計量的投資性房地產，其公允價值大於帳面價值的： 借：投資性房地產——成本（轉換日的公允價值） 　　貸：開發產品等 　　　　其他綜合收益（差額） ②企業將自用房地產轉為採用公允價值模式計量的投資性房地產，其公允價值大於帳面價值的： 借：投資性房地產——成本（轉換日的公允價值） 　　累計折舊 　　固定資產減值準備 　　貸：固定資產 　　　　其他綜合收益（差額） ③處置該項投資性房地產時，因轉換計入其他綜合收益的金額應轉入當期其他業務成本： 借：其他綜合收益 　　貸：其他業務成本
(6) 現金流量套期工具產生的利得或損失中屬於有效套期的部分	直接確認為其他綜合收益，該有效套期部分的金額，按照下列兩項的絕對額中較低者確定： ①套期工具自套期開始的累計利得或損失 ②被套期項目自套期開始的預計未來現金流量現值的累計變動額
(7) 外幣財務報表折算差額	按照外幣折算的要求，企業在處置境外經營的當期，將已列入合併財務報表所有者權益的外幣報表折算差額中與該境外經營相關部分，自其他綜合收益項目轉入處置當期損益。如果是部分處置境外經營，應當按處置的比例計算處置部分的外幣報表折算差額，轉入處置當期損益

（三）留存收益

留存收益 $\begin{cases} 盈餘公積 \\ 未分配利潤 \end{cases}$

1. 盈餘公積

公司制企業的法定公積金按照稅後利潤的10%的比例提取（非公司制企業也可按照超過10%的比例提取），在計算提取法定盈餘公積的基數時，不應包括企業年初未分配利潤。公司法定公積金累計額為公司註冊資本的50%以上時，可以不再提取法定公積金。

公司的法定公積金不足以彌補以前年度虧損的，在提取法定公積金之前，應當先

用當年利潤彌補虧損。

2. 盈餘公積的核算

（1）提取盈餘公積時	借：利潤分配——提取法定盈餘公積 　　　　　　——提取任意盈餘公積 貸：盈餘公積——法定盈餘公積 　　　　　　——任意盈餘公積
（2）外商投資企業按規定提取的儲備基金、企業發展基金、職工獎勵及福利基金	借：利潤分配——提取儲備基金 　　　　　　——提取企業發展基金 　　　　　　——提取職工獎勵及福利基金 貸：盈餘公積——儲備基金 　　　　　　——企業發展基金 　　應付職工薪酬
（3）盈餘公積彌補虧損或轉增資本	借：盈餘公積 貸：利潤分配——盈餘公積補虧 　　實收資本（股本）

3. 未分配利潤的核算

（1）計算	①可供分配的利潤＝當年實現的淨利潤＋年初未分配利潤（或減年初未彌補虧損）＋其他轉入 其中：其他轉入是針對盈餘公積彌補虧損 ②可供投資者分配的利潤＝可供分配的利潤−提取的法定盈餘公積−提取的任意盈餘公積 ③企業未分配利潤的餘額＝可供分配的利潤−提取的法定盈餘公積−提取的任意盈餘公積−向投資者分配的利潤
（2）科目設置	利潤分配——未分配利潤 　　　　——提取法定盈餘公積 　　　　——提取任意盈餘公積 　　　　——應付現金股利或利潤
（3）核算	①分配股利或利潤	A. 分配現金或者利潤： 借：利潤分配——應付現金股利（利潤） 　貸：應付股利 B. 分配股票股利： 借：利潤分配——轉作股本的股利 　貸：股本
	②期末結轉	將本年收入和支出相抵後結出的本年實現的淨利潤或淨虧損，轉入「利潤分配——未分配利潤」科目。同時，將「利潤分配」科目所屬的其他明細科目的餘額，轉入「未分配利潤」明細科目
	③彌補虧損	借：利潤分配——未分配利潤 　貸：本年利潤

4. 留存收益小結

含義	指企業從歷年實現的利潤中提取或形成的留存於企業的內部累積			
區別	實收資本和資本公積			留存收益
	來源於投資者投入，或是企業非日常經營活動所形成的利得和損失			是企業生產經營的結果，來源於企業日常經營活動所實現的淨利潤
分類	盈餘公積			未分配利潤
	用途	構成		
		法定盈餘公積	任意盈餘公積	
	(1) 彌補虧損 (2) 轉增資本：留存收益不得少於註冊資本的25%	股份有限公司和有限責任公司： 盈餘公積=淨利潤（補虧後）×10% 若盈餘公累積計額>企業註冊資本的50%，可不再提取 非公司制：可超10%	公司制企業可根據股東大會或類似機構的決議從淨利潤中提取。其提取比例由企業自行決定	未分配利潤是企業實現的淨利潤經過彌補虧損、提取盈餘公積和向投資者分配利潤後留存於企業的、歷年結存的利潤 未分配利潤通常用於留待以後年度向投資者進行分配

四、練習題

(一) 單項選擇題

1. 甲有限責任公司由 A、B 兩人共同投資設立，其中 A 以銀行存款 50 萬元投資，B 以一項專利技術投資，其公允價值為 150 萬元，帳面價值為 100 萬元。下列關於甲公司的會計處理正確的是（　　）。

　　A. 借：銀行存款　　　　　　　　　　　　　50
　　　　　無形資產　　　　　　　　　　　　　100
　　　　貸：實收資本——A　　　　　　　　　　　50
　　　　　　　　　——B　　　　　　　　　　　100

　　B. 借：銀行存款　　　　　　　　　　　　　50
　　　　　無形資產　　　　　　　　　　　　　100
　　　　貸：股本——A　　　　　　　　　　　　50
　　　　　　　——B　　　　　　　　　　　　100

　　C. 借：銀行存款　　　　　　　　　　　　　50
　　　　　無形資產　　　　　　　　　　　　　150
　　　　貸：實收資本——A　　　　　　　　　　　50
　　　　　　　　　——B　　　　　　　　　　　150

　　D. 借：銀行存款　　　　　　　　　　　　　50

　　　　無形資產　　　　　　　　　　　　　　　　　　　　　　150
　　　　貸：股本——A　　　　　　　　　　　　　　　　　　　　50
　　　　　　　——B　　　　　　　　　　　　　　　　　　　　　150

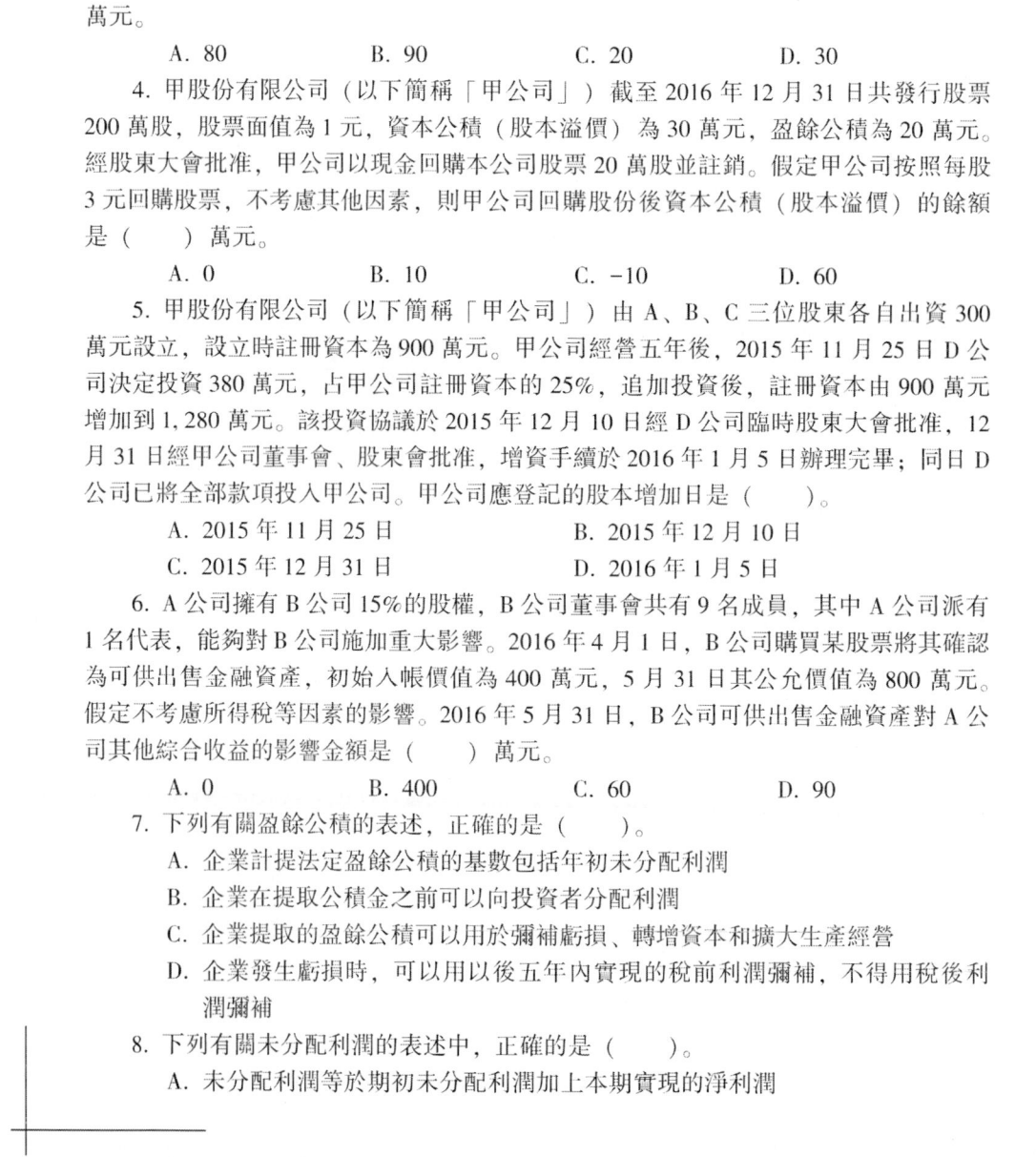

2. 企業發行的下列金融工具中，不會導致所有者權益總額發生變化的是（　　）。
　　A. 發行一般公司債券　　　　　　B. 發行普通股
　　C. 發行分離交易的可轉換公司債券　D. 以自身權益結算的股份支付

3. 甲公司以發行股票的方式購買非同一控制下的乙公司的股權，取得乙公司60%的股權。為取得該股權，甲公司發行60萬股股票，每股面值為1元，每股公允價值為1.5元，並支付承銷商佣金10萬元。則甲公司取得該股權應確認的資本公積為（　　）萬元。
　　A. 80　　　　B. 90　　　　C. 20　　　　D. 30

4. 甲股份有限公司（以下簡稱「甲公司」）截至2016年12月31日共發行股票200萬股，股票面值為1元，資本公積（股本溢價）為30萬元，盈餘公積為20萬元。經股東大會批准，甲公司以現金回購本公司股票20萬股並註銷。假定甲公司按照每股3元回購股票，不考慮其他因素，則甲公司回購股份後資本公積（股本溢價）的餘額是（　　）萬元。
　　A. 0　　　　B. 10　　　　C. -10　　　　D. 60

5. 甲股份有限公司（以下簡稱「甲公司」）由A、B、C三位股東各自出資300萬元設立，設立時註冊資本為900萬元。甲公司經營五年後，2015年11月25日D公司決定投資380萬元，占甲公司註冊資本的25%，追加投資後，註冊資本由900萬元增加到1,280萬元。該投資協議於2015年12月10日經D公司臨時股東大會批准，12月31日經甲公司董事會、股東會批准，增資手續於2016年1月5日辦理完畢；同日D公司已將全部款項投入甲公司。甲公司應登記的股本增加日是（　　）。
　　A. 2015年11月25日　　　　B. 2015年12月10日
　　C. 2015年12月31日　　　　D. 2016年1月5日

6. A公司擁有B公司15%的股權，B公司董事會共有9名成員，其中A公司派有1名代表，能夠對B公司施加重大影響。2016年4月1日，B公司購買某股票將其確認為可供出售金融資產，初始入帳價值為400萬元，5月31日其公允價值為800萬元。假定不考慮所得稅等因素的影響。2016年5月31日，B公司可供出售金融資產對A公司其他綜合收益的影響金額是（　　）萬元。
　　A. 0　　　　B. 400　　　　C. 60　　　　D. 90

7. 下列有關盈餘公積的表述，正確的是（　　）。
　　A. 企業計提法定盈餘公積的基數包括年初未分配利潤
　　B. 企業在提取公積金之前可以向投資者分配利潤
　　C. 企業提取的盈餘公積可以用於彌補虧損、轉增資本和擴大生產經營
　　D. 企業發生虧損時，可以用以後五年內實現的稅前利潤彌補，不得用稅後利潤彌補

8. 下列有關未分配利潤的表述中，正確的是（　　）。
　　A. 未分配利潤等於期初未分配利潤加上本期實現的淨利潤

B.「利潤分配——未分配利潤」明細科目的借方餘額表示未彌補虧損的金額
C.「利潤分配——未分配利潤」明細科目只有貸方餘額，沒有借方餘額
D. 未分配利潤也被稱為企業的留存收益

(二) 多項選擇題

1. 下列選項中，影響所有者權益總額發生變動的有（　　）。
   A. 企業接受資本性投資　　　　　B. 企業派發股票股利
   C. 企業宣告派發現金股利　　　　D. 企業用盈餘公積轉增資本

2. 下列關於實收資本（股本）及其核算的表述中，正確的有（　　）。
   A. 公司法定公積金轉增為註冊資本的，驗資證明應當載明留存的該項公積金不少於轉增前公司註冊資本的 25%
   B. 股份有限公司發放股票股利和宣告發放現金股利的處理相同
   C. 以權益結算的股份支付行權時，會增加實收資本或股本
   D. 股份有限公司回購股票會增加所有者權益

3. 下列各項中，會計核算時需要通過「資本公積」會計科目的有（　　）。
   A. 以權益結算的股份支付
   B. 交易性金融資產公允價值大於帳面價值
   C. 持有至到期投資轉換為可供出售金融資產公允價值與帳面價值的差額
   D. 在長期股權投資採用權益法核算的情況下，被投資單位發生的其他權益變動

4. 下列各項中，表述正確的有（　　）。
   A. 留存收益指盈餘公積和利潤分配——未分配利潤
   B. 法定公積金按照稅後利潤的 10% 提取，公司法定公積金累計額為公司註冊資本的 50% 以上時，可以不再提取法定公積金
   C. 用稅前的利潤彌補虧損時，不用做專門的會計處理
   D. 用稅後的利潤彌補虧損時，不用做專門的會計處理

5. 甲公司按照年度淨利潤的 10% 提取法定盈餘公積，2015 年 12 月 31 日，甲公司股東權益總額為 1,820 萬元，其中普通股股本為 1,000 萬元（1,000 萬股），資本公積為 600 萬元，盈餘公積為 20 萬元，未分配利潤為 200 萬元。2016 年 5 月 6 日，甲公司實施完畢股東大會通過的分配方案，包括以 2015 年 12 月 31 日的股本總額為基數，以資本公積轉增股份每 10 股普通股轉增 3 股，每股面值 1 元，每 10 股派發 2 元的現金股利。2016 年 12 月 31 日，甲公司實現淨利潤 900 萬元。2016 年 12 月 31 日甲公司資產負債表上以下項目餘額，正確的有（　　）。
   A. 股本 1,300 萬元　　　　　　B. 資本公積 300 萬元
   C. 盈餘公積 110 萬元　　　　　D. 未分配利潤 810 萬元

6. 下列關於權益工具與金融負債的重分類說法中，正確的有（　　）。
   A. 權益工具重分類為金融負債時，按照該工具的帳面價值沖減「其他權益工具」科目，公允價值與帳面價值的差額，貸記或借記「資本公積——股本溢價」科目，不足以沖減的，沖減留存收益

B. 權益工具重分類為金融負債時，按照該工具的帳面價值衝減「其他權益工具」科目，公允價值與帳面價值的差額，計入營業外收支
　　C. 金融負債重分類為權益工具時，按照帳面價值結轉應付債券同時確認其他權益工具
　　D. 金融負債重分類為權益工具時，按照公允價值結轉應付債券同時確認其他權益工具
　7. 企業的所有者權益包括（　　）。
　　A. 遞延收益　　　　　　　　B. 實收資本（股本）
　　C. 資本公積　　　　　　　　D. 盈餘公積
　8. 下列屬於直接計入所有者權益的利得和損失的有（　　）。
　　A. 投資者投入資本時計入資本公積——股本溢價（資本溢價）的金額
　　B. 債務人債務重組過程中產生的損失
　　C. 可供出售金融資產期末公允價值大於其帳面價值的差額
　　D. 可供出售外幣非貨幣性項目產生的匯兌差額

（三）判斷題

　1. 企業不能用盈餘公積分配現金股利。　　　　　　　　　　　　（　　）
　2. 年度終了，除「未分配利潤」明細科目外，「利潤分配」科目下的其他明細科目應當無餘額。　　　　　　　　　　　　　　　　　　　　　　　　　（　　）
　3. 支付已宣告的現金股利時，所有者權益減少。　　　　　　　（　　）
　4. 企業計提法定盈餘公積的基數是當年實現的淨利潤和企業年初未分配利潤之和。
　　　　　　　　　　　　　　　　　　　　　　　　　　　　　　（　　）
　5. 企業增資擴股時，投資者實際繳納的出資額大於其按約定比例計算的其在註冊資本中所占的份額部分，也應該計入實收資本。　　　　　　　　　（　　）
　6. 企業接受投資者以非現金資產投資時，應按該資產的帳面價值入帳。（　　）
　7. 企業用當年實現的利潤彌補虧損時，應單獨做出相應的會計處理。（　　）
　8. 企業以盈餘公積向投資者分配現金股利，不會引起留存收益總額的變動。
　　　　　　　　　　　　　　　　　　　　　　　　　　　　　　（　　）

（四）計算分析題

　1. 甲、乙兩個投資者向某有限責任公司投資，甲投資者投入自產產品一批，雙方確認價值為180萬元（假設是公允的），稅務部門認定增值稅為30.6萬元，並開具了增值稅專用發票。乙投資者投入貨幣資金9萬元和一項專利技術，貨幣資金已經存入開戶銀行，該專利技術原帳面價值為128萬元，預計使用壽命為16年，已攤銷40萬元，計提減值準備10萬元，雙方確認的價值為80萬元（假設是公允的）。假定甲、乙兩位投資者投資時均不產生資本公積。兩年後，丙投資者向該公司追加投資，其繳付該公司的出資額為176萬元。協議約定丙投資者享有的註冊資本金額為130萬元。（假設甲、乙兩個投資者的出資額與其在註冊資本中所享有的份額相等，不產生資本公積）

　　要求：根據上述資料，分別編制被投資公司接受甲、乙、丙投資的有關會計分錄。（分錄中的金額單位為萬元）

2. 大興公司 2×17 年發生有關經濟業務如下：

（1）按照規定辦理增資手續後，將資本公積 45 萬元轉增註冊資本，其中 A、B、C 三家公司各占 1/3。

（2）用盈餘公積 37.5 萬元彌補以前年度虧損。

（3）從稅後利潤中提取法定盈餘公積 19 萬元。

（4）接受 D 公司加入聯營，經投資各方協議，D 公司實際出資額中 500 萬元作為新增註冊資本，使投資各方在註冊資本總額中均占 1/4。D 公司以銀行存款 550 萬元繳付出資額。

要求：根據上述經濟業務（1）~（4）編制大興公司的相關會計分錄。（不要求編制將利潤分配各明細科目餘額結轉到「利潤分配——未分配利潤」科目中的分錄，分錄中的金額單位為萬元）

3. 甲股份有限公司 2×16 年至 2×17 年發生與其股票有關的業務如下：

（1）2×16 年 1 月 4 日，經股東大會決議，並報有關部門核准，增發普通股 20,000 萬股，每股面值 1 元，每股發行價格為 5 元，股款已全部收到並存入銀行。假定不考慮相關稅費。

（2）2×16 年 6 月 20 日，經股東大會決議，並報有關部門核准，以資本公積 2,000 萬元轉增股本。

（3）2×17 年 6 月 20 日，經股東大會決議，並報有關部門核准，以銀行存款回購本公司股票 50 萬股，每股回購價格為 3 元。

（4）2×17 年 6 月 26 日，經股東大會決議，並報有關部門核准，將回購的本公司股票 50 萬股註銷。

要求：逐筆編制甲股份有限公司上述業務的會計分錄。

（答案中的金額單位用萬元表示）

（五）綜合題

甲公司 2×16 年發生如下交易或事項：

（1）2×16 年 1 月 3 日以每股 4 元的價格增發股票 5,000 萬股（每股面值為 1 元），為增發股票向證券商支付手續費、佣金共計 100 萬元，發行收入扣除手續費、佣金後的款項已經存入銀行。

（2）2×16 年 5 月 8 日將原自用廠房轉為經營出租，並採用公允價值模式進行後續計量。該廠房帳面原價為 2,000 萬元，累計計提折舊 500 萬元，計提減值準備 100 萬元，轉換日的公允價值為 1,800 萬元。2×16 年 12 月 31 日，該廠房的公允價值為 2,200 萬元。

（3）2×16 年 8 月 16 日購買乙公司股票作為可供出售金融資產核算，公允價值為 500 萬元，另支付相關稅費 30 萬元。2×16 年 12 月 31 日股票的公允價值為 450 萬元（為正常公允價值變動）。

要求：編制甲公司 2×16 年上述相關經濟業務的會計分錄。（答案中的金額單位用萬元表示）

五、參考答案及解析

(一) 單項選擇題

1.【答案】C

【解析】甲公司為有限責任公司，所以企業接受投資時應該借記「銀行存款」「無形資產」科目。

2.【答案】A

【解析】發行一般公司債券會增加負債，不會影響所有者權益，選項A不符合題意。

3.【答案】C

【解析】甲公司取得該股權時應確認的資本公積＝60×1.5－60－10＝20（萬元）。

4.【答案】A

【解析】會計處理：

借：庫存股　　　　　　　　　　　　　　　　　　　　　60

　　貸：銀行存款　　　　　　　　　　　　　　　　　　　　60

借：股本　　　　　　　　　　　　　　　　　　　　　　20

　　資本公積——股本溢價　　　　　　　　　　　　　　　30

　　盈餘公積　　　　　　　　　　　　　　　　　　　　　10

　　貸：庫存股　　　　　　　　　　　　　　　　　　　　60

則甲公司回購股份後資本公積（股本溢價）的餘額＝30－30＝0（萬元）。

5.【答案】D

【解析】甲公司應登記的股本增加日為增資手續辦理完畢的當天，即為2016年1月5日。

6.【答案】C

【解析】2016年5月31日，B公司可供出售金融資產對A公司其他綜合收益的影響金額＝(800－400)×15%＝60（萬元）。

7.【答案】C

【解析】企業計提法定盈餘公積的基數不包括年初未分配利潤，選項A不正確；企業在提取公積金之前不得向投資者分配利潤，分配順序不能顛倒，選項B不正確；企業發生虧損時，可以用以後五年內實現的稅前利潤彌補，未足額彌補的，應用稅後利潤彌補，選項D不正確。

8.【答案】B

【解析】未分配利潤是期初未分配利潤，加上本期實現的淨利潤，減去提取的各種盈餘公積和對利潤分配之後的餘額，選項A不正確；「利潤分配——未分配利潤」明細科目既有貸方餘額，又有借方餘額，貸方餘額表示累計的盈利，借方餘額則表示未彌補虧損的金額，選項B正確，選項C不正確；留存收益包括盈餘公積和利潤分配——未分配利潤，選項D不正確。

（二）多項選擇題

1.【答案】AC

【解析】選項A，企業接受資本性投資，借記「銀行存款」等科目，貸記「實收資本」或「股本」科目，按其差額，貸記「資本公積——資本溢價（股本溢價）」科目，所有者權益總額增加。選項C，企業宣告派發現金股利，借記「利潤分配」科目，貸記「應付股利」科目，所有者權益總額減少。

2.【答案】AC

【解析】股份有限公司發放股票股利，借記「利潤分配」科目，貸記「股本」科目，宣告發放現金股利，借記「利潤分配」科目，貸記「應付股利」科目，發放股票股利和宣告發放現金股利的處理是不同的，選項B不正確；股份有限公司回購股票，借記「庫存股」科目，貸記「銀行存款」科目，會減少所有者權益，選項D不正確。

3.【答案】AD

【解析】選項B，交易性金融資產公允價值大於帳面價值的差額通過「公允價值變動損益」科目核算；選項C，持有至到期投資轉換為可供出售金融資產公允價值與帳面價值的差額通過「其他綜合收益」科目核算。

4.【答案】ABCD

【解析】企業以當年實現的利潤彌補以前年度結轉的未彌補虧損，不需要進行專門的帳務處理。企業應將當年實現的利潤自「本年利潤」科目，轉入「利潤分配——未分配利潤」科目的貸方，其貸方發生額與「利潤分配——未分配利潤」的借方餘額自然抵補。無論是以稅前利潤還是以稅後利潤彌補虧損，其會計處理方法均相同，選項C和D正確。

5.【答案】ABCD

【解析】股本 = 1,000+1,000÷10×3 = 1,300（萬元），資本公積 = 600－1,000÷10×3 = 300（萬元），盈餘公積 = 20+900×10% = 110（萬元），未分配利潤 = 200－1,000÷10×2+900×90% = 810（萬元）。

6.【答案】AC

7.【答案】BCD

【解析】所有者權益根據其核算的內容和要求，可分為實收資本（股本）、資本資積、盈餘公積和未分配利潤等部分。其中，盈餘公積和未分配利潤統稱為留存收益。

8.【答案】CD

【解析】直接計入所有者權益的利得和損失是指不應計入當期損益、會導致所有者權益發生增減變動、與所有者投入資本或者向所有者分配利潤無關的利得或者損失，選項A和B不正確。

（三）判斷題

1.【答案】錯

【解析】經股東大會批准，盈餘公積可以分配現金股利。

2.【答案】對

3.【答案】錯

【解析】支付已宣告的現金股利，會計處理為：

借：應付股利

　　貸：銀行存款

資產減少，負債減少，所有者權益不變。

4.【答案】錯

【解析】企業計提法定盈餘公積是按當年實現的淨利潤作為基數計提的，該基數不應包括企業年初未分配利潤。

5.【答案】錯

【解析】企業增資擴股時，投資者實際繳納的出資額大於其按約定比例計算的其在註冊資本中所占的份額部分，屬於資本（股本）溢價，計入資本公積，不計入實收資本。

6.【答案】錯

【解析】企業接受投資者以非現金資產投資時，應按投資合同或協議約定的價值入帳，但投資合同或協議約定的價值不公允的除外。

7.【答案】錯

【解析】企業用利潤彌補虧損，在會計上無須專門做會計分錄。

8.【答案】錯

【解析】留存收益包括未分配利潤和盈餘公積，以盈餘公積向投資者分配現金股利導致盈餘公積減少，所以留存收益總額減少。

（四）計算分析題

1.（1）被投資公司收到甲投資者的投資時：

借：庫存商品	180
應交稅費——應交增值稅（進項稅額）	30.6
貸：實收資本——甲	210.6

（2）被投資公司收到投資者乙的投資時：

①借：銀行存款	9
無形資產	80
貸：實收資本——乙	89

（3）被投資公司收到投資者丙的投資時：

借：銀行存款	176
貸：實收資本——丙	130
資本公積——資本溢價	46

2.（1）

借：資本公積	45
貸：實收資本——A公司	15
——B公司	15
——C公司	15

(2) 借：盈餘公積 37.5
　　　貸：利潤分配——盈餘公積補虧 37.5
(3) 借：利潤分配——提取法定盈餘公積 19
　　　貸：盈餘公積——法定盈餘公積 19
(4) 借：銀行存款 550
　　　貸：實收資本——D公司 500
　　　　　資本公積 50
3. (1) 借：銀行存款 100,000 (20,000×5)
　　　貸：股本 20,000
　　　　　資本公積 80,000
(2) 借：資本公積 2,000
　　　貸：股本 2,000
(3) 借：庫存股 150
　　　貸：銀行存款 150
(4) 借：股本 50
　　　　資本公積 100
　　　貸：庫存股 150

(五) 綜合題

(1) 2×16年1月3日：
借：銀行存款 19,900 (5,000×4-100)
　貸：股本 5,000
　　　資本公積——股本溢價 14,900
(2) 2×16年5月8日：
借：投資性房地產——成本 1,800
　　累計折舊 500
　　固定資產減值準備 100
　貸：固定資產 2,000
　　　其他綜合收益 400
2×16年12月31日：
借：投資性房地產——公允價值變動 400
　貸：公允價值變動損益 400
(3) 2×16年8月16日：
借：可供出售金融資產——成本 530
　貸：銀行存款 530
2×16年12月31日：
借：其他綜合收益 80
　貸：可供出售金融資產——公允價值變動 80

第十一章　收入、費用和利潤

一、要點總覽

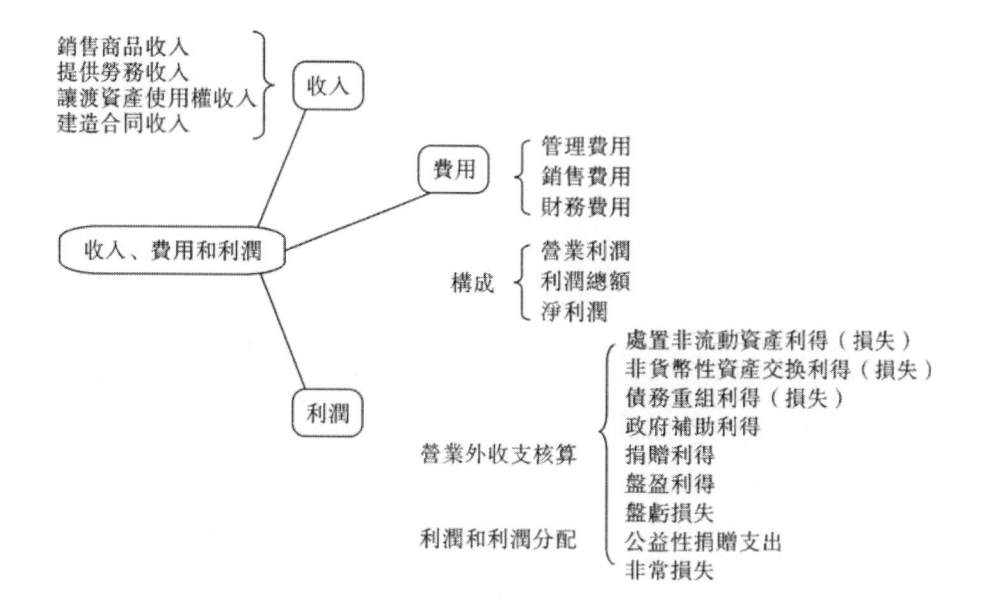

```
                    ┌ 銷售商品收入
                    │ 提供勞務收入
              收入 ─┤ 讓渡資產使用權收入
                    └ 建造合同收入

                    ┌ 管理費用
              費用 ─┤ 銷售費用
                    └ 財務費用

收入、費用和利潤 ─┤
                    ┌ 營業利潤
              構成 ─┤ 利潤總額
                    └ 淨利潤

                              ┌ 處置非流動資產利得（損失）
                              │ 非貨幣性資產交換利得（損失）
              營業外收支核算 ─┤ 債務重組利得（損失）
                              │ 政府補助利得
                              │ 捐贈利得
                              │ 盤盈利得
              利潤和利潤分配   │ 盤虧損失
                              │ 公益性捐贈支出
                              └ 非常損失
```

二、重點難點

（一）重點

- 銷售收入的確認和計量
- 完工程度的確認
- 建造合同收入的確認和計量
- 費用的確認和計量

（二）難點

- 銷售收入的確認和計量
- 建造合同收入的確認和計量

三、關鍵內容小結

(一) 銷售商品收入的確認和計量

1. 銷售商品收入同時滿足下列五個條件時,才能予以確認
（1）企業已將商品所有權上的主要風險和報酬轉移給購貨方。
（2）企業既沒有保留通常與所有權相聯繫的繼續管理權,也沒有對已售出的商品實施有效控制。
（3）收入的金額能夠可靠地計量。
（4）相關的經濟利益很可能流入企業。
（5）相關的已發生或將發生的成本能夠可靠地計量
2. 銷售收入的會計處理

滿足收入確認條件的商品銷售	借：銀行存款/應收帳款/應收票據 　貸：主營業務收入/其他業務收入 　　　應交稅費——應交增值稅（銷項稅額）
不能滿足收入確認條件的商品發出	借：發出商品 　貸：庫存商品
現金折扣	銷售實現時,按銷售總價確認收入： 借：應收帳款 　貸：主營業務收入 　　　應交稅費——應交增值稅（銷項稅額） 享受折扣時： 借：銀行存款 　　財務費用（發生的現金折扣金額） 　貸：應收帳款
商業折扣	銷售實現時,按銷售總價扣除商業折扣後的金額確認收入： 借：應收帳款 　貸：主營業務收入 　　　應交稅費——應交增值稅（銷項稅額）
銷售折讓	銷售實現時,按銷售總價確認收入： 借：應收帳款 　貸：主營業務收入 　　　應交稅費——應交增值稅（銷項稅額） 發生折讓時： 借：主營業務收入 　　應交稅費——應交增值稅（銷項稅額） 　貸：應收帳款 實際收到款項時： 借：銀行存款 　貸：應收帳款

（續表）

銷售退回的處理	對於未確認收入的售出商品發生銷售退回： 借：庫存商品 　　貸：發出商品 對於已確認收入且已發生現金折扣的售出商品發生退回： 借：主營業務收入 　　應交稅費——應交增值稅（銷項稅額） 　　貸：銀行存款 　　　　財務費用（退回商品發生的現金折扣） 借：庫存商品 　　貸：主營業務成本
售後回購	回購價格固定或等於原售價加合理回報： 借：銀行存款 　　貸：其他應付款 　　　　應交稅費——應交增值稅（銷項稅額） 回購價大於原售價： 借：財務費用（銷售與回購期內按期計提的利息費用） 　　貸：其他應付款 借：其他應付款 　　應交稅費——應交增值稅（進項稅額） 　　貸：銀行存款 回購價格不確定。如果回購價格按照回購日當日的公允價值確定，且有確鑿證據表明售後回購交易滿足銷售商品收入確認條件的，銷售的商品按售價確認收入，回購的商品作為購進商品處理
售後租回	通常情況下，售後租回屬於融資交易，企業不應確認為收入，售價與資產帳面價值之間的差額應當分不同情況進行處理： 第一，如果售後租回交易認定為融資租賃，售價與資產帳面價值之間的差額應當予以遞延，並按照該項租賃資產的折舊進度進行分攤，作為折舊費用的調整 第二，如果售後租回交易認定為經營租賃，應當分別情況處理： 有確鑿證據表明售後租回交易是按照公允價值達成的，售價與資產帳面價值的差額應當計入當期損益 售後租回交易如果不是按照公允價值達成的，售價低於公允價值的差額應計入當期損益。但若該損失將由低於市價的未來租賃付款額補償時，有關損失應予以遞延（遞延收益），並按與確認租金費用相一致的方法在租賃期內進行分攤；如果售價大於公允價值，其大於公允價值的部分應計入遞延收益，並在租賃期內分攤
以舊換新銷售	銷售的商品應當按照銷售商品收入確認條件確認收入，回收的商品作為購進商品處理

(二) 提供勞務收入的核算

確認條件	(1) 收入的金額能夠可靠地計量 (2) 相關的經濟利益很可能流入企業，是指提供勞務收入總額收回的可能性大於不能收回的可能性		
會計處理	1. 同一會計期間內開始並完成的	用完成合同法，同銷售商品收入	
	2. 不同會計期間	(1) 結果能可靠計量 (完工百分比法)	企業確定提供勞務交易的完工進度，可以選用下列方法： ①已完工作的測量 ②已經提供的勞務占應提供勞務總量的比例 ③已經發生的成本占估計總成本的比例 完工百分比法計算方法： 本期確認的收入＝勞務總收入×本期末止勞務的完工進度－以前期間已確認的收入 本期確認的費用＝勞務總成本×本期末止勞務的完工進度－以前期間已確認的費用 ①實際發生勞務成本時： 借：勞務成本 　貸：應付職工薪酬 ②預收勞務款時： 借：銀行存款 　貸：預收帳款 　　　應交稅費——應交增值稅 (銷項稅額) ③確認提供勞務收入並結轉勞務成本： 借：預收帳款 　貸：主營業務收入 借：主營業務成本 　貸：勞務成本
		(2) 結果不能可靠計量	①已發生的成本能全部收回，按能收回的金額確認收入 ②已發生的成本部分能收回，按能得到補償的部分確認收入 A. 預收勞務費： 借：銀行存款 　貸：預收/預付帳款 B. 支付勞務費： 借：勞務成本 　貸：應付職工薪酬 C. 確認收入 (已收到的部分)，結轉成本 (已支出部分)： 借：預收帳款 　貸：主營業務收入 借：主營業務成本 　貸：勞務成本 ③已發生的成本全部不能收回，應全部計入當期損益 (主營/其他成本)，不確認收入： 借：主營業務成本/其他業務成本 　貸：勞務成本

（續表）

3. 同時銷售商品和提供勞務交易	（1）能夠區分且能夠單獨計量的，分開核算
	（2）不能夠區分，或雖能區分但不能夠單獨計量，應當將銷售商品部分和提供勞務部分全部作為銷售商品處理
4. 其他特殊勞務收入	（1）安裝費，在資產負債表日根據安裝的完工進度確認收入
	（2）宣傳媒介的收費，在相關的廣告或商業行為開始出現於公眾面前時確認收入。廣告的制作費，在資產負債表日根據制作廣告的完工進度確認收入
	（3）為特定客戶開發軟件的收費，在資產負債表日根據開發的完工進度確認收入
	（4）包括在商品售價內可區分的服務費，在提供服務的期間內分期確認收入
	（5）藝術表演、招待宴會和其他特殊活動的收費，在相關活動發生時確認收入。收費涉及幾項活動的，預收的款項應合理分配給每項活動，分別確認收入
	（6）申請入會費和會員費只允許取得會籍，所有其他服務或商品都要另行收費的，在款項收回不存在重大不確定性時確認收入。申請入會費和會員費能使會員在會員期內得到各種服務或商品，或者以低於非會員的價格銷售商品或提供服務的，在整個受益期內分期確認收入
	（7）屬於提供設備和其他有形資產的特許權費，通常在交付資產或轉移資產所有權時確認收入；屬於提供初始及後續服務的特許權費，在提供服務時確認收入
	（8）長期為客戶提供重複的勞務收取的勞務費，在相關勞務活動發生時確認收入

（三）讓渡資產使用權的確認和計量

1. 內容	讓渡資產使用權收入包括利息收入、使用費收入等。企業對外出租資產收取的租金、進行債權投資收取的利息、進行股權投資取得的現金股利等，也構成讓渡資產使用權收入
2. 確認條件	（1）相關的經濟利益很可能流入企業 （2）收入的金額能夠可靠計量
3. 核算	利息收入	按照他人使用本企業貨幣資金的時間和實際利率計算確定，具體核算見金融資產章節
	使用費收入（按照有關合同或協議約定的收費時間和方法計算確定）	一次性收取使用費，不進行後續服務，視同銷售，一次性確認收入 借：銀行存款 　貸：其他業務收入
		提供後續服務，在有效期內分期確認收入/攤銷 （1）確認收入： 借：應收帳款 　貸：其他業務收入

（續表）

		(2) 計提攤銷： 借：其他業務成本 　　貸：累計攤銷
		按合同規定的收款時間和金額或合同規定的收費方法計算的金額分期確認收入
		(1) 出租包裝物 ①取得租金收入： 借：銀行存款 　　貸：其他業務收入 ②攤銷時： 借：其他業務成本 　　貸：週轉材料
		(2) 出租固定資產： ①取得租金收入： 借：銀行存款 　　貸：其他業務收入 ②計提折舊： 借：其他業務成本 　　貸：累計折舊
		(3) 投資性房地產： ①採用成本模式後續計量： 取得租金收入： 借：銀行存款 　　貸：其他業務收入 ②採用公允價值模式後續計量： A. 取得租金收入 借：銀行存款 　　貸：其他業務收入 B. 公允價值變動 借：投資性房地產 　　貸：公允價值變動損益（或反分錄）
		(4) 出租無形資產（轉讓使用權）： ①取得租金收入： 借：銀行存款 　　貸：其他業務收入 ②計提攤銷時： 借：其他業務成本 　　貸：累計攤銷

(四) 建造合同收入的核算

1. 合同收入與合同費用的確認與計量

合同收入與合同費用的確認	(1) 結果能夠可靠估計的建造合同	固定造價合同的結果能夠可靠估計的認定標準	①合同總收入能夠可靠地計量
			②與合同相關的經濟利益很可能流入企業
			①實際發生的合同成本能夠清楚地區分和可靠地計量
			②合同完工進度和為完成合同尚需發生的成本能夠可靠地確定
		成本加成合同的結果能夠可靠估計的認定標準	①與合同相關的經濟利益很可能流入企業
			②實際發生的合同成本能夠清楚地區分和可靠地計量
	(2) 完工進度的確定	①根據累計實際發生的合同成本占合同預計總成本的比例確定。該方法是確定合同完工進度比較常用的方法 計算公式如下： 合同完工進度＝累計實際發生的合同成本÷合同預計總成本×100%	
		②根據已經完成的合同工作量占合同預計總工作量的比例確定。該方法適用於合同工作量容易確定的建造合同 計算公式如下： 合同完工進度＝已經完成的合同工作量÷合同預計總工作量×100%	
		③根據實際測定的完工進度確定。該方法是在無法根據上述兩種方法確定合同完工進度時所採用的一種特殊的技術測量方法，適用於一些特殊的建造合同	
	(3) 完工百分比法的運用	當期確認的合同收入和費用可用下列公式計算： 當期確認的合同收入＝合同總收入×完工進度－以前會計期間累計已確認的收入 當期確認的合同費用＝合同預計總成本×完工進度－以前會計期間累計已確認的費用 當期確認的合同毛利＝當期確認的合同收入－當期確認的合同費用 上述公式中的完工進度指累計完工進度	
	(4) 結果不能可靠估計的建造合同	如果建造合同的結果不能可靠估計，則不能採用完工百分比法確認和計量合同收入和費用，而應區別下列兩種情況進行會計處理：	
		(1) 合同成本能夠收回的，合同收入根據能夠收回的實際合同成本予以確認，合同成本在其發生的當期確認為合同費用	(2) 合同成本不可能收回的，應在發生時立即確認為合同費用，不確認合同收入

2. 合同收入與合同費用的核算

（1）建造時	①發生的直接費用： 借：工程施工——合同成本 　　貸：應付職工薪酬/原材料等 ②發生的間接費用： 借：工程施工——間接費用 　　貸：累計折舊/銀行存款等 ③期（月）末，將間接費用分配計入有關合同成本： 借：工程施工——合同成本 　　貸：工程施工——間接費用	
（2）確認合同收入、合同費用時	借：主營業務成本 　　貸：主營業務收 　　　　工程施工——合同毛利（差額）	
（3）合同完工時	借：工程結算 　　貸：工程施工 「工程施工」科目期末借方餘額，反應企業尚未完工的建造合同成本和合同毛利	

（五）費用

1. 費用的內容、分類及會計處理

費用	日常活動、讓所有者權益減少、與分配利潤無關的利益流出。發生時在借方，年末結轉入「本年利潤」借方			
內容	營業成本			期間費用 （銷售費用、管理費用、財務費用）
分類	主營業務成本	其他業務成本	稅金及附加	
含義	收入的主要來源，經常性活動	主營業務以外的其他經營活動發生的支出	企業日常經營活動應負擔的稅費	日常活動中，為組織管理經營活動發生的費用
包括	在確認收入時，或月末，將已銷售、已提供勞務的成本轉入主營業務成本	銷售材料成本、出租固定資產的折舊額、出租無形資產的攤銷額、出售包裝物的成本或攤銷、出售單獨計價包裝物、投資性房地產成本模式計提的折舊或攤銷額	消費稅、城市建設稅、教育費附加、資源稅與投資性房地產相關的房產稅、土地使用權	不產生經濟利益（不符合資產確認條件）的支出 導致企業承擔一項負債，而又不確認為資產 在發生時計入當期損益
會計處理	期末結轉 借：本年利潤 　貸：主營業務成本	期末結轉 借：本年利潤 　貸：其他業務成本	計算應交稅額時： 借：稅金及附加 　貸：應交稅費——應交××稅 交納稅款時： 借：應交稅費——應交××稅 　貸：銀行存款	發生時： 借：銷售費用/管理費用/財務費用 　貸：銀行存款/應付薪酬/累計折舊/攤銷/應付利息 期末結轉 借：本年利潤 　貸：銷售/管理/財務費用

2. 期間費用的含義及會計處理

(1)管理費用	含義	是指企業為組織和管理企業生產經營所發生的管理費用。它包括企業在籌建期間發生的開辦費、董事會和行政管理部門在企業的經營管理中發生的，或者應由企業統一負擔的公司經費（包括行政管理部門職工工資、修理費、物料消耗、低值易耗品攤銷、辦公費和差旅費等）、工會經費、待業保險費、勞動保險費、董事會會費（包括董事會成員津貼、會議費和差旅費等）、聘請仲介機構費、諮詢費（含顧問費）、訴訟費、業務招待費、房產稅、車船稅、土地使用稅、印花稅、技術轉讓費、礦產資源補償費、研究費用、排污費以及企業生產車間（部門）和行政管理部門發生的固資定產修理費等
	會計處理	借：管理費用 　　貸：銀行存款等 期末結轉至「本年利潤」科目後無餘額
(2)銷售費用	含義	是指企業在銷售商品和材料、提供勞務的過程中發生的各種費用，包括企業在銷售商品過程中發生的包裝費、保險費、展覽費和廣告費、商品維修費、預計產品質量保證損失、運輸費、裝卸費等費用，以及企業發生的為銷售本企業商品而專設的銷售機構的職工薪酬、業務費、折舊費、固定資產修理費等費用
	會計處理	借：銷售費用 　　貸：銀行存款等 期末結轉至「本年利潤」科目後無餘額
(3)財務費用	含義	是指企業為籌集生產經營所需資金等而發生的籌資費用，包括利息支出、匯兌損益以及相關的手續費、企業發生的現金折扣或收到的現金折扣等
	會計處理	借：財務費用 　　貸：銀行存款等 期末結轉至「本年利潤」科目後無餘額

(六) 利潤的內容、分類及會計處理

利潤	淨利潤＝利潤總額－所得稅費用		
分類	營業外收入（年終無餘額）	營業外支出（年終無餘額）	所得稅費用（年終無餘額）
解釋	與日常活動無關的利得	與日常活動無關的各項損失	當期所得稅 / 遞延所得稅
包括	非流動資產處置、政府補助、盤盈、捐贈，非貨幣性資產交換、債務重組利得	非流動資產處置損失、公益捐贈、盤虧、罰款，非貨幣性資產交換、債務重組損失	當期應交所得稅 / 遞延所得稅資產、遞延所得稅負債
分錄	(1) 處置非流動資產清理銀行存款待處理財產損溢/無形資產/原材料 借：處置利得 貸：營業外收入 (2) 確認政府補助收入 ①收到補助款 借：銀行存款 貸：遞延收益 ②購入設備 借：固定資產 貸：銀行存款 ③使用期間按月折舊、分配遞延： 借：使用期間費用 貸：累計折舊 借：遞延收益 貸：營業外收入 ④出售時： 借：固定資產清理 累計折舊 貸：固定資產 借：營業外支出 貸：固定資產清理 ⑤將尚未分配的遞延收益轉入損益： 借：遞延收益 貸：營業外收入	(1) 處置非流動資產損失： 借：營業外支出 累計攤銷 無形資產減值準備 貸：無形資產 應交稅費——應交增值稅 (2) 罰款： 借：營業外支出 貸：銀行存款 (3) 盤虧（見資產章節） 期末、營業外收入轉入「利潤分配」科目貸方，營業外支出借方，結轉後，營業外收支應無餘額	應納稅所得額＝全年利潤總額±納稅調整增加－減少額 應交所得稅＝應納稅所得額×所得稅稅率 所得稅費用＝當期所得稅＋遞延所得稅費用－遞延所得稅資產 (1) 計算所得稅費用： 借：所得稅費用 貸：應交稅費——應交所得稅 遞延所得稅 (當期增加) (2) 交納所得稅： 借：應交稅費——應交所得稅 貸：銀行存款 (3) 所得稅費用結轉入本年利潤： 借：本年利潤 貸：所得稅費用

營業利潤＝營業收入（主營＋其他）－營業成本（主營＋其他）－稅金及附加－期間費用－減值損失±公允價值變動±投資收益－損失		
本年利潤		
表結法	帳結法	
月末結出本月發生額和月末累計餘額，年末結轉入「本年利潤」科目，年中不結轉	每月月末編制結轉憑證，將各損益類科目餘額結轉入「本年利潤」科目	
損益類帳戶貸方為收入，結轉入本年利潤貸方；借方為費用，結轉入本年利潤借方，各損益類帳戶均無餘額，得： (1) 結轉所有損益類收入/公允價值變動損益/投資收益/營業外收入 借：主營業務收入/其他業務收入 貸：本年利潤 (2) 結轉所有損益類帳戶費用、損失 借：本年利潤 貸：主營業務成本、稅金附加/期間費用/資產減值損失/營業外支出 (3) 確認所得稅費用 借：所得稅費用 貸：本年利潤 (4) 將本年利潤期末餘額轉入利潤分配 借：本年利潤 貸：利潤分配——未分配利潤	

四、練習題

(一) 單項選擇題

1. 下列各項中，符合收入會計要素定義，可以確認為收入的是（　　）。
    A. 出售長期股權投資取得的淨收益　　B. 收到保險公司支付的賠償金額
    C. 安裝公司提供安裝服務取得的收入　D. 出售無形資產產生的淨收益

2. 某企業產品價目表列明，其生產的 A 產品的銷售價格為每件 200 元（不含增值稅）。購買 200 件以上，可獲得 5% 的商業折扣；購買 400 件以上，可獲得 10% 的商業折扣。2016 年 2 月 1 日該企業銷售給某客戶 A 產品 350 件。規定購貨方付款條件為：2/10，1/20，n/30（假定現金折扣不考慮增值稅）。購貨單位於 8 天內支付上述貨款，2 月 20 日該企業因產品質量與合同規定略有不符，同意給予購貨方 3% 的銷售折讓並辦理相關手續。則該企業此項銷售業務當期應確認收入的金額為（　　）元。
    A. 66,500　　B. 65,170　　C. 64,505　　D. 68,600

3. 甲公司對 A 產品實行 1 個月內「包退、包換、包修」的銷售政策。2016 年 1 月份甲公司銷售 A 產品 100 件，2 月份銷售 A 產品 80 件，A 產品的銷售單價均為 5,000 元（不含增值稅）。甲公司根據 2015 年的經驗估計，2016 年銷售的 A 產品中，涉及退貨的比例為 4%、涉及換貨的比例為 2%、涉及修理的比例為 6%。甲公司 1 月份銷售的 A 產品中，在 2016 年 2 月實際發生退貨的比例為 3%，未發生換貨和修理的情況。則甲公司 2016 年 2 月應確認 A 產品的銷售收入為（　　）元。
    A. 384,000　　B. 389,000　　C. 399,000　　D. 406,000

4. 甲公司為增值稅一般納稅人，適用的增值稅稅率為 17%。2016 年 6 月 2 日，甲公司委託丙公司銷售商品 200 件，商品已經發出，每件成本為 60 元。合同約定丙公司應按每件 100 元的價格對外銷售，甲公司按銷售價格（不含增值稅）的 10% 向丙公司支付手續費。當月丙公司對外實際銷售商品 100 件，開出的增值稅專用發票上註明的銷售價格為 10,000 元，增值稅稅額為 1,700 元，款項已經收到。甲公司月末收到丙公司開具的代銷清單時，向丙公司開具一張相同金額的增值稅專用發票。不考慮其他因素，則甲公司 2016 年 6 月份應確認的銷售收入金額為（　　）元。
    A. 20,000　　B. 10,000　　C. 9,000　　D. 0

5. 採用預收款方式銷售商品，企業通常應在（　　）時確認收入。
    A. 實際收到貨款　　　　　　B. 發出商品
    C. 合同約定的收款日期　　　D. 簽訂合同

6. 甲公司為增值稅一般納稅人，適用的增值稅稅率為 17%。甲公司在 2016 年 6 月 1 日與乙公司簽訂一項銷售合同，合同約定向乙公司銷售一批商品，開出的增值稅專用發票上註明的銷售價格為 200 萬元，增值稅稅額為 34 萬元，商品尚未發出，款項已經收到。該批商品成本為 160 萬元。2016 年 6 月 1 日，甲公司與乙公司簽訂的補充合同約定，甲公司應於 2016 年 10 月 31 日將所售商品回購，回購價為 220 萬元（不含增值稅稅額）。不考慮其他因素，則甲公司該項售後回購業務影響 2016 年度利潤總額的金

額為（　　）萬元。

  A. -20 B. 40 C. 20 D. 0

 7. 2015年7月1日A公司對外提供一項為期8個月的勞務，合同總收入為30萬元。2015年年底A公司無法可靠地估計該項勞務的完工進度。2015年A公司實際發生的勞務成本為16萬元，預計已發生的勞務成本能得到補償的金額為12萬元。則A公司2015年因該項業務應確認的收入為（　　）萬元。

  A. 16 B. 12 C. 30 D. 22.5

 8. 2015年12月31日，甲公司將一棟管理用辦公樓以450萬元的價格出售給乙公司，款項已收存銀行。該辦公樓帳面原價為1,000萬元，已計提折舊500萬元，計提減值準備250萬元，公允價值為600萬元。至出售時預計尚可使用年限為6年，預計淨殘值為零，採用年限平均法計提折舊。2016年1月1日，甲公司與乙公司簽訂了一份經營租賃合同，將該辦公樓租回。租賃開始日為2016年1月1日，租期為3年。租金總額為330萬元，每年年末支付當年租金。假定不考慮稅費及其他相關因素的影響，上述業務對甲公司2015年度利潤總額的影響金額為（　　）萬元。

  A. 0 B. 150 C. -150 D. 200

 9. 甲公司根據累計實際發生的合同成本占合同預計總成本的比例確定完工進度。2016年2月1日，甲公司與客戶簽訂了一項總金額為1,000萬元的建造合同，預計合同總成本為700萬元。2016年度甲公司實際發生工程成本350萬元，甲公司在年末時對該項工程的完工進度無法可靠確定，並且發現客戶發生了財務困難，致使甲公司當年實際發生的工程成本很可能全部無法收回。不考慮其他因素，則甲公司2016年因上述事項應確認的合同收入為（　　）萬元。

  A. 350 B. 500 C. 0 D. 700

 10. 下列各項中，工業企業不通過「營業外收入」科目核算的是（　　）。

  A. 現金盤盈 B. 接受非關聯方的現金捐贈
  C. 處置固定資產取得的淨收益 D. 出售原材料取得的收入

（二）多項選擇題

 1. 下列各項中，屬於銷售商品收入確認條件的有（　　）。

  A. 企業已將商品所有權上的主要風險和報酬轉移給購貨方
  B. 企業既沒有保留通常與所有權相聯繫的繼續管理權，也沒有對已售出的商品實施有效控制
  C. 收入的金額能夠可靠地計量
  D. 相關的經濟利益很可能流入企業，且相關的已發生或將發生的成本能夠可靠地計量

 2. 甲公司銷售商品一批，本期發生的如下事項中，影響當期銷售收入金額的有（　　）。

  A. 現金折扣 B. 商業折扣
  C. 已確認收入的商品發生銷售折讓 D. 已確認收入的商品發生銷售退回

 3. 甲股份有限公司（以下簡稱「甲公司」）為增值稅一般納稅人，適用的增值稅

稅率為 17%。甲公司於 2016 年 12 月 20 日與 D 公司簽訂產品銷售合同。合同約定，甲公司向 D 公司銷售丁產品 200 件，總成本為 400 萬元，未計提存貨跌價準備，售價為 500 萬元（不含增值稅）。D 公司應在甲公司發出產品後 1 個月內支付款項，D 公司收到丁產品後 3 個月內如發現質量問題有權退貨。甲公司於 2016 年 12 月 25 日發出丁產品，並開具增值稅專用發票，同日，D 公司收到上述丁產品。根據歷史經驗，甲公司估計丁產品的退貨率為 20%。至 2016 年 12 月 31 日為止，上述已銷售的丁產品尚未發生退回。假定不考慮其他因素，則甲公司下列處理中，正確的有（　　）。

  A. 甲公司對 D 公司的銷售業務於 2016 年 12 月末應確認的主營業務收入為 500 萬元

  B. 甲公司對 D 公司的銷售業務於 2016 年 12 月末應確認的主營業務收入為 400 萬元

  C. 甲公司對 D 公司的銷售業務應確認的增值稅稅額為 85 萬元

  D. 甲公司對 D 公司的銷售業務對甲公司 2016 年利潤總額的影響金額為 80 萬元

4. 遠洋公司為增值稅一般納稅人，適用的增值稅稅率為 17%。2016 年 3 月 1 日，遠洋公司採用以舊換新的方式銷售給 A 公司產品 40 臺，單位售價為 5 萬元，單位成本為 3 萬元，款項已收存銀行；同時收回 40 臺同類舊商品，每臺回收價為 0.5 萬元（收回後作為原材料）。相關款項已通過銀行轉帳支付。假定不考慮增值稅等因素，則下列關於遠洋公司的會計處理中，正確的有（　　）。

  A. 遠洋公司應確認收入 200 萬元　　B. 遠洋公司應確認收入 180 萬元
  C. 遠洋公司應確認原材料 20 萬元　　D. 遠洋公司應結轉成本 120 萬元

5. 甲公司於 2016 年 11 月 1 日與乙公司簽訂合同，為乙公司安裝一項大型設備，工期大約為 6 個月，合同總收入為 400 萬元，預計合同總成本為 250 萬元。乙公司於當日支付合同價款 200 萬元，餘款於安裝工作完工後支付。至 2016 年 12 月 31 日，甲公司已發生成本 120 萬元（其中，原材料支出 50 萬元，安裝工人工資 70 萬元），甲公司預計還將發生成本 180 萬元。假定甲公司採用完工百分比法確定收入。不考慮其他因素，則甲公司根據以上資料所做的下列會計處理中，不正確的有（　　）。

  A. 借：銀行存款　　　　　　　　　　　　　　　　　200
     貸：主營業務收入　　　　　　　　　　　　　　　　200
  B. 借：勞務成本　　　　　　　　　　　　　　　　　120
     貸：原材料　　　　　　　　　　　　　　　　　　　50
      應付職工薪酬　　　　　　　　　　　　　　　　70
  C. 借：主營業務成本　　　　　　　　　　　　　　　120
     貸：原材料　　　　　　　　　　　　　　　　　　　50
      應付職工薪酬　　　　　　　　　　　　　　　　70
  D. 借：預收帳款　　　　　　　　　　　　　　　　　192
     貸：主營業務收入　　　　　　　　　　　　　　　　192

6. 某企業接受其他方委託，為其安裝一臺設備，由於委託方經營發生困難，在資產負債表日該企業提供勞務交易結果不能可靠估計，那麼該企業的下列處理中，正確

的有（　　）。
　　A. 應按照完工百分比法確認收入，並結轉相應勞務成本
　　B. 已經發生的勞務成本預計能夠得到補償的，應按已經發生的能夠得到補償的勞務成本金額確認提供勞務收入，並結轉已經發生的勞務成本
　　C. 已經發生的勞務成本預計全部不能得到補償的，應將已經發生的勞務成本計入當期損益，不確認提供勞務收入
　　D. 由於提供勞務交易結果不能夠可靠估計，該企業不應確認收入和結轉勞務成本

7. 下列各項中，應按照完工進度確認收入的有（　　）。
　　A. 接受其他方委託確認的安裝費　　B. 廣告的制作費
　　C. 為特定客戶開發軟件收費　　D. 銷售商品提供服務的服務費

8. 關於讓渡資產使用權收入的確認，下列說法中正確的有（　　）。
　　A. 企業對外出租資產收取的租金、進行債權投資收取的利息、進行股權投資取得的現金股利，均構成讓渡資產使用權收入
　　B. 企業對外出租資產收取的租金不構成讓渡資產使用權收入
　　C. 企業應在資產負債表日，按照他人使用本企業貨幣資金的時間和實際利率計算確定利息收入金額
　　D. 如果合同或協議規定一次性收取使用費，應視同銷售該項資產一次性確認收入

9. 下列有關建造合同收入的確認與計量的表述中，正確的有（　　）。
　　A. 合同變更形成的收入應當計入合同收入
　　B. 合同索賠、獎勵形成的收入應當計入合同收入
　　C. 建造合同的收入確認方法與勞務合同的收入確認方法完全相同
　　D. 建造合同預計總成本超過合同預計總收入時，應將預計損失立即確認為當期費用

10. 2014年1月1日，甲公司簽訂了一項總金額為280萬元的固定造價合同，預計總成本為240萬元，完工進度按照累計實際發生的合同成本占合同預計總成本的比例確定。工程於2014年2月1日開工，預計於2016年6月1日完工。2014年甲公司實際發生成本120萬元，預計還將發生成本120萬元。2015年甲公司實際發生成本90萬元，由於原材料價格上漲，預計工程總成本將上升至300萬元。不考慮其他因素，下列甲公司對該建造合同相關的會計處理中，正確的有（　　）。
　　A. 2014年確認建造合同收入140萬元
　　B. 2015年確認建造合同收入56萬元
　　C. 2015年確認合同毛利-34萬元
　　D. 2015年年末計提存貨跌價準備6萬元

11. 採用完工百分比法計算工程完工進度時，應計入累計實際發生的合同成本的有（　　）。
　　A. 尚未安裝的設備　　B. 耗用的機械使用費
　　C. 施工現場材料的檢驗試驗費　　D. 生產單位管理人員的工資

12. 2016年1月1日，甲公司與客戶簽訂了一項固定造價建造合同，承建一幢辦公樓，預計2018年6月30日完工。合同總金額為1,800萬元，預計總成本為1,500萬元。截至2016年12月31日，甲公司實際發生合同成本2,100萬元，由於物價上漲等原因，預計總成本將上升至2,400萬元。至2016年12月31日，甲公司已收到合同結算價款1,000萬元，甲公司完工進度根據實際發生的合同成本占合同預計總成本的比例確定。則下列有關甲公司2016年會計處理的表述中正確的有（　　）。

　　A. 確認當期的合同收入1,575萬元
　　B. 確認當期的合同成本2,100萬元
　　C. 預計合同損失為575萬元
　　D. 甲公司上述業務對資產負債表「存貨」項目的影響金額為500萬元

13. 下列各項中，應計入管理費用的有（　　）。

　　A. 企業在籌建期間內發生的開辦費
　　B. 行政管理部門計提的固定資產折舊費
　　C. 按照生產工人工資的2%計提工會經費
　　D. 生產車間固定資產日常修理費用

14. 下列各項中，會導致企業當期營業利潤減少的有（　　）。

　　A. 出售無形資產發生的淨損失
　　B. 計提行政管理部門的固定資產折舊
　　C. 辦理銀行承兌匯票支付的手續費
　　D. 出售交易性金融資產發生的淨損失

（三）判斷題

1. 企業發生收入往往表現為貨幣資產的流入，但是並非所有貨幣資產的流入都是企業的收入。（　　）

2. 採用托收承付方式銷售商品的，如果商品已經發出且辦妥托收手續，即使與商品所有權有關的主要風險和報酬沒有轉移，企業也應當確認銷售商品收入。（　　）

3. 以支付手續費方式委託代銷商品，受託方收到受託代銷的商品，按約定的價格，借記「受託代銷商品款」科目，貸記「受託代銷商品」科目。（　　）

4. 安裝費，在資產負債表日根據安裝的完工進度確認收入。（　　）

5. 對於訂貨銷售，在發出商品時確認收入，預收的貨款應確認為負債。（　　）

6. 以以舊換新方式銷售商品的，應按銷售商品價格與回收的舊商品的價格之間的差額確認銷售商品收入。（　　）

7. 企業發生的原已確認收入的銷售退回，屬於本年度銷售的，應直接衝減退回當月的銷售收入及銷售成本；如果是以前年度銷售的，則衝減以前年度的銷售收入和銷售成本。（　　）

8. 屬於提供設備和其他有形資產的特許權費，在整個受益期內分期確認收入。（　　）

9. 一般納稅人接受應稅服務時，按規定允許扣減銷售額而減少的銷項稅額，借記「應交稅費——應交增值稅（營改增抵減的銷項稅額）」科目，按實際支付或應付的

金額與上述增值稅稅額的差額,借記「主營業務成本」等科目,按實際支付或應付的金額,貸記「銀行存款」「應付帳款」等科目。( )

10. 企業行政管理部門為組織和管理生產經營活動所發生的管理費用也是合同成本的組成部分。( )

11. 「工程施工」科目餘額小於「工程結算」科目餘額,反應施工企業建造合同未完工部分已辦理了結算的價款總額,在資產負債表上列作一項流動負債,在資產負債表「預收款項」科目反應。( )

12. 如果建造合同的預計總成本超過合同總收入,則形成合同預計損失,應提取損失準備,計入當期損益,且該減值準備一經計提,不得轉回。( )

(四) 計算分析題

1. 2×15 年 1 月 1 日,甲建築公司(以下簡稱甲公司)與乙公司簽訂一項建造合同,合同由 A、B 兩項工程組成。該項合同的 A、B 兩項工程密切相關,需同時交付,工期為 1 年零 9 個月。合同規定的總金額為 5,000 萬元,甲公司預計工程總成本為 4,400 萬元。2×15 年至 2×16 年甲公司發生的與上述建造合同相關的資料如下:

(1) 2×15 年 1 月 1 日,甲公司將 B 工程承包給丁公司,合同價款總額為 1,000 萬元。

(2) 截至 2×15 年 12 月 31 日,甲公司自行施工的 A 工程實際發生工程成本為 2,200 萬元(其中,領用原材料 1,800 萬元,支付工程人員工資 400 萬元)。由於材料價格上漲等因素,預計還將發生工程成本 2,400 萬元(不包括分包給丁公司的部分)。甲公司根據丁公司分包的 B 工程的完工進度支付了 B 工程進度款 600 萬元。

(3) 經商議,2×15 年 12 月 31 日,乙公司書面決議追加合同價款 300 萬元。甲公司與乙公司根據完工進度進行了結算,結算的合同價款為 2,650 萬元,並且在當日收到乙公司支付的工程價款 2,000 萬元。

(4) 2×16 年 9 月 30 日,該項工程完工並交付乙公司使用。截至 2×16 年 9 月 30 日,累計發生工程成本 5,500 萬元。其中,累計領用原材料 3,800 萬元,累計支付工程人員工資 700 萬元,累計支付丁公司的合同價款為 1,000 萬元。累計工程結算合同價款為 5,300 萬元,累計實際收到工程價款 5,000 萬元。

(5) 2×16 年 10 月 1 日,甲公司收到乙公司支付的剩餘工程款。

假定該項建造合同的結果能夠可靠估計,甲公司按照累計實際發生的合同成本占合同預計總成本的比例確定其完工進度,不考慮其他因素影響。

要求:

(1) 計算甲公司 2×15 年度應確認的合同收入、合同費用以及合同毛利,並編制相關會計分錄;

(2) 計算甲公司 2×15 年度因該項合同應確認的資產減值損失,並編制相關會計分錄;

(3) 計算甲公司 2×16 年度應確認的合同收入、合同費用以及合同毛利,並編制相關會計分錄。

2. 2×16 年 11 月 20 日甲公司與某商場簽訂合同,向該商場銷售一部電梯。商品已

經發出，開出的增值稅專用發票上註明的電梯銷售價格為 300 萬元，增值稅稅額為 51 萬元，貨款已經收到，甲公司該部電梯的成本為 260 萬元。同時甲公司與乙公司簽訂安裝協議，安裝價款為 10 萬元（含增值稅），預計安裝總成本為 8 萬元，電梯安裝工程預計於 2×17 年 3 月完工。

至 2×16 年 12 月 31 日電梯安裝過程中已發生安裝費 3 萬元，發生的安裝費均為安裝人員薪酬，預計還要發生成本 5 萬元，款項尚未收到。

至 2×17 年 3 月 5 日電梯安裝完成，實際發生的安裝總成本為 8 萬元，收到甲公司支付的安裝費 10 萬元。

甲公司按實際發生的成本占預計總成本的比例確認勞務的完工進度。電梯的銷售與安裝可以單獨計量，假定不考慮除增值稅以外的其他因素的影響。

要求：編制甲公司上述業務相關的會計分錄。

（答案中的金額單位用萬元表示）

（五）綜合題

1. 甲公司系上市公司，為增值稅一般納稅人，適用的增值稅稅率為 17%。其內部審計人員對 2×16 年度的會計資料進行了復核，有關資料如下：

（1）甲公司與乙公司簽訂了一項總金額為 4,000 萬元的固定造價合同，由甲公司為乙公司建造一棟建築物，工期為 2 年。合同完工進度按照累計實際發生的合同成本占合同預計總成本的比例確定。工程已於 2×16 年 1 月 10 日開工，預計的工程總成本為 3,400 萬元。2×16 年 12 月 31 日，工程發生成本 2,250 萬元，由於材料價格上漲等因素，預計至工程完工時還需要發生工程成本 2,250 萬元。經與乙公司協商，乙公司同意追加合同價款 100 萬元。2×16 年 12 月 31 日，甲公司對該項業務進行了如下會計處理：

①確定工程完工進度為 50%；
②確認合同成本 1,700 萬元；
③確認合同收入 2,000 萬元。

（2）2×16 年 7 月 1 日甲公司自丙公司購入管理系統軟件，合同價款為 5,000 萬元，款項分五次支付。其中合同簽訂之日支付購買價款的 20%，其餘款項分四次自次年起每年 7 月 1 日支付 1,000 萬元。該項管理系統軟件購買價款的現價為 4,546 萬元，折現率為 5%。該軟件已於當日達到預定用途，預計使用年限為 5 年，預計淨殘值為零，採用直線法攤銷。

甲公司對該項業務進行了如下會計處理：

①2×16 年 7 月 1 日將管理系統軟件確認為無形資產，入帳價值為 5,000 萬元，長期應付款為 4,000 萬元；
②管理系統軟件自 8 月 1 日起在 5 年內平均攤銷，2×16 年累計攤銷計入管理費用，金額為 416.67 萬元。

（3）2×16 年 11 月，甲公司與丁公司簽訂了一份 M 產品銷售合同，約定在 2×17 年 2 月底以每件 0.3 萬元的價格向丁公司銷售 200 件 M 產品，違約金為合同總價款的 20%。2×16 年 12 月 31 日，甲公司有庫存 M 產品 200 件，成本總額為 80 萬元，按目前

市場價格計算的市價總額為75萬元。假定不考慮銷售M產品過程中發生的銷售費用。

甲公司的會計處理如下：

甲公司選擇執行合同，確認存貨跌價準備20萬元。

（4）2×16年11月20日甲公司銷售N產品給戊公司，開出的增值稅專用發票註明的銷售價款為600萬元，增值稅稅額為102萬元，成本為420萬元。該批商品原來計提存貨跌價準備為20萬元，款項尚未收到。

12月15日，甲公司接到戊公司通知，甲公司銷售給戊公司的N產品存在質量問題。經協商，甲公司同意在價格上給予5%的折讓，並開具了紅色增值稅專用發票。

甲公司對該事項相關的會計處理如下：

①2×16年11月20日，因沒有收到價款只做發出存貨的會計處理，確認增值稅銷項稅額102萬元。

②2×16年12月15日，確認主營業務收入570萬元，結轉主營業務成本420萬元，衝減資產減值損失20萬元，衝減增值稅銷項稅額5.1萬元，確認應收帳款666.9萬元。

（5）2×16年12月1日甲公司與戊公司簽訂了定制合同，為其生產製造一臺大型設備，不含稅合同收入為6,000萬元，1個月後交貨。2×16年12月31日生產完工並經戊公司驗收合格，戊公司支付了7,020萬元的款項，該大型設備成本為4,500萬元。由於戊公司的原因，該產品尚存放於甲公司。

甲公司對該事項相關的會計處理如下：

甲公司未確認收入，未結轉已售商品成本。

要求：根據上述資料，假定不考慮其他因素的影響，逐項分析，判斷事項（1）至（5）中甲公司的會計處理是否正確；如不正確，請說明理由並簡述正確的會計處理。

（答案中的金額單位用萬元表示）

2．長江公司為增值稅一般納稅人，適用的增值稅稅率為17%。銷售價格除特殊標明外，均不含增值稅。長江公司2×16年12月份發生的相關業務如下：

（1）12月1日，向甲公司銷售A商品一批，以託收承付結算方式進行結算。該批商品的成本為4,000,000元，增值稅專用發票上註明的售價為5,000,000元。新華公司於當日發出商品並已辦妥託收手續後，得知甲公司資金週轉發生嚴重困難，很可能難以支付貨款，相關納稅義務已經發生。

（2）12月10日，銷售一批B商品給乙公司，增值稅專用發票上註明的售價為50,000元，實際成本為40,000元，未計提存貨跌價準備。長江公司已確認收入，貨款尚未收到。貨到後，乙公司發現商品質量不合格，要求在價格上給予10%的折讓，12月12日長江公司同意並辦理了有關手續並開具紅字增值稅專用發票。

（3）12月11日，與丙公司簽訂代銷協議，丙公司委託長江公司銷售其商品1,000件。協議規定：長江公司應按每件5,000元的價格對外銷售，丙公司按售價的10%支付長江公司手續費。長江公司當日收到商品。

（4）12月15日接受一項電梯安裝任務，安裝期為2個月，合同總價款為600,000元。至年末已預收款項400,000元，實際發生成本250,000元，均為人工費用。預計還會發生成本150,000元。按實際發生的成本占估計總成本的比例確定勞務的完成進度。

（5）2×16年6月28日，長江公司與丁公司簽訂協議，向丁公司銷售商品一批，

增值稅專用發票上註明售價40,000元。協議規定，長江公司應在6個月後將商品購回，回購價為46,000元。2×16年12月28日長江公司購回上述銷售商品，價款已支付，商品並未發出。已知該商品的實際成本為45,000元。不考慮增值稅以外的其他稅費。

要求：根據上述業務編制相關會計分錄。

五、參考答案及解析

(一) 單項選擇題

1.【答案】C

【解析】出售長期股權投資取得的淨收益，應該確認為投資收益，不滿足收入的定義，選項A不正確；收到保險公司的賠償金額與出售無形資產產生的淨收益不屬於企業的日常活動，不應確認為收入，選項B和D不正確。

2.【答案】C

【解析】現金折扣在實際發生時計入財務費用，不影響企業銷售收入的金額。銷售商品確認收入後發生的銷售折讓應衝減當期銷售商品收入，所以該企業此項銷售業務當期應確認收入的金額=200×350×（1-5%）×（1-3%）=64,505（元）。

3.【答案】B

【解析】企業預計的包退部分的A產品在退貨期滿之前不能確認為收入，在退貨期滿之後針對未發生退貨部分確認收入。甲公司2016年2月份應確認A產品的銷售收入=80×5,000×（1-4%）（當月銷售部分確認收入）+100×5,000×1%（上月末發生退貨部分）=389,000（元）。

4.【答案】B

【解析】以支付手續費方式委託代銷商品時，委託方在發出商品時通常不應確認銷售商品收入，在收到受託方開出的代銷清單時確認銷售商品收入。受託方應在商品銷售後，按合同或協議約定的方法計算確定的手續費確認收入。則甲公司2016年6月份應確認的銷售收入金額=100×100=10,000（元），同時確認銷售費用金額=100×100×10%=1,000（元）。

5.【答案】B

【解析】採用預收款方式銷售商品，銷售方直到收到最後一筆款項後才將商品交付給購貨方，表明商品所有權上的主要風險和報酬只有在收到最後一筆款項時才轉移給購貨方。所以企業通常應在發出商品時確認收入，在此之前預收的貨款應確認為負債，選項B正確。

6.【答案】A

【解析】以固定價格回購的售後回購交易屬於融資交易，企業不應確認為收入。回購價格大於原售價的差額，企業應在回購期間按期計提利息，計入財務費用。甲公司該項售後回購業務影響2016年度利潤總額的金額=200-220=-20（萬元）。

7.【答案】B

【解析】企業提供勞務交易結果不能可靠估計的，已經發生的勞務成本預計能夠得

到補償（或部分能夠得到補償）的，應按已經發生的能夠得到補償（或部分能夠得到補償）的勞務成本金額確認提供勞務收入，並結轉已經發生的勞務成本；已經發生的勞務成本預計全部不能得到補償的，應將已經發生的勞務成本計入當期損益，不確認提供勞務收入。

8.【答案】D

【解析】此項交易屬於售後租回交易形成的經營租賃，其售價低於公允價值並且售價大於帳面價值，應將售價和帳面價值的差額計入當期損益。所以上述業務使甲公司2015年度利潤總額增加的金額＝450－（1,000－500－250）＝200（萬元）。

9.【答案】C

【解析】建造合同結果不能可靠估計，且由於客戶發生財務困難預計已發生的建造合同成本很可能無法收回的，應在發生時立即確認為合同費用，不確認合同收入。

10.【答案】D

【解析】工業企業出售原材料取得的收入通過「其他業務收入」科目核算。

(二) 多項選擇題

1.【答案】ABCD

【解析】銷售商品收入同時滿足下列條件的，才能予以確認：①企業已將商品所有權上的主要風險和報酬轉移給購貨方；②企業既沒有保留通常與所有權相聯繫的繼續管理權，也沒有對已售出的商品實施有效控制；③收入的金額能夠可靠地計量；④相關的經濟利益很可能流入企業；⑤相關的已發生或將發生的成本能夠可靠地計量。

2.【答案】BCD

【解析】選項A，企業銷售商品涉及現金折扣的，應當按照扣除現金折扣前的金額確定銷售商品收入金額，現金折扣在實際發生時計入當期損益（財務費用）；選項B，企業銷售商品涉及商業折扣的，應當按照扣除商業折扣後的金額確定銷售商品收入金額；選項C和D，對於已確認收入的商品發生銷售折讓和銷售退回，通常應於發生時衝減當期的銷售收入。

3.【答案】BCD

【解析】2016年甲公司對D公司的銷售業務帳務處理如下：

12月25日，確認收入、結轉成本：

借：應收帳款　　　　　　　　　　　　　　　　585
　貸：主營業務收入　　　　　　　　　　　　　　500
　　　應交稅費——應交增值稅（銷項稅額）　　　85
借：主營業務成本　　　　　　　　　　　　　　400
　貸：庫存商品　　　　　　　　　　　　　　　　400

12月31日，確認估計的銷售退回：

借：主營業務收入　　　　　　　　　　　　　　100
　貸：主營業務成本　　　　　　　　　　　　　　80
　　　預計負債　　　　　　　　　　　　　　　　20

所以該項業務對甲公司2016年利潤總額的影響金額＝（500－100）－（400－80）＝

80（萬元）。

4.【答案】ACD

【解析】以舊換新的方式進行銷售，銷售的商品應當按照銷售商品收入確認條件確認收入，回收的商品作為購進商品處理。因此，遠洋公司應確認銷售收入金額＝40×5＝200（萬元），應結轉的成本金額＝40×3＝120（萬元），應確認的原材料金額＝40×0.5＝20（萬元）。

5.【答案】ACD

【解析】2016年年末該項安裝業務的完工百分比＝120÷(120＋180)×100%＝40%，2016年甲公司因該項安裝業務應確認的收入的金額＝400×40%＝160（萬元），應結轉的成本的金額為120萬元。

相關會計處理如下：

2016年11月1日：

借：銀行存款　　　　　　　　　　　　　　　　　　200

　貸：預收帳款　　　　　　　　　　　　　　　　　　　　200

2016年11月1日至2016年12月31日之間：

借：勞務成本　　　　　　　　　　　　　　　　　　120

　貸：原材料　　　　　　　　　　　　　　　　　　　　　50

　　　應付職工薪酬　　　　　　　　　　　　　　　　　　70

2016年12月31日：

借：預收帳款　　　　　　　　　　　　　　　　　　160

　貸：主營業務收入　　　　　　　　　　　　　　　　　160

借：主營業務成本　　　　　　　　　　　　　　　　120

　貸：勞務成本　　　　　　　　　　　　　　　　　　　120

6.【答案】BC

【解析】企業在資產負債表日提供勞務交易結果不能夠可靠估計的，企業不能採用完工百分比法確認提供勞務收入。此時，企業應正確預計已經發生的勞務成本能夠得到補償還是不能得到補償，並分別進行會計處理：

（1）已經發生的勞務成本預計能夠得到補償的，應按已經發生的能夠得到補償的勞務成本金額確認提供勞務收入，並結轉已經發生的勞務成本；

（2）已經發生的勞務成本預計全部不能得到補償的，應將已經發生的勞務成本計入當期損益，不確認提供勞務收入。

7.【答案】ABC

【解析】選項A，安裝費，在資產負債表日根據安裝的完工進度確認收入；選項B，廣告的制作費，在資產負債表日根據廣告的完工進度確認收入；選項C，為特定客戶開發軟件的收費，在資產負債表日根據開發的完工進度確認收入；選項D，包括在商品售價內可區分的服務費，在提供服務的期間內分期確認收入。

8.【答案】AC

【解析】企業對外出租資產收取的租金、進行債權投資收取的利息、進行股權投資取得的現金股利，均構成讓渡資產使用權收入，選項B錯誤；如果合同或協議規定一

次性收取使用費，且不提供後續服務的，應當視同銷售該項資產一次性確認收入，選項 D 錯誤。

9.【答案】ABD

【解析】建造合同的收入確認方法與勞務合同的收入確認方法不是「完全相同」的。例如建造合同要求預計損失計入資產減值損失，但勞務合同的收入確認原則沒有該項要求，選項 C 不正確。

10.【答案】ABCD

【解析】甲公司該項建造合同，2014 年年末完工進度 = 120÷(120+120)×100% = 50%，2014 年確認建造合同收入金額 = 280×50% = 140（萬元），選項 A 正確；2015 年年末完工進度 = (90+120)÷300×100% = 70%，2015 年確認建造合同收入金額 = 280×70%-140 = 56（萬元），選項 B 正確；2015 年確認建造合同成本金額 = 300×70%-120 = 90（萬元），2015 年確認合同毛利金額 = 56-90 = -34（萬元），選項 C 正確；2015 年年末計提存貨跌價準備金額 = (300-280)×(1-70%) = 6（萬元），選項 D 正確。

11.【答案】BCD

【解析】選項 A，與合同未來活動相關的合同成本，包括施工中尚未安裝、使用或耗用的材料費用，沒有形成工程實體，不應將這部分成本計入累計實際發生的合同成本中來確定完工進度。

12.【答案】ABD

【解析】2016 年 12 月 31 日，該合同的完工進度 = 2,100÷2,400×100% = 87.5%，應確認的合同收入金額 = 1,800×87.5% = 1,575（萬元），選項 A 正確；應確認的合同成本金額 = 2,400×87.5% = 2,100（萬元），選項 B 正確；合同毛利金額 = (1,575-2,100) = -525（萬元），應確認預計合同損失 = (2,400-1,800)×(1-87.5%) = 75（萬元），選項 C 不正確；「工程施工」科目餘額 = 合同成本 + 合同毛利 = 2,100-525 = 1,575（萬元），「工程結算」科目餘額 = 1,000 萬元，「工程施工」科目餘額大於「工程結算」科目餘額，其差額在資產負債表「存貨」項目反應，故甲公司上述業務對資產負債表「存貨」項目的影響金額 = 1,575-1,000-75 = 500（萬元），選項 D 正確。

13.【答案】ABD

【解析】選項 C，按照生產工人工資的 2% 計提的工會經費應計入生產成本。

14.【答案】BCD

【解析】選項 A，出售無形資產發生的淨損失計入營業外支出，不影響企業當期營業利潤的金額。

(三) 判斷題

1.【答案】對

2.【答案】錯

【解析】採用托收承付方式銷售商品的，如果商品已經發出且辦妥托收手續，但由於各種原因與發出商品所有權有關的風險和報酬沒有轉移的，企業不應確認收入。

3.【答案】錯

【解析】以支付手續費方式委託代銷商品，受託方收到受託代銷的商品，按約定的

價格，借記「受託代銷商品」科目，貸記「受託代銷商品款」科目。

4.【答案】錯

【解析】安裝費在資產負債表日根據安裝的完工進度確認收入，但安裝工作是商品銷售附帶條件的，安裝費在確認商品銷售實現時確認收入。

5.【答案】對

6.【答案】錯

【解析】在以舊換新銷售方式下，銷售的商品應當按照銷售商品收入確認條件確認收入，回收的商品作為購進商品處理。

7.【答案】錯

【解析】企業發生的原已確認收入的銷售退回，屬於本年度銷售的，應直接衝減退回當月的銷售收入及銷售成本；如果是以前年度銷售的，在資產負債表日後至財務會計報告批准報出日之間發生退回的，應作為資產負債表日後事項的調整事項處理。

8.【答案】錯

【解析】屬於提供設備和其他有形資產的特許權費，通常在交付資產或轉移資產所有權時確認收入。

9.【答案】對

10.【答案】錯

【解析】合同成本不包括應當計入當期損益的管理費用、銷售費用和財務費用等期間費用。

11.【答案】對

【解析】在財務報表列示中，「工程結算」科目在資產負債表中應作為「工程施工」科目的抵減科目。如果「工程施工」科目餘額大於「工程結算」科目餘額，則反應施工企業建造合同已完成部分尚未辦理結算的價款總額，在資產負債表中列作一項流動資產，通過在資產負債表的「存貨」科目列示；反之，如果「工程施工」科目餘額小於「工程結算」科目餘額，則反應施工企業建造合同未完工部分已辦理了結算的價款總額，在資產負債表上列作一項流動負債，通過在資產負債表的「預收款項」科目列示。

12.【答案】對

【解析】預計損失不能轉回，只能在完工時，將該損失準備轉銷衝減合同費用。

(四) 計算分析題

1. (1) 2×15年12月31日甲公司該項工程的完工進度＝(600+2,200)÷(1,000+2,200+2,400)×100%＝50%，應確認的合同收入金額＝(5,000+300)×50%＝2,650（萬元），應確認的合同費用金額＝(1,000+2,200+2,400)×50%＝2,800（萬元），應確認的合同毛利金額＝2,650-2,800＝-150（萬元）。

借：工程施工——合同成本	2,800
貸：原材料	1,800
應付職工薪酬	400
銀行存款	600
借：應收帳款	2,650

```
  貸：工程結算                                           2,650
借：主營業務成本                                         2,800
  貸：主營業務收入                                       2,650
    工程施工——合同毛利                                  150
借：銀行存款                                             2,000
  貸：應收帳款                                           2,000
```

（2）甲公司 2×15 年度因該項建造合同應確認的資產減值損失金額＝（1,000+2,200+2,400-5,000-300)×(1-50%)＝150（萬元）。

```
借：資產減值損失                                         150
  貸：存貨跌價準備                                       150
```

（3）2×16 年 9 月 30 日甲公司工程完工，2×16 年該項工程確認的合同收入金額＝(5,000+300)-2,650＝2,650（萬元），應確認的合同費用金額＝5,500-2,800＝2,700（萬元），應確認的合同毛利金額＝2,650-2,700＝-50（萬元）。

```
借：工程施工——合同成本                                 2,700
  貸：原材料                                            2,000（3,800-1,800）
    應付職工薪酬                                         300（700-400）
    銀行存款                                             400（1,000-600）
借：應收帳款                                             2,650（5,300-2,650）
  貸：工程結算                                           2,650
借：主營業務成本                                         2,700
  貸：主營業務收入                                       2,650
    工程施工——合同毛利                                   50
借：存貨跌價準備                                         150
  貸：主營業務成本                                       150
借：銀行存款                                             3,000（5,000-2,000）
  貸：應收帳款                                           3,000
```

2×16 年 10 月 1 日：

```
借：銀行存款                                             300
  貸：應收帳款                                           300
借：工程結算                                             5,300
    工程施工——合同毛利                                  200
  貸：工程施工——合同成本                                5,500
```

2. 甲公司的帳務處理如下：

（1）2×16 年 11 月 20 日電梯銷售實現時：

```
借：銀行存款                                             351
  貸：主營業務收入                                       300
    應交稅費——應交增值稅（銷項稅額）                     51
借：主營業務成本                                         260
  貸：庫存商品                                           260
```

(2) 2×16 年實際發生安裝費用時：
借：勞務成本   3
  貸：應付職工薪酬   3
(3) 確認 2×16 年安裝費收入並結轉成本時：
安裝電梯的完工進度 =3÷(3+5)×100%=37.5%
2×16 年應確認的安裝勞務收入的金額 =10×37.5%-0=3.75（萬元）
2×16 年應確認的安裝勞務成本 =8×37.5%-0=3（萬元）
借：應收帳款   3.75
  貸：主營業務收入   3.75
借：主營業務成本   3
  貸：勞務成本   3
(4) 2×17 年至工程完工實際發生的勞務成本：
借：勞務成本   5
  貸：應付職工薪酬   5
(5) 2×17 年至工程完工確認安裝費收入並結轉成本時：
2×17 年應確認安裝勞務收入的金額 =10-3.75=6.25（萬元）
2×17 年應確認安裝勞務成本 =3+5-3=5（萬元）
借：銀行存款   10
  貸：應收帳款   3.75
      主營業務收入   6.25
借：主營業務成本   5
  貸：勞務成本   5

（五）綜合題

1.（1）針對資料（1），②、③處理不正確。
理由：合同成本應根據重新預計的成本來進行計算，合同收入包含訂立合同時的收入以及追加的合同價款，並且因合同總收入小於合同總成本，需要計算確認合同預計損失。
正確的會計處理：
①確認合同成本為 2,250 萬元；
②確認合同收入 =（4,000+100）×50%=2,050（萬元）；
③確認資產減值損失、存貨跌價準備的金額 =(2,250+2,250-4,100)×(1-50%)=200（萬元）。
（2）針對資料（2），①、②會計處理不正確。
理由：分期付款購買無形資產具有融資性質的，應該按照購買價款的現值入帳，現值與長期應付款入帳價值之間的差額確認為未確認融資費用，並且將未確認融資費用在 5 年內攤銷；無形資產當月增加，當月進行攤銷。
正確的會計處理：
①2×16 年 7 月 1 日，確認無形資產 4,546 萬元，未確認融資費用 454 萬元，長期

應付款4,000萬元；

②管理系統軟件自7月1日起在5年內平均攤銷，2×16年累計攤銷計入管理費用，金額為454.6萬元（4,546÷5×6÷12）；

③2×16年12月31日攤銷未確認融資費用的金額=（4,000-454）×5%÷2=88.65（萬元）。

(3) 資料（3）會計處理不正確。

理由：應選擇執行合同發生的損失與不執行合同發生的損失之間的較低者。

正確的會計處理如下：

執行合同，發生損失的金額=80-200×0.3=20（萬元）；

不執行合同，發生損失的金額=200×0.3×20%+（80-75）=17（萬元）；

甲公司應選擇不執行合同，即支付違約金方案，分別確認營業外支出、預計負債12萬元以及資產減值損失、存貨跌價準備5萬元。

會計分錄如下：

借：資產減值損失　　　　　　　　　　　　　　　　5（80-75）
　　貸：存貨跌價準備　　　　　　　　　　　　　　　　　　5
借：營業外支出　　　　　　　　　　　　　　　　　　12
　　貸：預計負債　　　　　　　　　　　　　　　　　　　　12

(4) 針對資料（4），①、②的會計處理除增值稅處理外，其他處理都不正確。

理由：企業在商品的風險和報酬轉移時應確認收入和結轉成本。銷售商品存在存貨跌價準備的，衝減主營業務成本；發生銷售折讓的，衝減已經確認的主營業務收入。

正確的會計處理如下：

①2×16年11月20日，確認主營業務收入600萬元，結轉主營業務成本400萬元，結轉庫存商品420萬元，結轉存貨跌價準備20萬元，確認增值稅銷項稅額102萬元、應收帳款702萬元。

②2×16年12月15日，衝減主營業務收入30萬元、增值稅銷項稅額5.1萬元、應收帳款35.1萬元。

(5) 資料（5），會計處理不正確。

理由：甲公司銷售大型設備的風險和報酬已經轉移，應確認收入。

正確的會計處理如下：

應確認主營業務收入6,000萬元、主營業務成本4,500萬元。

2.（1）12月1日：

借：發出商品　　　　　　　　　　　　　4,000,000
　　貸：庫存商品　　　　　　　　　　　　　　　　4,000,000
借：應收帳款——甲公司　　　　　　　　　850,000
　　貸：應交稅費——應交增值稅（銷項稅額）　　　850,000

(2) 12月10日：

借：應收帳款——乙公司　　　　　　　　　58,500
　　貸：主營業務收入　　　　　　　　　　　　　　50,000
　　　　應交稅費——應交增值稅（銷項稅額）　　　8,500

借：主營業務成本 40,000
　　貸：庫存商品 40,000
12 月 12 日：
借：主營業務收入 5,000
　　應交稅費——應交增值稅（銷項稅額） 850
　　貸：應收帳款——乙公司 5,850
(3) 12 月 11 日：
借：受託代銷商品 5,000,000
　　貸：受託代銷商品款 5,000,000
(4) 12 月 15 日：
借：銀行存款 400,000
　　貸：預收帳款 400,000
借：勞務成本 250,000
　　貸：應付職工薪酬 250,000
2×16 年完工進度 = 250,000÷(250,000+150,000)×100% = 62.5%
2×16 年應確認收入 = 600,000×62.5% = 375,000（元）
2×16 年應確認成本 = (250,000+150,000)×62.5% = 250,000（元）
借：預收帳款 375,000
　　貸：主營業務收入 375,000
借：主營業務成本 250,000
　　貸：勞務成本 250,000
(5) 售後回購不應確認收入，但按照稅法規定要計算繳納增值稅：
借：銀行存款 46,800
　　貸：其他應付款 40,000
　　　　應交稅費——應交增值稅（銷項稅額） 6,800
在售後回購期間每月計提財務費用，即 7 月 28 日、8 月 28 日、9 月 28 日、10 月 28 日、11 月 28 日：
借：財務費用 1,000　[(46,000−40,000)÷6]
　　貸：其他應付款 1,000
2×16 年 12 月 28 日購回時：
借：財務費用 1,000　[(46,000−40,000)÷6]
　　貸：其他應付款 1,000
借：其他應付款 46,000
　　應交稅費——應交增值稅（進項稅額） 7,820
　　貸：銀行存款 53,820

第十二章 所得稅

一、要點總覽

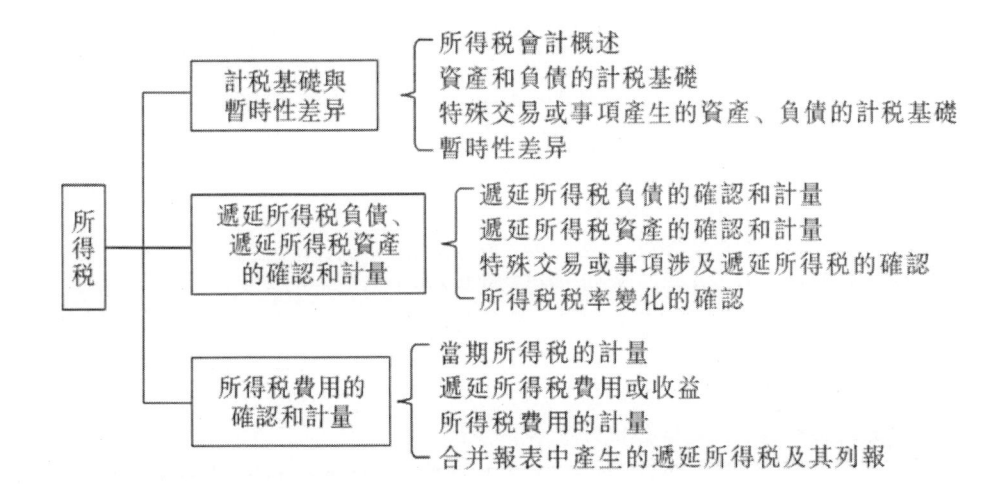

```
           ┌─ 計稅基礎與     ┌─ 所得稅會計概述
           │  暫時性差異    │  資產和負債的計稅基礎
           │               │  特殊交易或事項產生的資產、負債的計稅基礎
           │               └─ 暫時性差異
           │
           │  遞延所得稅負債、 ┌─ 遞延所得稅負債的確認和計量
所得稅 ────┤  遞延所得稅資產  │  遞延所得稅資產的確認和計量
           │  的確認和計量   │  特殊交易或事項涉及遞延所得稅的確認
           │               └─ 所得稅稅率變化的確認
           │
           │  所得稅費用的   ┌─ 當期所得稅的計量
           │  確認和計量    │  遞延所得稅費用或收益
           └────           │  所得稅費用的計量
                          └─ 合并報表中產生的遞延所得稅及其列報
```

二、重點難點

(一) 重點

- 資產帳面價值與計稅基礎的判定
- 負債帳面價值與計稅基礎的判定
- 應納稅暫時性差異的判定
- 可抵扣暫時性差異的判定
- 應納稅所得額的確認和應交所得稅的計算

(二) 難點

- 遞延所得稅資產的確認
- 遞延所得稅負債的確認
- 各期所得稅費用的確認

三、關鍵內容小結

(一) 所得稅費用的核算流程

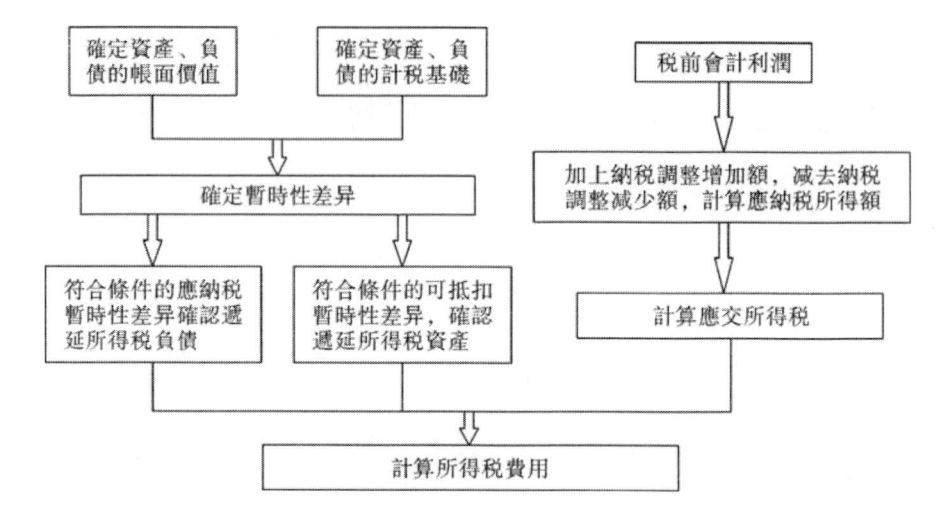

```
┌─────────────┐   ┌─────────────┐        ┌─────────────┐
│確定資產、負 │   │確定資產、負 │        │稅前會計利潤 │
│債的帳面價值 │   │債的計稅基礎 │        └──────┬──────┘
└──────┬──────┘   └──────┬──────┘               │
       │                 │                      ▼
       └────────┬────────┘           ┌───────────────────────┐
                ▼                    │加上納稅調整增加額,減去納稅│
       ┌─────────────┐              │調整減少額,計算應納稅所得額│
       │確定暫時性差異│              └───────────┬───────────┘
       └──────┬──────┘                          │
       ┌──────┴──────┐                          ▼
       ▼             ▼                  ┌─────────────┐
┌─────────────┐ ┌─────────────┐         │計算應交所得稅│
│符合條件的應納│ │符合條件的可抵│         └──────┬──────┘
│稅暫時性差異確│ │扣暫時性差異,│                │
│認遞延所得稅負│ │確認遞延所得稅│                │
│債            │ │資產          │                │
└──────┬──────┘ └──────┬──────┘                │
       └────────┬──────┴──────────────────────┘
                ▼
         ┌─────────────┐
         │計算所得稅費用│
         └─────────────┘
```

(1) 計算應交稅費——應交所得稅:

應交所得稅=應納稅所得額×所得稅稅率

應納稅所得額=稅前會計利潤+納稅調整增加額-納稅調整減少額

(2) 確認資產或負債的帳面價值及計稅基礎,比較帳面價值和計稅基礎,判斷可抵扣暫時性差異或應納稅暫時性差異,進而確認遞延所得稅資產或遞延所得稅負債(關鍵步驟):

①確定產生暫時性差異的項目,比如固定資產、無形資產等;

②確定資產或負債的帳面價值及計稅基礎;

③計算應納稅暫時性差異、可抵扣暫時性差異的期末餘額。

(3) 做會計分錄,倒擠所得稅費用。

(二) 資產、負債的計稅基礎

1. 資產計稅基礎=未來期間按照稅法規定可以稅前扣除的金額

或:資產計稅基礎=取得成本 - 以前期間按照稅法規定已經稅前扣除的金額

(1) 固定資產帳面價值與計稅基礎的具體計算:

資產項目	帳面價值	計稅基礎
固定資產 (各種方式取得)	初始確認時帳面價值一般等於計稅基礎	
	實際成本-累計折舊(會計)-減值準備	實際成本-累計折舊(稅法)

（2）無形資產帳面價值與計稅基礎的計算：

資產項目		帳面價值	計稅基礎
無形資產（內部研究開發形成並符合「三新」標準的）	初始確認	開發階段符合條件的資本化支出	形成無形資產支出×150%（稅法）
	後續計量	（1）使用壽命有限：實際成本－累計攤銷（會計）－減值準備 （2）使用壽命不確定：實際成本－減值準備	形成無形資產支出×150%－累計攤銷（稅法）
無形資產（除內部研究開發形成並符合「三新」標準之外的）	初始確認時帳面價值一般等於計稅基礎		
	後續計量	（1）使用壽命有限：實際成本－累計攤銷（會計）－減值準備 （2）使用壽命不確定：實際成本－減值準備	實際成本－累計攤銷（稅法）

（3）交易性金融資產、可供出售金融資產帳面價值與計稅基礎的計算

資產項目	帳面價值	計稅基礎
交易性金融資產 可供出售金融資產	期末公允價值	初始取得成本

（4）投資性房地產帳面價值與計稅基礎的計算

資產項目		帳面價值	計稅基礎
投資性房地產	成本模式	與固定資產和無形資產類似	
	公允價值模式	初始確認時帳面價值一般等於計稅基礎	
		期末公允價值	取得時的歷史成本－累計折舊（累計攤銷）（稅收）

（5）長期股權投資帳面價值與計稅基礎的計算
①一般情況：

資產項目		帳面價值	計稅基礎
長期股權投資（成本法）		取得成本（實際成本）	取得成本（實際成本）
		取得成本（實際成本）－資產減值	
長期股權投資（權益法）	初始確認	取得成本（初始投資成本≥應享有被投資單位可辨認淨資產公允價值份額時） 公允價值（初始投資成本＜應享有被投資單位可辨認淨資產公允價值份額時）	取得成本（實際成本）
	後續計量	初始調整金額＋／－損益調整＋／－其他綜合收益＋／－其他權益變動	

②權益法核算的長期股權投資帳面價值與計稅基礎差異不同核算：

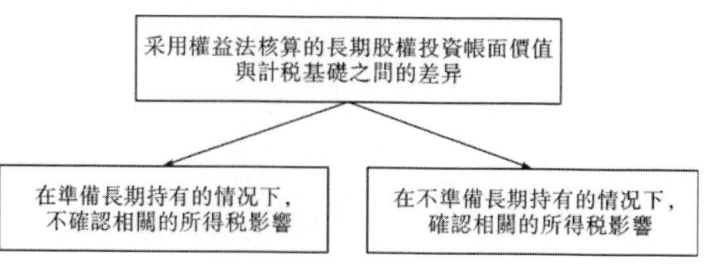

```
        採用權益法核算的長期股權投資帳面價值
              與計稅基礎之間的差異
              ／              ＼
在準備長期持有的情況下，    在不準備長期持有的情況下，
不確認相關的所得稅影響      確認相關的所得稅影響
```

③長期股權投資納稅調整與遞延所得稅核算：

項　目	納稅調整	遞延所得稅
被投資單位宣告現金股利（成本法）	調整減少	不確認
對初始投資成本的調整，產生營業外收入（權益法）	調整減少	不確認
確認投資收益（確認投資損失）（權益法）	調整減少（調整增加）	不確認
被投資單位宣告現金股利（權益法）	不調整	不確認
其他綜合收益、資本公積等變動（權益法）	不調整	不確認

2. 負債的計稅基礎及確認
（1）負債的計稅基礎
　　負債的計稅基礎＝帳面價值－未來期間稅法允許稅前扣除的金額
（2）負債帳面價值與計稅基礎的計算

負債項目	帳面價值	計稅基礎
預計負債	根據或有事項準則確定	0（相關支出實際發生時允許稅前扣除） 等於帳面價值（相關支出實際發生時不允許稅前扣除）
預收帳款	根據收入準則確定	0（稅法規定的收入確認時點與會計規定不同） 等於帳面價值（稅法規定的收入確認時點與會計規定相同）
其他負債	根據有關規定處理	等於帳面價值（違法罰款、稅收滯納金等費用不允許稅前扣除）

（3）應付職工薪酬納稅調整與遞延所得稅核算

項目	納稅調整	遞延所得稅
合理的工資允許扣除，如果超過部分	在發生當期不得稅前扣除，以後期間也不得稅前扣除：納稅調增	不確認
超過14%部分的福利費 超過2%部分的工會經費	在發生當期不允許稅前扣除，以後期間也不得稅前扣除：納稅調增	不確認
超過2.5%部分的職工教育經費	在發生當期不允許稅前扣除，以後期間則可稅前扣除：納稅調增	確認遞延所得稅資產

(續表)

項目	納稅調整	遞延所得稅
辭退福利	假定稅法規定，與該項辭退福利有關的補償款於實際支付時可稅前抵扣	確認遞延所得稅資產

（4）特殊項目的帳面價值與計稅基礎的計算

特殊項目	帳面價值	計稅基礎
廣告費、業務宣傳費的支出	計入當期損益，帳面價值＝0	不超過當年銷售收入15%的部分準予扣除 超過部分準予在以後納稅年度結轉扣除 計稅基礎＞0
按稅法規定可以結轉以後年度的未彌補虧損及稅款抵減	根據稅法規定，企業將來可以少繳稅，因此，雖然無稅會形成差異，但是，視同可抵扣暫時性差異

（三）暫時性差異

1. 應納稅暫時性差異與可抵扣暫時性差異的概念

內容	含 義		
（1）暫時性差異	指資產或負債的帳面價值與其計稅基礎之間的差額；未作為資產和負債確認的項目，按照稅法規定可以確定其計稅基礎的，該計稅基礎與其帳面價值之間的差額也屬於暫時性差異 按照暫時性差異對未來期間應稅金額的影響，分為應納稅暫時性差異和可抵扣暫時性差異		
（2）應納稅暫時性差異	概念	是指在確定未來收回資產或清償負債期間的應納稅所得額時，將導致產生應稅金額的暫時性差異。該差異在未來期間轉回時，會增加轉回期間的應納稅所得額和應交所得稅 應納稅暫時性差異產生當期，應確認相關的遞延所得稅負債	
	產生原因	（1）資產帳面價值＞其計稅基礎	
		（2）負債帳面價值＜小於其計稅基礎	
（3）可抵扣暫時性差異	概念	是指在確定未來收回資產或清償負債期間的應納稅所得額時，將導致產生可抵扣金額的暫時性差異。該差異在未來期間轉回時會減少轉回期間的應納稅所得額和應交所得稅 可抵扣暫時性差異產生當期，符合確認條件時應確認相關的遞延所得稅資產	
	產生原因	（1）資產帳面價值＜其計稅基礎	
		（2）負債帳面價值＞其計稅基礎	
（4）特殊項目產生的暫時性差異 ①未作為資產、負債確認的項目產生的暫時性差異 ②可抵扣虧損及稅款抵減產生的暫時性差異			

2. 應納稅暫時性差異與可抵扣暫時性差異形成
(1) 形成原因

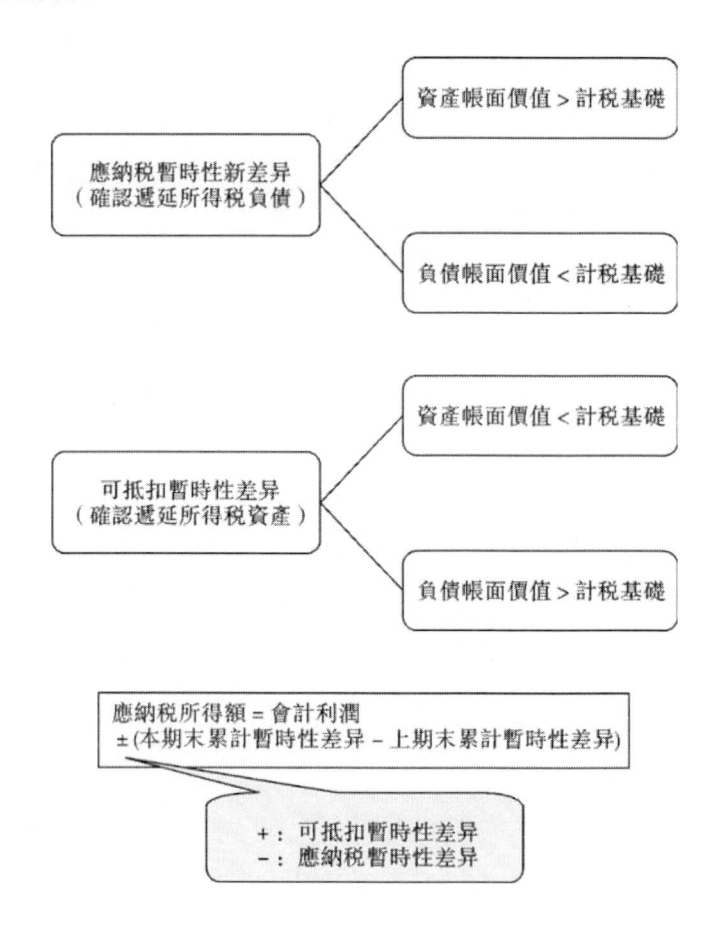

```
應納稅暫時性新差異      ┌─ 資產帳面價值 > 計稅基礎
(確認遞延所得稅負債) ──┤
                        └─ 負債帳面價值 < 計稅基礎

可抵扣暫時性差異        ┌─ 資產帳面價值 < 計稅基礎
(確認遞延所得稅資產) ──┤
                        └─ 負債帳面價值 > 計稅基礎

應納稅所得額 = 會計利潤
± (本期末累計暫時性差異 － 上期末累計暫時性差異)
    ＋：可抵扣暫時性差異
    －：應納稅暫時性差異
```

(2) 計算法

①資產的會計基礎－資產的計稅基礎＝未來的應納稅所得額

當未來的應納稅所得額大於 0 時，確認遞延所得稅負債；

當未來的應納稅所得額小於 0 時，確認遞延所得稅資產。

②負債的會計基礎－負債的計稅基礎＝該項負債在未來期間可以稅前扣除的金額

大於 0 時，確認遞延所得稅資產；

小於 0 時，確認遞延所得稅負債。

(四) 遞延所得稅資產和遞延所得稅負債的確認

1. 遞延所得稅負債的確認

```
┌─────────────────┐
│ 資產帳面價值 > 計稅基礎 │ ─┐
└─────────────────┘  │    應納稅    ⇒ 特殊情況下不確認遞延所得稅負債
                     ├─⇒ 暫時性
┌─────────────────┐  │    差異      ⇒ 確認遞延所得稅負債 ⇒ ┬⇒ 計入商譽
│ 負債帳面價值 < 計稅基礎 │ ─┘                                ├⇒ 計入資本公積
└─────────────────┘                                         ├⇒ 計入其他綜合收益
                                                            ├⇒ 計入所得稅費用
                                                            └⇒ 計入留存收益
```

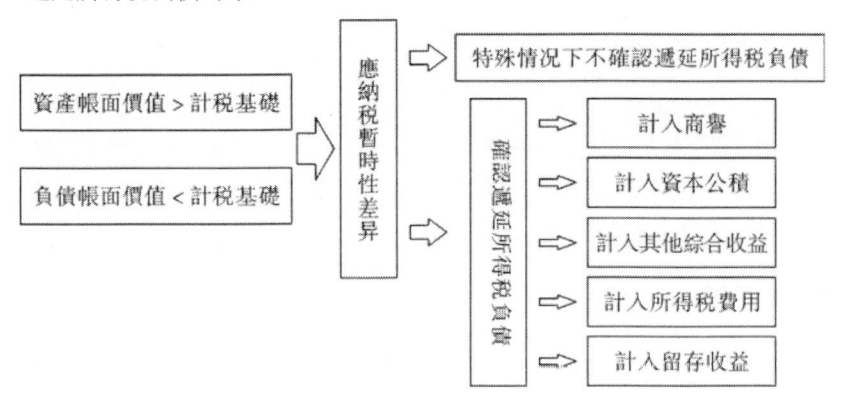

2. 遞延所得稅資產的確認

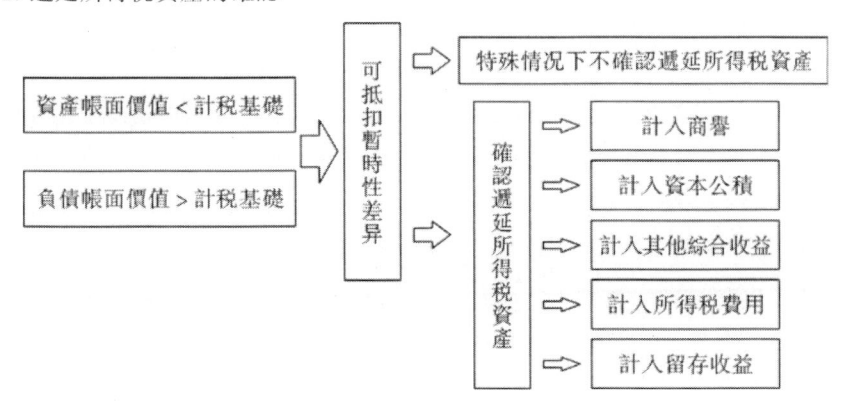

```
┌─────────────────┐
│ 資產帳面價值 < 計稅基礎 │ ─┐
└─────────────────┘  │   可抵扣    ⇒ 特殊情況下不確認遞延所得稅資產
                     ├─⇒ 暫時性
┌─────────────────┐  │   差異      ⇒ 確認遞延所得稅資產 ⇒ ┬⇒ 計入商譽
│ 負債帳面價值 > 計稅基礎 │ ─┘                                ├⇒ 計入資本公積
└─────────────────┘                                         ├⇒ 計入其他綜合收益
                                                            ├⇒ 計入所得稅費用
                                                            └⇒ 計入留存收益
```

3. 具體核算流程

(1) 確定產生暫時性差異的項目，比如固定資產、無形資產等；
(2) 確定資產或負債的帳面價值及計稅基礎；
(3) 計算應納稅暫時性差異、可抵扣暫時性差異的期末餘額；
(4) 計算「遞延所得稅負債」「遞延所得稅資產」科目的期末餘額。

①「遞延所得稅負債」科目的期末餘額＝應納稅暫時性差異的期末餘額×未來轉回時的稅率

②「遞延所得稅資產」科目的期末餘額＝可抵扣暫時性差異的期末餘額×未來轉回時的稅率

(5) 計算「遞延所得稅資產」或「遞延所得稅負債」科目的發生額

①「遞延所得稅負債」科目發生額＝本期末餘額－上期末餘額
②「遞延所得稅資產」科目發生額＝本期末餘額－上期末餘額

(6) 計算所得稅費用：

所得稅費用（或收益）＝當期所得稅費用（當期應交所得稅）＋遞延所得稅費用（－遞延所得稅收益）

(五) 所得稅費用的確認與計量

所得稅費用的構成	利潤表中的所得稅費用由兩個部分組成：當期所得稅和遞延所得稅		
當期所得稅	概念	是指企業按照稅法規定計算確定的針對當期發生的交易和事項，應繳納給稅務部門的所得稅金額，即應交所得稅，應以適用的稅收法規為基礎計算確定	
	計算	當期所得稅（應交所得稅）＝應納稅所得額×當期適用稅率	
	會計處理	借：所得稅費用——當期所得稅費用 　　貸：應交稅費——應交所得稅	
遞延所得稅（會計角度）	會計處理	借：所得稅費用——遞延所得稅費用 　　　其他綜合收益等 　貸：遞延所得稅負債 　　　遞延所得稅資產	或： 借：遞延所得稅負債 　　遞延所得稅資產 　貸：所得稅費用——遞延所得稅費用 　　　其他綜合收益等
所得稅費用	計算	所得稅費用＝當期所得稅＋遞延所得稅 計入當期損益的所得稅費用或收益不包括企業合併和直接計入所有者權益的交易或事項產生的所得稅影響。與直接計入所有者權益的交易或事項相關的當期所得稅和遞延所得稅，應當計入所有者權益	
	列報	所得稅費用應當在利潤表中單獨列示	
合併財務報表中因抵銷未實現內部交易損益產生的遞延所得稅			

商譽＝非同一控制下企業合併的合併成本−享有的被購買方可辨認淨資產公允價值份額

(六) 當期遞延所得稅負債、資產的發生額計算

1. 當期遞延所得稅負債的發生額計算

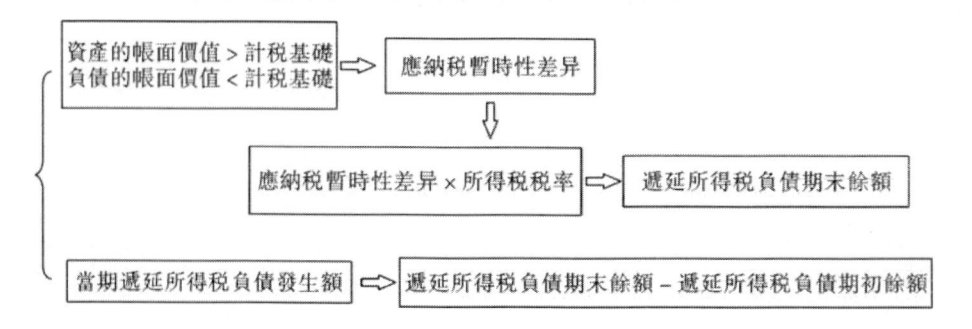

```
資產的帳面價值＞計稅基礎    ⇒ 應納稅暫時性差異
負債的帳面價值＜計稅基礎            ⇓
                          應納稅暫時性差異×所得稅稅率 ⇒ 遞延所得稅負債期末餘額

當期遞延所得稅負債發生額 ⇒ 遞延所得稅負債期末餘額−遞延所得稅負債期初餘額
```

2. 當期遞延所得稅資產的發生額計算

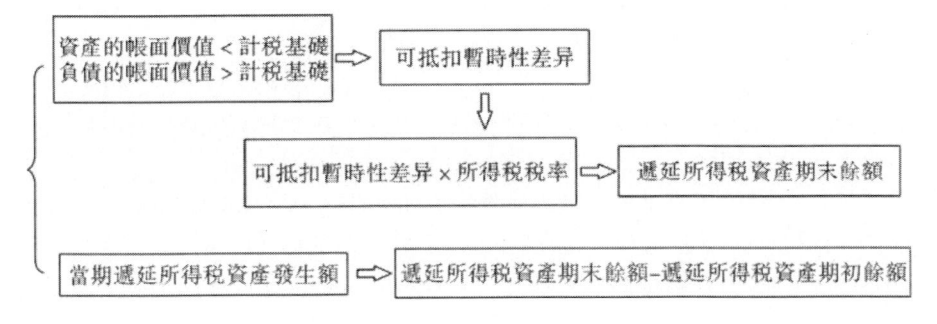

```
{ 資產的帳面價值＜計稅基礎
  負債的帳面價值＞計稅基礎 } ⇒ 可抵扣暫時性差異
                            ⇓
                  可抵扣暫時性差異×所得稅稅率 ⇒ 遞延所得稅資產期末餘額

當期遞延所得稅資產發生額 ⇒ 遞延所得稅資產期末餘額－遞延所得稅資產期初餘額
```

(七) 資產負債表債務法的核算原理

項目	計算方法	
稅前會計利潤	來自會計口徑利潤	
永久性差異	＋	會計認可而稅務上不認可的支出
		稅務認可而會計上不認定的收入
	－	會計認可而稅務上不認可的收入
		稅務認可而會計上不認定的支出
暫時性差異	＋	新增可抵扣暫時性差異
		轉回應納稅暫時性差異
	－	轉回可抵扣暫時性差異
		新增應納稅暫時性差異
應稅所得	推算認定	
應交稅費	應稅所得×稅率	
遞延所得稅資產	借記	新增可抵扣暫時性差異×稅率
	貸記	轉回可抵扣暫時性差異×稅率
遞延所得稅負債	貸記	新增應納稅暫時性差異×稅率
	借記	轉回應納稅暫時性差異×稅率
本期所得稅費用	倒擠認定	

四、練習題

(一) 單項選擇題

1. A 公司 2×17 年 12 月 31 日一臺固定資產的帳面價值為 100 萬元，重估的公允價值為 200 萬元，會計和稅法都規定按直線法計提折舊，剩餘使用年限為 5 年，淨殘值為 0。假定會計按重估的公允價值計提折舊，稅法按帳面價值計提折舊。則 2×20 年 12 月 31 日應納稅暫時性差異餘額為（　　）萬元。

　　　A. 80　　　　　　B. 160　　　　　　C. 60　　　　　　D. 40

2. 下列各項負債中，其計稅基礎為零的是（　　）。
   A. 因欠稅產生的應交稅款滯納金　　B. 因購入存貨形成的應付帳款
   C. 因確認保修費用形成的預計負債　D. 為職工計提的應付養老保險金

3. 甲公司於2×17年1月1日開業，2×17年和2×18年免徵企業所得稅，從2×19年開始適用的所得稅稅率為25%。甲公司從2×17年1月開始計提折舊的一臺設備，2×17年12月31日其帳面價值為6,000萬元，計稅基礎為8,000萬元；2×18年12月31日帳面價值為3,600萬元，計稅基礎為6,000萬元。假定資產負債表日，有確鑿證據表明未來期間很可能獲得足夠的應納稅所得額用來抵扣可抵扣暫時性差異。2×18年應確認的遞延所得稅資產發生額為（　　）萬元。
   A. 0　　B. 100（借方）　　C. 500（借方）　　D. 600（借方）

4. 甲公司2×16年因債務擔保於當期確認了100萬元的預計負債。稅法規定，有關債務擔保的支出不得稅前列支。則本期因該事項產生的暫時性差異為（　　）。
   A. 0　　　　　　　　　　　　B. 可抵扣暫時性差異100萬元
   C. 應納稅暫時性差異100萬元　　D. 不確定

5. 甲公司於2×16年2月自公開市場以每股8元的價格取得A公司普通股200萬股，作為可供出售金融資產核算（假定不考慮交易費用）。2×16年12月31日，甲公司該股票投資尚未出售，當日市價為每股12元。按照稅法規定，資產在持有期間的公允價值變動不計入應納稅所得額，待處置時一併計算應計入應納稅所得額的金額。甲公司適用的所得稅稅率為25%，假定在未來期間不會發生變化。甲公司2×16年12月31日因該可供出售金融資產應確認的其他綜合收益為（　　）萬元。
   A. 200　　B. 800　　C. 600　　D. 0

6. 甲公司於2×16年2月27日外購一棟寫字樓並於當日對外出租，該寫字樓取得時成本為6,000萬元，採用公允價值模式進行後續計量。2×16年12月31日，該寫字樓公允價值跌至5,600萬元。稅法規定，該類寫字樓採用年限平均法計提折舊，折舊年限為20年，預計淨殘值為0。甲公司適用的所得稅稅率為25%，2×16年12月31日甲公司應確認的遞延所得稅資產為（　　）萬元。
   A. -37.5　　B. 37.5　　C. 100　　D. 150

7. 甲公司2×16年1月8日以銀行存款4,000萬元為對價購入乙公司100%的淨資產，對乙公司進行吸收合併，甲公司與乙公司不存在關聯方關係。購買日乙公司各項可辨認淨資產的公允價值及帳面價值分別為2,400萬元和2,000萬元。該項合併屬於應稅合併，乙公司適用的企業所得稅稅率為25%，則甲公司購買日應確認的商譽的計稅基礎為（　　）萬元。
   A. 1,600　　B. 2,000　　C. 2,100　　D. 1,750

8. 甲公司擁有乙公司80%的有表決權股份，能夠控制乙公司的財務和經營決策。2×16年9月甲公司以800萬元將一批自產產品銷售給乙公司，該批產品在甲公司的生產成本為600萬元。至2×16年12月31日，乙公司對外銷售該批商品的40%，假定涉及的商品未發生減值。甲、乙公司適用的所得稅稅率均為25%，且在未來期間預計不會發生變化。稅法規定，企業的存貨以歷史成本作為計稅基礎。2×16年12月31日合併報表中上述存貨應確認的遞延所得稅資產為（　　）萬元。

A. 80　　　　B. 0　　　　C. 20　　　　D. 30

9. A公司2×17年12月31日「預計負債——產品質量保證費用」科目貸方餘額為50萬元，2×18年實際發生產品質量保證費用40萬元，2×18年12月31日預提產品質量保證費用50萬元。2×18年12月31日該項負債的計稅基礎為（　　）萬元。

A. 0　　　　B. 20　　　　C. 50　　　　D. 40

10. 2×17年1月1日，B公司為其100名中層以上管理人員每人授予100份現金股票增值權。這些人員從2×17年1月1日起必須在該公司連續服務3年，即可自2×19年12月31日起根據股價的增長幅度獲得現金。該增值權應在2×21年12月31日之前行使完畢。B公司2×17年12月31日計算確定的應付職工薪酬的餘額為100萬元，按稅法規定，實際支付時可計入應納稅所得額。2×17年12月31日，該應付職工薪酬的計稅基礎為（　　）萬元。

A. 100　　　　B. 0　　　　C. 50　　　　D. -100

11. 甲公司2×16年發生研究開發支出共計200萬元，其中研究階段支出60萬元，開發階段不符合資本化條件的支出40萬元，開發階段符合資本化條件的支出100萬元。至2×16年12月31日，開發項目尚未達到預定用途。甲公司2×16年12月31日開發支出的計稅基礎為（　　）萬元。

A. 100　　　　B. 140　　　　C. 150　　　　D. 210

12. 甲公司於2×16年12月1日收到與資產相關的政府補助1,000萬元，確認為遞延收益，至2×16年12月31日相關資產尚未達到預定可使用狀態，相關資產按10年計提折舊。假定該政府補助不屬於免稅項目。2×16年12月31日遞延收益的計稅基礎為（　　）萬元。

A. 100　　　　B. 0　　　　C. 1,000　　　　D. 900

13. 甲公司於2×15年12月購入一臺設備，並於當月投入使用。該設備的入帳價值為60萬元，預計使用年限為5年，預計淨殘值為零，採用年限平均法計提折舊。稅法規定採用雙倍餘額遞減法計提折舊，且使用年限與淨殘值均與會計相同。至2×16年12月31日，該設備未計提固定資產減值準備。甲公司適用的所得稅稅率為15%。甲公司2×16年12月31日對該設備確認的遞延所得稅負債餘額為（　　）萬元。

A. 12　　　　B. 24　　　　C. 1.8　　　　D. 3

14. 甲公司適用的所得稅稅率為25%，2×15年12月31日因職工教育經費超過稅前扣除限額確認遞延所得稅資產10萬元。2×16年度，甲公司工資薪金總額為4,000萬元，本期全部發放，發生職工教育經費80萬元。稅法規定，工資按實際發放金額在稅前扣除，企業發生的職工教育經費支出，不超過工資薪金總額2.5%的部分，準予扣除；超過部分，準予在以後納稅年度結轉扣除。甲公司2×16年12月31日下列會計處理中正確的是（　　）。

A. 轉回遞延所得稅資產5萬元　　　B. 增加遞延所得稅資產40萬元
C. 轉回遞延所得稅資產10萬元　　D. 增加遞延所得稅資產5萬元

15. A公司所得稅稅率為25%，開發新技術當期發生研發支出1,800萬元，其中資本化部分為1,000萬元，2×14年7月1日達到預定可使用狀態，預計使用年限為10年，採用直線法攤銷。稅法規定企業為開發新技術、新產品、新工藝發生的研究開發

費用，未形成無形資產計入當期損益的，在按照規定據實扣除的基礎上，按照研究開發費用的 50% 加計扣除；形成無形資產的，按照無形資產成本的 150% 攤銷；稅法規定的攤銷年限和方法與會計相同。則 2×14 年年底 A 公司有關該無形資產所得稅的會計處理表述不正確的是（　　）。

　　A. 資產帳面價值為 950 萬元
　　B. 資產計稅基礎為 1,425 萬元
　　C. 可抵扣暫時性差異為 475 萬元
　　D. 應確認遞延所得稅資產 118.75 萬元

16. B 公司所得稅稅率為 25%。B 公司於 2×14 年 1 月 1 日將某自用辦公樓用於對外出租，該辦公樓的原值為 1,000 萬元，預計使用年限為 20 年。轉為投資性房地產之前，該辦公樓已使用 5 年，企業按照年限平均法計提折舊，預計淨殘值為零。轉換日辦公樓的帳面價值與公允價值相同，轉為投資性房地產核算後，採用公允價值模式對該投資性房地產進行後續計量。假定稅法規定的折舊方法、折舊年限及淨殘值與會計規定相同。同時，稅法規定資產在持有期間公允價值的變動不計入應納稅所得額，待處置時一併計算確定應計入應納稅所得額的金額。該項投資性房地產在 2×14 年 12 月 31 日的公允價值為 1,700 萬元。則 2×14 年 12 月 31 日應確認的遞延所得稅負債為（　　）萬元。

　　A. 250　　　　B. 0　　　　C. 237.5　　　　D. 175

17. 甲公司於 2×13 年 1 月 1 日開業，2×13 年和 2×14 年免徵企業所得稅，從 2×15 年起，適用的所得稅稅率為 25%。甲公司 2×13 年開始攤銷無形資產，2×13 年 12 月 31 日其帳面價值為 900 萬元，計稅基礎為 1,200 萬元；2×14 年 12 月 31 日，帳面價值為 540 萬元，計稅基礎為 900 萬元。假定資產負債表日有確鑿證據表明未來期間能夠產生足夠的應納稅所得額，用來抵扣可抵扣暫時性差異。2×14 年應確認的遞延所得稅收益為（　　）萬元。

　　A. 0　　　　B. 15　　　　C. 90　　　　D. −15

18. M 公司 2×14 年實現利潤總額 700 萬元，適用的所得稅稅率為 25%。當年發生的與所得稅相關的事項如下：接到環保部門的通知，支付罰款 9 萬元，廣告費超支 14 萬元，國債利息收入 28 萬元，年初「預計負債——產品質量擔保費」科目餘額為 30 萬元，當年提取產品質量擔保費 20 萬元，實際發生 8 萬元的產品質量擔保費。稅法規定，企業因違反國家有關法律法規支付的罰款和滯納金，計算應納稅所得額時不允許稅前扣除；廣告費超支部分可以結轉下年扣除；對國債利息收入免徵所得稅；與產品售後服務相關的費用在實際發生時允許稅前扣除。則根據上述資料，M 公司 2×14 年的淨利潤為（　　）萬元。

　　A. 523.25　　　　B. 525　　　　C. 529.75　　　　D. 700

19. 甲公司適用的所得稅稅率為 25%。2×13 年 12 月 31 日，甲公司交易性金融資產的計稅基礎為 2,000 萬元，帳面價值為 2,200 萬元，「遞延所得稅負債」科目餘額為 50 萬元。2×14 年 12 月 31 日，該交易性金融資產的市價為 2,300 萬元。2×14 年稅前會計利潤為 1,000 萬元。2×14 年甲公司確認遞延所得稅收益是（　　）萬元。

　　A. −25　　　　B. 25　　　　C. 75　　　　D. −75

20. 甲公司2×12年12月6日購入設備一臺，原值為360萬元，預計淨殘值為60萬元。稅法規定採用年數總和法計提折舊，折舊年限為5年；會計規定採用年限平均法計提折舊，折舊年限為4年。稅前會計利潤各年均為1,000萬元。2×13年國家規定，甲公司從2×14年1月1日起變更為高新技術企業，按照稅法規定適用的所得稅稅率由原25%變更為15%，遞延所得稅沒有期初餘額。則2×13年應確認的所得稅費用為（　　）萬元。

  A. 247.5 B. 297.50 C. 298.50 D. 250

21. 甲公司適用的所得稅稅率為25%，2×14年3月3日自公開市場以每股5元的價格取得A公司普通股100萬股，劃分為可供出售金融資產。假定不考慮交易費用。2×14年12月31日，甲公司該股票投資尚未出售，當日市價為每股6元。除該事項外，甲公司不存在其他會計與稅法之間的差異。甲公司2×14年稅前利潤為1,000萬元。則甲公司2×14年有關可供出售金融資產所得稅的會計處理，不正確的是（　　）。

  A. 應納稅暫時性差異為100萬元 B. 確認遞延所得稅負債25萬元
  C. 確認所得稅費用25萬元 D. 當期所得稅費用為250萬元

22. 甲公司2×14年12月20日與乙公司簽訂產品銷售合同。合同約定，甲公司向乙公司銷售A產品100萬件，單位售價為6元，增值稅稅率為17%；乙公司收到A產品後3個月內如發現質量問題有權退貨。A產品單位成本為4元。甲公司於2×14年12月20日發出A產品，並開具增值稅專用發票。根據歷史經驗，甲公司估計A產品的退貨率為30%。至2×14年12月31日為止，上述已銷售的A產品尚未發生退回。

  甲公司適用的所得稅稅率為25%，則甲公司因銷售A產品於2×14年度確認的遞延所得稅費用是（　　）萬元。

  A. -15 B. 15 C. 0 D. 60

23. 甲公司適用的所得稅稅率為25%，因銷售產品承諾提供3年的保修服務，2×13年年末「預計負債」科目餘額為500萬元，「遞延所得稅資產」科目餘額為125萬元。甲公司2×14年實際發生保修費用400萬元，在2×14年度利潤表中確認了600萬元的銷售費用，同時確認為預計負債。2×14年稅前會計利潤為1,000萬元。按照稅法規定，與產品售後服務相關的費用在實際發生時允許稅前扣除。則2×14年有關保修服務涉及所得稅的會計處理，不正確的是（　　）。

  A. 2×14年年末預計負債帳面價值為700萬元
  B. 2×14年年末可抵扣暫時性差異累計額為700萬元
  C. 2×14年「遞延所得稅資產」科目發生額為50萬元
  D. 2×14年應交所得稅為400萬元

24. 甲公司2×14年12月計入成本費用的工資總額為400萬元，至2×14年12月31日尚未支付。假定按照稅法規定，當期計入成本費用的400萬元工資支出中，可予以稅前扣除的金額為300萬元。甲公司所得稅稅率為25%。假定甲公司稅前會計利潤為1,000萬元。不考慮其他納稅調整事項，則2×14年確認的遞延所得稅金額為（　　）萬元。

  A. 0 B. 250 C. 275 D. 25

25. A公司所得稅稅率為25%，採用公允價值模式對該投資性房地產進行後續計

量。A 公司於 2×12 年 12 月 31 日外購一棟房屋並於當日用於對外出租，該房屋的成本為 1,500 萬元，預計使用年限為 20 年。該項投資性房地產在 2×13 年 12 月 31 日的公允價值為 1,800 萬元。假定稅法規定按年限平均法計提折舊，預計淨殘值為零，折舊年限為 20 年；A 公司期初遞延所得稅負債餘額為零。

同時，稅法規定資產在持有期間公允價值的變動不計入應納稅所得額，待處置時一併計算確定應計入應納稅所得額的金額。各年稅前會計利潤均為 1,000 萬元。不考慮其他因素，2×13 年 12 月 31 日，A 公司有關所得稅的會計處理表述中，不正確的是（　　）。

　　A. 2×13 年年末「遞延所得稅負債」科目餘額為 93.75 萬元

　　B. 2×13 年遞延所得稅收益為 93.75 萬元

　　C. 2×13 年應交所得稅為 156.25 萬元

　　D. 2×13 年確認所得稅費用為 250 萬元

26. 甲公司適用的所得稅稅率為 25%，其 2×14 年發生的交易或事項中，會計與稅收處理存在差異的事項如下：當期購入作為可供出售金融資產的股票投資，期末公允價值大於初始取得成本 160 萬元；收到與資產相關的政府補助 1,600 萬元，相關資產至年末尚未開始計提折舊，稅法規定此補助應於收到時確認為當期收益。

甲公司 2×14 年利潤總額為 5,200 萬元，假定遞延所得稅資產和負債年初餘額均為零，未來期間能夠取得足夠的應納稅所得額以抵扣可抵扣暫時性差異。下列關於甲公司 2×14 年所得稅的會計處理中，不正確的是（　　）。

　　A. 所得稅費用為 900 萬元　　　　B. 應交所得稅為 1,700 萬元

　　C. 遞延所得稅負債為 40 萬元　　　D. 遞延所得稅資產為 400 萬元

(二) 多項選擇題

1. 下列說法中，正確的有（　　）。

　　A. 當某項交易同時具有「不是企業合併」及「交易發生時既不影響會計利潤也不影響應納稅所得額（或可抵扣虧損）」特徵時，企業不應當確認該項應納稅暫時性差異產生的遞延所得稅負債

　　B. 因商譽的初始確認產生的應納稅暫時性差異應當確認為遞延所得稅負債

　　C. 因商譽的初始確認產生的應納稅暫時性差異不能確認為遞延所得稅負債

　　D. 當某項交易同時具有「不是企業合併」及「交易發生時既不影響會計利潤也不影響應納稅所得額（或可抵扣虧損）」特徵時，企業應當確認該項可抵扣暫時性差異產生的遞延所得稅資產

2. 下列各事項中，不會導致計稅基礎和帳面價值產生差異的有（　　）。

　　A. 存貨期末的可變現淨值高於成本

　　B. 購買國債確認的利息收入

　　C. 固定資產發生的維修支出

　　D. 對使用壽命不確定的無形資產期末進行減值測試

3. 下列各項負債中，其計稅基礎不為零的有（　　）。

　　A. 因欠稅產生的應交稅款滯納金

　　B. 因購入存貨形成的應付帳款

C. 因確認保修費用形成的預計負債

D. 為職工計提的超過稅法扣除標準的應付養老保險金

4. 下列各項資產和負債中，因帳面價值與計稅基礎不一致形成暫時性差異的有（　　）。

　　A. 使用壽命不確定的無形資產

　　B. 已計提減值準備的固定資產

　　C. 已確認公允價值變動損益的交易性金融資產

　　D. 因違反稅法規定應繳納但尚未繳納的滯納金

5. 下列各項負債中，其計稅基礎不為零的有（　　）。

　　A. 因合同違約確認的預計負債

　　B. 從銀行取得的短期借款

　　C. 因確認保修費用形成的預計負債

　　D. 因稅收罰款確認的其他應付款

6. 在不考慮其他影響因素的情況下，企業發生的下列交易或事項中，期末會引起「遞延所得稅資產」科目增加的有（　　）。

　　A. 本期計提固定資產減值準備

　　B. 本期轉回存貨跌價準備

　　C. 本期發生淨虧損，稅法允許在未來5年內稅前補虧

　　D. 實際發生產品售後保修費用，衝減已計提的預計負債

7. 關於所得稅，下列說法中正確的有（　　）。

　　A. 本期遞延所得稅資產的發生額不一定會影響本期所得稅費用

　　B. 企業應將所有應納稅暫時性差異確認為遞延所得稅負債

　　C. 企業應將所有可抵扣暫時性差異確認為遞延所得稅資產

　　D. 資產帳面價值小於計稅基礎時，產生可抵扣暫時性差異

8. 下列交易或事項形成的負債中，其計稅基礎等於帳面價值的有（　　）。

　　A. 企業為關聯方提供債務擔保確認預計負債800萬元

　　B. 企業因銷售商品提供售後服務在當期確認預計負債100萬元

　　C. 企業當期確認的國債利息收入500萬元

　　D. 企業因違法支付的罰款支出200萬元

9. 下列項目中，可以產生應納稅暫時性差異的有（　　）。

　　A. 自行研發無形資產形成的資本化支出

　　B. 交易性金融負債帳面價值小於其計稅基礎

　　C. 以公允價值模式進行後續計量的投資性房地產公允價值大於帳面價值

　　D. 可供出售金融資產公允價值小於取得時成本

10. 企業因下列事項確認的遞延所得稅，計入利潤表所得稅費用的有（　　）。

　　A. 可供出售金融資產因資產負債表日公允價值變動產生的暫時性差異

　　B. 交易性金融資產因資產負債表日公允價值變動產生的暫時性差異

　　C. 交易性金融負債因資產負債表日公允價值變動產生的暫時性差異

　　D. 公允價值模式計量的投資性房地產因資產負債表日公允價值變動產生的暫時性差異

11. 企業持有的採用權益法核算的長期股權投資，如果擬長期持有該項投資，其帳面價值與計稅基礎會產生差異。正確的會計處理有（　　）。
   A. 因初始投資成本的調整產生的暫時性差異預計未來期間不會轉回，對未來期間沒有所得稅影響，故不確認遞延所得稅
   B. 因確認投資損益產生的暫時性差異，由於在未來期間逐期分回現金股利或利潤時免稅，不存在對未來期間的所得稅影響，故不確認遞延所得稅
   C. 因確認應享有被投資單位其他權益變動而產生的暫時性差異，在長期持有的情況下預計未來期間也不會轉回，故不確認遞延所得稅
   D. 如果持有意圖由長期持有轉變為擬近期出售，因長期股權投資的帳面價值與計稅基礎不同產生的有關暫時性差異，均應確認相關的所得稅影響

12. 下列關於所得稅的表述中，不正確的有（　　）。
   A. 當期產生的遞延所得稅資產會減少利潤表中的所得稅費用
   B. 因集團內部債權債務往來在個別報表中形成的遞延所得稅在合併報表中應該抵銷
   C. 期末因稅率變動對遞延所得稅資產的調整均應計入所得稅費用
   D. 商譽會產生應納稅暫時性差異，但一般不確認相關的遞延所得稅負債

(三) 判斷題

1. 稅法規定，罰款和滯納金不能稅前扣除，其帳面價值與計稅基礎之間的差額應確認遞延所得稅資產。　　　　　　　　　　　　　　　　　　　　　（　　）
2. 可抵扣暫時性差異一定確認為遞延所得稅資產。　　　　　　　　（　　）
3. 對於超過3年納稅調整的暫時性差異，企業應當對遞延所得稅資產和遞延所得稅負債進行折現。　　　　　　　　　　　　　　　　　　　　　　　（　　）
4. 企業合併業務發生時確認的資產、負債初始計量金額與其計稅基礎不同所形成的應納稅暫時性差異，不確認遞延所得稅負債。　　　　　　　　　　　（　　）
5. 資產的計稅基礎，是指在企業收回資產帳面價值的過程中，計算應納稅所得額時按照稅法規定可以自應稅經濟利益中抵扣的金額。　　　　　　　　　（　　）
6. 以利潤總額為基礎計算應納稅所得額時，所有新增的應納稅暫時性差異都應作納稅調減。　　　　　　　　　　　　　　　　　　　　　　　　　　（　　）
7. 企業因政策性原因發生的巨額經營虧損，在符合條件的情況下，應確認與其相關的遞延所得稅資產。　　　　　　　　　　　　　　　　　　　　　　（　　）
8. 對於合併財務報表中納入合併範圍的企業，一方的當期所得稅資產或遞延所得稅資產與另一方的當期所得稅負債或遞延所得稅負債應予以抵銷列示。（　　）
9. 如稅法規定交易性金融資產在持有期間公允價值變動不計入應納稅所得額，則交易性金融資產的帳面價值與計稅基礎之間可能會產生差異，該差異是可抵扣暫時性差異。　　　　　　　　　　　　　　　　　　　　　　　　　　　　（　　）
10. 遞延所得稅資產的確認原則是以可抵扣暫時性差異轉回期間預計將獲得的應納稅所得額為限，確認相應的遞延所得稅資產。　　　　　　　　　　　（　　）

（四）計算分析題

1. 甲公司 2×16 年實現利潤總額 3,260 萬元，當年度發生的部分交易或事項如下：

（1）自 2 月 20 日起自行研發一項新技術，2×16 年以銀行存款支付研發支出共計 460 萬元，其中研究階段支出 120 萬元，開發階段符合資本化條件前支出 60 萬元，符合資本化條件後支出 280 萬元，研發活動至 2×16 年年底仍在進行中。稅法規定，企業為開發新技術、新產品、新工藝發生的研究開發費用，未形成資產計入當期損益的，在按規定據實扣除的基礎上，按照研究開發費用的 50% 加計扣除；形成無形資產的，按照無形資產成本的 150% 攤銷。

（2）7 月 20 日，自公開市場以每股 7.5 元購入 20 萬股乙公司股票，作為可供出售金融資產。2×16 年 12 月 31 日，乙公司股票收盤價為每股 8.8 元。稅法規定，企業持有的股票等金融資產以取得成本作為計稅基礎。

（3）2×16 年發生廣告費 5,000 萬元。甲公司當年度銷售收入為 15,000 萬元。稅法規定，企業發生的廣告費不超過當年銷售收入 15% 的部分，準予扣除；超過部分，準予在以後納稅年度結轉扣除。

其他有關資料：甲公司適用的所得稅稅率為 25%；本題不考慮中期財務報告的影響；除上述差異外，甲公司 2×16 年未發生其他納稅調整事項；遞延所得稅資產和遞延所得稅負債無期初餘額；假定甲公司在未來期間能夠產生足夠的應納稅所得額用以利用可抵扣暫時性差異的所得稅影響。

要求：

（1）對甲公司 2×16 年研發新技術發生支出進行會計處理，確定 2×16 年 12 月 31 日所形成開發支出的計稅基礎，判斷是否確認遞延所得稅並說明理由。

（2）對甲公司購入及持有乙公司股票進行會計處理，計算該可供出售金融資產在 2×16 年 12 月 31 日的計稅基礎，編制確認遞延所得稅的會計分錄。

（3）計算甲公司 2×16 年應交所得稅和所得稅費用，並編制確認所得稅費用相關的會計分錄。

2. 2×16 年 1 月 1 日，甲公司董事會批准研發某項新產品專利技術，有關資料如下：

（1）截至 2×16 年 7 月 3 日，該研發項目共發生支出 5,000 萬元，其中費用化支出 1,000 萬元，該項新產品專利技術於當日達到預定用途。公司預計該新產品專利技術的使用壽命為 10 年，該專利的法律保護期限為 10 年，採用直線法攤銷；稅法規定該項無形資產採用直線法攤銷，攤銷年限與會計相同。

（2）其他資料：

①按照稅法規定，企業為開發新技術、新產品、新工藝發生的研究開發費用，未形成無形資產計入當期損益的，在按照規定據實扣除的基礎上，按照研究開發費用的 50% 加計扣除；形成無形資產的，按照無形資產成本的 150% 攤銷。甲公司該研究開發項目符合上述稅法規定。

②假定甲公司每年的稅前利潤總額均為 10,000 萬元，甲公司適用的所得稅稅率為 25%。

③假定甲公司 2×16 年年初不存在暫時性差異。

要求：

（1）計算 2×16 年年末無形資產的帳面價值、計稅基礎、遞延所得稅資產、應交所得稅，並編制會計分錄。

（2）計算 2×17 年年末無形資產的帳面價值、計稅基礎、遞延所得稅資產、應交所得稅，並編制會計分錄。

3. 甲公司為上市公司，2×16 年有關資料如下：

（1）甲公司 2×16 年年初的遞延所得稅資產借方餘額為 190 萬元，遞延所得稅負債貸方餘額為 10 萬元。具體構成項目如下：

單位：萬元

項　　目	可抵扣暫時性差異	遞延所得稅資產	應納稅暫時性差異	遞延所得稅負債
應收帳款	60	15		
交易性金融資產			40	10
可供出售金融資產	200	50		
預計負債	80	20		
可稅前抵扣的經營虧損	420	105		
合　　計	760	190	40	10

（2）甲公司 2×16 年度實現的利潤總額為 1,610 萬元。2×16 年度相關交易或事項資料如下：

①年末轉回應收帳款壞帳準備 20 萬元。根據稅法規定，轉回的壞帳損失不計入應納稅所得額。

②年末根據交易性金融資產公允價值變動確認公允價值變動收益 20 萬元。根據稅法規定，交易性金融資產公允價值變動收益不計入應納稅所得額。

③年末根據可供出售金融資產公允價值變動增加資本公積 40 萬元。根據稅法規定，可供出售金融資產公允價值變動金額不計入應納稅所得額。

④當年實際支付產品保修費用 50 萬元，衝減前期確認的相關預計負債；當年又確認產品保修費用 10 萬元，增加相關預計負債。根據稅法規定，實際支付的產品保修費用允許稅前扣除。但預計的產品保修費用不允許稅前扣除。

⑤當年發生研究開發支出 100 萬元，全部費用化計入當期損益。根據稅法規定，計算應納稅所得額時，當年實際發生的費用化研究開發支出可以按 50%加計扣除。

（3）2×16 年年末資產負債表相關項目金額及其計稅基礎如下：

單位：萬元

項　　目	帳面價值	計稅基礎
應收帳款	360	400
交易性金融資產	420	360
可供出售金融資產	400	560
預計負債	40	0
可稅前抵扣的經營虧損	0	0

(4) 甲公司適用的所得稅稅率為25％，預計未來期間適用的所得稅稅率不會發生變化，未來的期間能夠產生足夠的應納稅所得額用以抵扣可抵扣暫時性差異；不考慮其他因素。

要求：

(1) 根據上述資料，計算甲公司2×16年應納稅所得額和應交所得稅金額。

(2) 根據上述資料，計算甲公司各項2×16年年末的暫時性差異金額，計算結果填列在表格中。

(3) 根據上述資料，逐筆編制與遞延所得稅資產或遞延所得稅負債相關的會計分錄。

(4) 根據上述資料，計算甲公司2×16年所得稅費用金額。

(答案中的金額單位用萬元表示)

4. 甲公司2×16年度會計處理與稅務處理存在差異的交易或事項如下：

(1) 持有的交易性金融資產公允價值上升40萬元。根據稅法規定，交易性金融資產持有期間公允價值的變動金額不計入當期應納稅所得額。

(2) 計提與擔保事項相關的預計負債600萬元。根據稅法規定，與上述擔保事項相關的支出不得稅前扣除。

(3) 持有的可供出售金融資產公允價值上升200萬元。根據稅法規定，可供出售金融資產持有期間公允價值的變動金額不計入當期應納稅所得額。

(4) 計提固定資產減值準備140萬元。根據稅法規定，計提的資產減值準備在未發生實質性損失前不允許稅前扣除。

(5) 長期股權投資採用成本法核算，帳面價值為5,000萬元，本年收到現金股利確認投資收益100萬元。計稅基礎為5,000萬元。按照稅法規定，居民企業直接投資於其他居民企業取得的投資收益免稅。

(6) 當年取得長期股權投資採用權益法核算，期末帳面價值為6,800萬元。其中，成本為4,800萬元，損益調整為1,800萬元，其他權益變動為200萬元，期末計稅基礎為4,800萬元。企業擬長期持有該項投資，按照稅法規定，居民企業直接投資於其他居民企業取得的投資收益免稅。

(7) 甲公司自行研發的無形資產於2×16年12月31日達到預定用途，其帳面價值為1,000萬元，計稅基礎為無形資產成本的150％。

(8) 因銷售產品承諾提供保修服務，預計負債帳面價值為300萬元。按照稅法規定，與產品售後服務相關的費用在實際發生時允許稅前扣除。

(9) 因附退回條件的銷售而確認預計負債的帳面價值為100萬元，計稅基礎為0。

(10) 2×16年發生了160萬元廣告費支出，發生時已作為銷售費用計入當期損益。稅法規定，該類支出不超過當年銷售收入15％的部分允許當期稅前扣除，超過部分允許向以後年度結轉稅前扣除。2×16年實現銷售收入1,000萬元。

甲公司適用的所得稅稅率為25％。假定期初遞延所得稅資產和遞延所得稅負債的餘額均為零，甲公司預計未來年度能夠產生足夠的應納稅所得額用以抵扣可抵扣暫時性差異。

要求：

（1）根據上述資料，逐項指出甲公司上述交易或事項是否形成暫時性差異。如果形成暫時性差異，說明屬於應納稅暫時性差異，還是可抵扣暫時性差異。

（2）計算甲公司2×16年度的遞延所得稅資產、遞延所得稅負債和遞延所得稅費用。

（五）綜合題

AS公司2×15年年末、2×16年年末利潤表中「利潤總額」項目金額分別為5,000萬元、6,000萬元，各年所得稅稅率均為25%。各年與所得稅有關的經濟業務如下：

（1）2×15年：

①2×15年計提存貨跌價準備45萬元，年末存貨帳面價值為500萬元。

②2×14年12月購入一項固定資產，原值為900萬元，折舊年限為10年，預計淨殘值為零，會計採用雙倍餘額遞減法計提折舊；稅法要求採用直線法計提折舊，使用年限為10年，淨殘值為零。

③2×15年支付非廣告性贊助支出300萬元。假定稅法規定該支出不允許稅前扣除。

④2×15年企業為開發新技術發生研究開發支出100萬元，其中資本化支出為60萬元，於本年年末達到預定可使用狀態，未發生其他費用，當年攤銷10萬元。按照稅法規定，企業為開發新技術、新產品、新工藝發生的研究開發費用，未形成無形資產計入當期損益的，在按照規定據實扣除的基礎上，按照研究開發費用的50%加計扣除；形成無形資產的，按照無形資產成本的150%攤銷。

⑤2×15年取得的可供出售金融資產初始成本為100萬元，年末公允價值變動增加50萬元。

⑥2×15年支付違反稅收罰款支出150萬元。

（2）2×16年：

①2×16年計提存貨跌價準備75萬元，累計計提存貨跌價準備120萬元。年末存貨帳面價值為1,000萬元。

②2×16計提固定資產減值準備30萬元。

③2×16年支付非廣告性贊助支出400萬元，假定稅法規定該支出不允許稅前扣除。

④上述2×15年取得的無形資產於2×16年攤銷20萬元。

⑤2×16年年末可供出售金融資產公允價值為130萬元。

要求：

（1）計算2×15年暫時性差異，將計算結果填入下表。

單位：萬元

項目	帳面價值	計稅基礎	暫時性差異	
			應納稅暫時性差異	可抵扣暫時性差異
存貨				
固定資產				
無形資產				
可供出售金融資產				
總計				

(2) 計算 2×15 年應交所得稅。
(3) 計算 2×15 年遞延所得稅資產和遞延所得稅負債的發生額。
(4) 計算 2×15 年所得稅費用和計入其他綜合收益的金額。
(5) 編制 2×15 年有關所得稅的會計分錄。
(6) 計算 2×16 年暫時性差異，將計算結果填入下表。

單位：萬元

項目	帳面價值	計稅基礎	暫時性差異	
			應納稅暫時性差異	可抵扣暫時性差異
存貨				
固定資產				
無形資產				
可供出售金融資產				
總計				

(7) 計算 2×16 年應交所得稅。
(8) 計算 2×16 年遞延所得稅資產和遞延所得稅負債的發生額。
(9) 計算 2×16 年確認的所得稅費用和計入其他綜合收益的金額。
(10) 編制 2×16 年有關所得稅的會計分錄。

五、參考答案及解析

(一) 單項選擇題

1. 【答案】D

【解析】2×20 年 12 月 31 日固定資產的帳面價值 = 200-200÷5×3 = 80（萬元），計稅基礎 = 100-100÷5×3 = 40（萬元），應納稅暫時性差異的餘額 = 80-40 = 40（萬元）。

2. 【答案】C

【解析】負債的計稅基礎為負債帳面價值減去以後可以稅前列支的金額。因確認保修費用形成的預計負債，稅法允許在以後實際發生時稅前列支，即該預計負債的計稅基礎 = 其帳面價值 - 稅前列支的金額 = 0。

3. 【答案】B

【解析】2×17 年 12 月 31 日遞延所得稅資產餘額 = (8,000-6,000)×25% = 500（萬元）（要按照預期收回該資產期間的適用稅率計量），2×17 年 12 月 31 日遞延所得稅資產發生額為 500（萬元）（借方）；2×18 年 12 月 31 日遞延所得稅資產餘額 = (6,000-3,600)×25% = 600（萬元），2×18 年 12 月 31 日遞延所得稅資產發生額 = 600-500 = 100（萬元）（借方）。

4. 【答案】A

【解析】預計負債帳面價值 = 100 萬元，計稅基礎 = 帳面價值 100 - 可從未來經濟利益中扣除的金額 0 = 100（萬元），帳面價值與計稅基礎相等，所以，本期產生的暫時性差異為 0。

5.【答案】C

【解析】2×16年12月31日因該可供出售金融資產應確認的其他綜合收益金額=（12-8）×200-（12-8）×200×25%=600（萬元）。

6.【答案】B

【解析】2×16年12月31日，投資性房地產的帳面價值為5,600萬元，計稅基礎=6,000-6,000÷20×10÷12=5,750（萬元），應確認遞延所得稅資產的金額=（5,750-5,600）×25%=37.5（萬元）。

7.【答案】A

【解析】應稅合併下，購買方取得的資產（包括商譽）、負債的計稅基礎與帳面價值相等，購買日商譽的計稅基礎=商譽帳面價值=4,000-2,400=1,600（萬元）。

8.【答案】D

【解析】合併財務報表應確認的遞延所得稅資產=（800-600）×（1-40%）×25%=30（萬元）。

9.【答案】A

【解析】2×18年12月31日該項負債的餘額在未來期間計算應納稅所得額時按照稅法規定可予以抵扣，因此計稅基礎為0。

10.【答案】B

【解析】應付職工薪酬的計稅基礎=100-100=0（萬元）。

11.【答案】C

【解析】甲公司2×16年12月31日開發支出的帳面價值為100萬元，計稅基礎=100×150%=150（萬元）。

12.【答案】B

【解析】由於該項政府補助不屬於免稅項目，稅法規定收到時應計入當期應納稅所得額，未來確認為收益時允許抵扣。2×16年12月31日遞延收益的計稅基礎=1,000-1,000=0（萬元）。

13.【答案】C

【解析】該設備2×16年12月31日的帳面價值=60-60÷5=48（萬元），計稅基礎=60-60×2÷5=36（萬元），應確認的遞延所得稅負債餘額=（48-36）×15%=1.8（萬元）。

14.【答案】A

【解析】甲公司2×16年按稅法規定可稅前扣除的職工教育經費=4,000×2.5%=100（萬元），實際發生的80萬元當期可扣除，2×15年超過稅前扣除限額的部分本期可扣除20萬元，應轉回遞延所得稅資產的金額=20×25%=5（萬元），選項A正確。

15.【答案】D

【解析】帳面價值=1,000-1,000÷10×6÷12=950（萬元），計稅基礎=1,000×150%-1,000×150%÷10×6÷12=1,425（萬元），可抵扣暫時性差異=475（萬元），不確認遞延所得稅資產。

16.【答案】A

【解析】投資性房地產的帳面價值=1,700萬元，計稅基礎=1,000-1,000÷20×6=700（萬元）。帳面價值大於計稅基礎，產生了1,000萬元的應納稅暫時性差異，因此，

確認遞延所得稅負債＝1,000×25%＝250（萬元）。

17.【答案】B

【解析】遞延所得稅的金額應該按轉回期間的稅率來計算。2×13年和2×14年為免稅期，不需要繳納所得稅，但是仍然要確認遞延所得稅。

2×13年遞延所得稅資產的期末餘額＝（1,200-900）×25%＝75（萬元）

2×14年遞延所得稅資產的期末餘額＝（900-540）×25%＝90（萬元）

2×14年應確認的遞延所得稅資產＝90-75＝15（萬元），故遞延所得稅收益為15萬元。

18.【答案】C

【解析】廣告費產生可抵扣暫時性差異，應確認遞延所得稅資產＝14×25%＝3.5（萬元）；預計負債的年初帳面餘額為30萬元，計稅基礎為0，形成可抵扣暫時性差異30萬元；年末帳面餘額＝30+20-8＝42（萬元），計稅基礎為0，形成可抵扣暫時性差異42萬元；遞延所得稅資產借方發生額＝42×25%-30×25%＝3（萬元）；2×14年應交所得稅＝(700+9+14-28+20-8)×25%＝176.75（萬元）；2×14年所得稅費用＝176.75-3-3.5＝170.25（萬元）。因此，2×14年淨利潤＝700-170.25＝529.75（萬元）。

19.【答案】A

【解析】2×14年年末帳面價值＝2,300萬元，計稅基礎＝2,000萬元，累計應納稅暫時性差異＝300萬元。2×14年年末「遞延所得稅負債」科目餘額＝300×25%＝75（萬元），2×14年「遞延所得稅負債」發生額＝75-50＝25（萬元）。故遞延所得稅收益為-25萬元。

20.【答案】A

【解析】2×13年年末（所得稅稅率為25%）：

（1）帳面價值＝360-(360-60)÷4＝285（萬元）

（2）計稅基礎＝360-(360-60)×5÷15＝260（萬元）

（3）應納稅暫時性差異＝285-260＝25（萬元）

（4）遞延所得稅負債發生額＝25×15%-0＝3.75（萬元）

（5）應交所得稅＝（1,000-25）×25%＝243.75（萬元）

（6）所得稅費用＝243.75+3.75＝247.5（萬元）

21.【答案】C

【解析】帳面價值＝600萬元，計稅基礎＝500萬元，應納稅暫時性差異＝100萬元；遞延所得稅負債＝100×25%＝25（萬元），對應科目為「其他綜合收益」；應交所得稅＝1,000×25%＝250（萬元）。選項C不正確，確認的遞延所得稅負債不影響所得稅費用，而是影響其他綜合收益，因此，所得稅費用為250萬元。

22.【答案】A

【解析】2×14年12月31日確認估計的銷售退回，會計分錄為：

借：主營業務收入　　　　　　　　　　180（100×6×30%）
　　貸：主營業務成本　　　　　　　　　　120（100×4×30%）
　　　　預計負債　　　　　　　　　　　　　　　　　　　　60

確認的預計負債的帳面價值為60萬元，預計負債的計稅基礎＝60-60＝0（萬元），

可抵扣暫時性差異為 60 萬元，應確認遞延所得稅資產＝60×25%＝15（萬元）。所以遞延所得稅費用為-15 萬元，因此選項 A 正確。

23.【答案】D

【解析】預計負債的帳面價值＝500-400+600＝700（萬元），預計負債的計稅基礎＝700-700＝0（萬元），可抵扣暫時性差異累計額＝700 萬元，2×14 年年末「遞延所得稅資產」科目餘額＝700×25%＝175（萬元），2×14 年「遞延所得稅資產」科目發生額＝175-125＝50（萬元），2×14 年應交所得稅＝（1,000+600-400）×25%＝300（萬元），2×14 年所得稅費用＝300-50＝250（萬元）。

24.【答案】A

【解析】應付職工薪酬的帳面價值＝400 萬元，計稅基礎＝400-0＝400（萬元），帳面價值與計稅基礎相等，不形成暫時性差異。

25.【答案】B

【解析】2×13 年年末，投資性房地產的帳面價值＝1,800 萬元，計稅基礎＝1,500-1,500÷20＝1,425（萬元），應納稅暫時性差異＝1,800-1,425＝375（萬元），2×13 年年末「遞延所得稅負債」科目餘額＝375×25%＝93.75（萬元），2×13 年「遞延所得稅負債」科目發生額＝93.75（萬元），2×13 年年末確認遞延所得稅費用＝93.75（萬元），2×13 年應交所得稅＝［1,000-（1,800-1,500）-1,500÷20］×25%＝156.25（萬元），2×13 年所得稅費用＝156.25+93.75＝250（萬元）。

26.【答案】A

【解析】2×14 年應交所得稅＝（5,200+1,600）×25%＝1,700（萬元）；遞延所得稅負債＝160×25%＝40（萬元），對應其他綜合收益，不影響所得稅費用；遞延所得稅資產＝1,600×25%＝400（萬元）；所得稅費用＝1,700-400＝1,300（萬元）。

(二) 多項選擇題

1.【答案】AC

【解析】商譽的初始確認產生的應納稅暫時性差異不能確認遞延所得稅負債；當某項交易同時具有「不是企業合併」及「交易發生時既不影響會計利潤也不影響應納稅所得額（或可抵扣虧損）」特徵時，企業不應當確認可抵扣暫時性差異產生的遞延所得稅資產或應納稅暫時性差異產生的遞延所得稅負債。

2.【答案】ABC

【解析】選項 D，使用壽命不確定的無形資產，會計上不攤銷，而稅法要分期攤銷，因此，無論其是否發生減值，均可能產生暫時性差異。

3.【答案】ABD

【解析】負債的計稅基礎為負債的帳面價值減去未來期間可以稅前列支的金額。選項 C，企業因保修費用確認的預計負債，稅法允許在以後實際發生時稅前列支，即該預計負債的計稅基礎＝帳面價值-未來期間稅前列支的金額＝0。

4.【答案】ABC

【解析】選項 A，使用壽命不確定的無形資產會計上不計提攤銷，但稅法規定會按一定方法進行攤銷，會形成暫時性差異；選項 B，企業計提的資產減值準備在發生實質

性損失之前稅法不承認，因此不允許稅前扣除，會形成暫時性差異；選項C，交易性金融資產持有期間公允價值的變動稅法上也不承認，會形成暫時性差異；選項D，因違反稅法規定應繳納但尚未繳納的滯納金是企業的負債，稅法不允許扣除，帳面價值與計稅基礎相等，不產生暫時性差異。

5.【答案】BD
【解析】選項A和C，稅法允許在以後實際發生時稅前扣除，即其計稅基礎=帳面價值-未來期間按照稅法規定可以稅前扣除的金額=0；選項B不影響損益，計稅基礎與帳面價值相等；選項D，無論是否發生，稅法均不允許稅前扣除，即其計稅基礎=帳面價值-未來期間可以稅前扣除的金額0=帳面價值。

6.【答案】AC
【解析】選項B、D，都是可抵扣暫時性差異的轉回，會引起遞延所得稅資產的減少。

7.【答案】AD
【解析】本期遞延所得稅資產的發生額可能計入所有者權益，選項A正確；應納稅暫時性差異並不一定確認為遞延所得稅負債，可抵扣暫時性差異也不一定確認為遞延所得稅資產，選項B和C錯誤；資產帳面價值小於計稅基礎時，產生可抵扣暫時性差異，選項D正確。

8.【答案】ACD
【解析】選項A，企業為關聯方提供債務擔保確認的預計負債，按稅法規定與該預計負債相關的費用不允許稅前扣除，故帳面價值=計稅基礎；選項B，稅法規定，有關產品售後服務等與取得經營收入直接相關的費用於實際發生時允許稅前列支，因此企業因銷售商品提供售後服務等原因確認的預計負債，會使預計負債帳面價值大於計稅基礎；選項C，對國債利息收入免稅，故帳面價值=計稅基礎；選項D，企業支付的違法罰款支出，稅法規定不得計入當期應納稅所得額，屬於非暫時性差異，故帳面價值=計稅基礎。

9.【答案】BC
【解析】選項A和D產生可抵扣暫時性差異；選項B，負債帳面價值小於其計稅基礎，產生應納稅暫時性差異；選項C，資產的帳面價值大於計稅基礎，產生應納稅暫時性差異。

10.【答案】BCD
【解析】可供出售金融資產期末公允價值變動的金額應計入其他綜合收益，由該交易或事項產生的遞延所得稅資產或遞延所得稅負債及其變化亦應計入其他綜合收益，不構成利潤表中的所得稅費用。

11.【答案】ABCD

12.【答案】AC
【解析】選項A，如果是因直接計入所有者權益的事項產生的可抵扣暫時性差異，則其對應的遞延所得稅資產不會影響所得稅費用；選項C，期末因稅率變動對遞延所得稅資產的調整一般情況下應計入所得稅費用，與直接計入所有者權益的交易或事項相關的遞延所得稅資產計入所有者權益。

(三) 判斷題

1.【答案】錯

【解析】稅法規定，罰款和滯納金不能稅前扣除，其計稅基礎等於帳面價值，不產生暫時性差異。

2.【答案】錯

【解析】符合條件的可抵扣暫時性差異才能確認為遞延所得稅資產。

3.【答案】錯

【解析】企業不應當對遞延所得稅資產和遞延所得稅負債進行折現。

4.【答案】錯

【解析】符合免稅合併條件，對於合併初始確認的資產和負債的初始計量金額與計稅基礎之間的差額，應確認為遞延所得稅資產或者遞延所得稅負債，調整合併形成的商譽或者計入當期損益。

5.【答案】對

6.【答案】錯

【解析】不是所有新增的應納稅暫時性差異都應作納稅調減。比如，可供出售金融資產公允價值變動產生的應納稅暫時性差異，無須作納稅調整。

7.【答案】對

【解析】該經營虧損雖然不是因比較資產、負債的帳面價值與其計稅基礎產生的，但從其性質上來看可以減少未來期間的應納稅所得額和應交所得稅，屬於可抵扣暫時性差異，在企業預計未來期間能夠產生足夠的應納稅所得額以利用該可抵扣暫時性差異時，應確認相關的遞延所得稅資產。

8.【答案】錯

【解析】合併財務報表中納入合併範圍的企業，一方的當期所得稅資產或遞延所得稅資產與另一方的當期所得稅負債或遞延所得稅負債一般不能予以抵銷，除非所涉及的企業具有以淨額結算的法定權利並且有意圖以淨額結算。

9.【答案】錯

【解析】交易金融資產公允價值變動產生的暫時性差異，既可能是可抵扣暫時性差異，也可能是應納稅暫時性差異。

10.【答案】對

(四) 計算分析題

1. 相關計算：

①會計分錄：

借：研發支出——費用化支出　　　　　　　　　　180（120+60）
　　　　　　——資本化支出　　　　　　　　　　　280
　　貸：銀行存款　　　　　　　　　　　　　　　　　　　　460

②開發支出的計稅基礎 = 280×150% = 420（萬元），不確認遞延所得稅資產。

理由：該項交易不是企業合併，交易發生時既不影響會計利潤，也不影響應納稅所得額，若確認遞延所得稅資產，違背歷史成本計量屬性。

(2) ①購入及持有乙公司股票的會計分錄：
借：可供出售金融資產——成本　　　　　　　　　150（20×7.5）
　　貸：銀行存款　　　　　　　　　　　　　　　　　　　150
借：可供出售金融資產——公允價值變動　　26（20×8.8-20×7.5）
　　貸：其他綜合收益　　　　　　　　　　　　　　　　　　26
②該可供出售金融資產在2×16年12月31日的計稅基礎為其取得時的成本150萬元。
③確認遞延所得稅相關的會計分錄：
借：其他綜合收益　　　　　　　　6.5〔(20×8.8-150)×25%〕
　　貸：遞延所得稅負債　　　　　　　　　　　　　　　　6.5
(3) ①甲公司2×16年應交所得稅=〔3,260-180×50%+(5,000-15,000×15%)〕×25%=1,480（萬元）。
甲公司2×16年遞延所得稅費用=-(5,000-15,000×15%)×25%=-687.5（萬元）
甲公司2×16年所得稅費用=1,480-687.5=792.5（萬元）
②確認所得稅費用的相關會計分錄：
借：所得稅費用　　　　　　　　　　　　　　　　　　792.5
　　遞延所得稅資產　　　　　　　　　　　　　　　　687.5
　　貸：應交稅費——應交所得稅　　　　　　　　　　1,480

2.（1）計算2×16年年末無形資產的帳面價值、計稅基礎、遞延所得稅資產、應交所得稅，並編制會計分錄。
帳面價值=4,000-4,000÷10×6÷12=3,800（萬元）
計稅基礎=4,000×150%-4,000×150%÷10×6÷12=5,700（萬元）
可抵扣暫時性差異=1,900萬元
不需要確認遞延所得稅資產。
應納稅所得額=10,000-1,000×50%+4,000÷10×6÷12-4,000×150%÷10×6÷12=9,400（萬元）
應交所得稅=9,400×25%=2,350（萬元）
相關會計分錄為：
借：所得稅費用　　　　　　　　　　　　　　　　　　2,350
　　貸：應交稅費——應交所得稅　　　　　　　　　　2,350
(2) 計算2×17年年末無形資產的帳面價值、計稅基礎、遞延所得稅資產、應交所得稅，並編制會計分錄。
帳面價值=4,000-4,000÷10×1.5=3,400（萬元）
計稅基礎=4,000×150%-4,000×150%÷10×1.5=5,100（萬元）
可抵扣暫時性差異為1,700萬元，不需要確認遞延所得稅資產。
應納稅所得額=10,000+4,000÷10-4,000×150%÷10=9,800（萬元）
應交所得稅=9,800×25%=2,450（萬元）
相關會計分錄為：
借：所得稅費用　　　　　　　　　　　　　　　　　　2,450

貸：應交稅費——應交所得稅　　　　　　　　　　　　　　　　2,450
3.（1）應納稅所得額=1,610-20-20-（50+10）-100×50%-420=1,060（萬元）
　　　應交所得稅=1,060×25%=265（萬元）
（2）相關計算結果如下：

單位：萬元

項目	帳面價值	計稅基礎	暫時性差異	
			應納稅暫時性差異	可抵扣暫時性差異
應收帳款	360	400		40
交易性金融資產	420	360	60	
可供出售金融資產	400	560		160
預計負債	40	0		40
合　　計			60	240

（3）相關會計分錄：
①應收帳款：
借：所得稅費用　　　　　　　　　　　　　　　　　　　　　　　5
　　貸：遞延所得稅資產　　　　　　　　　　　　　　　　　　　　　5
②交易性金融資產：
借：所得稅費用　　　　　　　　　　　　　　　　　　　　　　　5
　　貸：遞延所得稅負債　　　　　　　　　　　　　　　　　　　　　5
③可供出售金融資產：
借：資本公積　　　　　　　　　　　　　　　　　　　　　　　　10
　　貸：遞延所得稅資產　　　　　　　　　　　　　　　　　　　　10
④預計負債：
借：所得稅費用　　　　　　　　　　　　　　　　　　　　　　　10
　　貸：遞延所得稅資產　　　　　　　　　　　　　　　　　　　　10
⑤彌補虧損：
借：所得稅費用　　　　　　　　　　　　　　　　　　　　　　　105
　　貸：遞延所得稅資產　　　　　　　　　　　　　　　　　　　　105
（4）所得稅費用=265+(5+5+10+105)=390（萬元）
4.（1）相關答案：
　　事項（1），交易性金融資產公允價值上升產生暫時性差異，屬於應納稅暫時性差異。
　　事項（2），計提與擔保事項相關的預計負債不產生暫時性差異，因為擔保支出不得稅前扣除，屬於非暫時性差異。
　　事項（3），可供出售金融資產公允價值上升產生暫時性差異，屬於應納稅暫時性差異。
　　事項（4），計提固定資產減值準備產生暫時性差異，屬於可抵扣暫時性差異。
　　事項（5），長期股權投資不產生暫時性差異，因為居民企業直接投資於其他居民企業取得的投資收益免稅，屬於非暫時性差異。

事項（6），長期股權投資產生暫時性差異，屬於應納稅暫時性差異。

事項（7），無形資產帳面價值小於計稅基礎，產生暫時性差異，屬於可抵扣暫時性差異。

事項（8），因銷售產品承諾提供保修服務確認的預計負債，產生暫時性差異，屬於可抵扣暫時性差異。

事項（9），因附退回條件的商品銷售而確認的預計負債，產生暫時性差異，屬於可抵扣暫時性差異。

事項（10），廣告費產生暫時性差異，屬於可抵扣暫時性差異。

（2）相關計算：

遞延所得稅資產＝(140+300+100+160-1,000×15%)×25%＝137.5（萬元）

遞延所得稅負債＝(40+200)×25%＝60（萬元）

遞延所得稅費用＝-137.5+(60-50)＝-127.5（萬元）

【提示】事項（3），確認遞延所得稅負債＝200×25%＝50（萬元），可供出售金融資產公允價值上升確認的遞延所得稅負債對應的科目是「其他綜合收益」，不影響遞延所得稅費用。

事項（6），對於採用權益法核算的長期股權投資，企業擬長期持有該項投資，則帳面價值與計稅基礎之間的差異不確認相關的所得稅影響。

事項（7），自行研發無形資產初始確認時產生的可抵扣暫時性差異，不確認相關的遞延所得稅資產。

(五) 綜合題

（1）計算 2×15 年暫時性差異，將計算結果填入下表。

單位：萬元

項目	帳面價值	計稅基礎	應納稅暫時性差異	可抵扣暫時性差異
存貨	500	545		45
固定資產	720(900-900×20%)	810(900-900÷10)		90
無形資產	50(60-10)	75(60×150%-10×150%)		25
可供出售金融資產	150	100	50	
總計			50	160

（2）計算 2×15 年應交所得稅：

應交所得稅＝[5,000+45+90+300-(40×50%+10×50%)+150]×25%＝1,390（萬元）

（3）計算 2×15 年遞延所得稅資產和遞延所得稅負債的發生額：

遞延所得稅資產＝(45+90)×25%＝33.75（萬元）

遞延所得稅負債＝50×25%＝12.5（萬元）

（4）計算 2×15 年所得稅費用和計入其他綜合收益的金額：

所得稅費用＝1,390-33.75＝1,356.25（萬元）

計入其他綜合收益借方的金額是 12.5 萬元。

(5) 編制 2×15 年有關所得稅的會計分錄：

借：所得稅費用　　　　　　　　　　　　　　　　　　　1,356.25
　　其他綜合收益　　　　　　　　　　　　　　　　　　　　12.5
　　遞延所得稅資產　　　　　　　　　　　　　　　　　　　33.75
　貸：遞延所得稅負債　　　　　　　　　　　　　　　　　　12.5
　　　應交稅費——應交所得稅　　　　　　　　　　　　　　1,390

(6) 計算 2×16 年暫時性差異，將計算結果填入下表。

單位：萬元

項目	帳面價值	計稅基礎	暫時性差異 應納稅暫時性差異	暫時性差異 可抵扣暫時性差異
存貨	1,000	1,120		120
固定資產	546(720-720×20%-30)	720(900-90×2)		174
無形資產	30	45		15
可供出售金融資產	130	100	30	
總計			30	309

(7) 計算 2×16 年應交所得稅：

應交所得稅＝[6,000+75+84+400-20×50%]×25%＝1,637.25（萬元）

註1：計提存貨跌價準備 75 萬元。

註2：會計折舊＝(900-180)×20%＝144（萬元），稅法折舊＝900÷10＝90（萬元），差額＝54（萬元）；計提固定資產減值準備 30 萬元，合計 84 萬元。

(8) 計算 2×16 年遞延所得稅資產和遞延所得稅負債的發生額：

①期末遞延所得稅資產餘額＝(120+174)×25%＝73.5（萬元）

期初遞延所得稅資產＝33.75（萬元）

遞延所得稅資產發生額＝73.5-33.75＝39.75（萬元）

②期末遞延所得稅負債餘額＝30×25%＝7.5（萬元）

期初遞延所得稅負債＝12.5 萬元

遞延所得稅負債發生額＝7.5-12.5＝-5（萬元）

(9) 計算 2×16 年確認的所得稅費用和計入其他綜合收益的金額：

所得稅費用＝1,637.25-39.75＝1,597.5（萬元）

計入其他綜合收益貸方的金額是 5 萬元。

(10) 編制 2×16 年有關所得稅的會計分錄：

借：所得稅費用　　　　　　　　　　　　　　　　　　　1,597.5
　　遞延所得稅資產　　　　　　　　　　　　　　　　　　　39.75
　　遞延所得稅負債　　　　　　　　　　　　　　　　　　　　5
　貸：應交稅費——應交所得稅　　　　　　　　　　　　　1,637.25
　　　其他綜合收益　　　　　　　　　　　　　　　　　　　　5

第十三章　非貨幣性資產交換

一、要點總覽

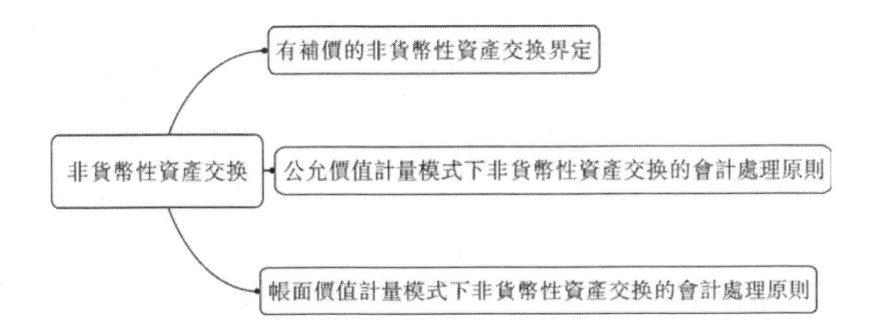

```
                    ┌─ 有補價的非貨幣性資產交換界定
                    │
非貨幣性資產交換 ────┼─ 公允價值計量模式下非貨幣性資產交換的會計處理原則
                    │
                    └─ 帳面價值計量模式下非貨幣性資產交換的會計處理原則
```

二、重點難點

（一）重點

　　公允價值計量模式與帳面價值計量模式的適用條件

　　公允價值計量模式下非貨幣性資產交換的會計處理

　　帳面價值計量模式下非貨幣性資產交換的會計處理

（二）難點

　　有補價的非貨幣性資產交換的界定

　　多項非貨幣性資產交換的會計處理

三、關鍵內容小結

(一) 貨幣性資產與非貨幣性資產定義、範圍、區別

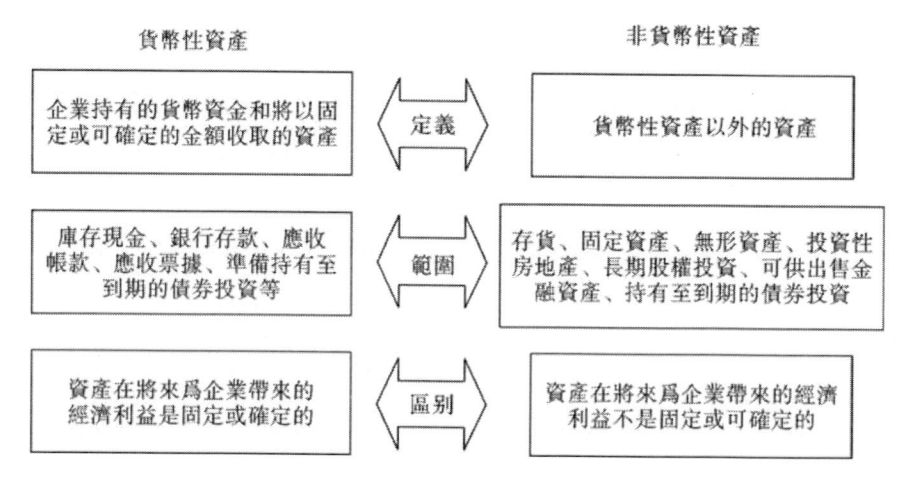

	貨幣性資產		非貨幣性資產
定義	企業持有的貨幣資金和將以固定或可確定的金額收取的資產	⇔	貨幣性資產以外的資產
範圍	庫存現金、銀行存款、應收帳款、應收票據、準備持有至到期的債券投資等	⇔	存貨、固定資產、無形資產、投資性房地產、長期股權投資、可供出售金融資產、持有至到期的債券投資
區別	資產在將來為企業帶來的經濟利益是固定或確定的	⇔	資產在將來為企業帶來的經濟利益不是固定或可確定的

(二) 非貨幣性資產交換的會計處理模式

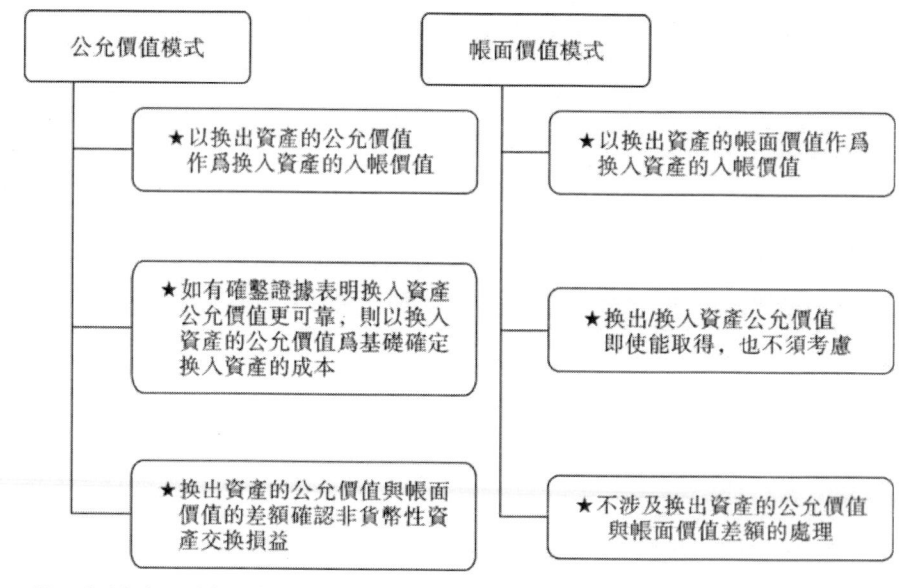

公允價值模式
- ★ 以換出資產的公允價值作為換入資產的入帳價值
- ★ 如有確鑿證據表明換入資產公允價值更可靠，則以換入資產的公允價值為基礎確定換入資產的成本
- ★ 換出資產的公允價值與帳面價值的差額確認非貨幣性資產交換損益

帳面價值模式
- ★ 以換出資產的帳面價值作為換入資產的入帳價值
- ★ 換出/換入資產公允價值即使能取得，也不須考慮
- ★ 不涉及換出資產的公允價值與帳面價值差額的處理

註：如果涉及補價，搞清楚誰支付補價，誰收到補價，是貸記「銀行存款」科目，還是借記「銀行存款」科目即可。

第十三章　非貨幣性資產交換

(三) 非貨幣資產交換的確認和計量原則

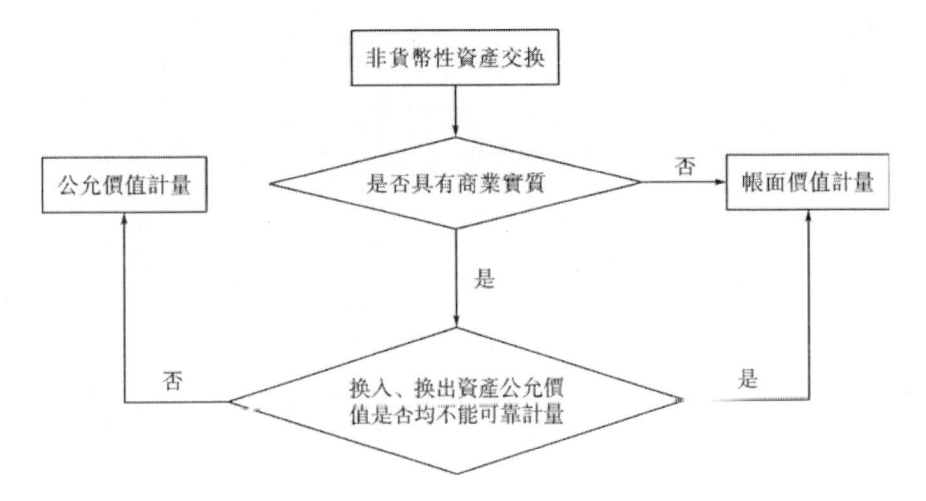

```
                    非貨幣性資產交換
                          │
                          ▼
     公允價值計量 ←── 是否具有商業實質 ──否──→ 帳面價值計量
                          │是                      ▲
                          ▼                        │是
                  換入、換出資產公允價值
          否←──   是否均不能可靠計量   ───────────┘
```

(四) 有補價的非貨幣性資產交易的界定

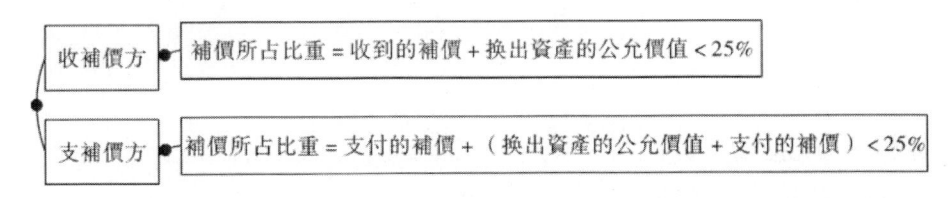

- 收補價方：補價所占比重 = 收到的補價 ÷ 換出資產的公允價值 < 25%
- 支補價方：補價所占比重 = 支付的補價 ÷ (換出資產的公允價值 + 支付的補價) < 25%

【提示】
(1) 整個資產交換金額即為在整個非貨幣性資產交換中最大的公允價值；
(2) 分子和分母均不含增值稅，即補價為不含增值稅的補價。

(五) 公允價值模式下非貨幣性資產交易的會計處理

1. 公允價值模式下帳務處理的原則

以換出資產的公允價值確定換入資產的入帳價值，這種情況下換出資產相當於被出售或處置。

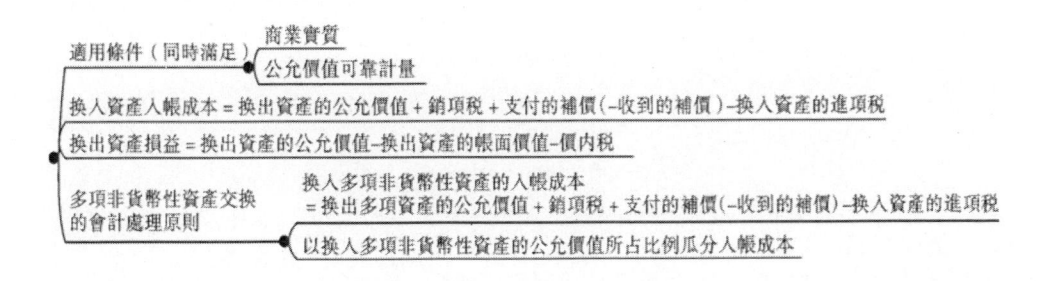

- 適用條件（同時滿足）：商業實質；公允價值可靠計量
- 換入資產入帳成本 = 換出資產的公允價值 + 銷項稅 + 支付的補價 (−收到的補價) − 換入資產的進項稅
- 換出資產損益 = 換出資產的公允價值 − 換出資產的帳面價值 − 價內稅
- 多項非貨幣性資產交換的會計處理原則：
  - 換入多項非貨幣性資產的入帳成本 = 換出多項資產的公允價值 + 銷項稅 + 支付的補價 (−收到的補價) − 換入資產的進項稅
  - 以換入多項非貨幣性資產的公允價值所占比例瓜分入帳成本

2. 公允價值模式下換出資產損益確認

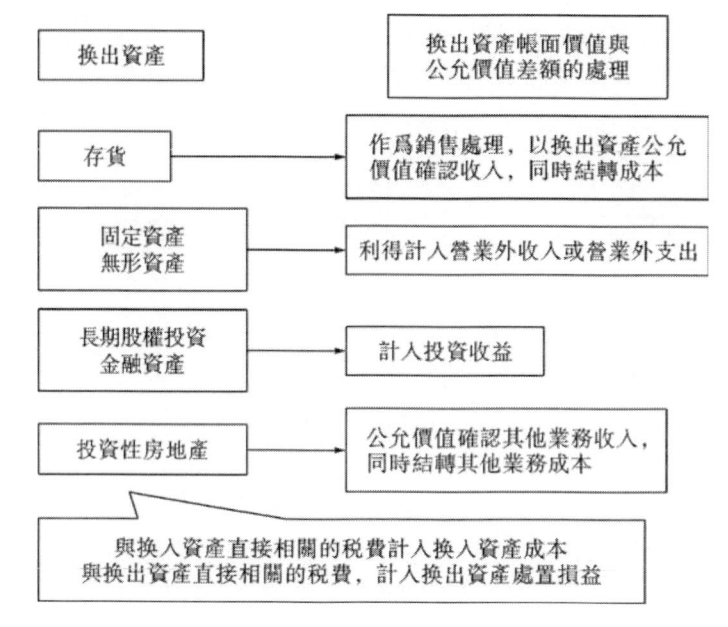

```
換出資產                    換出資產帳面價值與
                           公允價值差額的處理

存貨          →    作爲銷售處理，以換出資產公允
                   價值確認收入，同時結轉成本

固定資產
無形資產       →    利得計入營業外收入或營業外支出

長期股權投資
金融資產       →    計入投資收益

投資性房地產    →    公允價值確認其他業務收入，
                   同時結轉其他業務成本
```

與換入資產直接相關的稅費計入換入資產成本
與換出資產直接相關的稅費，計入換出資產處置損益

3. 帳務處理

（1）換出資產為存貨的，應當視同銷售處理，按照公允價值確認銷售收入；同時結轉銷售成本，相當於按照公允價值確認的收入和按帳面價值結轉的成本之間的差額，也即換出資產公允價值和換出資產帳面價值的差額，在利潤表中作為營業利潤的構成部分予以列示。

借：庫存商品等（換入資產的入帳價值）
　　應交稅費——應交增值稅（進項稅額）
　貸：主營業務收入/其他業務收入
　　　應交稅費——應交增值稅（銷項稅額）

（涉及補價的，借或貸「銀行存款」科目等，下同）

借：主營業務成本/其他業務成本
　　存貨跌價準備
　貸：庫存商品/原材料等

（2）換出資產為固定資產、無形資產的，換出資產公允價值和換出資產帳面價值的差額，計入營業外收入或營業外支出。

借：庫存商品等（換入資產的入帳價值）
　　應交稅費——應交增值稅（進項稅額）
　　無形資產減值準備（已提減值準備）
　　累計攤銷（已攤銷額）
　貸：無形資產（帳面餘額）
　　　應交稅費——應交增值稅（銷項稅額）

營業外收入（或借：營業外支出）（差額）

換出的資產如為固定資產，需通過「固定資產清理」帳戶核算，並根據具體情況考慮增值稅銷項稅額核算。

（3）換出資產為長期股權投資的，換出資產公允價值和換出資產帳面價值的差額，計入投資收益。

借：庫存商品等（換入資產的入帳價值）
　　應交稅費——應交增值稅（進項稅額）
　　長期股權投資減值準備（已提減值準備）
　貸：長期股權投資（帳面餘額）
　　　投資收益（差額，或借記）

(六) 帳面價值模式下非貨幣性資產交易的會計處理

1. 換入資產的入帳價值確定原理

以換出資產的帳面價值加上支付的相關稅費作為換入資產的入帳價值。

適用條件(二者具其一)
- 不具備商業實質
- 公允價值無法可靠計量

換入資產入帳成本＝換出資產的帳面價值＋銷項稅＋支付的補價(−收到的補價)−換入資產的進項稅

換出資產不計算損益，但換出資產的價內稅列當期損益　換出存貨的消費稅　營業稅金及附加

多項非貨幣性資產交換的會計處理原則
- 換入多項非貨幣性資產的入帳成本＝換出多項資產的帳面價值＋銷項稅＋支付的補價(−收到的補價)−換入資產的進項稅
- 以換入多項非貨幣性資產的帳面價值所佔比例標準瓜分入帳成本

2. 一般會計分錄

借：庫存商品、固定資產等（計算得出的入帳價值）
　　應交稅費——應交增值稅（進項稅額）
　　存貨跌價準備等（已提的減值準備）
　貸：庫存商品等（帳面餘額）
　　　應交稅費（應交的增值稅、消費稅等）
　　　銀行存款（已支付的相關稅費）（涉及補價的，借或貸「銀行存款」科目等）

(1) 非貨幣性資產交換具有商業實質，且換入資產的公允價值能夠可靠計量的	應當按照換入各項資產的公允價值佔換入資產公允價值總額的比例，對換入資產的成本總額進行分配，確定各項換入資產的成本 每項換入資產成本＝該項資產的公允價值÷換入資產公允價值總額×換入資產的成本總額
(2) 非貨幣性資產交換不具有商業實質，或者雖具有商業實質，但換入資產的公允價值不能可靠計量的	應當按照換入各項資產的原帳面價值佔換入資產原帳面價值總額的比例，對換入資產的成本總額進行分配，確定各項換入資產的成本 每項換入資產的成本＝該項資產的原帳面價值÷換入資產原帳面價值總額×換入資產的成本總額

四、練習題

(一) 單項選擇題

1. 下列各項資產中，屬於貨幣性資產的是（　　）。
   A. 庫存商品　　　　　　　　B. 交易性金融資產
   C. 持有至到期投資　　　　　D. 可供出售權益性資產

2. 在不涉及補價、不考慮其他因素的情況下，下列各項交易中屬於非貨幣性資產交換的是（　　）。
   A. 以應收票據換入投資性房地產
   B. 以應收帳款換入一塊土地使用權
   C. 以可供出售權益工具投資換入固定資產
   D. 以長期股權投資換入持有至到期債券投資

3. A 公司以庫存商品交換 B 公司一項生產經營用固定資產，B 公司另向 A 公司支付銀行存款 112.5 萬元。①A 公司換出：庫存商品的帳面餘額為 1,080 萬元，已計提存貨跌價準備 90 萬元，計稅價格為 1,125 萬元。②B 公司換出：固定資產的原值為 1,350 萬元，累計折舊為 270 萬元。假定該項交換不具有商業實質，不考慮相關的增值稅。則 B 公司換入庫存商品的入帳價值為（　　）萬元。
   A. 1,001.25　　B. 1,192.5　　C. 1,102.5　　D. 1,082.25

4. A 公司以一項無形資產與 B 公司一項投資性房地產進行資產置換，A 公司另向 B 公司支付銀行存款 45 萬元。A 公司換出：無形資產——專利權，帳面成本為 450 萬元，已計提攤銷額 50 萬元，公允價值為 405 萬元。B 公司換出：投資性房地產，帳面價值為 400 萬元，其中「成本」為 310 萬元，「公允價值變動」為 90 萬元（借方餘額），公允價值為 450 萬元。假定該項交換具有商業實質且公允價值能夠可靠計量，不考慮相關稅費，則 A 公司和 B 公司的會計處理中，正確的是（　　）。
   A. A 公司換入投資性房地產的入帳價值為 337.5 萬元
   B. A 公司換出無形資產確認處置損益為 112.5 萬元
   C. B 公司換入無形資產的入帳價值為 405 萬元
   D. B 公司換出投資性房地產確認處置損益為 10 萬元

5. A 公司和 B 公司均為增值稅一般納稅人，適用的增值稅稅率為 17%。A 公司以一項固定資產（生產經營設備）交換 B 公司的一項長期股權投資，B 公司另向 A 公司支付銀行存款 1.59 萬元（B 公司收到不含稅補價 3 萬元）。A 公司換出：固定資產原值為 30 萬元，已計提折舊 4.5 萬元，公允價值為 27 萬元，交換中產生增值稅 4.59 萬元，支付固定資產清理費用 0.5 萬元。B 公司換出：長期股權投資的公允價值無法確定。假定該項交換具有商業實質，不考慮其他稅費，則 A 公司下列會計處理中，不正確的是（　　）。
   A. 補價占非貨幣性資產交換金額的比例為 5.89%
   B. 該交易屬於非貨幣性資產交換

C. 換入長期股權投資的入帳成本為 30 萬元

D. 換出固定資產的利得為 1 萬元

6. 天山公司用一臺已使用 2 年的甲設備從海洋公司換入一臺乙設備，支付換入資產相關稅費 10,000 元，從海洋公司收取補價 30,000 元。甲設備的帳面原價為 500,000 元，原預計使用年限為 5 年，原預計淨殘值為 5%，並採用雙倍餘額遞減法計提折舊，未計提減值準備。乙設備的帳面原價為 240,000 元，已提折舊 30,000 元。兩公司資產置換具有商業實質。置換時，甲、乙設備的公允價值分別為 250,000 元和 220,000 元。天山公司換入乙設備的入帳價值為（　　）元。

  A. 160,000 B. 230,000 C. 168,400 D. 200,000

7. 甲公司將兩輛大型運輸車輛與 A 公司的一臺生產設備相交換，另支付補價 10 萬元。在交換日，甲公司用於交換的兩輛運輸車輛帳面原價為 140 萬元，累計折舊為 25 萬元，公允價值為 130 萬元。A 公司用於交換的生產設備帳面原價為 300 萬元，累計折舊為 175 萬元，公允價值為 140 萬元。該非貨幣性資產交換具有商業實質。假定不考慮相關稅費，甲公司對該非貨幣性資產交換應確認的收益為（　　）萬元。

  A. 0 B. 5 C. 10 D. 15

8. 甲公司以一臺生產設備和一項專利權與乙公司的一臺機床進行非貨幣性資產交換。甲公司換出生產設備的帳面原價為 1,000 萬元，累計折舊為 250 萬元，公允價值為 780 萬元；換出專利權的帳面原價為 120 萬元，累計攤銷為 24 萬元，公允價值為 100 萬元。乙公司換出機床的帳面原價為 1,500 萬元，累計折舊為 750 萬元，固定資產減值準備為 32 萬元，公允價值為 700 萬元。甲公司另向乙公司收取銀行存款 180 萬元作為補價。假定該非貨幣性資產交換不具有商業實質，不考慮其他因素，甲公司換入乙公司機床的入帳價值為（　　）萬元。

  A. 538 B. 666 C. 700 D. 718

9. 甲公司為增值稅一般納稅人，於 2009 年 12 月 5 日以一批商品換入乙公司的一項非專利技術，該交換具有商業實質。甲公司換出商品的帳面價值為 80 萬元，不含增值稅的公允價值為 100 萬元，增值稅稅額為 17 萬元；另收到乙公司補價 10 萬元。甲公司換入非專利技術的原帳面價值為 60 萬元，公允價值無法可靠計量。假定不考慮其他因素，甲公司換入該非專利技術的入帳價值為（　　）萬元。

  A. 50 B. 70 C. 90 D. 107

10. 2011 年 3 月 2 日，甲公司以帳面價值為 350 萬元的廠房和 150 萬元的專利權，換入乙公司帳面價值為 300 萬元的在建房屋和 100 萬元的長期股權投資，不涉及補價。上述資產的公允價值均無法獲得。不考慮其他因素，甲公司換入在建房屋的入帳價值為（　　）萬元。

  A. 280 B. 300 C. 350 D. 375

11. A、B 公司均為增值稅一般納稅人。A 公司以一臺設備換入 B 公司的一項專利權。交換日設備的帳面原價為 600 萬元，已提折舊 30 萬元，已提減值準備 30 萬元，其公允價值為 500 萬元，應交增值稅稅額 85 萬元，A 公司支付清理費用 2 萬元；專利權的原價為 400 萬元，已攤銷 100 萬元，公允價值為 600 萬元，增值稅稅額為 36 萬元。A 公司另向 B 公司支付補價 51 萬元。假定 A 公司和 B 公司之間的資產交換具有商業實

質，不考慮其他因素。A 公司換入的專利權的入帳價值為（　　）萬元。

　　A. 600　　　　B. 651　　　　C. 636　　　　D. 551

12. A 公司用投資性房地產換入 B 公司的一項專利權。A 公司對該投資性房地產採用成本模式計量。該投資性房地產的帳面原價為 2,000 萬元，已提折舊 200 萬元，已提減值準備 100 萬元。A 公司另向 B 公司支付補價 100 萬元。該資產交換不具有商業實質，不考慮增值稅等其他因素，A 公司換入專利權的入帳價值為（　　）萬元。

　　A. 2,000　　　B. 2,200　　　C. 1,800　　　D. 2,400

13. 2016 年 10 月 12 日，經與丙公司協商，甲公司以一項非專利技術和對丁公司股權投資（作為可供出售金融資產核算）換入丙公司持有的對戊公司的長期股權投資。甲公司非專利技術的原價為 1,200 萬元，已攤銷 200 萬元，已計提減值準備 100 元，公允價值為 1,000 萬元，增值稅稅額為 60 萬元；對丁公司股權投資的公允價值為 400 萬元，帳面價值為 380 萬元（成本為 330 萬元，公允價值變動為 50 萬元）。丙公司對戊公司長期股權投資的帳面價值為 1,100 萬元，未計提減值準備，公允價值為 1,200 萬元。丙公司另以銀行存款向甲公司支付補價 260 萬元。該非貨幣性資產交換具有商業實質。此項非貨幣性資產交換影響甲公司 2016 年利潤總額的金額為（　　）萬元。

　　A. 170　　　　B. 100　　　　C. 120　　　　D. 70

14. 甲公司為增值稅一般納稅人，2016 年 1 月 25 日以其擁有的一項非專利技術與乙公司生產的一批商品交換。交換日，甲公司換出可供出售金融資產成本為 65 萬元，公允價值無法可靠計量；換入商品的帳面成本為 72 萬元，未計提跌價準備，公允價值為 100 萬元，增值稅稅額為 17 萬元，甲公司將其作為存貨；甲公司另收到乙公司支付的 30 萬元現金。不考慮其他因素，甲公司對該交易應確認的收益為（　　）萬元。

　　A. 0　　　　　B. 22　　　　　C. 65　　　　　D. 82

15. 甲公司以庫存商品 A、B 交換乙公司原材料，雙方交換後不改變資產的用途。甲公司和乙公司適用的增值稅稅率均為 17%，假定計稅價格與公允價值相同。甲公司換出：①庫存商品——A，帳面成本為 360 萬元，已計提存貨跌價準備 60 萬元，公允價值為 300 萬元；②庫存商品——B，帳面成本為 80 萬元，已計提存貨跌價準備 20 萬元，公允價值 60 萬元。乙公司換出原材料的帳面成本為 413 萬元，已計提存貨跌價準備 8 萬元，公允價值為 450 萬元，甲公司另向乙公司支付銀行存款 105.3 萬元。

假定該項交換具有商業實質且公允價值能夠可靠計量，則甲公司換入原材料的入帳價值為（　　）萬元。

　　A. 511.20　　　B. 434.70　　　C. 373.50　　　D. 450

16. 甲、乙公司均為增值稅一般納稅人，適用的增值稅稅率為 17%，甲公司以可供出售金融資產（權益工具）和交易性金融資產交換乙公司生產經營用的精密儀器和專利權。甲公司換出：可供出售金融資產的帳面價值為 35 萬元（其中成本為 40 萬元，公允價值變動貸方餘額為 5 萬元），公允價值為 45 萬元；交易性金融資產的帳面價值為 20 萬元（其中成本為 18 萬元，公允價值變動為 2 萬元），公允價值為 30 萬元。

乙公司換出：精密儀器原值為 20 萬元，已計提折舊 9 萬元，公允價值為 15 萬元，含稅公允價值為 17.55 萬元；專利權原值為 63 萬元，已攤銷金額為 3 萬元，公允價值為 65 萬元。甲公司向乙公司支付銀行存款 7.55 萬元，甲公司為換入精密儀器支付運雜

費 4 萬元。假定該項交換具有商業實質且公允價值能夠可靠計量，各項資產交換前後的用途不變。則甲公司有關非貨幣性資產交換的處理，正確的是（　　）。

A. 換入精密儀器的入帳價值為 15 萬元

B. 換入專利權的入帳價值為 65 萬元

C. 確認投資收益 10 萬元

D. 影響營業利潤的金額為 17 萬元

(二) 多項選擇題

1. 下列資產中，屬於貨幣性資產的有（　　）。
   A. 交易性金融資產　　　　　　B. 應收票據
   C. 預付帳款　　　　　　　　　D. 持有至到期投資

2. 不具有商業實質、不涉及補價的非貨幣性資產交換中，影響換入資產入帳價值的因素有（　　）。
   A. 換出資產的帳面餘額　　　　B. 換出資產的公允價值
   C. 換入資產的公允價值　　　　D. 換出資產已計提的減值準備

3. 假定不考慮增值稅的影響。下列交易中，不屬於非貨幣性資產交換的有（　　）。
   A. 以 100 萬元應收帳款換取生產用設備，同時收到補價 10 萬元
   B. 以持有的一項土地使用權換取一棟生產用廠房
   C. 以持有至到期的公司債券換取一項長期股權投資
   D. 以一批存貨換取一項公允價值為 100 萬元的專利權並支付 50 萬元補價

4. 下列資產中，屬於非貨幣性資產交換的有（　　）。
   A. A 公司以公允價值 2,000 萬元廠房換入 B 公司公允價值為 1,600 萬元的一項專利權，A 公司收到補價 524 萬元（其中增值稅銷項稅額與進項稅額的差額為 124 萬元，公允價值的差額為 400 萬元）
   B. C 公司以長期股權投資換入 D 公司持有至到期投資
   C. E 公司以應收帳款換入 F 公司存貨
   D. G 公司以投資性房地產換入 H 公司設備

5. 下列項目中，屬於非貨幣性資產交換的有（　　）。
   A. 以公允價值 100 萬元的原材料換取一項設備
   B. 以公允價值 500 萬元的長期股權投資換取專利權
   C. 以公允價值 100 萬元的 A 車床換取 B 車床，同時收到 20 萬元的補價
   D. 以公允價值 70 萬元的電子設備換取一輛小汽車，同時支付 30 萬元的補價

6. 甲公司用房屋換取乙公司的專利，甲公司的房屋符合投資性房地產的定義，但甲公司未採用公允價值模式計量。在交換日，甲公司房屋帳面原價為 120 萬元，已提折舊 20 萬元，公允價值為 110 萬元，乙公司專利帳面價值為 10 萬元，無公允價值，甲公司另向乙公司支付 30 萬元。假設不考慮資產交換過程中產生的相關稅費，下列會計處理中，正確的有（　　）。

A. 甲公司確認營業外收入 10 萬元

B. 甲公司換入的專利的入帳價值為 130 萬元

C. 甲公司換入的專利的入帳價值為 140 萬元
D. 乙公司確認營業外收入 130 萬元

7. 不具有商業實質、不涉及補價的非貨幣性資產交換中，影響換入資產入帳價值的因素有（　　）。
　　A. 換出資產的帳面餘額　　　　　B. 換出資產的公允價值
　　C. 換入資產的公允價值　　　　　D. 換出資產已計提的減值準備

8. 下列各項中，屬於非貨幣性資產的有（　　）。
　　A. 可供出售權益工具　　　　　　B. 銀行本票存款
　　C. 長期股權投資　　　　　　　　D. 持有至到期投資

9. 下列各項資產交換中，屬於非貨幣性資產交換的有（　　）。
　　A. 以庫存商品換入交易性金融資產
　　B. 以商業匯票換入原材料
　　C. 以銀行本票換入無形資產
　　D. 以不準備持有至到期的國庫券換入一幢房屋

10. 不考慮其他因素，下列交易中屬於非貨幣性資產交換的有（　　）。
　　A. 以 800 萬元應收債權換取生產用設備
　　B. 以持有至到期投資換取一項長期股權投資
　　C. 以公允價值為 600 萬元的廠房換取投資性房地產，另收取補價 140 萬元
　　D. 以公允價值為 600 萬元的專利技術換取可供出售金融資產，另支付補價 160 萬元

11. 下列關於具有商業實質且公允價值能夠可靠計量的非貨幣性資產交換，涉及補價時的會計處理中，正確的有（　　）。
　　A. 支付補價的企業，以換出資產的公允價值，加上支付的補價和為換入資產應支付的相關稅費，作為換入資產的入帳價值
　　B. 收到補價的企業，以換出資產的公允價值，減去收到補價加上為換入資產應支付的相關稅費，作為換入資產的入帳價值
　　C. 換出資產的公允價值與其帳面價值的差額計入當期損益
　　D. 應支付的相關稅費一定計入換入資產的入帳價值

12. 非貨幣性資產交換具有商業實質且公允價值能夠可靠計量的，換出資產的公允價值與其帳面價值的差額，會計處理正確的有（　　）。
　　A. 換出資產為存貨的，應當視同銷售處理，按其公允價值確認收入，同時結轉相應的成本
　　B. 換出資產為無形資產或固定資產的，換出資產公允價值與其帳面價值的差額，計入營業外收入或營業外支出
　　C. 換出資產為投資性房地產的，換出資產公允價值與其帳面價值的差額，計入投資收益
　　D. 換出資產為長期股權投資的，換出資產公允價值與其帳面價值的差額，計入投資收益

13. 甲公司與乙公司進行非貨幣性資產交換，具有商業實質且公允價值能夠可靠地

計量，對於換入資產，交換前後均作為存貨核算。則以下影響甲公司換入存貨入帳價值的項目有（　　）。
  A. 乙公司支付的少量補價　　　　B. 乙公司換出存貨的帳面價值
  C. 甲公司換出存貨的公允價值　　D. 甲公司換出存貨的帳面價值
14. 下列關於非貨幣性資產交換的說法中，正確的有（　　）。
  A. 非貨幣性資產交換具有商業實質且公允價值能夠可靠計量的，無論是否發生補價，只要換出資產的公允價值與其帳面價值不相同，均應確認非貨幣性資產交換損益
  B. 非貨幣性資產交換不具有商業實質或公允價值不能可靠計量的，無論是否發生補價，均不應確認非貨幣性資產交換損益
  C. 非貨幣性資產交換具有商業實質且換入資產的公允價值能夠可靠計量的，同時換入多項資產時，應當按照換入各項資產的公允價值占換入資產公允價值總額的比例，對換入資產的成本總額進行分配，確定各項換入資產的成本
  D. 非貨幣性資產交換不具有商業實質或公允價值不能夠可靠計量的，同時換入多項資產時，應當按照換入各項資產的原帳面價值占換入資產原帳面價值總額的比例，對換入資產的成本總額進行分配，確定各項換入資產的成本

(三) 判斷題

1. 非貨幣資產交換是指交易雙方主要以存貨、固定資產、無形資產和長期股權投資等非貨幣性資產進行的交換。該交換不涉及貨幣性資產。（　　）
2. 在進行不具有商業實質的非貨幣性資產交換的核算時，如果涉及補價，支付補價的企業，應當以換出資產的公允價值加上補價和應支付的相關稅費，作為換入資產的入帳價值。（　　）
3. 公允價值模式下換入多項非貨幣性資產，一定按照換入各項資產的公允價值占換入資產公允價值總額的比例，對換入資產的成本總額進行分配，確定各項換入資產的成本。（　　）
4. 具有商業實質的非貨幣性資產交換按照公允價值計量的，假定不考慮補價和相關稅費等因素，應當將換入資產的公允價值和換出資產的帳面價值之間的差額計入當期損益。（　　）
5. 企業購入的準備在兩個月後轉讓的股票投資屬於貨幣性資產。（　　）
6. 非貨幣性資產交換不具有商業實質，或換入資產和換出資產的公允價值均不能可靠計量的，以換出資產的帳面價值為基礎確定換入資產的成本。（　　）
7. 企業以一項用於出租的土地使用權交換一項自用的土地使用權，如果由定期租金帶來的現金流量與自用的無形資產產生的現金流量在風險、時間和金額方面顯著不同，那麼這兩項資產的交換應當視為具有商業實質。（　　）
8. 非貨幣性資產交換不具有商業實質或者雖具有商業實質但換入資產和換出資產的公允價值均不能可靠計量的，不確認非貨幣性資產交換損益。（　　）

9. 非貨幣性資產交換的核算中，無論是支付補價的一方還是收到補價的一方，都要確認換出資產的處置損益。　　　　　　　　　　　　　　　　　　　　　　（　　）

10. 在非貨幣性資產交換中，換出無形資產如涉及營業稅，應當將其計入換入資產的入帳價值。　　　　　　　　　　　　　　　　　　　　　　　　　　　　　（　　）

（四）計算分析題

1. 甲公司為上市公司，該公司內部審計部門在對其 2016 年度財務報表進行內審時，對以下交易或事項的會計處理提出疑問：

（1）甲公司於 2016 年 9 月 20 日用一項可供出售金融資產與乙公司一項專利權進行交換，資產置換日，甲公司換出可供出售金融資產的帳面價值為 258 萬元（成本為 218 萬元，公允價值變動為 40 萬元），公允價值為 318 萬元；乙公司換出專利權的帳面餘額為 350 萬元，累計攤銷 40 萬元，公允價值為 300 萬元，增值稅稅額為 18 萬元。甲公司換入的專利權採用直線法攤銷，尚可使用年限為 5 年，無殘值。假定該非貨幣性資產交換具有商業實質。甲公司相關會計處理如下：

借：無形資產　　　　　　　　　　　　　　　　　　　　　　　　　240
　　應交稅費——應交增值稅（進項稅額）　　　　　　　　　　　　 18
　貸：可供出售金融資產——成本　　　　　　　　　　　　　　　　218
　　　　　　　　　　——公允價值變動　　　　　　　　　　　　　 40
借：管理費用　　　　　　　　　　　　　　　　　　　　　　　　　 16
　貸：累計攤銷　　　　　　　　　　　　　　　　　　　　　　　　 16

（2）甲公司於 2016 年 7 月 1 日用一幢辦公樓與丙公司的一塊土地使用權進行置換，資產置換日，甲公司換出辦公樓的原價為 10,000 萬元，已提折舊 2,000 萬元，未計提減值準備，公允價值為 12,000 萬元；丙公司換出土地使用權的帳面原價為 8,000 萬元，已攤銷 2,000 萬元，公允價值為 12,000 萬元。甲公司將換入的土地使用權直接對外出租，2016 年取得租金收入 500 萬元，該土地使用權尚可使用年限為 50 年，採用直線法攤銷，無殘值。辦公樓和土地使用權適用的增值稅稅率均為 11%，不考慮其他稅費。假定該項非貨幣性資產交換具有商業實質。甲公司相關會計處理如下：

借：固定資產清理　　　　　　　　　　　　　　　　　　　　　　8,000
　　累計折舊　　　　　　　　　　　　　　　　　　　　　　　　2,000
　貸：固定資產　　　　　　　　　　　　　　　　　　　　　　 10,000
借：投資性房地產　　　　　　　　　　　　　　　　　　　　　　8,000
　　應交稅費——應交增值稅（進項稅額）　　　　　　　　　　　1,320
　貸：固定資產清理　　　　　　　　　　　　　　　　　　　　　8,000
　　　應交稅費——應交增值稅（銷項稅額）　　　　　　　　　　1,320
借：銀行存款　　　　　　　　　　　　　　　　　　　　　　　　 500
　貸：其他業務收入　　　　　　　　　　　　　　　　　　　　　 500
借：其他業務成本　　　　　　　　　　　　　　　　　　　　　　　80
　貸：投資性房地產累計折舊（攤銷）　　　　　　　　　　　　　　80

要求：根據資料（1）和（2），逐項判斷甲公司會計處理是否正確；如不正確，簡

要說明理由，並更正有關差錯的會計分錄。（有關差錯更正按當期差錯處理，不要求編制結轉損益的會計分錄）。

2. A公司與B公司均為增值稅一般納稅人，適用的增值稅稅率均為17%。有關非貨幣性資產交換資料如下：

(1) 2014年5月2日，A公司與B公司簽訂協議，進行資產交換，A公司換出其具有完全產權並用於經營出租的寫字樓，A公司採用成本模式進行後續計量。B公司換出固定資產（生產設備）。

(2) 2014年6月30日，A公司與B公司辦理完畢相關資產所有權轉移手續，A公司與B公司資產交換日資料為：

①A公司換出：投資性房地產的原值為10,000萬元，至2014年6月30日已計提折舊1,000萬元，公允價值為18,000萬元。

②B公司換出：固定資產帳面價值為18,000萬元（其中成本為20,000萬元，已計提折舊為2,000萬元），不含稅公允價值為19,000萬元，含稅公允價值為22,230萬元。

③交換協議約定，A公司應向B公司支付銀行存款4,230萬元，交換日已支付。

(3) A公司換入的生產設備確認為固定資產，用於生產車間製造產品，預計使用年限為10年，採用直線法攤銷，不考慮淨殘值；B公司換入的寫字樓於當日經營出租給某公司，並採用公允價值模式進行後續計量。

(4) 假定整個交換過程中沒有發生其他相關稅費，該項交易具有商業實質且公允價值能夠可靠計量。

(5) 2014年12月31日，B公司換入投資性房地產的公允價值為23,000萬元。

要求：

(1) 計算資產交換日A公司支付不含稅的補價、換入固定資產的成本、資產交換確認的損益。

(2) 編制A公司資產交換日換入固定資產的會計分錄。

(3) 計算資產交換日B公司換入投資性房地產的成本、資產交換確認的損益。

(4) 編制資產交換日B公司換入投資性房地產的會計分錄。

(5) 編制2014年12月31日，A公司計提固定資產折舊和B公司有關公允價值變動的會計分錄。

3. 甲公司和乙公司均為增值稅一般納稅人，適用的增值稅稅率均為17%。2014年甲公司和乙公司發生如下交易：

(1) 2014年1月3日，甲公司以銀行存款購入生產經營用固定資產，取得增值稅專用發票，價款為800萬元，增值稅進項稅額為136萬元，不需要安裝，當日投入生產部門使用。該設備的預計使用年限為10年，預計淨殘值為零。甲公司採用年限平均法對該設備計提折舊。

(2) 甲公司和乙公司為了緩解資金週轉壓力，於2014年4月簽訂資產置換協議，甲公司以2014年1月3日購入的固定資產交換乙公司的原材料。

(3) 合同約定，甲公司需要向乙公司支付銀行存款117萬元。2014年4月20日，乙公司收到銀行存款117萬元。2014年4月30日，雙方辦理完畢相關資產所有權劃轉手續。有關資料如下：

①甲公司換出：固定資產的不含稅公允價值為1,000萬元；

②乙公司換出：原材料的帳面成本為900萬元，已計提存貨跌價準備50萬元，公允價值為1,100萬元。

（4）甲公司換入存貨作為原材料核算，乙公司換入設備作為固定資產核算。

（5）假定該交換具有商業實質且公允價值能夠可靠計量。甲公司開出固定資產的增值稅專用發票，且固定資產的增值稅進項稅額可以抵扣，處置固定資產時需要繳納增值稅銷項稅。

要求：

（1）編制2014年1月3日甲公司購入生產經營用固定資產的會計分錄。

（2）編制2014年4月20日甲公司支付銀行存款的會計分錄。

（3）計算2014年4月30日甲公司換入原材料的成本。

（4）編制2014年4月30日甲公司換入原材料的會計分錄。

（5）編制2014年4月20日乙公司收到銀行存款的會計分錄。

（6）計算乙公司2014年4月30日換入固定資產的成本。

（7）編制乙公司2014年4月30日換入固定資產的會計分錄。

（五）綜合題

A公司和B公司均為增值稅一般納稅人，適用的增值稅稅率均為17%。

（1）2014年1月17日，A公司以銀行存款200萬元自Y公司原股東處購入Y公司15%的表決權資本，對Y公司有重大影響，劃分為長期股權投資。當日Y公司可辨認淨資產的公允價值為1,200萬元（包含一項無形資產的公允價值高於帳面價值的差額100萬元，該無形資產預計尚可使用年限為10年，採用直線法攤銷）。

（2）2014年3月20日，A公司購入一項W專利權專門用於生產W產品，實際支付價款為500萬元，採用產量法攤銷該專利權，在預計使用年限內可生產的W產品為500噸。

（3）2014年4月20日，以銀行存款購入X庫存商品，取得增值稅專用發票，價款為60萬元，增值稅進項稅額為10.2萬元。

（4）2014年12月31日，Y公司可供出售金融資產公允價值增加60萬元，實現的淨利潤為210萬元。

（5）截至2014年12月31日，W專利權累計實際生產W產品200噸。

（6）2014年12月31日，X庫存商品的市場銷售價格為54萬元，預計銷售稅費為零。

（7）A公司因經營戰略發生較大調整，經與B公司協商，進行資產置換。2014年12月31日A公司與B公司簽訂資產置換合同，A公司以上述對Y公司的長期股權投資、W專利權和X庫存商品與B公司的設備、原材料進行交換。

A公司換出資產資料如下：

對Y公司的長期股權投資的公允價值為320萬元，W專利權的公允價值為220萬元，X庫存商品不含稅公允價值為54萬元。合計不含稅公允價值總額為594萬元，合計含稅公允價值總額為603.18萬元。

B公司換出資產資料如下：

換出作為固定資產核算的設備原值為 800 萬元，已提折舊 500 萬元，公允價值為 350 萬元；原材料的帳面成本為 200 萬元，已計提存貨跌價準備 20 萬元，公允價值為 300 萬元，含稅公允價值為 351 萬元。合計不含稅公允價值總額為 650 萬元，合計含稅公允價值總額為 701 萬元。

A公司向B公司支付銀行存款 97.82 萬元。

（8）2015 年 2 月 10 日，辦理完畢資產所有權的劃轉手續，假定該項非貨幣性資產交換具有商業實質且公允價值能夠可靠計量，不考慮與設備相關的增值稅。A公司和B公司交換前與交換後資產的用途不變。

要求：

（1）編制A公司 2014 年 1 月 17 日購入Y公司股權的會計分錄。

（2）編制 2014 年 3 月 20 日A公司購入W專利權的會計分錄。

（3）編制 2014 年 4 月 20 日購入X庫存商品的會計分錄。

（4）編制 2014 年 12 月 31 日有關長期股權投資的會計分錄，並計算 2014 年 12 月 31 日長期股權投資的帳面價值。

（5）編制 2014 年年末A公司有關W專利權的會計分錄。

（6）編制A公司 2014 年 12 月 31 日計提存貨跌價準備的會計分錄。

（7）計算A公司換入資產的總成本。

（8）計算A公司換入各項資產的入帳價值。

（9）計算A公司換出資產影響損益的金額，並編制A公司換入各項資產的會計分錄。

（10）計算B公司換入資產的總成本。

（11）計算B公司換入各項資產的入帳價值。

（12）計算B公司換出資產影響損益的金額，並編制B公司換入各項資產的會計分錄。

五、參考答案及解析

（一）單項選擇題

1.【答案】C

2.【答案】C

【解析】選項A，應收票據屬於貨幣性資產，故不屬於非貨幣性資產交換；選項B，應收帳款屬於貨幣性資產，故不屬於非貨幣性資產交換；選項D，持有至到期債券投資屬於貨幣性資產，故不屬於非貨幣性資產交換。

3.【答案】B

【解析】在不具有商業實質的情況下，B公司換入庫存商品的入帳價值＝（1,350-270）+112.5＝1,192.5（萬元）。

4.【答案】C

【解析】選項AB，A公司換入投資性房地產的成本＝405＋45＝450（萬元），確認無形資產處置損益＝405－（450－50）＝5（萬元）；選項CD，B公司取得的無形資產入帳價值＝450－45＝405（萬元），確認處置損益＝450－（310＋90）＝50（萬元）。

5.【答案】A

【解析】選項A，支付補價的企業：支付的不含稅補價3÷(支付的不含稅補價3+換出資產不含稅公允價值27)×100％＝10％；選項C，A公司換入長期股權投資的入帳成本＝(27＋4.59)－1.59＝30（萬元）；選項D，A公司換出固定資產的利得＝27－（30－4.5）－0.5＝1（萬元）。

6.【答案】B

【解析】此項置換具有商業實質，且30,000÷250,000×100％＝12％＜25％，應按換出資產的公允價值為基礎確定。天山公司換入的乙設備的入帳價值＝250,000＋10,000－30,000＝230,000（元）。

7.【答案】D

【解析】甲公司對該非貨幣性資產交換應確認的收益＝130－（140－25）＝15（萬元）。

8【答案】B

【解析】不具有商業實質情況下的非貨幣性資產交換，其換入資產的入帳價值＝換出資產的帳面價值＋支付的相關稅費－收到的補價＝（1,000－250）＋（120－24）－180＝666（萬元）。

9.【答案】D

【解析】換入資產的入帳價值＝100＋17－10＝107（萬元）。

10.【答案】D

【解析】因為換入資產和換出資產的公允價值不能夠可靠計量，所以換入資產的入帳價值為換出資產的帳面價值。所以甲公司換入資產的入帳價值金額＝350＋150＝500（萬元），甲公司換入在建房屋的入帳價值＝500×300÷(100＋300)＝375（萬元）。

11.【答案】A

【解析】A公司換入專利權的入帳價值為600萬元（500＋85＋51－36＝600）。支付補價51萬元由兩部分構成：一部分是增值稅銷項稅額85萬元與進項稅額36萬元的差額，即－49萬元；另一部分為換出設備公允價值500萬元與換入專利權600萬元的差額，即100萬元。A公司換入專利權的入帳價值＝500＋100＝600（萬元）。

12.【答案】CA

【解析】公司換入專利權的入帳價值＝(2,000－200－100)＋100＝1,800（萬元）。

13.【答案】A

【解析】甲公司換出非專利技術影響利潤總額的金額＝1,000－(1,200－200－100)＝100（萬元），換出可供出售金融資產影響利潤總額的金額＝(400－380)＋50（其他綜合收益轉入投資收益）＝70（萬元），此項交換影響甲公司2016年利潤總額的金額＝100＋70＝170（萬元）。

14.【答案】D

【解析】甲公司對該交易應確認的收益＝(100＋17＋30)－65＝82（萬元）。

15.【答案】D

【解析】方法一：換入資產成本＝換出資產不含稅公允價值360+支付的不含稅補價90（450-360）+應支付的相關稅費0＝450（萬元）；

甲公司換出：①庫存商品——A，帳面成本為360萬元，已計提存貨跌價準備60萬元，公允價值為300萬元；②庫存商品——B，帳面成本為80萬元，已計提存貨跌價準備20萬元，公允價值為60萬元。乙公司換出原材料的帳面成本為413萬元，已計提存貨跌價準備8萬元，公允價值為450萬元，甲公司另向乙公司支付銀行存款105.3萬元。

方法二：換入資產成本＝換出資產含稅公允價值（360+360×17%）+支付的含稅的補價105.3-可抵扣的增值稅進項稅額450×17%+應支付的相關稅費0＝450（萬元）。

16.【答案】B

【解析】甲換入資產的成本總額＝換出資產不含稅公允價值（45+30）+支付的不含稅補價5＝80（萬元）

換入精密儀器的入帳價值＝80×15÷(15+65)+4＝19（萬元）

換入專利權的入帳價值＝80×65÷(15+65)＝65（萬元）

因此，選項A不正確，選項B正確。

選項C，確認投資收益＝（45-40）+（30-18）＝17（萬元）；選項D，影響營業利潤的金額＝（45-35-5）+（30-20）＝15（萬元）。

(二) 多項選擇題

1.【答案】BD

【解析】貨幣性資產，是指企業持有的貨幣資金和將以固定或可確定的金額收取的資產，包括現金、銀行存款、應收帳款、其他應收款和應收票據以及準備持有至到期的債券投資等。

2.【答案】AD

【解析】非貨幣性資產交換不具有商業實質，不涉及補價，應當以換出資產的帳面價值和應支付的相關稅費作為換入資產的成本，與換入資產的公允價值和換出資產的公允價值均無關，選項B和C均不正確；換出資產的帳面價值＝換出資產帳面餘額-換出資產已計提的減值準備，選項A和D均正確。

3.【答案】ACD

【解析】應收帳款和持有至到期的公司債券屬於貨幣性資產，選項A和C不屬於非貨幣性資產交換；50÷100×100%＝50%不小於25%，選項D不屬於非貨幣性資產交換。

4.【答案】AD

【解析】選項A，400÷2,000×100%＝20%<25%，屬於非貨幣性資產交換。

5.【答案】ABC

【解析】30÷(70+30)×100%＝30%大於25%，選項D不屬於非貨幣性資產交換。

6.【答案】CD

【解析】甲公司應確認其他業務收入110萬元，其他業務成本100萬元，不能確認

營業外收入，選項 A 不正確；甲公司換入專利的入帳價值 = 110+30 = 140（萬元），選項 B 不正確。

7.【答案】AD

8.【答案】AC

9.【答案】AD

【解析】選項 B、C 是貨幣性資產交換。

10.【答案】CD

【解析】選項 A 中的應收債權和選項 B 中的持有至到期投資屬於貨幣性資產，因此，選項 AB 不屬於非貨幣性資產交換；選項 C，補價的比例 = 140÷600×100% = 23.33%，小於 25%，屬於非貨幣性資產交換；選項 D，補價的比例 = 160÷（160+600）×100% = 21.05%，小於 25%，屬於非貨幣性資產交換。

11.【答案】ABC

【解析】選項 D，應支付的相關稅費不一定都計入換入資產的入帳價值，如果是為換出資產發生的相關稅費，應計入換出資產的處置損益。

12.【答案】ABD

【解析】選項 C，換出資產為投資性房地產的，按換出資產公允價值確認其他業務收入，並結轉其他業務成本。

13.【答案】AC

【解析】在具有商業實質的非貨幣性資產交換中，換入資產的入帳價值是以換出資產的公允價值加上支付的補價（或減去收到的補價）再加上為換入資產支付的相關稅費來確定的，因此選項 AC 正確。

14.【答案】ABCD

(三) 判斷題

1.【答案】錯

【解析】該交換不涉及或只涉及少量的貨幣性資產。

2.【答案】錯

【解析】在進行不具有商業實質的非貨幣性資產交換的核算時，如果涉及補價，支付補價的企業，應當以換出資產帳面價值加上補價和應支付的相關稅費，作為換入資產的入帳價值。

3.【答案】錯

【解析】非貨幣性資產交換具有商業實質，且換入資產的公允價值能夠可靠計量的，應當按照換入各項資產的公允價值占換入資產公允價值總額的比例，對換入資產的成本總額進行分配，確定各項換入資產的成本。

4.【答案】對

【解析】具有商業實質的非貨幣性資產交換按公允價值計量的，假定不考慮補價和相關稅費等因素，應當將換出資產的公允價值和換出資產的帳面價值之間的差額計入當期損益，不是換入資產的公允價值和換出資產的帳面價值之間的差額。

5. 【答案】錯

【解析】股票投資不是以固定或可確定的貨幣收取的資產，不符合貨幣性資產的定義。

6. 【答案】對
7. 【答案】對
8. 【答案】對
9. 【答案】錯

【解析】一般只有在非貨幣性資產交換具有商業實質且換入或者換出資產的公允價值能夠可靠計量的情況下，才確認換出資產的處置損益。

10. 【答案】錯

【解析】換出無形資產發生的營業稅，不計入換入資產的入帳成本，應作為換出資產的處置損益。

(四) 計算分析題

1. (1) 事項 (1) 的會計處理不正確。

理由：非貨幣性資產交換同時滿足「該項交換具有商業實質」及「換入資產或換出資產的公允價值能夠可靠地計量」兩個條件時，應以公允價值為基礎確定換入資產的成本。

更正分錄為：

借：無形資產　　　　　　　　　　　　　60（300-240）
　　貸：投資收益　　　　　　　　　　　　　　　　60
借：其他綜合收益　　　　　　　　　　　40
　　貸：投資收益　　　　　　　　　　　　　　　　40
借：管理費用　　　　　　　　　　　　　4（300÷5×4÷12-16）
　　貸：累計攤銷　　　　　　　　　　　　　　　　4

(2) 事項 (2) 的會計處理不正確。

理由：非貨幣性資產交換同時滿足「該項交換具有商業實質」及「換入資產或換出資產的公允價值能夠可靠地計量」兩個條件時，應以公允價值為基礎確定換入資產的成本。

更正分錄為：

借：投資性房地產　　　　　　　　　　4,000
　　貸：營業外收入　　　　　　　　　　　　　　4,000
借：其他業務成本　　　　　　　　　　40（12,000÷50×6÷12-80）
　　貸：投資性房地產累計折舊（攤銷）　　　　40

2. (1) 計算資產交換日 A 公司支付不含稅的補價、換入固定資產的成本、資產交換確認的損益。

A 公司支付不含稅的補價 = 19,000-18,000 = 1,000（萬元）

方法一：換入資產成本 = 換出資產不含稅公允價值 18,000 + 支付的不含稅補價 1,000 + 為換入資產應支付的相關稅費 0 = 19,000（萬元）。

方法二：換入資產成本=換出資產不含稅公允價值18,000+支付的含稅補價4,230-可抵扣的增值稅進項稅額19,000×17%+為換入資產應支付的相關稅費0=19,000（萬元）。

資產置換確認的損益=18,000-(10,000-1,000)=9,000（萬元）。

(2) 編制A公司資產交換日換入固定資產的會計分錄。

借：固定資產　　　　　　　　　　　　　　　　　19,000
　　應交稅費——應交增值稅（進項稅額）　　　　　3,230
　　貸：其他業務收入　　　　　　　　　　　　　　18,000
　　　　銀行存款　　　　　　　　　　　　　　　　4,230
借：其他業務成本　　　　　　　　　　　　　　　　9,000
　　投資性房地產累計折舊　　　　　　　　　　　　1,000
　　貸：投資性房地產　　　　　　　　　　　　　　10,000

(3) 計算資產交換日B公司換入投資性房地產的成本、資產交換確認的損益。

B公司換入投資性房地產的成本：

方法一：換入資產成本=換出資產不含稅公允價值19,000-收到的不含稅補價1,000+為換入資產應支付的相關稅費0=18,000（萬元）。

方法二：換入資產成本=換出資產含稅公允價值22,230-收到的含稅的補價4,230-可抵扣的增值稅進項稅額0+為換入資產應支付的相關稅費0=18,000（萬元）。

資產置換確認的損益=19,000-18,000=1,000（萬元）。

(4) 編制資產交換日B公司換入投資性房地產的會計分錄。

借：固定資產清理　　　　　　　　　　　　　　　　18,000
　　累計折舊　　　　　　　　　　　　　　　　　　2,000
　　貸：固定資產　　　　　　　　　　　　　　　　20,000
借：投資性房地產——成本　　　　　　　　　　　　18,000
　　銀行存款　　　　　　　　　　　　　　　　　　4,230
　　貸：固定資產清理　　　　　　　　　　　　　　18,000
　　　　營業外收入　　　　　　　　　　　　　　　1,000
　　　　應交稅費——應交增值稅（銷項稅額）　　　3,230

(5) 編制2014年12月31日，A公司計提固定資產折舊和B公司有關公允價值變動的會計分錄。

A公司：

借：製造費用　　　　　　　　950（19,000÷10×6÷12）
　　貸：累計折舊　　　　　　　　　　　　　　　　950

B公司：

借：投資性房地產——公允價值變動　5,000（23,000-18,000）
　　貸：公允價值變動損益　　　　　　　　　　　　5,000

3. (1) 編制2014年1月3日甲公司購入生產經營用固定資產的會計分錄。

借：固定資產　　　　　　　　　　　　　　　　　　800
　　應交稅費——應交增值稅（進項稅額）　　　　　136
　　貸：銀行存款　　　　　　　　　　　　　　　　936

(2) 編制 2014 年 4 月 20 日甲公司支付銀行存款的會計分錄。
借：預付帳款　　　　　　　　　　　　　　　　　　　　　117
　貸：銀行存款　　　　　　　　　　　　　　　　　　　　　117
(3) 計算 2014 年 4 月 30 日甲公司換入原材料的成本。
方法一：換入資產成本＝換出資產不含稅公允價值 1,000＋支付的不含稅的補價 100＋為換入資產應支付的相關稅費 0＝1,100（萬元）。
方法二：換入資產成本＝換出資產含稅公允價值 1,170＋支付的含稅的補價 117－可抵扣的增值稅進項稅額 1,100×17%＋為換入資產應支付的相關稅費 0＝1,100（萬元）。
註：不含稅的補價＝1,100－1,000＝100（萬元）
(4) 編制 2014 年 4 月 30 日甲公司換入原材料的會計分錄。
借：固定資產清理　　　　　　　　　　　　　　　　　　　780
　　累計折舊　　　　　　　　　　　　　　20（800÷10×3÷12）
　貸：固定資產　　　　　　　　　　　　　　　　　　　　　800
借：原材料　　　　　　　　　　　　　　　　　　　　　　1,100
　　應交稅費——應交增值稅（進項稅額）　　187（1,100×17%）
　貸：固定資產清理　　　　　　　　　　　　　　　　　　　780
　　　營業外收入　　　　　　　　　　　　220（1,000－780）
　　　應交稅費——應交增值稅（銷項稅額）　170（1,000×17%）
　　　預付帳款　　　　　　　　　　　　　　　　　　　　　117
(5) 編制 2014 年 4 月 20 日乙公司收到銀行存款的會計分錄。
借：銀行存款　　　　　　　　　　　　　　　　　　　　　117
　貸：預收帳款　　　　　　　　　　　　　　　　　　　　　117
(6) 計算乙公司 2014 年 4 月 30 日換入固定資產的成本。
方法一：換入資產成本＝換出資產不含稅公允價值 1,100－收到的不含稅的補價 100＋為換入資產應支付的相關稅費 0＝1,000（萬元）。
方法二：換入資產成本＝換出資產含稅公允價值 1,100×1.17－收到的含稅的補價 117－可抵扣的增值稅進項稅額 1,000×17%＋為換入資產應支付的相關稅費 0＝1,000（萬元）。
(7) 編制乙公司 2014 年 4 月 30 日換入固定資產的會計分錄。
借：固定資產　　　　　　　　　　　　　　　　　　　　1,000
　　應交稅費——應交增值稅（進項稅額）　　170（1,000×17%）
　　預收帳款　　　　　　　　　　　　　　　　　　　　　117
　貸：其他業務收入　　　　　　　　　　　　　　　　　　1,100
　　　應交稅費——應交增值稅（銷項稅額）　187（1,100×17%）
借：其他業務成本　　　　　　　　　　　　　　　　　　　850
　　存貨跌價準備　　　　　　　　　　　　　　　　　　　　50
　貸：原材料　　　　　　　　　　　　　　　　　　　　　900

(五) 綜合題

(1) 編制 A 公司 2014 年 1 月 17 日購入 Y 公司股權的會計分錄。

借：長期股權投資——投資成本　　　　　　　　　　　　200
　貸：銀行存款　　　　　　　　　　　　　　　　　　　　200

初始投資成本 200 萬元大於投資時應享有被投資單位可辨認淨資產公允價值份額 180 萬元（1,200×15%），因此，差額 20 萬元不調整已確認的初始投資成本。

(2) 編制 2014 年 3 月 20 日 A 公司購入 W 專利權的會計分錄。

借：無形資產　　　　　　　　　　　　　　　　　　　　500
　貸：銀行存款　　　　　　　　　　　　　　　　　　　　500

(3) 編制 2014 年 4 月 20 日購入 X 庫存商品的會計分錄。

借：庫存商品　　　　　　　　　　　　　　　　　　　　60
　　應交稅費——應交增值稅（進項稅額）　　　　　　10.2
　貸：銀行存款　　　　　　　　　　　　　　　　　　　70.2

(4) 編制 2014 年 12 月 31 日有關長期股權投資的會計分錄，並計算 2014 年 12 月 31 日長期股權投資的帳面價值。

借：長期股權投資——其他綜合收益　　　　9（60×15%）
　貸：其他綜合收益　　　　　　　　　　　　　　　　　　9
借：長期股權投資——損益調整　　　30［(210-100÷10)×15%］
　貸：投資收益　　　　　　　　　　　　　　　　　　　　30

2014 年 12 月 31 日長期股權投資的帳面價值＝200+9+30＝239（萬元）

(5) 編制 2014 年年末 A 公司有關 W 專利權的會計分錄。

借：製造費用　　　　　　　　　　　200（500÷500×200）
　貸：累計攤銷　　　　　　　　　　　　　　　　　　　200

(6) 編制 A 公司 2014 年 12 月 31 日計提存貨跌價準備的會計分錄。

借：資產減值損失　　　　　　　　　　　　6（60-54）
　貸：存貨跌價準備　　　　　　　　　　　　　　　　　　6

(7) 計算 A 公司換入資產的總成本。

方法一：換入資產成本＝換出資產不含稅公允價值 594+支付的不含稅的補價 56+為換入資產應支付的相關稅費 0＝650（萬元）。

方法二：換入資產成本＝換出資產含稅公允價值 603.18+支付的含稅的補價 97.82-可抵扣的增值稅進項稅額 51+為換入資產應支付的相關稅費 0＝650（萬元）。

註：不含稅的補價＝650-594＝56（萬元）

(8) 計算 A 公司換入各項資產的入帳價值。

①設備的入帳價值＝650×350÷650＝350（萬元）
②原材料的入帳價值＝650×300÷650＝300（萬元）

(9) 計算 A 公司換出資產影響損益的金額，並編制 A 公司換入各項資產的會計分錄。

A 公司換出資產影響損益的金額＝長期股權投資(320-239+9)+專利權［220-(500-

200）］＋庫存商品［54-（60-6）］=10（萬元）

借：固定資產	350
原材料	300
應交稅費——應交增值稅（進項稅額）	51（300×17%）
累計攤銷	200
營業外支出	80
貸：長期股權投資——投資成本	200
——其他綜合收益	9
——損益調整	30
投資收益	81
無形資產	500
主營業務收入	54
應交稅費——應交增值稅（銷項稅額）	9.18（54×17%）
銀行存款	97.82
借：其他綜合收益	9
貸：投資收益	9
借：主營業務成本	54
存貨跌價準備	6
貸：庫存商品	60

（10）計算 B 公司換入資產的總成本。

方法一：換入資產成本＝換出資產不含稅公允價值 650-收到的不含稅的補價 56+為換入資產應支付的相關稅費 0＝594（萬元）。

方法二：換入資產成本＝換出資產含稅公允價值 701-收到的含稅的補價 97.82-可抵扣的增值稅進項稅額 54×17%+為換入資產應支付的相關稅費 0＝594（萬元）。

註：不含稅的補價＝650-594＝56（萬元）

（11）計算 B 公司換入各項資產的入帳價值。

①長期股權投資入帳價值＝594×320÷（320+220+54）＝320（萬元）

②專利權入帳價值＝594×220÷594＝220（萬元）

③庫存商品入帳價值＝594×54÷594＝54（萬元）

（12）計算 B 公司換出資產影響損益的金額，並編制 B 公司換入各項資產的會計分錄。

B 公司換出資產影響損益的金額＝固定資產［350-（800-500）］+原材料（300-180）＝170（萬元）

借：固定資產清理	300	
累計折舊	500	
貸：固定資產		800
借：長期股權投資——投資成本	320	
無形資產	220	
庫存商品	54	

　　　　應交稅費——應交增值稅（進項稅額）　　　　9.18（54×17%）
　　　　銀行存款　　　　　　　　　　　　　　　　97.82
　　　貸：固定資產清理　　　　　　　　　　　　　300
　　　　　營業外收入　　　　　　　　　　　　　　 50
　　　　　其他業務收入　　　　　　　　　　　　　300
　　　　　應交稅費——應交增值稅（銷項稅額）　　51（300×17%）
　　借：其他業務成本　　　　　　　　　　　　　　180
　　　　存貨跌價準備　　　　　　　　　　　　　　 20
　　　貸：原材料　　　　　　　　　　　　　　　　200

第十四章　債務重組

一、要點總覽

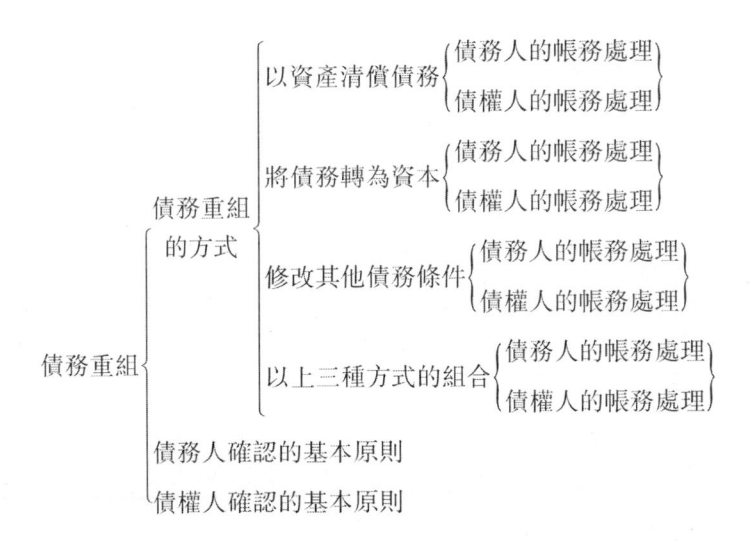

$$\text{債務重組}\begin{cases}\text{債務重組}\\\text{的方式}\end{cases}\begin{cases}\text{以資產清償債務}\begin{cases}\text{債務人的帳務處理}\\\text{債權人的帳務處理}\end{cases}\\\text{將債務轉為資本}\begin{cases}\text{債務人的帳務處理}\\\text{債權人的帳務處理}\end{cases}\\\text{修改其他債務條件}\begin{cases}\text{債務人的帳務處理}\\\text{債權人的帳務處理}\end{cases}\\\text{以上三種方式的組合}\begin{cases}\text{債務人的帳務處理}\\\text{債權人的帳務處理}\end{cases}\end{cases}\\\text{債務人確認的基本原則}\\\text{債權人確認的基本原則}$$

二、重點難點

(一) 重點

債務重組的方式
債務人的帳務處理
債權人的帳務處理

(二) 難點

債務人的帳務處理
債權人的帳務處理

三、關鍵內容小結

(一) 債務重組方式

(1) 以資產清償債務。
(2) 將債務轉為資本。

(3) 修改其他債務條件。
(4) 以上三種方式的組合。

(二) 債務重組的帳務處理

　　1. 以資產清償債務

債務人的帳務處理	債權人的帳務處理
借：應付帳款 　　累計攤銷 　　無形資產減值準備等 　貸：銀行存款 　　固定資產清理 　　無形資產 　　主營業務收入 　　應交稅費——應交增值稅（銷項稅額）等	借：銀行存款 　　固定資產 　　無形資產 　　庫存商品 　　應交稅費——應交增值稅（進項稅額） 　　壞帳準備 　　營業外支出等 　貸：應收帳款

　　2. 將債務轉為資本

債務人的帳務處理	債權人的帳務處理
借：應付帳款 　貸：股本或實收資本 　　資本公積——股本溢價或資本溢價（按股票公允價減去股本額） 　　營業外收入——債務重組收益（按抵債額減去股票公允價值）	借：長期股權投資或交易性金融資產（按其公允價值入帳） 　　壞帳準備 　　營業外支出——債務重組損失（當重組損失額大於已提減值準備時） 　貸：應收帳款（帳面餘額） 　　資產減值損失（當重組損失額小於已提減值準備時）

　　3. 修改其他債務條件

	債務人帳務處理	債權人帳務處理
不存在或有條件情況下的帳務處理	(1) 重組當時： 借：應付帳款（舊的） 　貸：應付帳款（新的＝將來要償還的本金） 　　營業外收入——債務重組收益 (2) 以後按正常的抵債處理即可： ①每期支付利息時： 借：財務費用 　貸：銀行存款 ②償還本金時： 借：應付帳款 　貸：銀行存款	(1) 重組當時： 借：應收帳款（新的＝將來要收回的本金） 　　營業外支出——債務重組損失（當重組損失額大於已提減值準備時） 　　壞帳準備 　貸：應收帳款（舊的） 　　資產減值損失（當重組損失額小於已提減值準備時） (2) 將來按正常債權的收回處理即可： ①每期收到利息時： 借：銀行存款 　貸：財務費用 ②收回本金時： 借：銀行存款 　貸：應收帳款

	債務人帳務處理	債權人帳務處理
存在或有條件情況下的帳務處理	(1) 重組當時： 借：應付帳款（舊的） 　貸：應付帳款（新的本金） 　　　預計負債（或有支出） 　　　營業外收入——債務重組收益 (2) 當預計負債實現時： 借：預計負債 　貸：應付帳款 借：應付帳款 　貸：銀行存款 (3) 當預計負債未實現時： 借：預計負債 　貸：營業外收入——債務重組收益	(1) 重組當時： 借：應收帳款（新的本金） 　　營業外支出——債務重組損失（當重組損失額大於已提減值準備時） 　　壞帳準備 　貸：應收帳款（舊的） 　　　資產減值損失（當重組損失額小於已提減值準備時） (2) 當或有收入實現時： 借：應收帳款 　貸：營業外支出——債務重組損失 借：銀行存款 　貸：應收帳款 (3) 當或有收入未實現時： 借：銀行存款 　貸：應收帳款

4. 以上三種方式的組合

(1) 債務人的會計處理原則

債務重組以現金清償債務、非現金資產清償債務、債務轉為資本、修改其他債務條件等方式的組合進行的，債務人應當依次以支付的現金、轉讓的非現金資產公允價值、債權人享有股份的公允價值衝減重組債務的帳面價值，再按照修改其他債務條件的債務重組會計處理規定進行處理。

(2) 債權人的會計處理原則

債務重組採用以現金清償債務、非現金資產清償債務、債務轉為資本、修改其他債務條件等方式的組合進行的，債權人應當依次以收到的現金、接受的非現金資產公允價值、債權人享有股份的公允價值衝減重組債權的帳面餘額，再按照修改其他債務條件的債務重組會計處理規定進行處理。

四、練習題

(一) 單項選擇題

1. 下列各項中，不屬於債務重組範圍的是（　　）。
   A. 銀行免除某困難企業積欠貸款的利息，銀行只收回本金
   B. 企業 A 同意企業 B 推遲償還貨款的期限，並減少 B 企業償還貨款的金額
   C. 債務人以非現金資產清償債務，同時又與債權人簽訂了資產回購的協議
   D. 銀行同意降低某困難企業的貸款利率

2. 債務重組協議中，債務人以現金清償某項債務的，應當將重組債務的帳面價值與支付的現金之間的差額計入的是（　　）。
   A. 投資收益　　　　　　　　　　B. 資本公積

C. 營業外收入　　　　　　　　D. 營業外支出

3. 債務重組協議中，債務人將債務轉為資本的，應當將債權人放棄債權而享有股份的公允價值總額與股本之間的差額確認的是（　　）

　　A. 資本公積　　　　　　　　B. 營業外收入
　　C. 投資收益　　　　　　　　D. 財務費用

4. 2×14 年 1 月 10 日，甲公司因財務困難短期內無法償還所欠乙公司的貨款 100 萬元。雙方經協商，甲公司以庫存商品抵償乙公司的全部貨款。乙公司已為該項應收債權計提 10 萬元的壞帳準備，該批商品成本為 60 萬元，計稅價格為 70 萬元。甲公司對該商品計提了 5 萬元的存貨跌價準備。假設不考慮相關稅費，則乙公司應確認的債務重組損失是（　　）。

　　A. 20 萬元　　B. 25 萬元　　C. 30 萬元　　D. 35 萬元

5. 下列各項以非現金資產清償全部債務的債務重組中，屬於債務人債務重組利得的是（　　）。

　　A. 非現金資產帳面價值小於其公允價值的差額
　　B. 非現金資產帳面價值大於其公允價值的差額
　　C. 非現金資產公允價值小於重組債務帳面價值的差額
　　D. 非現金資產帳面價值小於重組債務帳面價值的差額

6. 在以現金、非現金資產和修改債務條件混合重組方式清償債務的情況下，以下處理的先後順序正確的是（　　）。

　　A. 非現金資產方式、現金方式、修改債務條件
　　B. 現金方式、非現金資產方式、修改債務條件
　　C. 修改債務條件、非現金資產方式、現金方式
　　D. 現金方式、修改債務條件、非現金資產方式

7. 下列關於債務重組會計處理的表述中，正確的是（　　）。

　　A. 債務人以債轉股方式抵償債務的，債務人將重組債務的帳面價值大於相關股份公允價值的差額計入資本公積
　　B. 債務人以債轉股方式抵償債務的，債權人將重組債權的帳面價值大於相關股權公允價值的差額計入營業外支出
　　C. 債務人以非現金資產抵償債務的，債權人將重組債權的帳面價值大於受讓非現金資產公允價值的差額計入資產減值損失
　　D. 債務人以非現金資產抵償債務的，債務人將重組債務的帳面價值大於轉讓非現金資產公允價值的差額計入其他業務收入

8. 甲公司為增值稅一般納稅人，適用的增值稅稅率為 17%，2×16 年 1 月 1 日向乙公司賒銷商品一批，增值稅專用發票上註明的價款是 2,000 萬元，增值稅進項銷項稅額為 340 萬元。由於乙公司發生財務困難無法償付應付帳款，經雙方協商同意進行債務重組。已知甲公司已對該應收帳款提取壞帳準備 800 萬元。債務重組內容為：乙公司以 1,700 萬元現金償還債務，2×16 年 11 月 30 日雙方債務結清，款項已存入銀行。甲公司針對該項債務重組正確的處理是（　　）。

　　A. 借：銀行存款　　　　　　　　　　　　　　　　　　17,000,000

	壞帳準備	8,000,000
	貸：應收帳款	23,400,000
	營業外收入	1,600,000
B.	借：銀行存款	17,000,000
	壞帳準備	8,000,000
	貸：應收帳款	23,400,000
	資產減值損失	1,600,000
C.	借：銀行存款	17,000,000
	壞帳準備	8,000,000
	貸：應收帳款	20,000,000
	資產減值損失	3,000,000
D.	借：銀行存款	17,000,000
	壞帳準備	8,000,000
	貸：應收帳款	20,000,000
	營業外收入	3,000,000

(二) 多項選擇題

1. 下列各項中屬於債務重組方式的有（　　）。
   A. 以資產清償債務　　　　B. 債務轉為資本
   C. 修改其他債務條件　　　D. 以上三種方式的組合

2. 下列各項中屬於債務重組協議特點的有（　　）。
   A. 債務到期未還　　　　　B. 由法院最終裁定
   C. 債權人做出讓步　　　　D. 債務人發生財務困難

3. 下列有關附或有條件債務重組的表述中，正確的有（　　）。
   A. 債務人應將或有金額於債務重組日確認為預計負債
   B. 債務人應將或有金額於未來實際支付時再確認為損益
   C. 債權人應將或有金額於債務重組日確認為一項資產
   D. 債權人應將或有金額於未來實際收到時再確認為一項損益

4. 甲公司應收乙公司貨款 800 萬元。由於乙公司財務困難，2×14 年 1 月 15 日，雙方同意按 600 萬元結清該筆貨款。甲公司已經為該筆應收帳款計提了 300 萬元壞帳準備。以下關於甲公司和乙公司債務重組的會計處理中，正確的有（　　）。
   A. 甲公司確認營業外支出 200 萬元
   B. 乙公司確認資本公積 200 萬元
   C. 甲公司不確認營業外支出，衝減資產減值損失 100 萬元
   D. 乙公司確認營業外收入 200 萬元

5. 下列各項中，屬於債務重組日債務人應計入重組後負債帳面價值的有（　　）。
   A. 債權人同意減免的債務
   B. 債務人在未來期間應付的債務本金
   C. 債務人在未來期間應付的債務利息

D. 債務人符合預計負債確認條件的或有應付金額

(三) 判斷題

1. 債務重組協議中，由於債權人做出讓步，因而債務人一定會實現一項利得。
（   ）

2. 債務重組會計處理中，債務人確認的債務重組利得與債權人確認的債務重組損失金額一定相等。
（   ）

3. 企業因債務重組而轉出的存貨，應當確認銷售收入。（   ）

4. 企業以房屋償還債務時，應當將房屋的帳面價值和債務的帳面價值的差額確認為一項債務重組利得。
（   ）

5. 對於附或有條件的債務重組，債權人在計算未來應收金額時不應包括或有收益。
（   ）

(四) 計算分析題

2×14年7月10日，甲公司從乙公司購買一批商品，增值稅專用發票上註明的價款為200,000元，增值稅稅額為34,000元。甲公司因財務困難而無力付款，2×15年2月1日，與乙公司協商達成債務重組協議。協議內容如下：

（1）甲公司支付銀行存款50,000元。

（2）其餘債務以一批原材料清償債務。已知該批材料實際成本為100,000元，計稅價格為120,000元，適用的增值稅稅率為17%，甲公司對該批材料計提的跌價準備為2,000元。

乙公司對該項應收帳款已經計提了10%的壞帳準備。

要求：

（1）計算甲公司的債務重組利得。

（2）計算乙公司的債務重組損失。

（3）編制甲公司債務重組的會計分錄。

（4）編制甲公司結轉材料成本和存貨跌價準備的會計分錄。

（5）編制乙公司債務重組的會計分錄。

(五) 綜合題

甲公司為上市公司，於2×15年1月31日銷售一批商品給正發股份有限公司（以下簡稱正發公司），銷售價款為7,000萬元，增值稅稅率為17%；同時收到正發公司簽發並承兌的一張期限為6個月、票面年利率為4%、到期還本付息的商業承兌匯票。票據到期，正發公司因資金週轉發生困難無法按期兌付該票據本息。

2×15年12月正發公司與甲公司進行債務重組，相關資料如下：

（1）免除積欠利息。

（2）正發公司以一臺設備按照公允價值抵償部分債務，該設備的帳面原價為420萬元，累計折舊為70萬元，計提的減值準備為28萬元，公允價值為322萬元。以銀行存款支付清理費用14萬元。該設備於2×15年12月31日運抵甲公司。

（3）將上述債務中的5,600萬元轉為正發公司的5,600萬股普通股，每股面值和

市價均為1元。正發公司於2×15年12月31日辦理了有關增資批准手續，並向甲公司出具了出資證明。

（4）將剩餘債務的償還期限延長至2×17年12月31日，並從2×16年1月1日起按3%的年利率收取利息。並且，如果正發公司從2×16年起，年實現利潤總額超過1,400萬元，則年利率上升至4%；如全年利潤總額低於1,400萬元，則仍維持3%的年利率。假設此或有應付金額符合預計負債的確認條件。正發公司2×16年實現利潤總額1,540萬元，2×17年實現利潤總額為840萬元。

（5）債務重組協議規定，正發公司於每年年末支付利息。

（不考慮其他相關稅費）

要求：分別編制甲公司和正發公司與債務重組有關的會計分錄。

五、參考答案及解析

（一）單項選擇題

1.【答案】C

【解析】本題考查的知識點為債務重組範圍判斷。選項C，債權人並未做出讓步，不屬於債務重組範圍。

2.【答案】C

【解析】債務重組利得計入營業外收入。

3.【答案】A

【解析】相當於是股本溢價或者是資本溢價。

4.【答案】A

【解析】乙公司先衝減壞帳準備10萬元，則債務重組日，應收帳款的帳面價值為90萬元，扣除甲公司償還的庫存商品的公允價值70萬元，則債務重組損失20萬元。

5.【答案】C

【解析】債務人以非現金資產清償債務的，應將重組債務的帳面價值和轉讓非現金資產的公允價值之間的差額計入營業外收入（債務重組利得）。

6.【答案】B

【解析】按照規定，應按「以現金清償債務」，然後「以非現金資產、債務轉為資本方式組合清償債務」，最後「修改其他債務條件」的順序進行處理。

7.【答案】B

【解析】選項A，差額應計入營業外收入——債務重組利得；選項C，差額計入營業外支出——債務重組損失；選項D，差額計入營業外收入——債務重組利得。

8.【答案】B

【解析】以現金清償債務的，債權人收到的現金大於應收債權的帳面價值的，貸記「資產減值損失」科目。由於債權人以前多確認了資產減值損失，所以現在要衝回來。債權人並沒有獲得收益，所以不能貸記「營業外收入」科目。債權人收到的現金小於應收債權帳面價值的，借記「營業外支出」科目。

(二) 多項選擇題

1.【答案】ABCD

2.【答案】CD

【解析】根據債務重組的定義，債務重組是指在債務人發生財務困難的情況下，債權人按照其與債務人達成的協議或者法院的裁定做出的讓步的事項。

3.【答案】AD

【解析】根據謹慎性要求，不能多計資產，少計負債。

4.【答案】CD

【解析】乙公司以 600 萬元的現金資產償還 800 萬元的貨款，少還了 200 萬元，所以乙公司獲得了 200 萬元的債務重組利得，確認為營業外收入；甲公司應收 800 萬元，實收 600 萬元，損失了 200 萬元，但債務重組之前已經計提了 300 萬元的壞帳準備，所以應衝減資產減值損失 100 萬元。

5.【答案】BD

【解析】選項 A，減免的那部分債務不計入重組後負債的帳面價值；選項 C，債務人在未來期間應付的債務利息，不計入債務重組日債務的公允價值，不應計入重組後負債的帳面價值。

(三) 判斷題

1.【答案】對

2.【答案】錯

【解析】不一定，因為債權人的損失要先衝減已經計提的壞帳準備。

3.【答案】對

【解析】視同銷售。

4.【答案】錯

【解析】企業以房屋等固定資產償還債務時，企業應將固定資產的公允價值與該項固定資產的帳面價值和清理費用的差額作為轉讓固定資產的損益處理；同時，將固定資產的公允價值與應付債務的帳面價值的差額，作為債務重組利得，計入營業外收入。

5.【答案】對

【解析】謹慎性要求。

(四) 計算分析題

(1) 債務重組日甲公司應付債款的帳面價值為 234,000 元，以現金資產銀行存款 50,000 元和非現金資產材料償還債務，材料的公允價值為 120,000 元，增值稅為 120,000×17%＝20,400（元）。

甲公司的債務重組利得＝234,000－50,000－120,000－20,400＝43,600（元）

(2) 乙公司已計提的壞帳準備＝234,000×10%＝23,400（元）

收到的現金資產和非現金資產的價值＝50,000＋120,000＝170,000（元）

增值稅進項稅額＝120,000×17%＝20,400（元）

乙公司的債務重組損失＝234,000－170,000－20,400－23,400＝20,200（元）

(3) 甲公司債務重組的會計分錄為：
借：應付帳款——乙公司 234,000
　貸：銀行存款 50,000
　　其他業務收入 120,000
　　應交稅費——應交增值稅（銷項稅額） 20,400
　　營業外收入——債務重組利得 43,600
(4) 甲公司結轉材料成本和存貨跌價準備的會計分錄為：
借：其他業務成本 98,000
　　存貨跌價準備 2,000
　貸：原材料 100,000
(5) 乙公司債務重組的會計分錄為：
借：銀行存款 50,000
　　原材料 120,000
　　應交稅費——應交增值稅（進項稅額） 20,400
　　壞帳準備 23,400
　　營業外支出——債務重組損失 20,200
　貸：應收帳款——甲公司 234,000

(五) 綜合題

甲公司（債權人）：
借：長期股權投資——正發公司 5,600
　　固定資產 322
　　應收帳款——債務重組 2,268（7,000×1.17-322-5,600）
　　營業外支出——債務重組損失 163.8
　貸：應收票據——正發公司
　　　　8,353.8［7,000+7,000×17%+（7,000+7,000×17%）×4%÷2］

2×16年正發公司利潤總額為1,540萬元，甲公司應按4%的年利率收取利息：
借：銀行存款 90.72（2,268×4%）
　貸：財務費用 90.72

2×17年正發公司實現利潤840萬元，未能實現1,400萬元，甲公司按3%的年利率收取利息及本金：
借：銀行存款 2,336.04
　貸：應收帳款——債務重組 2,268
　　財務費用 68.04（2,268×3%）

正發公司：
借：固定資產清理 336
　　累計折舊 70
　　固定資產減值準備 28
　貸：固定資產 420

銀行存款	14
借：應付票據——甲公司	8,353.8
營業外支出——處置非流動資產利得	14（336-322）
貸：固定資產清理	336
應付帳款——債務重組	2,268（7,000×1.17-322-5,600）
預計負債	45.36〔2,268×(4%-3%)×2〕
股本	5,600
營業外收入——債務重組利得	118.44

2×16年應按4%的年利率支付利息：

借：財務費用	68.04（2,268×3%）
預計負債	22.68〔2,268×(4%-3%)〕
貸：銀行存款	90.72

2×17年償還債務時：

借：應付帳款——債務重組	2,268
財務費用	68.04
貸：銀行存款	2,336.04
借：預計負債	22.68
貸：營業外收入	22.68

第十五章　或有事項

一、要點總覽

- 或有事項及特徵
  - 或有事項的概念及特徵
  - 或有負債和或有資產
- 預計負債的確認和計量
  - 預計負債的確認條件
  - 預計負債的計量
  - 對預計負債帳面價值的復核
- 或有事項的具體運用
  - 虧損合同
  - 未決訴訟或未決仲裁
  - 產品質量擔保
  - 重組義務

二、重點難點

（一）重點

- 或有事項的特徵
- 預計負債的確認條件
- 預計負債的計量
- 或有事項的具體運用

（二）難點

- 預計負債的確認條件
- 預計負債的計量

三、關鍵內容小結

（一）或有事項概述

1. 或有事項的概念及特徵

或有事項是指過去的交易或者事項形成的，其結果須由某些未來事項的發生或不發生才能決定的不確定事項。

或有事項具有以下特徵：

(1) 或有事項是由過去的交易或者事項形成的。即或有事項的現存狀況是過去交易或事項引起的客觀存在。

(2) 或有事項的結果具有不確定性。或有事項的結果具有不確定性是指，或有事項的結果是否發生具有不確定性，或者或有事項的結果預計將會發生，但發生的具體時間或金額具有不確定性。

(3) 或有事項的結果須由未來事項決定。即或有事項的結果由未來不確定事項的發生或不發生決定。

常見的或有事項主要包括：未決訴訟或未決仲裁、企業為其他單位的債務提供擔保、企業對售後產品提供質量保證（含產品安全保證）、虧損合同、重組義務、環境污染整治、承諾等。

2. 或有負債和或有資產

(1) 或有負債

或有負債，是指過去的交易或者事項形成的潛在義務，其存在須通過未來不確定事項的發生或不發生予以證實；或過去的交易或者事項形成的現時義務，履行該義務不是很可能導致經濟利益流出企業或該義務的金額不能可靠計量。

或有負債涉及兩類義務：潛在義務和現時義務。

潛在義務是指結果取決於不確定未來事項的可能義務。也就是說，潛在義務最終是否轉變為現時義務，由某些未來不確定事項的發生或不發生決定。

現時義務是指企業在現行條件下已承擔的義務。作為或有負債的現時義務，其特徵是：該現時義務的履行不是很可能導致經濟利益流出企業，或者該現時義務的金額不能可靠地計量。

(2) 或有資產

或有資產，是指過去的交易或者事項形成的潛在資產，其存在須通過未來不確定事項的發生或不發生予以證實。

或有負債和或有資產不符合負債或資產的定義和確認條件，企業不應當確認為負債和資產，而應當按照或有事項準則的規定進行相應的披露。

(二) 或有事項的確認和計量

或有事項的確認和計量通常是指預計負債的確認和計量。或有事項形成的或有資產只有在企業基本確定能夠收到的情況下，才轉變為真正的資產，從而予以確認。

1. 預計負債的確認條件

與或有事項相關的義務同時滿足以下三個條件時，才能確認為負債，作為預計負債進行確認和計量：

(1) 該義務是企業承擔的現時義務

該義務是企業承擔的現時義務，是指與或有事項相關的義務是在企業當前條件下已承擔的義務，企業沒有其他現實的選擇，只能履行該現時義務。

或有事項準則所指的義務包括法定義務和推定義務。

（2）履行該義務很可能導致經濟利益流出企業

履行該義務很可能導致經濟利益流出企業，是指履行與或有事項相關的現時義務時，導致經濟利益流出企業的可能性超過50%但小於或等於95%。

（3）該義務的金額能夠可靠地計量

該義務的金額能夠可靠地計量，是指與或有事項相關的現時義務的金額能夠合理地估計。

2. 預計負債的計量

預計負債的計量主要涉及兩個問題：一是最佳估計數的確定，二是預期可獲得補償的處理。

（1）最佳估計數的確定

連續範圍		最佳估計數應當按照該範圍內的中間值確定（算術平均數）
其他情況	涉及單個項目	按最可能發生的金額確定
	涉及多個項目	按各種可能結果及相關概率計算確定（加權平均數）
計量預計負債金額時，應考慮的情況：		①充分考慮與或有事項有關的風險、不確定性和貨幣時間價值等因素，在此基礎上按照最佳估計數確定預計負債的金額 ②預計負債的金額通常等於未來應支付的金額，但未來應支付金額的預期與現值相差較大的，應按未來應支付金額的現值確定 ③有確鑿證據表明相關未來事項將會發生的，如未來技術進步、相關法規出抬等，確定預計負債金額時應考慮未來事項的影響 ④在資產負債表日對預計負債的帳面價值進行復核

（2）預計可獲得補償的處理

①如果企業清償因或有事項而確認的負債所需支出全部或部分預計由第三方或其他方補償，則此補償金額只有在基本確定能夠收到時，才能作為資產單獨確認，而不能在或有事項有關的義務確認為負債時作為扣減項目。

②確認的補償金額不能超過所確認負債的帳面價值。

（3）預計負債計量需要考慮的因素

企業在確定最佳估計數時，應當綜合考慮與或有事項有關的風險、不確定性和貨幣時間價值等因素。

3. 對預計負債帳面價值的復核

企業應當在資產負債表日對預計負債的帳面價值進行復核。有確鑿證據表明該帳面價值不能真實反應當前最佳估計數的，應當按照當前最佳估計數對該帳面價值進行調整。

企業對已經確認的預計負債在實際支出發生時，應當僅限於最初為之確定該預計負債的支出。也就是說，只有與該預計負債有關的支出才能衝減該預計負債，否則將會混淆不同預計負債確認事項的影響。

4. 預計負債的會計處理

（1）虧損合同

①待執行合同，是指合同各方未履行任何合同義務，或部分履行了同等義務的合同。

②虧損合同，是指履行合同義務不可避免會發生的成本超過預期經濟利益的合同。
③待執行合同為虧損合同，該虧損合同產生的義務滿足規定條件的，應當確認為預計負債。
④虧損合同的計量：
A. 有合同標的資產的，應當先對標的資產進行減值測試，並按規定確認減值損失，如預計虧損超過該減值損失，應將超過部分確認為預計負債；
B. 無合同標的資產的，虧損合同相關義務滿足預計負債確認條件時，應當確認為預計負債；
C. 對於企業的未來經營虧損，不應確認預計負債。
⑤虧損合同的帳務處理：
借：營業外支出
　　貸：預計負債

（2）未決訴訟或未決仲裁
①訴訟尚未裁決之前，對於被告來說可能形成一項或有負債或者預計負債；對於原告來說，則可能形成一項或有資產。
②作為當事人一方，仲裁的結果在仲裁決定公布以前是不確定，會構成一項潛在義務或現時義務，或者潛在資產。
③資產負債表日，企業應該根據合理預計未決訴訟很可能發生的訴訟損失金額，計提預計負債。
借：管理費用（預計發生的訴訟費用金額）
　　營業外支出（預計發生的賠償損失金額）
　　貸：預計負債
④對於未決訴訟，企業當期實際發生的訴訟損失金額與已計提的相關預計負債之間的差額，應分情況處理：
A. 企業在前期資產負債表日，依據當時實際情況和所掌握的證據合理預計了預計負債，應當將當期實際發生的訴訟損失金額與計提的相關預計負債之間的差額，直接計入或衝減當期營業外支出。
若當期實際發生的訴訟損失金額大於計提的相關預計負債，則：
借：營業外收入
　　貸：預計負債
若當期實際發生的訴訟損失金額大於計提的相關預計負債，則做相反的會計分錄。
B. 企業在前期資產負債表日，依據當時實際情況和所掌握的證據，原本應當能夠合理估計訴訟損失，但企業所做的估計卻與當時的事實嚴重不符，應當按照重大會計差錯更正的方法進行處理。
C. 企業在前期資產負債表日，依據當時實際情況和所掌握的證據，確實無法合理預計訴訟損失，因而未確認預計負債，應在該項損失實際發生的當期，直接計入當期營業外支出。
借：營業外支出
　　貸：銀行存款

D. 資產負債表日後至財務報告批准報出日之間發生的需要調整或說明的未決訴訟，按照資產負債表日後事項的有關規定進行會計處理。

(3) 產品質量擔保

①產品質量保證，通常指銷售商或指製造商在銷售產品或提供勞務後，對客戶服務的一種承諾。

②企業應當在符合確認條件的情況下，於銷售成立時確認預計負債，並計入當期損益。

借：銷售費用
　　貸：預計負債

③ 實際發生產品質量保證費用（維修費用）：

借：預計負債
　　貸：銀行存款/原材料

④在對產品質量保證確認預計負債時，需要注意的是：

A. 如果發現保證費用的實際發生額與預計數相差較大，應及時對預計比例進行調整；

B. 如果企業針對特定批次產品確認預計負債，則在保修期結束時，應將「預計負債——產品質量保證」科目餘額衝銷，同時衝減銷售費用；

C. 已對其確認預計負債的產品，如企業不再生產了，應在相應的產品質量保證期滿後，將「預計負債——產品質量保證」科目餘額衝銷，不留餘額。

(4) 重組義務

① 重組的概念

重組是指企業制定和控制的，將顯著改變企業組織形式、經營範圍或經營方式的計劃實施行為。

②重組事項

A. 出售或終止企業的部分業務；

B. 對企業的組織結構進行較大調整；

C. 關閉企業的部分營業場所，或將營業活動由一個國家或地區遷移到其他國家或地區。

③重組義務的確認

A. 有詳細、正式的重組計劃，包括重組涉及的業務、主要地點、需要補償的職工人數、預計重組支出、計劃實施時間等；

B. 該重組計劃已對外公告。

④重組義務的計量

企業應當按照與重組有關的直接支出確定預計負債金額，計入當期損益。其中，直接支出是企業重組必須承擔的直接支出，不包括留用職工崗前培訓、市場推廣、新系統和營銷網路投入等支出。

四、練習題

(一) 單項選擇題

1. 關於或有事項，下列說法中正確的是（   ）。
   A. 待執行合同變成虧損合同的，該虧損合同產生的義務滿足或有事項確認預計負債規定的，應當確認為預計負債
   B. 待執行合同變成虧損合同的，應當確認為預計負債
   C. 企業應當就未來經營虧損確認預計負債
   D. 企業在一定條件下應當將未來經營虧損確認預計負債

2. 下列有關或有事項的表述中，錯誤的是（   ）。
   A. 或有負債不包括或有事項產生的現時義務
   B. 或有負債不能確認預計負債
   C. 或有資產不能確認資產
   D. 或有事項的結果只能由未來不確定事件的發生或不發生加以證實

3. 下列說法中，不正確的是（   ）。
   A. 「基本確定」指發生的可能性大於95%但小於100%
   B. 「很可能」指發生的可能性大於50%但小於或等於95%
   C. 「可能」指發生的可能性大於或等於5%但小於50%
   D. 「極小可能」指發生的可能性大於0但小於或等於5%

4. 根據或有事項準則的規定，下列有關或有事項的表述中，正確的是（   ）。
   A. 由於擔保引起的或有事項隨著被擔保人債務的全部清償而消失
   B. 只有對本單位產生有利影響的事項，才能作為或有事項
   C. 或有資產與或有事項相聯繫，有或有資產就有或有負債
   D. 對於或有事項既要確認或有負債，也要確認或有資產

5. 關於或有事項，下列說法中正確的是（   ）。
   A. 待執行合同變成虧損合同的，該虧損合同產生的義務應當確認為預計負債
   B. 或有資產僅指過去的交易或者事項形成的潛在資產
   C. 或有負債僅指過去的交易或者事項形成的潛在義務
   D. 或有事項的結果不確定，是指或有事項的結果預計將會發生，只是發生的具體時間或金額具有不確定性

6. 下列關於虧損合同的處理中，錯誤的是（   ）。
   A. 如果與虧損合同相關的義務不需支付任何補償即可撤銷，企業通常就不存在現時義務，不應確認預計負債
   B. 如果與虧損合同相關的義務不可撤銷，企業就存在了現時義務，同時滿足該義務很可能導致經濟利益流出企業和金額能夠可靠地計量的，通常應當確認預計負債
   C. 虧損合同存在標的資產的，應當對標的資產進行減值測試並按規定確認減

值損失，如果預計虧損超過該減值損失，應將超過部分確認為預計負債；合同不存在標的資產的，虧損合同相關義務滿足預計負債確認條件時，應當確認為預計負債

　　D. 即使虧損合同存在標的資產的，也應將合同預計虧損金額確認預計負債

7. 甲公司因或有事項而確認預計負債 600 萬元，估計有 90% 的可能性由乙公司補償，金額為 550 萬元。則甲公司應確認的資產金額為（　　）萬元。

　　A. 0　　　　　B. 550　　　　　C. 50　　　　　D. 600

8. 甲公司為 2×16 年新成立的企業。2×16 年該公司分別銷售 A、B 產品 1 萬件和 2 萬件，銷售單價分別為 100 元和 50 元。公司向購買者承諾提供產品售後 2 年內免費保修服務，預計保修期內將發生的保修費在銷售額的 2%~8%。2×16 年實際發生保修費 1 萬元。假定無其他或有事項，則甲公司 2×16 年年末資產負債表「預計負債」科目的金額為（　　）萬元。

　　A. 3　　　　　B. 9　　　　　C. 10　　　　　D. 15

9. 2×16 年甲公司銷售產品 10,000 件，銷售額為 4,000,000 元。甲公司的產品質量保證條款規定：產品售出兩年內，如果發生正常質量問題，甲公司將負責免費維修。根據該公司以往的經驗，如果出現較小的質量問題，發生的修理費為銷售額的 0.5%，如果發生較大的質量問題，則發生的修理費為銷售額的 2%。據專家預測，本年度已售產品中，有 85% 的可能性不會發生質量問題，有 10% 的可能性發生較小質量問題，有 5% 的可能性發生較大質量問題，則本年應計提的預計負債金額是（　　）元。

　　A. 6,000　　　　B. 2,000　　　　C. 4,000　　　　D. 10,000

10. 甲公司中止企業的某項經營業務，由此需要辭退 10 名員工。由於是否接受辭退，職工可以做出選擇，因此預計發生 150 萬元辭退費用的可能性為 60%，發生 100 萬元辭退費用的可能性為 40%，發生轉崗職工上崗前培訓費 20 萬元。該企業本期應確認的預計負債是（　　）萬元。

　　A. 125　　　　B. 130　　　　C. 150　　　　D. 170

11. 2×16 年甲公司銷售收入為 1,000 萬元。甲公司的產品質量保證條款規定：產品售出後一年內，如發生正常質量問題，甲公司將負責免費維修。根據以往的經驗，如果出現較小的質量問題，則須發生的修理費為銷售收入的 1%；而如果出現較大的質量問題，則須發生的修理費為銷售收入的 2%。據預測，本年度已售產品中，估計有 80% 的可能性不會發生質量問題，有 15% 的可能性將發生較小質量問題，有 5% 的可能性將發生較大質量問題。2×16 年年末甲公司應確認的負債金額是（　　）萬元。

　　A. 1.5　　　　B. 1　　　　C. 2.5　　　　D. 30

12. 2×16 年 12 月 31 日，甲公司存在一項未決訴訟。根據類似案例的經驗判斷，該項訴訟敗訴的可能性為 90%。如果敗訴，甲公司須賠償對方 100 萬元並承擔訴訟費用 5 萬元，但很可能從第三方收到補償款 10 萬元。2×16 年 12 月 31 日，甲公司應就此項未決訴訟確認的預計負債金額為（　　）萬元。

　　A. 90　　　　B. 95　　　　C. 100　　　　D. 105

13. 甲公司於 12 月 21 日收到法院通知，被告知乙公司狀告甲公司侵權，要求甲公司賠償 100 萬元，至年末未結案。甲公司在年末編制財務報表時，根據法律訴訟的進

展情況以及專業人士的意見，認為勝訴的可能性為 60%，敗訴的可能性為 40%，如果敗訴有可能被要求支付 50 萬元。甲公司在年末的處理，正確的是（　　）。

A. 確認預計負債 100 萬元　　　B. 確認預計負債 50 萬元
C. 確認預計負債 0　　　　　　D. 確認預計負債 80 萬元

14. 甲公司與乙公司簽訂合同，約定由甲公司承包經營乙公司 3 年，甲公司每年應保證乙公司實現淨利潤 1,000 萬元。若超過 1,000 萬元，則超過部分由甲公司享有；若低於 1,000 萬元，則低於部分由甲公司補足。承包期第一年，由於同行業競爭激烈，乙公司產品在銷售中出現滑坡，預計乙公司無法實現規定的利潤，最可能實現的淨利潤為 600 萬元。則甲公司在當年年末針對該或有事項正確的做法是（　　）。

A. 確認預計負債 400 萬元，並在報表中披露
B. 不作任何處理
C. 作為或有負債在報表中予以披露
D. 作為或有負債確認 400 萬元

15. 某公司 2×16 年年初因 A 產品售後保修確認的預計負債餘額為 20 萬元。2×16 年該公司銷售 A 產品 4 萬件，銷售單價為 50 元。公司向購買者承諾 A 產品售後 2 年內免費提供保修服務，預計保修期內將發生的保修費在銷售額的 1%～5%。2×16 年實際發生保修費 8 萬元。假定無其他或有事項，則該公司 2×16 年年末資產負債表「預計負債」科目的金額為（　　）萬元。

A. 6　　　　　B. 26　　　　　C. 18　　　　　D. 12

16. 甲公司 11 月收到法院通知被某單位提起訴訟，要求甲公司賠償違約造成的經濟損失 100 萬元。至 12 月 31 日，法院尚未做出判決。對於此項訴訟，甲公司預計有 80% 的可能性敗訴，需支付賠償對方 60 萬～80 萬元，並支付訴訟費用 2 萬元。甲公司 12 月 31 日需要做的處理是（　　）。

A. 不能確認，在報表附註中披露
B. 確認預計負債 72 萬元，同時在報表附註中披露有關信息
C. 確認預計負債 62 萬元，同時在報表附註中披露有關信息
D. 確認預計負債 100 萬元

17. 甲企業是一家大型機床製造企業，2×16 年 12 月 1 日與乙公司簽訂了一項不可撤銷銷售合同，約定於 2×17 年 4 月 1 日以 300 萬元的價格向乙公司銷售大型機床一臺。若不能按期交貨，甲企業需按照總價款的 10% 支付違約金。至 2×16 年 12 月 31 日，甲企業尚未開始生產該機床，由於原料價格上漲等因素，甲企業預計生產該機床成本不可避免地升至 320 萬元。甲企業未儲存該產品所需的原材料。甲企業擬繼續履約。假定不考慮其他因素，2×16 年 12 月 31 日，甲企業的下列處理中，正確的是（　　）。

A. 確認預計負債 20 萬元　　　B. 確認預計負債 30 萬元
C. 確認存貨跌價準備 20 萬元　D. 確認存貨跌價準備 30 萬元

18. 甲公司 2×16 年 10 月收到法院通知被某單位提起訴訟，要求甲公司賠償違約造成的經濟損失 130 萬元。至本年年末，法院尚未做出判決。甲公司對於此項訴訟，預計有 51% 的可能性敗訴，如果敗訴須支付對方賠償金 90 萬～120 萬元，並支付訴訟費用 3 萬元。甲公司 2×16 年 12 月 31 日需要做出的處理是（　　）。

A. 不能確認負債，作為或有負債在報表附註中披露

B. 不能確認負債，也不需要在報表附註中披露

C. 確認預計負債 105 萬元，同時在報表附註中披露有關信息

D. 確認預計負債 108 萬元，同時在報表附註中披露有關信息

19. 華遠股份有限公司是一家大型機床製造企業，2×16 年 12 月 1 日與乙公司簽訂了一項不可撤銷銷售合同，約定於 2×17 年 4 月 1 日以 1,000 萬元的價格向乙公司銷售大型機床一臺。若不能按期交貨，華遠股份有限公司須按照總價款的 5% 支付違約金。至 2×16 年 12 月 31 日，華遠股份有限公司尚未開始生產該機床。由於原料上漲等因素，華遠股份有限公司預計生產該機床成本不可避免地上升至 1,060 萬元。華遠股份有限公司為了維護企業信譽擬繼續履約。假定不考慮其他因素。2×16 年 12 月 31 日，華遠股份有限公司的下列處理中，正確的是（　　）。

A. 確認預計負債 50 萬元　　B. 確認預計負債 60 萬元

C. 確認存貨跌價準備 50 萬元　　D. 確認存貨跌價準備 60 萬元

20. 甲公司 2×16 年 1 月 1 日採用經營租賃方式租入乙公司的一條生產線，雙方約定租期為 3 年，每年年末支付租金 20 萬元。2×17 年 12 月 15 日，市政規劃要求甲公司遷址，甲公司不得不停產該產品。而原經營租賃合同是不可撤銷的，尚有租期 1 年，甲公司在租期屆滿前無法轉租該生產線。則甲公司 2×17 年年末的帳務處理是（　　）。

A. 借：營業外支出　　　　　　　　200,000
　　貸：應付帳款　　　　　　　　　　　200,000

B. 借：管理費用　　　　　　　　　200,000
　　貸：預計負債　　　　　　　　　　　200,000

C. 借：營業外支出　　　　　　　　200,000
　　貸：預計負債　　　　　　　　　　　200,000

D. 借：資產減值損失　　　　　　　200,000
　　貸：固定資產減值準備　　　　　　　200,000

（二）多項選擇題

1. 下列各項會計交易事項中，屬於或有事項的有（　　）。

    A. 代被擔保企業向銀行清償債務

    B. 為其他企業的長期借款提供的擔保

    C. 以一項房地產作抵押向銀行借款

    D. 由於技術糾紛被其他企業提起訴訟

2. 關於或有事項，下列說法中正確的有（　　）。

    A. 或有事項是過去的交易或事項形成的一種狀況，其結果須通過未來不確定事項的發生或不發生予以證實

    B. 或有事項的結果不確定，是指或有事項的結果是否發生具有不確定性，或者或有事項的結果預計將會發生，但發生的具體時間或金額具有不確定性

    C. 為其他單位提供債務擔保形成的或有負債應在會計報表附註中披露

    D. 與或有事項有關的義務的履行只要很可能導致經濟利益流出企業，就應將

其確認為一項負債

3. 下列關於或有事項的說法中，正確的有（　　）。
　　A. 企業只要有重組義務就應當確認預計負債
　　B. 企業不應確認或有資產和或有負債
　　C. 待執行合同變成虧損合同時，企業擁有合同標的資產的，應當先對標的資產進行減值測試並按規定確認減值損失
　　D. 與或有事項有關的義務的履行很可能導致經濟利益流出企業，就應將其確認為一項負債

4. 下列有關或有事項的會計處理中，符合現行會計準則規定的有（　　）。
　　A. 或有事項的結果可能導致經濟利益流入企業的，應對其予以披露
　　B. 或有事項的結果很可能導致經濟利益流入企業的，應對其予以披露
　　C. 或有事項的結果很可能導致經濟利益流出企業但不符合確認條件的不需要披露
　　D. 或有事項的結果很可能導致經濟利益流出企業但無法可靠計量的需要對其予以披露

5. 常見的或有事項包括（　　）。
　　A. 債務擔保　　　　　　　　B. 承諾
　　C. 虧損合同　　　　　　　　D. 債務重組

6. 根據國家統一的會計制度規定，下列各項中，屬於或有事項的有（　　）。
　　A. 某單位為其他企業的貨款提供擔保
　　B. 某公司為其子公司的貸款提供擔保
　　C. 某企業以財產作抵押向銀行借款
　　D. 某公司被國外企業提起訴訟

7. 下列會計業務中，屬於或有事項的有（　　）。
　　A. 企業銷售商品時承諾給予產品質量保證
　　B. 企業對外公告其對所屬乙企業進行重組的詳細、正式計劃
　　C. 企業接受含有或有支出的修改其他債務條件的債務重組方案
　　D. 企業的待執行合同變成了虧損合同，而且與該合同相關的義務不可撤銷，並很可能導致一定金額的經濟利益流出企業

8. 下列有關或有事項的表述中，不正確的是（　　）。
　　A. 或有負債與或有事項相聯繫，有或有事項就有或有負債
　　B. 對於或有事項既要確認或有負債，也要確認或有資產
　　C. 擔保引起的或有事項隨著被擔保人債務的全部清償而消失
　　D. 只有對本單位產生不利影響的事項，才能作為或有事項

9. 下列關於或有事項的內容，正確的有（　　）。
　　A. 可能導致經濟利益流出企業的或有負債應當披露其形成的原因
　　B. 與或有事項有關的義務確認為預計負債時，既然已經在資產負債表中單列項目反應，就無須在報表附註中說明
　　C. 或有資產若收到的可能性為96%，則可以確認入帳

D. 對於應予以披露的或有負債，企業應披露或有負債預計產生的財務影響
10. 關於或有事項，下列說法中正確的有（　　）。
    A. 企業不應當就未來經營虧損確認預計負債
    B. 待執行合同是指合同各方尚未履行任何合同義務，或部分地履行了同等義務的合同
    C. 虧損合同是指履行合同義務不可避免會發生成本超過預期經濟利益的合同
    D. 或有負債不能確認為負債
11. 如果清償因或有事項而確認的負債所需支出全部或部分預期由第三方或其他方補償，下列說法中正確的有（　　）。
    A. 補償金額在基本確定收到時，企業不應按所需支出扣除補償金額後的金額確認負債
    B. 補償金額在基本確定收到時，企業應按所需支出扣除補償金額確認負債
    C. 補償金額只能在實際收到時，作為資產單獨確認，且確認的補償金額不應超過所確認負債的帳面價值
    D. 補償金額只能在基本確定收到時，作為資產單獨確認，且確認的補償金額不應超過所確認負債的帳面價值
12. 下列各項關於或有事項會計處理的表述中，正確的有（　　）。
    A. 重組計劃對外公告前不應就重組義務確認預計負債
    B. 因或有事項產生的潛在義務不應確認為預計負債
    C. 因虧損合同預計產生的損失應於合同完成時確認
    D. 對期限較長的預計負債進行計量時應考慮貨幣時間價值的影響
13. 如果清償因或有事項而確認的負債所需支出全部或部分預期由第三方補償，下列說法中錯誤的有（　　）。
    A. 補償金額只能在基本確定收到時，作為資產單獨確認，且確認的補償金額不應超過所確認負債的帳面價值
    B. 補償金額只能在很可能收到時，作為資產單獨確認，且確認的補償金額不應超過所確認負債的帳面價值
    C. 補償金額在基本確定收到時，企業應按所需支出扣除補償金額確認負債
    D. 補償金額只能在基本確定收到時，作為資產單獨確認，補償金額可超過所確認負債的帳面價值
14. 企業清償預計負債所需支出全部或部分預期由第三方補償的，其正確的處理方法有（　　）。
    A. 補償金額只有在基本確定能夠收到時才能作為資產單獨確認
    B. 補償金額只有在很可能收到時才能作為資產單獨確認
    C. 確認的補償金額不應當超過預計負債的帳面價值
    D. 扣除補償額可能取得的金額後確認預計負債
15. 下列說法中，不正確的有（　　）。
    A. 尚未履行任何合同義務或部分地履行了同等義務的商品買賣合同、勞務合同、租賃合同均為待執行合同

B. 待執行合同變成虧損合同時，虧損合同產生的義務滿足預計負債確認條件的，應當確認為預計負債

C. 待執行合同變成虧損合同時，不管該合同是否有標的資產，都應確認相應的預計負債

D. 企業可以將未來的經營虧損確認為負債

16. 下列經濟業務或事項中，不正確的會計處理方法有（　　）。

A. 資產組的可收回金額低於其帳面價值的，應當按照差額直接確認為資產組內各單項資產的減值損失總額，不需要考慮與其相關的總部資產和商譽的分攤

B. 企業收回已轉銷的壞帳，不會引起應收帳款帳面價值發生變化

C. 待執行合同變成虧損合同時，虧損合同相關義務滿足規定條件時，應當確認為預計負債

D. 資產負債表日後，企業利潤分配方案中擬分配的以及經審議批准宣告發放的股利或利潤，不確認為資產負債表日的負債，但應當在附註中單獨披露

17. 下列事項中，應確認為預計負債的有（　　）。

A. 甲公司將未到期商業匯票貼現

B. 甲公司對售出商品提供產品質量保證

C. 甲公司因與乙公司簽訂了互相擔保協議，而成為相關訴訟的第二被告。訴訟尚未判決。由於乙公司經營困難，甲公司很可能需要承擔還款連帶責任。根據公司法律顧問的職業判斷，甲公司很可能需要承擔100萬元的連帶還款責任

D. 甲公司為一家中型塑料加工企業，由於沒有注意污染整治致使周圍村鎮居民身體健康和生產生活造成嚴重損害。為此周圍村鎮集體向法院提起訴訟，要求甲公司賠償損失100萬元。該訴訟案尚未判決。根據公司法律顧問的職業判斷，由於此案涉及的情況比較複雜，還不能可靠地估計賠償損失金額

18. 按照或有事項準則，表明企業承擔了重組義務的兩個條件為（　　）。

A. 有詳細、正式的重組計劃　　B. 重組義務滿足或有事項確認條件

C. 該重組計劃已對外公告　　　D. 重組計劃已經開始執行

19. 甲股份有限公司在編制本年度財務報告時，對有關的或有事項進行了檢查，包括：①正在訴訟過程中的經濟案件估計很可能勝訴並可獲得100萬元的賠償；②由於甲公司生產過程中產生的廢料污染了河水，有關環保部門正在進行調查，估計很可能支付賠償金額60萬元；③甲公司為其子公司提供銀行借款擔保，擔保金額為400萬元。甲公司瞭解到其子公司近期的財務狀況不佳，可能無法支付將於次年6月20日到期的銀行借款。甲公司在本年度財務報告中，對上述或有事項的處理，正確的有（　　）。

A. 甲公司將訴訟過程中很可能獲得的100萬元賠償款確認為資產，並在會計報表附註中作了披露

B. 甲公司未將訴訟過程中很可能獲得的100萬元賠償款確認為資產，但在會計報表附註中作了披露

C. 甲公司將因污染環境而很可能發生的 60 萬元賠償款確認為負債，並在會計報表附註中作了披露

D. 甲公司將為其子公司提供的、子公司可能無法支付的 400 萬元擔保確認為負債，並在會計報表附註中作了披露

20. 企業應在會計報表附註中披露的或有負債有（　　）。

A. 已貼現商業承兌匯票形成的可能發生的或有負債

B. 未決仲裁形成的可能發生的或有負債

C. 為其他單位提供債務擔保形成的極小可能發生的或有負債

D. 因污染河水受到環保公司的調查，企業極小可能發生 1 萬元賠償款

（三）判斷題

1. 因或有事項相關義務確認的預計負債的計稅基礎等於帳面價值。（　　）
2. 或有負債不包括因或有事項而產生的現實義務。（　　）
3. 預計負債因或有事項導致的，預計負債屬於或有負債。（　　）
4. 或有事項的確認標準中的「很可能」表示發生的概率大於或等於 50%，小於或等於 95%。（　　）
5. 或有負債應按其發生的可能性大小決定是否加以確認。（　　）
6. 與或有事項相關的義務，如果符合確認條件，應作為一項負債加以確認。（　　）
7. 預計負債已在財務報表中確認，無須披露。（　　）
8. 待執行合同變成虧損合同的，該虧損合同產生的義務應當確認為預計負債。（　　）
9. 企業在計算預計負債時不考慮與履行該現時義務所需金額的相關未來事項。（　　）
10. 待執行合同不管是否虧損，都有可能確認預計負債。（　　）

（四）計算分析題

1. 華遠股份有限公司 2×16 年度的財務報告於 2×17 年 3 月 31 日批准對外報出。有關資料如下：

（1）2×16 年 12 月 1 日，西城公司收到法院通知，華遠公司狀告西城公司侵犯其專利權。華遠公司認為，西城公司未經其同意，在其試銷的新產品中採用了華遠公司的專利技術，華遠公司要求西城公司停止該項新產品的生產和銷售，並賠償損失 200 萬元。根據有關分析測試情況及法律顧問的意見，西城公司認為新產品很可能侵犯了華遠公司的專利權，估計敗訴的可能性為 60%，勝訴的可能性為 40%。如敗訴，賠償金額估計在 150 萬~225 萬元，並需要支付訴訟費用 3 萬元（假定此事項中敗訴一方承擔訴訟費用，華遠公司在起訴時並未墊付訴訟費）。此外西城公司通過測試情況認為，該新產品的主要技術部分是委託丙公司開發的，經與丙公司反覆協商，西城公司基本確定可以從丙公司獲得賠償 75 萬元。截至 2×16 年 12 月 31 日，訴訟尚在審理當中。

（2）2×17 年 2 月 15 日，法院判決西城公司向華遠公司賠償 172.50 萬元，並負擔訴訟費用 3 萬元。華遠公司和西城公司不再上訴。

(3) 2×17年2月16日，西城公司支付對華遠公司的賠償款和法院訴訟費用。
(4) 2×17年3月17日，西城公司從丙公司獲得賠償75萬元。
要求：
(1) 編制華遠公司有關會計分錄；
(2) 編制西城公司有關會計分錄。
(答案中以萬元為單位，假定不考慮所得稅的影響)

2. 華遠公司為上市公司，所得稅採用資產負債表債務法核算，所得稅稅率為25%。按照稅法規定，企業提供的與其自身生產經營無關的擔保支出不允許稅前扣除。假定不考慮其他納稅調整事項，企業按10%提取法定盈餘公積。

(1) 華遠公司為西財公司提供擔保的某項銀行借款1,000,000元於2×16年9月到期。該借款系西財公司於2×12年9月從銀行借入的，華遠公司為西財公司此項借款的本息提供50%的擔保。西財公司借入的款項至到期日應償付的本息為1,180,000元。由於西財公司無力償還到期的債務，債權銀行於11月向法院提起訴訟，要求西財公司和為其提供擔保的華遠公司償還借款本息，並支付罰息50,000元。至12月31日，法院尚未做出判決，華遠公司預計承擔此項債務的可能性為60%，估計需要支付擔保款500,000元。

(2) 2×17年6月15日法院做出一審判決，西財公司和華遠公司敗訴，華遠公司須為西財公司償還借款本息的50%，共計590,000元。西財公司和華遠公司服從該判決，款項尚未支付。華遠公司預計替西財公司償還的借款本息不能收回的可能性為80%。

(3) 假定華遠公司2×16年度財務會計報告於2×17年3月20日報出。
要求：計算華遠公司因擔保應確認的負債金額，並編制相關會計分錄。

3. 華遠公司為機床生產和銷售企業，2×16年12月31日「預計負債——產品質量擔保」科目年末餘額為10萬元。2×17年第一季度、第二季度、第三季度、第四季度分別銷售機床100臺、200臺、220臺和300臺，每臺售價為10萬元。對購買其產品的消費者，華遠公司做出承諾：機床售出後三年內如出現非意外事件造成的機床故障和質量問題，華遠公司負責免費保修（含零部件更換）。根據以往的經驗，發生的保修費一般為銷售額的1%~2%。假定華遠公司2×17年四個季度實際發生的維修費用分別為8萬元、22萬元、32萬元和28萬元。（假定維修費用用銀行存款支付50%，另50%為耗用的原材料，不考慮增值稅進項稅額轉出）
要求：
(1) 編制每個季度發生產品質量保證費用的會計分錄；
(2) 分季度確認產品質量保證負債金額並編制相關會計分錄；
(3) 計算每個季度末「預計負債——產品質量擔保」科目的餘額。

五、參考答案及解析

(一) 單項選擇題

1.【答案】A
【解析】待執行合同變成虧損合同的，該虧損合同產生的義務滿足或有事項確認預計負債規定的，應當確認為預計負債；企業不應當就未來經營虧損確認預計負債。

2.【答案】A
【解析】或有負債可能是現實義務，也可能是潛在義務。

3.【答案】C
【解析】「基本確定」指發生的可能性大於95%但小於100%；「很可能」指發生的可能性大於50%但小於或等於95%；「可能」指發生的可能性大於5%但小於或等於50%；「極小可能」指發生的可能性大於0但小於或等於5%。

4.【答案】A
【解析】由於被擔保人債務的全部清償，擔保人不再存在或有事項。

5.【答案】B
【解析】選項A不正確，待執行合同變成虧損合同的，也可能因為存在標的資產而只需要確認資產減值損失，不需要確認預計負債；選項C不正確，或有負債也可能是過去的交易或者事項形成的現時義務；選項D不正確，或有事項的結果不確定，是指或有事項的結果是否發生具有不確定性，或者或有事項的結果預計將會發生，但發生的具體時間或金額具有不確定性。

6.【答案】D
【解析】虧損合同存在標的資產的，應當對標的資產進行減值測試並按規定確認減值損失，如果預計虧損超過該減值損失，應將超過部分確認為預計負債；合同不存在標的資產的，虧損合同相關義務滿足預計負債確認條件時，應當確認為預計負債，選項D錯誤。

7.【答案】A
【解析】90%的可能性屬於很可能，不屬於基本確定，因此不確認為資產。

8.【答案】B
【解析】甲公司2×16年年末資產負債表「預計負債」科目的金額＝（1×100＋2×50）×5%－1＝9（萬元）。

9.【答案】A
【解析】本年應計提的預計負債金額＝（4,000,000×0.5%）×10%＋（4,000,000×2%）×5%＝6,000（元）。

10.【答案】B
【解析】150×60%＋100×40%＝130（萬元），發生的職工上崗前培訓費不屬於或有事項。

會計處理：

借：管理費用　　　　　　　　　　　　　　　　　　　　　130
　　貸：預計負債　　　　　　　　　　　　　　　　　　　　　130

11.【答案】C

【解析】2×17年年末甲公司應確認的負債金額=（80%×0+15%×1%+5%×2%）×1,000=2.5（萬元）。

12.【答案】D

【解析】甲公司應就此項未決訴訟確認的預計負債金額=100+5=105（萬元）。

13.【答案】C

【解析】由於敗訴的可能性為40%，不是「很可能」，企業不應確認預計負債。

14.【答案】A

【解析】本題中對於乙公司實現的利潤預計和合同中規定的利潤有差異，形成或有事項，這裡符合負債的確認條件，故甲公司應在期末確認預計負債400萬元，並在報表中予以披露。

15.【答案】C

【解析】M公司2×16年年末資產負債表「預計負債」科目的金額=20+4×50×（1%+5%）÷2-8=18（萬元）。

16.【答案】B

【解析】甲公司的訴訟賠款滿足預計負債的三個確認條件，即：現時義務，很可能發生經濟利益的流出，金額能可靠計量。預計負債=（60+80）÷2+2=72（萬元）。預計負債不僅要進行帳務處理，還應在報表附註中披露。

17.【答案】A

【解析】與乙公司簽訂的合同因不存在標的資產，故應確認預計負債。執行合同損失=320-300=20（萬元）。不執行合同違約金損失=300×10%=30（萬元）。因此應選擇執行合同，並確認損失20萬元。

18.【答案】D

【解析】由於與或有事項相關的義務同時符合三個條件，因此企業應將其確認為負債：（90+120）÷2+3=108（萬元）。

19.【答案】B

【解析】因為題中提示華遠股份有限公司擬繼續履約，所以此時發生的損失=1,060-1,000=60（萬元）。

20.【答案】C

【解析】由於該合同已成為虧損合同，而且無合同標的資產，企業應直接將2×17年應支付的租金確認為預計負債。

(二) 多項選擇題

1.【答案】BD

【解析】選項A，事項的結果已經確定，不屬於或有事項；選項C，在債務到期後，企業應償還借款，否則將以房地產抵償債務，會造成經濟利益流出企業，結果是確定的，不符合或有事項的定義。

2.【答案】AB

【解析】以上說法中，選項 C 如果是產生極小可能導致經濟利益留出企業的或有負債不需要在報表附註中進行披露。選項 D 也不正確。因為確認為負債應同時滿足三個條件：①該義務是企業承擔的現時義務；②履行該義務很可能導致經濟利益流出企業；③該義務的金額能夠可靠地計量。

3.【答案】BC

【解析】D 選項不正確，因為確認為負債應同時滿足三個條件；選項 A，企業承擔的重組義務滿足負債確認條件的，才應當確認為預計負債。

4.【答案】BD

【解析】A 不對，對可能導致經濟利益流入的不披露；C 不對，很可能導致經濟利益流出但不符合確認條件時不能確認為預計負債，需要按照或有負債披露。

5.【答案】ABC

【解析】常見的或有事項有未決訴訟或仲裁、債務擔保、產品質量保證（含產品安全保證）、環境污染整治、承諾、虧損合同、重組義務等。債務重組不是或有事項，所以不選 D 選項。

6.【答案】ABD

【解析】以財產抵押向銀行借款不符合或有事項的特點，因此選項 C 不正確。其他各項均屬於或有事項。

7.【答案】AB

【解析】選項 C 屬於債務重組，為確定事項；選項 D 也屬於確認的事項，都不屬於或有事項。

8.【答案】ABD

9.【答案】ADE

【解析】對於應予以披露的或有負債，企業應披露的內容有：①或有負債的形成原因；②或有負債預計產生的財務影響；③獲得補償的可能性。因此，選項 A 和 D 正確。因或有事項確認的負債，應在資產負債表中單列項目反應，並在會計報表附註中作相應披露。因此，選項 B 不正確。或有資產不應確認，因此選項 C 不正確。

10.【答案】ABCD

【解析】或有負債是指過去的交易或者事項形成的潛在義務，其存在須通過未來不確定事項的發生或不發生予以證實；或過去的交易或者事項形成的現時義務，履行該義務不是很可能導致經濟利益流出企業或該義務的金額不能可靠計量。

11.【答案】AD

【解析】如果清償因或有事項而確認的負債所需支出全部或部分預期由第三方或其他方補償，補償金額只能在基本確定收到時，作為資產單獨確認，且確認的金額不應超過所確認負債的帳面價值。因此，選項 AD 正確。

12.【答案】ABD

【解析】企業因重組而承擔了重組義務，並且同時滿足預計負債確認條件時，才能確認預計負債。首先，同時存在下列情況的，表明企業承擔了重組義務：①有詳細、正式的重組計劃；②該重組計劃已對外公告。或有事項確認為預計負債必須是現時義

務；待執行合同變為虧損合同，在滿足預計負債確認條件時，應當確認預計負債，所以選項 C 不正確。

13.【答案】BCD

【解析】如果清償因或有事項而確認的預計負債所需支出全部或部分預期由第三方或其他方補償，補償金額只能在基本確定收到時，作為資產單獨確認，且確認的補償金額不應超過所確認負債的帳面價值。企業確認因或有事項產生的負債時，不應將從第三方得到的補償金額從中扣除。

14.【答案】AC

【解析】企業清償預計負債所需支出全部或部分預期由第三方補償的，補償金額只有在基本確定能夠收到時才作為資產單獨確認。確認的補償金額不應當超過預計負債的帳面價值。

15.【答案】CD

【解析】企業與其他企業簽訂的尚未履行任何合同義務或部分地履行了同等義務的商品買賣合同、勞務合同、租賃合同等，均屬於待執行合同。待執行合同變成虧損合同時，企業擁有合同標的資產的，應當先對標的資產進行減值測試並按規定確認減值損失，如預計虧損超過該減值損失，應將超過部分確認為預計負債。無合同標的資產的，虧損合同相關義務滿足預計負債確認條件時，應當確認為預計負債。企業不應就未來的經營虧損確認為負債。

16.【答案】ABC

【解析】A 選項，資產組的可收回金額低於其帳面價值的（總部資產和商譽分攤至某資產組的，該資產組的帳面價值應當包括相關總部資產和商譽的分攤額），應當確認相應的減值損失。減值損失金額應當先抵減分攤至資產組中商譽的帳面價值，再根據資產組中除商譽之外的其他各項資產的帳面價值所占比重，按比例抵減其他各項資產的帳面價值。資產帳面價值的抵減，應當作為各單項資產（包括商譽）的減值損失處理，計入當期損益。B 選項，收回已轉銷的壞帳，一方面，借記「應收帳款」科目，貸記「壞帳準備」科目，同時借記「銀行存款」科目，貸記「應收帳款」科目。壞帳準備變動了，會引起應收帳款帳面價值減少。C 選項，待執行合同變成虧損合同時，企業擁有合同標的資產的，應當先對標的資產進行減值測試並按規定確認減值損失。如預計虧損超過該減值損失，應將超過部分確認為預計負債。企業沒有合同標的資產的，虧損合同相關義務滿足規定條件時，應當確認為預計負債。

17.【答案】BC

【解析】如果將與或有事項相關的義務確認為負債，應同時符合三個條件。選項 A 將未到期商業匯票貼現，不是很可能導致經濟利益流出企業。選項 D 金額不能夠可靠地計量。

18.【答案】AC

【解析】下列情況同時存在時，表明企業承擔了重組義務：①有詳細、正式的重組計劃，包括重組涉及的業務、主要地點、需要補償的職工人數及其崗位性質、預計重組支出、計劃實施時間等；②該重組計劃已對外公告。

19.【答案】BC

【解析】將或有事項確認為資產的條件是：與或有事項有關的義務已經確認為負債，清償負債所需支出全部或部分預期由第三方或其他方補償，則補償金額只能在基本確定能收到時，作為資產單獨確認。或有資產很可能會給企業帶來經濟利益時，應在會計報表中披露。因此，選項 A 不正確，選項 B 正確。或有事項確認為負債應同時符合三個條件。對於因或有事項而確認的負債，企業應在資產負債表中單列項目反應，並在會計報表附註中作相應披露。因此，選項 C 正確，選項 D 不正確。

20.【答案】ABC

【解析】企業應在會計報表附註中披露的或有負債有已貼現商業承兌匯票、未決訴訟、未決仲裁、對外提供擔保等。

(三) 判斷題

1.【答案】錯誤

【解析】相關規定指出預計負債的稅收在實際支付時在稅前扣除。

2.【答案】錯誤

【解析】或有負債涉及兩類義務：潛在義務和現時義務。

3.【答案】錯誤

【解析】與或有事項相關的義務同時滿足以下三個條件時，才能確認為負債，作為預計負債進行確認和計量：①該義務是企業承擔的現時義務；②履行該義務很可能導致經濟利益流出企業；③該義務的金額能夠可靠地計量。

4.【答案】錯誤

【解析】或有事項的確認標準中的「很可能」表示發生的概率大於 50%，小於或等於 95%。

5.【答案】錯誤

【解析】與或有事項相關的義務同時滿足以下三個條件時，才能確認為負債，作為預計負債進行確認和計量：①該義務是企業承擔的現時義務；②履行該義務很可能導致經濟利益流出企業；③該義務的金額能夠可靠地計量。

6.【答案】正確

7.【答案】錯誤

【解析】企業應在會計報表附註中披露的或有負債有已貼現商業承兌匯票、未決訴訟、未決仲裁、對外提供擔保等。

8.【答案】錯誤

【解析】待執行合同變成虧損合同的，如果該合同不存在標的物且相關義務滿足預計負債確認條件的應確認為預計負債。

9.【答案】錯誤

【解析】企業應當考慮可能影響履行現時義務所需金額的相關未來事項。對於這些未來事項，如果有足夠的客觀證據表明它們將會發生，則應當在預計負債計量中予以反應。

10.【答案】錯誤

【解析】只有待執行合同變成虧損合同，合同存在標的資產的，才對標的資產進行減值測試並按規定確認減值損失。在這種情況下，企業通常不需要確認預計負債；如果預計損失超過該減值損失，應將超過的部分確認為預計負債；合同不存在標的資產的，該虧損合同產生的義務滿足預計負債的確認條件，應當確認為預計負債。

（四）計算分析題

1. 華遠公司的會計分錄：

（1）對華遠公司而言，如無特殊情況，很可能在訴訟中獲勝。因此，2×16 年 12 月 31 日，華遠公司可以做「很可能勝訴」的判斷，並預計獲得 200 萬元賠償。對於或有資產，華遠公司不需要編制會計分錄。

（2）2×17 年 2 月 15 日：

借：其他應收款——西城公司	172.50	
貸：以前年度損益調整		172.50
借：以前年度損益調整	172.50	
貸：利潤分配——未分配利潤		172.50
借：利潤分配——未分配利潤	17.25	
貸：盈餘公積		17.25

（3）2×17 年 2 月 16 日：

借：銀行存款	172.50	
貸：其他應收款		172.50

西城公司的會計分錄：

（1）2×16 年 12 月 31 日：

借：營業外支出——賠償支出	187.5〔(150+225)÷2〕	
管理費用——訴訟費用	3	
貸：預計負債——未決訴訟		190.5

同時：

借：其他應收款	75	
貸：營業外支出		75

（2）2×17 年 2 月 15 日：

借：預計負債——未決訴訟	190.5	
貸：其他應付款——華遠公司		187.5
其他應付款——法院		3

以前年度損益調整：

借：以前年度損益調整	15	
貸：利潤分配——未分配利潤		15
借：利潤分配——未分配利潤	1.5	
貸：盈餘公積		1.5

(3) 2×17 年 2 月 16 日：
借：其他應付款——華遠公司　　　　　　　　　　　　　172.50
　　其他應付款——法院　　　　　　　　　　　　　　　　3
　貸：銀行存款　　　　　　　　　　　　　　　　　　　　175.50
(4) 2×17 年 3 月 17 日：
借：銀行存款　　　　　　　　　　　　　　　　　　　　　75
　貸：其他應收款　　　　　　　　　　　　　　　　　　　　75

2. (1) 華遠公司 2×16 年 12 月 31 日應做如下會計分錄：
借：營業外支出　　　　　　　　　　　　　　　　　　　500,000
　貸：預計負債——未決訴訟　　　　　　　　　　　　　　500,000
(2) 華遠公司 2×17 年 6 月 15 日應做如下會計分錄：
借：預計負債——未決訴訟　　　　　　　　　　　　　　500,000
　貸：其他應付款　　　　　　　　　　　　　　　　　　500,000
借：營業外支出　　　　　　　　　　　　　　　　　　　 90,000
　貸：其他應付款　　　　　　　　　　　　　　　　　　 90,000
(3) 在這種情況下，華遠公司應按照資產負債表日後事項的有關規定進行會計處理。會計分錄如下：
借：預計負債——未決訴訟　　　　　　　　　　　　　　500,000
　貸：其他應付款　　　　　　　　　　　　　　　　　　500,000
借：以前年度損益調整　　　　　　　　　　　　　　　　 90,000
　貸：其他應付款　　　　　　　　　　　　　　　　　　 90,000
借：其他應付款　　　　　　　　　　　　　　　　　　　590,000
　貸：銀行存款　　　　　　　　　　　　　　　　　　　590,000

因按照稅法規定，企業提供的與其自身生產經營無關的擔保支出不允許稅前扣除，故該項負債的帳面價值等於其計稅基礎，不存在暫時性差異，所以這裡不涉及所得稅費用的調整。

借：利潤分配——未分配利潤　　　　　　　　　　　　　 90,000
　貸：以前年度損益調整　　　　　　　　　　　　　　　 90,000
借：盈餘公積　　　　　　　　　　　　　　　　　　　　　9,000
　貸：利潤分配——未分配利潤　　　　　　　　　　　　　 9,000

3. (1) 第一季度：
發生產品質量保證費用：
借：預計負債——產品質量擔保　　　　　　　　　　　　 80,000
　貸：銀行存款　　　　　　　　　　　　　　　　　　　 40,000
　　　原材料　　　　　　　　　　　　　　　　　　　　 40,000
應確認的產品質量保證負債金額 = 100×100,000×[(1%+2%)÷2] = 150,000（元）
借：銷售費用——產品質量擔保　　　　　　　　　　　　150,000
　貸：預計負債——產品質量擔保　　　　　　　　　　　150,000
第一季度末，「預計負債——產品質量擔保」科目餘額 = 100,000+150,000-80,000

=170,000（元）。

（2）第二季度：

發生產品質量保證費用：

借：預計負債——產品質量擔保　　　　　　　　　　220,000
　　貸：銀行存款　　　　　　　　　　　　　　　　　　110,000
　　　　原材料　　　　　　　　　　　　　　　　　　　110,000

應確認的產品質量保證負債金額=200×100,000×[（1%+2%）÷2]=300,000（元）

借：銷售費用——產品質量擔保　　　　　　　　　　300,000
　　貸：預計負債——產品質量擔保　　　　　　　　　　300,000

第二季度末，「預計負債——產品質量擔保」科目餘額=170,000+300,000-220,000=250,000（元）。

（3）第三季度：

發生產品質量保證費用：

借：預計負債——產品質量擔保　　　　　　　　　　320,000
　　貸：銀行存款　　　　　　　　　　　　　　　　　　160,000
　　　　原材料　　　　　　　　　　　　　　　　　　　160,000

應確認的產品質量保證負債金額=220×100,000×[（1%+2%）÷2]=330,000（元）

借：銷售費用——產品質量擔保　　　　　　　　　　330,000
　　貸：預計負債——產品質量擔保　　　　　　　　　　330,000

第三季度末，「預計負債——產品質量擔保」科目餘額=250,000+330,000-320,000=260,000（元）。

（4）第四季度：

發生產品質量保證費用：

借：預計負債——產品質量擔保　　　　　　　　　　280,000
　　貸：銀行存款　　　　　　　　　　　　　　　　　　140,000
　　　　原材料　　　　　　　　　　　　　　　　　　　140,000

應確認的產品質量保證負債金額=300×100,000×[（1%+2%）÷2]=450,000（元）

借：銷售費用——產品質量擔保　　　　　　　　　　450,000
　　貸：預計負債——產品質量擔保　　　　　　　　　　450,000

第四季度末，「預計負債——產品質量擔保」科目餘額=260,000+450,000-280,000=430,000（元）。

第十六章　租賃

一、要點總覽

租賃
- 租賃的相關概念
  - 租賃期
  - 租賃開始日、租賃期開始日
  - 資產餘值、擔保餘值、未擔保餘值
  - 最低租賃付款額、最低租賃收款額
  - 或有租金、履約成本
  - 租賃內含利率
- 租賃的分類
  - 融資租賃
  - 經營性租賃
- 經營租賃的會計處理
  - 承租人的會計處理
  - 出租人的會計處理
- 融資租賃的會計處理
  - 承租人的會計處理
  - 出租人的會計處理
- 售後租回

二、重點難點

(一) 重點
- 租賃的分類
- 經營性租賃的會計處理
- 融資租賃的會計處理

(二) 難點
- 租賃的分類
- 融資租賃的會計處理

三、關鍵內容小結

(一) 租賃的相關概念

1. 租賃期	租賃期，指租賃合同規定的不可撤銷的租賃期間。如果承租人有權選擇繼續租賃該資產，而且開始日就可以合理確定承租人將會行使這種選擇權，則不論是否再支付租金，續租期應當包括在租賃期內
2. 租賃開始日	租賃開始日，是指租賃協議日與租賃各方就主要條款做出承諾日中的較早者。在租賃開始日，承租人和出租人應當將租賃認定為融資租賃或經營租賃，並確定在租賃期開始日應確認的金額
3. 租賃期開始日	租賃期開始日，是指承租人有權行使其使用租賃資產權利的開始日，表明租賃行為的開始。在租賃期開始日，承租人應當對租入資產、最低租賃付款額和未確認融資費用進行初始確認；出租人應當對應收融資租賃款、未擔保餘值和未實現融資收益進行初始確認
4. 資產餘值	資產餘值，是指在租賃開始日估計的租賃期屆滿時租賃資產的公允價值
5. 擔保餘值	擔保餘值，就承租人而言，是指由承租人或與其有關的第三方擔保的資產餘值；就出租人而言，是指就承租人而言的擔保餘值加上獨立於承租人和出租人的第三方擔保的資產餘值
6. 未擔保餘值	未擔保餘值，是指租賃資產餘值中扣除就出租人而言的擔保餘值以後的資產餘值。這部分餘值沒有人擔保，而由出租人自身負擔。由於該部分餘值能否收回，沒有切實可靠的保證，因此，在租賃開始日不能作為應收融資租賃款的一部分
7. 最低租賃付款額	最低租賃付款額，是指在租賃期內，承租人應支付或可能被要求支付的款項（不包括或有租金和履約成本），加上由承租人或與其有關的第三方擔保的資產餘值。承租人有購買租賃資產的選擇權，所訂立的購買價款預計將遠低於行使選擇權時租賃資產的公允價值，因而在租賃開始日就可以合理確定承租人將會行使這種選擇權的，購買價款應當計入最低租賃付款額
8. 最低租賃收款額	最低租賃收款額，是指最低租賃付款額加上獨立於承租人和出租人的第三方對出租人擔保的資產餘值
9. 或有租金	或有租金，是指金額不固定、以時間長短以外的其他因素（如銷售量、使用量、物價指數等）為依據計算的租金
10. 履約成本	履約成本，是指在租賃期內為租賃資產支付的各種使用費用，如技術諮詢和服務費、人員培訓費、維修費、保險費等
11. 租賃內含利率	租賃內含利率，是指在租賃開始日，使最低租賃收款額的現值與未擔保餘值的現值之和等於租賃資產公允價值與出租人的初始直接費用之和的折現率

(二) 租賃的分類

1. 判斷的原則	屬於何種租賃類型，關取決於與資產所有權有關的全部風險和報酬是否轉移，若與資產所有權有關的全部風險和報酬發生轉移，即為融租賃，其所有權最終可能轉移，也可能不轉移。若與資產所有權有關的全部風險和報酬未轉移，即為經營租賃

（續表）

2. 融資租賃的判斷標準	符合以下一項或數項標準的租賃應當認定為融資租賃： (1) 在租賃期屆滿時，租賃資產的所有權轉移給承租人。這種情況通常是指租賃合同中已經約定，或者根據其他條件在租賃開始日做出合理判斷，租賃期屆滿時出租人能夠將資產的所有權轉移給承租人 (2) 承租人有購買租賃資產的選擇權，所訂立的購買價款預計將遠低於行使選擇權時租賃資產的公允價值，因而在租賃開始日就可以合理確定承租人將會行使這種選擇權 (3) 即使資產的所有權不轉移，但租賃期占租賃資產使用壽命的大部分。這裡的「大部分」，通常是指租賃期占自租賃開始日租賃資產使用壽命的75%以上（含75%） 需要注意的是，這條標準強調的是租賃期占租賃資產使用壽命的比例，而非租賃期占該項資產全部可使用年限的比例。如果租賃資產是舊資產，在租賃前已使用年限超過資產自全新時起算可使用年限的75%以上時，則這條判斷標準不適用，不能使用這條標準確定租賃的分類 (4) 承租人在租賃開始日的最低租賃付款額現值，幾乎相當於租賃開始日租賃資產公允價值；出租人在租賃開始日的最低租賃收款額現值，幾乎相當於租賃開始日租賃資產公允價值。這裡的「幾乎相當於」通常是指在90%以上（含90%）。需要說明的是，這裡的量化標準只是指導性標準，企業在具體運用時，必須以準則規定的相關條件進行判斷 (5) 租賃資產性質特殊，如果不作較大改造，只有承租人才能使用。這條標準是指，租賃資產是由出租人根據承租人對資產型號、規格等方面的特殊要求專門購買或建造的，具有專購、專用性質。這些租賃資產如果不作較大的重新改制，其他企業通常難以使用。這種情況下，該項租賃也應當認定為融資租賃
3. 經營租賃的判斷標準	經營租賃是指除融資租賃以外的其他租賃。一項租賃業務，若不符合融資租賃的條件，就屬於經營租賃。通常情況下，在經營租賃中，經營租賃資產的所有權不轉移

（三）經營租賃的會計處理

1. 承租人的會計處理	(1) 確認的租金費用 借：管理費用/銷售費用等 　　應交稅費——應交增值稅（進項稅額） 　貸：銀行存款等 注意：租賃期超過1年的預付的租金則先計入「長期待攤費用」科目 (2) 初始直接費用的會計處理 借：管理費用 　貸：銀行存款 初始直接費用，是指在租賃談判和簽訂租賃合同過程中發生的可歸屬於租賃項目的手續費、律師費、差旅費、印花稅等

(續表)

2. 出租人的會計處理	(1) 確認各期租金收入時 借：應收帳款/其他應收款/銀行存款等 　　貸：主營業務收入/其他業務收入 　　　　應交稅費——應交增值稅（銷項稅額） (2) 初始直接費用的會計處理 初始直接費用的會計處理 借：管理費用 　　貸：銀行存款 初始直接費用，是指在租賃談判和簽訂租賃合同過程中發生的可歸屬於租賃項目的手續費、律師費、差旅費、印花稅等

（四）融資租賃的會計處理

1. 承租人的會計處理	(1) 租入設備時 借：固定資產——融資租入固定資產 　　未確認融資費用 　　貸：長期應付款——應付融資租賃款 　　　　銀行存款（初始直接費用） (2) 租賃期內 ①支付租金 借：長期應付款——應付融資租賃款 　　應交稅費——應交增值稅（進項稅額） 　　貸：銀行存款 分攤未確認融資費用： 借：財務費用 　　貸：未確認融資費用 計提折舊 借：製造費用 　　貸：累計折舊 發生履約成本： 借：管理費用 　　應交稅費——應交增值稅（進項稅額） 　　貸：銀行存款 發生或有租金： 借：銷售費用 　　應交稅費——應交增值稅（進項稅額） 　　貸：銀行存款 (3) 租賃期屆滿時 租賃期屆滿時，通常有三種情況：返還、優惠續租和留購 ①返還租賃資產 若存在擔保餘值： 借：長期應付款——應付融資租賃款 　　累計折舊 　　貸：固定資產——融資租入固定資產 若不存在擔保餘值： 借：累計折舊 　　貸：固定資產——融資租入固定資產

(續表)

	優惠續租租賃資產： 如果承租人行使了優惠續租權，則應視同該項租賃一直存在而作相應的帳務處理 如果租賃期滿而承租人未續租，根據租賃協議規定應向出租人支付違約金時： 借：營業外支出 　　貸：銀行存款等 留購租賃資產： 向出租人支付購買價款時： 借：長期應付款——應付融資租賃款 　　貸：銀行存款 借：固定資產——生產用固定資產 　　貸：固定資產——融資租入固定資產
2. 出租人的會計處理	（1）租賃期開始日 借：長期應收款——應收融資租賃款 　　貸：融資租賃資產 　　　　未實現融資收益 （2）租賃期內 ①收取租金 借：銀行存款 　　貸：長期應收款——應收融資租賃款 　　　　應交稅費——應交增值稅（銷項稅額） ②未實現融資收益的分配 借：未實現融資收益 　　貸：租賃收入 ③應收融資租賃款壞帳準備的計提 借：資產減值損失 　　貸：壞帳準備 ④未擔保餘值發生變動時的處理 出租人應定期對未擔保餘值進行檢查，至少於每年年末進行一次檢查。如果未擔保餘值的預計可收回金額低於其帳面價值的差額，則： 借：資產減值損失 　　貸：未擔保餘值減值準備 同時，將上述減值額與由此所產生的租賃投資淨額的減少額之間的差額做相應會計分錄： 借：未實現融資收益 　　貸：資產減值損失 如果已確認損失的未擔保餘值得以恢復，應按未擔保餘值恢復的金額做相應會計分錄： 借：未擔保餘值減值準備 　　貸：資產減值損失 同時，按原減值額與由此所產生的租賃投資淨額的增加額之間的差額做相應會計分錄： 借：資產減值損失 　　貸：未實現融資收益 或有租金的處理： 借：銀行存款 　　貸：租賃收入 　　　　應交稅費——應交增值稅（銷項稅額）

（續表）

	(3) 租賃期滿時 應根據具體情況作不同的會計處理： ①收回租賃資產 有擔保餘值，沒有未擔保餘值： 借：融資租賃資產 　　貸：長期應收款——應收融資租賃款 擔保餘值和未擔保餘值同時存在： 借：融資租賃資產 　　貸：長期應收款——應收融資租賃款 　　　　擔保餘值 有未擔保餘值，沒有擔保餘值： 借：融資租賃資產 　　貸：未擔保餘值 擔保餘值和未擔保餘值均沒有。此時，出租人不須做帳務處理，只需在相應的備查簿中作備查登記 ②優惠續租租賃資產 如果承租人行使優惠續租選擇權，則出租人應視同該項租賃一直存在而做融資租賃相應的帳務處理 如果租賃期滿承租人沒有續租，則出租人將收回的租賃資產按租賃期滿時的會計處理原則進行相應的會計處理。同時，如果根據租賃合同規定應向承租人收取違約金的，還應借記「其他應收款」等科目，貸記「營業外收入」科目 ③留購租賃資產 如果租賃期滿時承租人行使了優惠購買權，出租人應按承租人支付的購買資產的價款做相應會計分錄： 借：銀行存款 　　貸：長期應收款——應收融資租賃款 如果還存在未擔保餘值： 借：營業外支出——處置固定資產淨損失 　　貸：未擔保餘值

（五）售後租回的會計處理

1. 售後租回交易形成融資租賃	若售後租回交易形成融資租賃方式，售價與資產帳面價值之間的差額應當予以遞延，並按照該項租賃資產的折舊進度進行分攤，作為折舊費用的調整。按折舊進度進行分攤，是指在對該項租賃資產計提折舊時按與該項資產計提折舊所採用的折舊率相同的比例對未實現售後租回損益進行分攤。根據 2016 年營業稅改徵增值稅試點有關事項的規定，經人民銀行、銀監會或者商務部批准從事融資租賃業務的試點納稅人，提供融資性售後回租服務，以取得的全部價款和價外費用（不含本金），扣除對外支付的借款利息（包括外匯借款和人民幣借款利息）、發行債券利息後的餘額作為銷售額計算增值稅
2. 售後租回交易形成經營租賃	若售後租回交易形成經營租賃方式，售價與資產帳面價值之間的差額應當予以遞延，並在租賃期內按照與確認租金費用一致的方法進行分攤，作為租金費用的調整。按照與確認租金費用一致的方法進行分攤是指在確認當期該項租賃資產的租金費用時，按與確認當期該項資產租金費用所採用的租金支付比例相同的比例對未實現售後租回損益進行分攤。但是，有確鑿證據表明售後租回交易是公允價值達成的，售價與資產帳面價值之間的差額應當計入當期損益

四、練習題

(一) 單項選擇題

1. 租賃公司將一臺大型設備以融資租賃方式租賃給 B 企業。雙方簽訂合同，該設備租賃期為 4 年，租賃期屆滿 B 企業歸還給 A 公司設備。每 6 個月的月末支付租金 525 萬元，B 企業擔保的資產餘值為 300 萬元，B 企業的母公司擔保的資產餘值為 450 萬元，另外擔保公司擔保金額為 450 萬元，未擔保餘值為 150 萬元。則最低租賃收款額為（　　）。

  A. 5,400 萬元　　B. 4,960 萬元　　C. 4,210 萬元　　D. 5,560 萬元

2. 甲公司於 2×16 年 1 月 1 日採用經營租賃方式從乙公司租入機器設備一臺，設備價值為 200 萬元，預計使用年限為 12 年。租賃合同規定：租期為 4 年，第 1 年免租金，第 2 年至第 4 年的租金分別為 36 萬元、34 萬元、26 萬元，於當年年初支付。甲公司在租賃過程中發生律師費、運輸費以及印花稅等共計 4 萬元。2×16 年甲公司應就此項租賃確認的租金費用為（　　）。

  A. 0　　B. 24 萬元　　C. 32 萬元　　D. 25 萬元

3. 甲公司將一臺設備經營出租給乙公司，租賃期為 3 年。第一年年初乙公司支付租金 10 萬元，第二年年初支付租金 8 萬元，第三年免付租金。則甲公司第二年應確認的租金收入為（　　）。

  A. 8 萬元　　B. 6 萬元　　C. 9 萬元　　D. 10 萬元

4. 下列關於經營租賃出租人的表述中，不正確的是（　　）。
  A. 總租金在租賃期內按直線法攤銷確認收入金額
  B. 如出租人承擔了承租人部分費用，須從租金總額中扣除
  C. 如存在免租期，不應從租賃期內扣除，而應該將總租金在整個租賃期間（包含免租期）內進行分攤
  D. 應對出租資產以租賃期為基礎計提折舊或攤銷

5. 下列關於經營租賃承租人的相關表述中，正確的是（　　）。
  A. 發生的初始直接費用應計入租入資產成本
  B. 發生的初始直接費用應計入當期損益
  C. 租賃期間發生的或有租金應增加租入資產成本
  D. 租賃期間發生的或有租金應資本化計入租入資產成本

6. 某租賃公司將一臺大型設備以融資租賃方式租賃給 B 企業。租賃開始日估計的租賃期屆滿時租賃資產的公允價值，即資產餘值為 2,250 萬元。雙方合同中規定，B 企業擔保的資產餘值為 450 萬元，B 企業的子公司擔保的資產餘值為 675 萬元，另外擔保公司擔保金額為 675 萬元。

  租賃期開始日該租賃公司記錄的未擔保餘值為（　　）。

  A. 1,125 萬元　　B. 1,575 萬元　　C. 1,800 萬元　　D. 450 萬元

7. 某租賃公司於 2×16 年將帳面價值為 2,000 萬元的一套大型電子計算機以融資租

賃方式租賃給 B 企業。租賃開始日該資產公允價值為 2,000 萬元，設備租期為 8 年。從 2×16 年起每年年末 B 企業支付租金 240 萬元，B 企業擔保的資產餘值為 360 萬元，獨立的擔保公司擔保金額為 300 萬元，估計租賃期屆滿時該資產餘值為 720 萬元。該租賃公司在租賃期開始日應計入「未實現融資收益」科目的金額為（　　）。

  A. 311.81 萬元　　B. 640 萬元　　C. 580 萬元　　D. 1,688.19 萬元

  8. 2×16 年 12 月 1 日華陽公司與大江公司簽訂了一份租賃合同。合同主要條款如下：

  （1）租賃標的物：電動自行車生產線。

  （2）租賃期：2×16 年 12 月 31 日~2×19 年 12 月 31 日，共 3 年。

  （3）租金支付方式：每期支付租金 270,000 元。首期租金於 2×16 年 12 月 31 日支付，2×18 年、2×19 年租金皆於當年年初支付。

  （4）租賃期屆滿時電動自行車生產線的估計餘值為 117,000 元。其中由華陽公司擔保的餘值為 100,000 元，未擔保餘值為 17,000 元。

  （5）該生產線的保險、維護等費用由華陽公司自行承擔，每年 10,000 元。

  （6）該生產線在 2×16 年 12 月 31 日的公允價值為 850,000 元。

  （7）租賃合同規定的利率為 6%（年利率）。

  （8）該生產線估計使用年限為 6 年，採用直線法計提折舊。

  （9）2×19 年 12 月 31 日，華陽公司將該生產線交回大江公司。

  （10）華陽公司按實際利率法攤銷未確認融資費用（假定按年攤銷）。

  假設該生產線不需要安裝，(P/A, 6%, 2) = 1.833，(P/F, 6%, 3) = 0.84。該租賃資產 2×17 年應計提的折舊金額為（　　）。

  A. 249,636.67 元　B. 259,636.67 元　C. 283,333.33 元　D. 239,636.67 元

  9. A 公司融資租入 B 公司的一項設備，租賃期為 2×10 年 1 月 1 日至 2×16 年 12 月 31 日。每年年初支付租金 50 萬元，預計租賃期滿的資產餘值為 30 萬元。A 公司及其母公司擔保餘值為 20 萬元，已知出租人租賃內含利率為 7%，租賃當日資產的公允價值為 240 萬元。A 公司又發生了設備安裝費 5 萬元，當月達到預定可使用狀態。則 2×16 年 A 公司應該計提的折舊金額為（　　）。（PVA7%, 5 = 4.100, 2，PV7%, 5 = 0.713, 0；PVA7%, 4 = 3.387, 2，PV7%, 4 = 0.762, 9）

  A. 40.76 萬元　　B. 44.49 萬元　　C. 46.72 萬元　　D. 43.56 萬元

  10. 甲公司出租給乙公司一項專利，租賃性質為融資租賃，專利權的原值為 350 萬元，累計折舊為 70 萬元。租賃期開始日為 2×18 年 1 月 1 日。租賃日的公允價值為 300 萬元，租期為 5 年，每年年末支付租金 68 萬元。租賃期滿估計該設備的資產餘值為 30 萬元，乙公司與其關聯方承擔的擔保餘值為 10 萬元，第三方擔保餘值為 5 萬元。甲公司另支付相關稅費 3 萬元，則該項業務確認的未實現融資收益金額為（　　）。

  A. 55 萬元　　B. 67 萬元　　C. 40 萬元　　D. 38 萬元

  11. 甲公司出租一項固定資產給乙公司，該租賃為融資租賃，未擔保餘值為 30 萬元，承租人以及承租人關聯方擔保餘值為 25 萬元，與承租人無關的第三方擔保餘值為 10 萬元。租賃期滿承租人歸還設備，出租人的帳務處理是（　　）。

  A. 借：融資租賃資產　　　　　　　　　　　　　　　　　30

　　　　　　貸：未擔保餘值　　　　　　　　　　　　　　　　30
　　　B. 借：融資租賃資產　　　　　　　　　　　　55
　　　　　　貸：未擔保餘值　　　　　　　　　　　　　　　　30
　　　　　　　　長期應收款　　　　　　　　　　　　　　　　25
　　　C. 借：融資租賃資產　　　　　　　　　　　　65
　　　　　　貸：未擔保餘值　　　　　　　　　　　　　　　　30
　　　　　　　　長期應收款　　　　　　　　　　　　　　　　35
　　　D. 借：融資租賃資產　　　　　　　　　　　　40
　　　　　　貸：未擔保餘值　　　　　　　　　　　　　　　　30
　　　　　　　　長期應收款　　　　　　　　　　　　　　　　10

12. 甲公司融資租入乙公司的一項設備，租賃期為 2×16 年 1 月 1 日至 2×16 年 12 月 31 日，每年年初支付租金 50 萬元。預計租賃期滿的資產餘值為 30 萬元，甲公司及其母公司擔保餘值為 20 萬元。已知出租人租賃內含利率為 7%，租賃當日資產的公允價值為 240 萬元。則 2×16 年 12 月 31 日甲公司長期應付款攤餘成本的金額為（　　　）。(PVA7%, 5=4.10, PV7%, 5=0.713; PVA7%, 4=3.387, PV7%, 4=0.763)
　　　A. 146.46 萬元　　B. 163.96 萬元　　C. 171.28 萬元　　D. 106.71 萬元

13. 2×17 年 12 月 31 日甲公司租入乙公司一項設備。該租賃系融資租賃，租賃期為 10 年。最低租賃付款額中承租人擔保餘值為 40 萬元，承租人母公司擔保餘值為 10 萬元，該設備的最低租賃付款額現值為 600 萬元，公允價值為 620 萬元。該設備尚可使用年限為 8 年，則 2×18 年應該計提的折舊金額為（　　　）。
　　　A. 70 萬元　　B. 68.75 萬元　　C. 72.5 萬元　　D. 71.25 萬元

14. 2×15 年 1 月 1 日，甲公司以融資租賃方式租入一項固定資產，租賃期為 3 年，租金總額 8,300 萬元，其中 2×15 年年末應付租金 3,000 萬元，剩餘金額在租賃期屆滿時進行支付。假定在租賃期開始日（2×15 年 1 月 1 日）最低租賃付款額的現值為 6,709.24 萬元，租賃資產公允價值為 7,000 萬元，租賃內含利率為 10%。2×15 年 12 月 31 日，甲公司在資產負債表中因該項租賃而確認的長期應付款的項目金額為（　　　）。
　　　A. 4,380.16 萬元　　　　　　　　B. 4,000 萬元
　　　C. 5,700 萬元　　　　　　　　　D. 5,300 萬元

15. 2×16 年 3 月 31 日甲公司將一臺帳面價值為 600 萬元（出售前每年以直線法計提的折舊金額為 120 萬元）、剩餘使用年限為 10 年的管理用設備以 480 萬元的價格出售給乙公司；同時與乙公司簽訂一項協議將此設備租回，租期為 5 年，租賃開始日為 2×16 年 4 月 1 日，每年租金為 50 萬元，市場上同類設備的租金為 80 萬元。假定該設備在市場上銷售價格為 550 萬元。則甲公司 2×16 年因此設備對當期損益的影響為（　　　）。
　　　A. -55.5 萬元　　B. -67.5 萬元　　C. -127.5 萬元　　D. -85.5 萬元

16. 甲公司 2×16 年 1 月 1 日，與乙公司簽訂資產轉讓合同。合同約定，甲公司將其辦公樓以 4,500 萬元的價格出售給乙公司，同時甲公司自 2×16 年 1 月 1 日至 2×16 年 12 月 31 日止可繼續使用該辦公樓，但每年年末須支付乙公司租金 300 萬元，期滿後

乙公司收回辦公樓。當日，該辦公樓帳面原值為6,000萬元，已計提折舊750萬元，未計提減值準備，預計尚可使用年限為35年。同等辦公樓的市場售價為5,500萬元，市場上租用同等辦公樓每年須支付租金520萬元。1月10日，甲公司收到乙公司支付的款項，並辦妥辦公樓產權變更手續。

2×16年甲公司確認的管理費用為（　　）。

  A. 300萬元　　　B. 750萬元　　　C. 150萬元　　　D. 450萬元

17. 甲公司出售一批存貨給乙公司，該批存貨帳面價值為80萬元，公允價值為100萬元，售價為90萬元。另根據協議，甲公司出售之後又按融資租賃的方式將該批存貨租回，則該項業務確認收入的金額為（　　）。

  A. 0　　　　　　B. 80萬元　　　C. 90萬元　　　D. 100萬元

18. A企業2×08年12月31日，將一臺帳面價值為20萬元的生產線以26萬元售給乙企業，並立即以經營租賃方式向乙企業租入該生產線。該生產線的公允價值為30萬元。合同約定，租期為兩年，2×15年1月1日A企業預付租賃款2萬元，2×15年年末付款1萬元，2×16年年末付款3萬元，合同租金低於市場價格。則2×15年分攤的未實現售後租回收益為（　　）。

  A. 2萬元　　　　B. 3萬元　　　　C. 1萬元　　　　D. 6萬元

19. 2×16年12月31日，甲公司將銷售部門的一大型運輸設備以330萬元的價格出售給乙公司，款項已收存銀行。該運輸設備的公允價值為350萬元，帳面原價為540萬元，已計提折舊180萬元，預計尚可使用5年，預計淨殘值為零。2×17年1月1日，甲公司與乙公司簽訂一份經營租賃合同，將該運輸設備租回供銷售部門使用。租賃期開始日為2×17年1月1日，租賃期為3年；每年租金為80萬元，每季度末支付20萬元，市場公允租金為100萬元。假定不考慮稅費及其他相關因素。甲公司2×17年使用該售後租回設備應計入銷售費用的金額為（　　）。

  A. 70萬元　　　B. 80萬元　　　C. 90萬元　　　D. 110萬元

20. 甲公司將一項存貨出售給乙公司，存貨帳面價值為60萬元，公允價值為100萬元，售價為90萬元。與此同時甲公司以低於市場價的租金將該存貨租回，租賃性質為經營租賃，租期為3年。則該銷售業務確認的遞延收益金額為（　　）。

  A. 0　　　　　　B. 40萬元　　　C. 30萬元　　　D. 10萬元

21. 甲租賃公司2×17年12月31日將一臺公允價值為480萬元的設備以融資租賃的方式租賃給乙公司，從2×18年1月1日起，租期為三年，每年年末支付租金180萬元。預計租賃期滿設備的餘值為30萬元，承租人及其關聯方擔保餘值為20萬元。假設不考慮一年內到期的長期應收款的重分類，則2×19年年末的報表中因該項業務確認的長期應收款的金額為（　　）。（假定租賃內含利率為7%）

  A. 0　　　　　　B. 188.40萬元　　C. 176.95萬元　　D. 165.5萬元

（二）多項選擇題

1. 下列關於租賃相關概念的表述中，正確的有（　　）。

  A. 租賃雙方應於租賃開始日將租賃分為融資租賃或經營租賃

  B. 租賃開始日，是指租賃協議日與租賃各方就主要租賃條款做出承諾日中的

較早者

　　C. 融資租賃，是指實質上轉移了與資產所有權有關的風險和報酬的租賃，而資產所有權最終可能轉移，也可能不轉移

　　D. 承租人有權選擇續租租賃資產，並且在租賃開始日就可以合理確定承租人將會行使這種選擇權的，不論是否再支付租金，續租期也包括在租賃期之內

2. 下列關於出租人對經營租賃資產處理中，正確的有（　　）。

　　A. 在經營租賃下，與資產所有權有關的主要風險和報酬仍然留在出租人一方

　　B. 出租人應當將出租資產作為自身擁有的資產在資產負債表中列示

　　C. 如果出租資產屬於固定資產，則列在資產負債表固定資產項目下

　　D. 如果出租資產屬於流動資產，則列在資產負債表有關流動資產項目下

3. 2×16 年 1 月 1 日，甲公司從乙公司租入一臺全新設備，設備的可使用年限為 5 年，原帳面價值為 280 萬元。租賃合同規定，租期為 4 年，甲公司每年年末支付租金 80 萬元；租賃期滿時，預計設備的公允價值為 10 萬元，甲公司擔保的資產餘值為 10 萬元；合同約定的利率為 6%，到期時，設備歸還給乙公司。下列關於上述租賃業務帳務處理的表述中，不正確的有（　　）。

　　A. 租賃期滿資產餘值為 10 萬元

　　B. 該項租賃業務中，乙公司的未擔保餘值為 10 萬元

　　C. 該項租賃業務中，甲公司最低租賃付款額為 320 萬元

　　D. 乙公司應對該設備以 5 年的使用壽命為基礎計提折舊

4. 以下關於融資租賃業務的處理中，正確的有（　　）。

　　A. 在融資租入符合資本化條件的需要安裝（安裝期超過一年）的固定資產達到預定可使用狀態之前攤銷的未確認融資費用一般應計入在建工程

　　B. 在融資租入固定資產達到預定可使用狀態之前攤銷的未確認融資費用應計入財務費用

　　C. 在編制資產負債表時，未確認融資費用應作為長期應付款的抵減項目列示

　　D. 在編制資產負債表時，未實現融資收益應作為長期應收款的抵減項目列示

5. 依據企業會計準則的規定，下列各項通常構成出租人融資租賃債權的有（　　）。

　　A. 出租人承擔的履約成本

　　B. 承租人在租賃期內應支付租金總額

　　C. 承租人發生的初始直接費用

　　D. 出租人發生的初始直接費用

6. 融資租賃中出租人的會計處理中，正確的有（　　）。

　　A. 在租賃期開始日，出租人應當將租賃開始日最低租賃收款額與初始直接費用之和作為應收融資租賃款的入帳價值，同時記錄未擔保餘值；將最低租賃收款額、初始直接費用及未擔保餘值之和與其現值之和的差額確認為未實現融資收益

　　B. 未實現融資收益應當在租賃期內各個期間進行分配

C. 出租人應當採用實際利率法計算確認當期的融資收入
D. 出租人於每年度終了，不用對未擔保餘值進行復核
7. 在租賃期開始日，會計處理時，下列融資租入固定資產的入帳價值中，錯誤做法有（　　）。
　　A. 在租賃期開始日，租賃開始日租賃資產的原帳面價值與最低租賃付款額的現值兩者中的較低者
　　B. 在租賃期開始日，租賃開始日租賃資產的原帳面價值與最低租賃付款額兩者中的較低者
　　C. 在租賃期開始日，租賃開始日租賃資產的原帳面價值與最低租賃付款額的現值兩者中的較高者
　　D. 在租賃期開始日，租賃開始日租賃資產的公允價值與最低租賃付款額的兩者中的較高者
8. 按照中國企業會計準則的規定，對融資租賃資產計提折舊的說法中，正確的有（　　）。
　　A. 在承租人對租賃資產餘值提供擔保時，應提的折舊總額為融資租入固定資產的入帳價值減去擔保餘值
　　B. 在承租人未對租賃資產餘值提供擔保時，應提的折舊總額為租賃開始日融資租入固定資產的入帳價值
　　C. 在能夠合理確定租賃期屆滿時承租人將會取得租賃資產所有權時，應以租賃開始日租賃資產尚可使用年限作為折舊期間
　　D. 在無法合理確定租賃期屆滿時承租人能夠取得租賃資產的所有權時，應以租賃期與租賃資產尚可使用年限兩者中較長者作為折舊期間
9. 承租人在計算最低租賃付款額的現值時，可以選用的折現率有（　　）。
　　A. 出租人的租賃內含利率　　　　B. 租賃合同規定的利率
　　C. 同期銀行貸款利率　　　　　　D. 同期銀行存款利率
10. 如果租賃合同中規定有優惠購買選擇權，則最低租賃付款額包括（　　）。
　　A. 每期支付的租金
　　B. 承租方擔保的資產餘值
　　C. 與承租人有關的第三方擔保的資產餘值
　　D. 承租人行使優惠購買選擇權而支付的任何款項
11. 下列有關融資租賃的說法中，正確的有（　　）。
　　A. 租賃內含利率是使最低租賃收款額現值與未擔保餘值的現值之和等於租賃資產公允價值與出租人初始直接費用之和的折現率
　　B. 最低租賃付款額折現使用的折現率首選出租人租賃內含利率，無法取得時按照合同載明的利率作為折現率
　　C. 出租人也可以不計算租賃內含利率
　　D. 承租人不涉及重新計算新利率的情況

(三) 計算分析題

1. 甲股份有限公司（以下簡稱甲公司）於2×16年1月1日從乙租賃公司（以下

簡稱乙公司）租入一臺全新設備，用於行政管理。租賃合同的主要條款如下：

（1）租賃起租日：2×16年1月1日。

（2）租賃期限：2×16年1月1日至2×17年12月31日。甲公司應在租賃期滿後將設備歸還給乙公司。

（3）租金總額：240萬元。

（4）租金支付方式：在起租日預付租金160萬元，2×16年年末支付租金40萬元，租賃期滿時支付租金40萬元。

起租日該設備在乙公司的帳面價值為1,000萬元，公允價值為1,000萬元。該設備預計使用年限為10年。甲公司對於租賃業務所採用的會計政策是：對於融資租賃，採用實際利率法分攤未確認融資費用；對於經營租賃，採用直線法確認租金費用。

甲公司按期支付租金，並在每年年末確認與租金有關的費用。乙公司在每年年末確認與租金有關的收入。同期銀行貸款年利率為6%。假定不考慮在租賃過程中發生的其他相關稅費。

要求：

（1）判斷此項租賃的類型，並簡要說明理由。

（2）編制甲公司2×16年與租金支付和確認租金費用有關的會計分錄。

（3）編制乙公司2×16年與租金收取和確認租金收入有關的會計分錄。

（答案中的金額單位用萬元表示）

2. 甲股份有限公司（以下簡稱「甲公司」）為一家上市公司，其有關生產線建造及相關租賃業務具體資料如下：

（1）為建造一條生產線，該公司於2×15年12月1日從銀行借入專門借款1,000萬元，借款期限為2年，年利率為5%。利息每年支付。假定利息資本化金額按年計算，每年按360天計算。2×16年1月1日，甲公司購入生產線一條，價款（不含增值稅）共計702萬元，以銀行存款支付，同時支付運雜費18萬元，設備已投入安裝。

3月1日甲公司以銀行存款支付設備安裝工程款120萬元。

7月1日甲公司又向銀行借入專門借款400萬元，借款期限為2年，年利率為8%，利息每年支付，當日又用銀行存款支付安裝公司工程款320萬元。

12月1日，甲公司用銀行存款支付工程款340萬元。

12月31日，設備全部安裝完工，並交付使用。

2×16年閒置的專門借款利息收入為11萬元。

（2）該生產線預計使用年限為6年，預計淨殘值為55萬元，甲公司採用直線法計提折舊。

（3）2×16年12月31日，甲股份公司將生產線以1,400萬元的價格出售給A公司，價款已收入銀行存款帳戶，該項生產線的公允價值為1,400萬元；同時又簽訂了一份租賃合同，將該生產線租回。租賃合同規定起租日為2×16年12月31日，租賃期自2×16年12月31日至2×19年12月31日共3年。甲公司每年年末支付租金500萬元，甲公司擔保的資產餘值為60萬元。租賃合同規定的利率為6%（年利率），生產線於租賃期滿時交還A公司。

甲公司租入的生產線按直線法計提折舊，並按實際利率法分攤未確認融資費用。

已知：（P/A，6%，3）＝2.673,0，（P/F，6%，3）＝0.839,6

要求：

（1）確定與所建造廠房有關的借款利息停止資本化的時點，並計算確定為建造生產線應當予以資本化的利息金額。

（2）編制甲公司在2×16年12月31日計提借款利息的有關會計分錄。

（3）計算甲公司在2×16年12月31日（生產線出售時）生產線的累計折舊和帳面價值。

（4）判斷售後租賃類型，並說明理由。

（5）計算甲公司出售資產時應確認的未實現售後租回損益及租回時租賃資產的入帳價值和未確認融資費用。

（6）對甲公司該項售後租回交易做出相關會計處理。

五、參考答案及解析

（一）單項選擇題

1.【答案】A

【解析】最低租賃收款額＝最低租賃付款額+無關第三方對出租人擔保的資產餘值＝（525×8+300+450）+450＝5,400（萬元）。

2.【答案】B

【解析】承租人發生的經營租賃租金確認為費用，若出租人提供了免租期的情況，應將租金總額在整個租賃期內分攤（包括免租期）。因此，2×16年甲公司應就此項租賃確認的租金費用＝（36+34+26）÷4＝24（萬元）。

3.【答案】B

【解析】租賃期間各年應確認的租金收入＝（10+8）÷3＝6（萬元）。

第一年：

借：銀行存款	10
貸：預收帳款	10
借：預收帳款	6
貸：其他業務收入	6

第二年：

借：銀行存款	8
貸：預收帳款	8
借：預收帳款	6
貸：其他業務收入	6

第三年：

| 借：預收帳款 | 6 |
| 貸：其他業務收入 | 6 |

4.【答案】D

【解析】本題考查的知識點是：出租人對經營租賃的處理。出租人應對出租資產以資產使用壽命為基礎計提折舊或攤銷。

5.【答案】B

【解析】經營租賃中，發生的初始直接費用應計入當期損益，或有租金在實際發生時計入當期損益。

6.【答案】D

【解析】未擔保餘值＝2,250－450－675－675＝450（萬元），全部的資產餘值為2,250萬元，未擔保餘值為全部的餘值減去已經擔保的餘值。

7.【答案】B

【解析】最低租賃收款額＝(240×8+360)+300＝2,580（萬元）。

借：長期應收款　　　　　　　　　　　　　　　　　　　2,580
　　未擔保餘值　　　　　　　　　　　　　　　　　　　　60
　貸：融資租賃資產　　　　　　　　　　　　　　　　　2,000
　　　未實現融資收益　　　　　　　　　　　　　　　　　640

未擔保的資產餘值＝720－360－300＝60（萬元）；最低租賃收款額+未擔保的資產餘值＝2,580+60＝2,640（萬元）；最低租賃收款額現值+未擔保的資產餘值現值＝2,000（萬元）；未實現融資收益＝2,640－2,000＝640（萬元）。

8.【答案】A

【解析】最低租賃付款額的現值＝270,000+270,000×1.833+100,000×0.84＝848,910（元）<公允價值850,000元，固定資產以848,910元入帳，每年計提的折舊額＝(848,910－100,000)÷3＝249,636.67（元）。

借：固定資產——融資租賃固定資產　　　　　　　　　848,910
　　未確認融資費用　　　　　　　　　　　　　　　　　61,090
　貸：長期應付款——應付融資租賃款　　　　　　　　640,000
　　　銀行存款　　　　　　　　　　　　　　　　　　270,000

9.【答案】A

【解析】最低租賃付款額＝50×5+20＝270（萬元），最低租賃付款額現值＝50+50×PVA7%，4+20× PV7%，5＝50+50×3.387,2+20×0.713＝233.62（萬元），小於租賃資產的公允價值。2×16年1月1日的會計分錄為：

借：固定資產——融資租入固定資產　　　　　　　　　238.62
　　未確認融資費用　　　　　　　　　　　　　　　　　36.38
　貸：長期應付款　　　　　　　　　　　　　　　　　　220
　　　銀行存款　　　　　　　　　　　　　　　　　　　55

如果承租人或與其有關的第三方對租賃資產餘值提供了擔保，則應計折舊總額為租賃開始日固定資產入帳價值扣除擔保餘值後的餘額。

2×16年應計提的折舊＝(238.62－20)÷(12×5－1)×11＝40.76（萬元）。

10.【答案】B

【解析】甲公司該項業務的會計分錄為：

借：長期應收款	358（340+10+5+3）
未擔保餘值	15
累計攤銷	70
貸：無形資產	350
營業外收入	20
銀行存款	3
未實現融資收益	70

同時：

借：未實現融資收益	3
貸：長期應收款	3

11.【答案】C

【解析】歸還時，融資租賃資產的價值 = 30+25+10 = 65（萬元），承租人以及承租人關聯方擔保餘值與承租人無關的第三方擔保餘值共為 35 萬元，衝減長期應收款。

12.【答案】A

【解析】最低租賃付款額 = 50×5+20 = 270（萬元），最低租賃付款額現值 = 50+50×PVA7%，4+20× PV7%，5 = 50+50×3.387+20×0.713 = 233.61（萬元），小於租賃資產的公允價值。2×16 年 1 月 1 日的會計分錄為：

借：固定資產——融資租入固定資產	233.61
未確認融資費用	36.39
貸：長期應付款	220
銀行存款	50

此時長期應付款的攤餘成本 = 220-36.39 = 183.61（萬元）

2×16 年年末長期應付款攤餘成本 = 183.61-50+183.61×7% = 146.46（萬元）

13.【答案】B

【解析】設備的入帳價值為 600 萬元，折舊期限以租賃期和尚可使用年限較低者為準，2×18 年應該計提的折舊 =（600-40-10）÷8 = 68.75（萬元）。

14.【答案】A

【解析】資產負債表中的「長期應付款」科目是根據「長期應付款」總帳科目餘額，減去「未確認融資費用」總帳科目餘額，再減去所屬相關明細科目中將於一年內到期的部分填列。比較最低租賃付款額的現值 6,709.24 萬元與租賃資產公允價值 7,000 萬元，根據孰低原則，租賃資產的入帳價值應為其折現值 6,709.24 萬元，未確認融資費用 = 8,300-6,709.24 = 1,590.76（萬元），2×15 年分攤的未確認融資費用為 6,709.24×10% = 670.92（萬元）。該公司在資產負債表中因該項租賃而確認的長期應付款額為 8,300-未確認融資費用的餘額（1,590.76-670.92）-2×15 年年末支付租金 3,000 = 8,300-919.84-3,000 = 4,380.16（萬元）。

2×15 年 1 月 1 日：

借：固定資產——融資租賃固定資產	6,709.24
未確認融資費用	1,590.76
貸：長期應付款——應付融資租賃款	8,300

2×15年12月31日：
　　借：財務費用　　　　　　　　　　　　　　　　670.92
　　　貸：未確認融資租賃款　　　　　　　　　　　　　670.92
　　借：長期應付款——應付融資租賃款　　　　　　　3,000
　　　貸：銀行存款　　　　　　　　　　　　　　　　3,000
15.【答案】D
【解析】甲公司出售設備前計提的折舊＝120×3÷12＝30（萬元），甲公司上述業務的會計分錄為：
　　借：管理費用　　　　　　　　　　　　　　　　　30
　　　貸：累計折舊　　　　　　　　　　　　　　　　30
　　借：銀行存款　　　　　　　　　　　　　　　　　480
　　　遞延收益　　　　　　　　　　　　　　　　　120
　　　貸：固定資產清理　　　　　　　　　　　　　　600
　　借：管理費用　　　　　　　　　　（50×9÷12）37.5
　　　貸：銀行存款　　　　　　　　　　　　　　　　37.5
　　借：管理費用　　　　　　　　（120÷5×9÷12）18
　　　貸：遞延收益　　　　　　　　　　　　　　　　18
所以甲公司2×18年因此設備對當期損益的影響＝－30-37.5-18＝－85.5（萬元）。
16.【答案】D
【解析】2×16年甲公司確認的管理費用＝租金費用300萬元＋遞延收益的攤銷750÷5＝450（萬元）
17.【答案】A
【解析】本題考查的知識點是：售後租回形成融資租賃的處理。售後租回形成融資租賃不確認收入，按帳面價值與售價的差額確認遞延收益。
出售時：
　　借：銀行存款　　　　　　　　　　　　　　　　　90
　　　貸：庫存商品　　　　　　　　　　　　　　　　80
　　　　遞延收益　　　　　　　　　　　　　　　　10
18.【答案】B
【解析】本題考查的知識點是：售後租回形成經營租賃的處理。承租人將售價與資產帳面價值之間的差額在租賃期內按照直線法分攤。2×15年應分攤的未實現售後租回收益為6÷2＝3（萬元）。
　　借：銀行存款　　　　　　　　　　　　　　　　　26
　　　貸：固定資產清理　　　　　　　　　　　　　　20
　　　　遞延收益　　　　　　　　　　　　　　　　6
　　借：遞延收益　　　　　　　　　　　　　　　　　3
　　　貸：製造費用等　　　　　　　　　　　　　　　3
19.【答案】C
【解析】本題考查的知識點是：售後租回形成經營租賃的處理。售後租回計入遞延

收益的金額＝360-330＝30（萬元），在租賃期內按確認租金費用一致的方法攤銷，攤銷時計入銷售費用10萬元（30÷3），計入銷售費用的租金80萬元，所以2×17年計入銷售費用的金額＝80+10＝90（萬元）。

借：固定資產清理	360	
累計折舊	180	
貸：固定資產		540
借：銀行存款	330	
遞延收益	30	
貸：固定資產清理		360
借：銷售費用	10	
貸：遞延收益		10
借：銷售費用	80	
貸：銀行存款		80

20.【答案】C

【解析】本題目屬於售後租回形成經營租賃，售價低於公允價值且損失由未來低於市價的租金補償的情況，不確認為收入，售價與帳面價值之間確認為遞延收益，按帳面價值結轉成本。

借：銀行存款	90	
貸：庫存商品		60
遞延收益		30

21.【答案】D

【解析】長期應收款的報表數等於長期應收款餘額減去未實現融資收益，即長期應收款的攤餘成本＝180×3+20＝560（萬元），出租當日的未實現融資收益＝560+10-480＝90（萬元），所以2×18年年初長期應收款攤餘成本＝560-90＝470（萬元），2×18年年末長期應收款攤餘成本＝470+470×7%-180＝322.9（萬元），2×19年年末長期應收款攤餘成本＝322.9+322.9×7%-180＝165.5（萬元）。

2×17年12月31日：

借：長期應收款	560	
未擔保餘值	10	
貸：融資租賃資產		480
未實現融資收益		90

2×18年12月31日：

借：未實現融資收益	（470×7%）32.9	
貸：租賃收入		32.9
借：銀行存款	180	
貸：長期應收款		180

2×19年12月31日：

借：未實現融資收益	（322.9×7%）22.6	
貸：租賃收入		22.6

借：銀行存款　　　　　　　　　　　　　　　　　　　　　180
　　貸：長期應收款　　　　　　　　　　　　　　　　　　　180

(二) 多項選擇題

1.【答案】ABCD

2.【答案】ABCD
【解析】經營租賃下，與資產有關的主要風險和報酬沒有轉移，仍然在出租人一方；出租人應該將自身擁有的資產在資產負債表中列示；如果出租資產屬於固定資產，則列在資產負債表固定資產項目下；如果出租資產屬於流動資產，則列在資產負債表有關流動資產項目下。

3.【答案】BCD
【解析】選項AB，租賃期滿時，資產餘值為10萬元，全部由甲公司進行擔保，不存在未擔保餘值；選項C，最低租賃付款額＝80×4＋10＝330（萬元）；選項D，融資租賃中，應由承租人對租入資產計提折舊，租賃期滿時資產歸還出租方，應以租賃期4年為基礎計提折舊。

4.【答案】ACD
【解析】在融資租入固定資產達到預定可使用狀態之前攤銷的未確認融資費用應計入財務費用。選項B表述不準確，如果取得之後安裝時間較長符合資本化條件的，那麼安裝期間攤銷的未確認融資費用應資本化計入資產成本。

5.【答案】BD
【解析】在租賃期開始日，出租人應當將租賃開始日最低租賃收款額與初始直接費用之和作為應收融資租賃款的入帳價值，同時記錄未擔保餘值；將最低租賃收款額、初始直接費用及未擔保餘值之和與其現值之和的差額確認為未實現融資收益。

6.【答案】ABC
【解析】選項D，出租人至少應當於每年度終了，對未擔保餘值進行復核。

7.【答案】ABCD
【解析】本題考查的知識點是：承租人對融資租賃的處理。在租賃期開始日，承租人應當將租賃開始日租賃資產公允價值與最低租賃付款額現值兩者中較低者作為租入資產的入帳價值，將最低租賃付款額作為長期應付款的入帳價值，其差額作為未確認融資費用。

8.【答案】ABC
【解析】選項D，應以租賃期與租賃資產尚可使用年限兩者中較短者作為折舊期間。

9.【答案】ABC
【解析】本題考查的知識點是：承租人對融資租賃的處理。承租人在計算最低租賃付款額的現值時，如果知悉出租人的租賃內含利率，應當採用出租人的租賃內含利率作為折現率；否則，應當採用租賃合同規定的利率作為折現率。如果出租人的租賃內含利率和租賃合同規定的利率均無法知悉，應當採用同期銀行貸款利率作為折現率。

10.【答案】AD

【解析】如果租賃合同中規定有優惠購買選擇權，則最低租賃付款額為承租人應支付或可能被要求支付的各項款項加上承租人行使優惠購買選擇權而支付的任何款項。

11.【答案】AB

【解析】本題考查知識點：融資租賃的概念。出租人必須要計算租賃內含利率，選項 C 錯誤。租賃開始日租賃資產公允價值小於最低租賃付款額現值的，承租人應該重新計算利率。這裡的折現率等於使得最低租賃付款額現值等於公允價值的折現率，所以選項 D 錯誤。

(三) 計算分析題

1.（1）此項租賃屬於經營租賃。因為此項租賃未滿足融資租賃的任何一項標準。
（2）甲公司有關的會計分錄：
①2×16 年 1 月 1 日：
借：長期待攤費用　　　　　　　　　　　　　　　160
　貸：銀行存款　　　　　　　　　　　　　　　　　　160
②2×16 年 12 月 31 日：
借：管理費用　　　　　　　　　　　　　　（240÷2）120
　貸：長期待攤費用　　　　　　　　　　　　　　　　80
　　　銀行存款　　　　　　　　　　　　　　　　　　40
（3）乙公司有關的會計分錄：
①2×16 年 1 月 1 日：
借：銀行存款　　　　　　　　　　　　　　　　　160
　貸：預收帳款　　　　　　　　　　　　　　　　　　160
②2×16 年 12 月 31 日：
借：銀行存款　　　　　　　　　　　　　　　　　　40
　　預收帳款　　　　　　　　　　　　　　　　　　80
　貸：租賃收入　　　　　　　　　　　　　（240÷2）120

2.（1）利息費用停止資本化的時點為：2×16 年 12 月 31 日。
2×16 年借款利息 = 1,000×5% + 400×8%×6÷12 = 50+16 = 66（萬元）
利息資本化金額 = 66-11 = 55（萬元）
（2）借：在建工程　　　　　　　　　　　　　　　　55
　　　　應收利息　　　　　　　　　　　　　　　　11
　　　貸：應付利息　　　　　　　　　　　　　　　　　66
（3）固定資產原價 = 702+18+120+320+340+55 = 1,555（萬元）
累計折舊 =（1,555-55）÷6×2 = 500（萬元）
帳面價值 = 1,555-500 = 1,055（萬元）
（4）本租賃屬融資租賃。
理由：
①租賃期占資產尚可使用年限的 75%；

②最低租賃付款額的現值＝500×2.673,0+60×0.839,6＝1,386.88（萬元），占租賃資產公允價值1,400萬元的90%以上。因此符合融資租賃的判斷標準。

(5) 未實現售後租回損益＝1,400−1,055＝345（萬元）

租賃資產應按最低租賃付款額的現值與租賃資產公允價值兩者中較低者作為入帳價值。

即：租賃資產的入帳價值＝1,386.88萬元。

未確認融資費用＝500×3+60−1,386.88＝173.12（萬元）

(6) 2×18年12月31日：

借：固定資產清理　　　　　　　　　　　　　　　　　　1,055
　　累計折舊　　　　　　　　　　　　　　　　　　　　　500
　貸：固定資產　　　　　　　　　　　　　　　　　　　1,555
借：銀行存款　　　　　　　　　　　　　　　　　　　　1,400
　貸：固定資產清理　　　　　　　　　　　　　　　　　1,055
　　　遞延收益——未實現售後租回損益　　　　　　　　　 345
借：固定資產——融資租入固定資產　　　　　　　　　1,386.88
　　未確認融資費用　　　　　　　　　　　　　　　　 173.12
　貸：長期應付款——應付融資租賃款　　　　　　　　　1,560

2×19年12月31日：

借：長期應付款——應付融資租賃款　　　　　　　　　　500
　貸：銀行存款　　　　　　　　　　　　　　　　　　　500
借：財務費用　　　　　　83.21（1,386.88×6%）
　貸：未確認融資費用　　　　　　　　　　　　　　　 83.21
借：製造費用　　　　　　442.29〔(1,386.88−60)÷3〕
　貸：累計折舊　　　　　　　　　　　　　　　　　　442.29
借：遞延收益——未實現售後租回損益　　　　115（345÷3）
　貸：製造費用　　　　　　　　　　　　　　　　　　　115

2×20年12月31日：

借：長期應付款——應付融資租賃款　　　　　　　　　　500
　貸：銀行存款　　　　　　　　　　　　　　　　　　　500
借：財務費用　　　58.21｛[(1,560−500)−(173.12−83.21)]×6%｝
　貸：未確認融資費用　　　　　　　　　　　　　　　 58.21
借：製造費用　　　　　　　　　　　　　　　　　　 442.29
　貸：累計折舊　　　　　　　　　　　　　　　　　　442.29
借：遞延收益——未實現售後租回損益　　　　　　　　　115
　貸：製造費用　　　　　　　　　　　　　　　　　　　115

2×21年12月31日：

借：長期應付款——應付融資租賃款　　　　　　　　　　500
　貸：銀行存款　　　　　　　　　　　　　　　　　　　500
借：財務費用　　　　　　31.7（173.12−83.21−58.21）

貸：未確認融資費用　　　　　　　　　　　　　　　　　31.7
　　借：製造費用　　　　　　　　　　　　　　　　　　　　442.3
　　　貸：累計折舊　　　　　　　　　　　　　　　　　　　442.3
　　借：遞延收益——未實現售後租回損益　　　　　　　　　115
　　　貸：製造費用　　　　　　　　　　　　　　　　　　　115
　　借：累計折舊　　　　　　　　　　　　　　　　　　1,326.88
　　　　長期應付款　　　　　　　　　　　　　　　　　　　 60
　　　貸：固定資產——融資租入固定資產　　　　　　　1,386.88

第十七章　財務報告

一、要點總覽

```
                  ┌ 財務報表及其列報要求
                  │
                  │ 資產負債表 ┌ 資產負債表的內容及結構
                  │           └ 資產負債表的填列方法
                  │
                  │ 利潤表    ┌ 利潤表的內容及結構
                  │           └ 利潤表的填列方法
                  │
                  │ 現金流量表 ┌ 現金流量表的內容及結構
                  │           └ 現金流量表的填列方法
                  │
                  │ 所有者權益變動表 ┌ 所有者權益變動表的內容及結構
                  │                 └ 所有者權益變動表的填列方法
                  │
                  │        ┌ 附註的主要內容
                  │ 附註   │ 分部報告
                  │        │ 關聯方披露
                  └        └ 金融工具的披露
```

二、重點難點

（一）重點

資產負債表的內容及結構
資產負債表的填列方法
利潤表的內容及結構
利潤表的填列方法
現金流量表的內容及結構
現金流量表的填列方法
所有者權益變動表的內容及結構
所有者權益變動表的填列方法
附註的主要內容

(二) 難點

$\left\{\begin{array}{l}\text{資產負債表的填列方法}\\ \text{利潤表的填列方法}\\ \text{現金流量表的填列方法}\end{array}\right.$

三、關鍵內容小結

(一) 財務報告概述

1. 財務報告及其目標

(1) 財務報告的概念

財務報告是指企業對外提供的反應企業某一特定日期財務狀況和某一會計期間經營成果、現金流量等會計信息的文件。

(2) 財務報告的目標

財務報告的目標，是向財務報告使用者提供與企業財務狀況、經營成果和現金流量等有關的會計信息，反應企業管理層受託責任的履行情況，有助於財務報告使用者做出經濟決策。財務報告使用者通常包括投資者、債權人、政府及相關部門、企業管理人員、職工和社會公眾等。不同的財務會計報告使用者對財務會計報告所提供信息的要求各有側重。

2. 財務報表的組成及分類

(1) 財務報表的組成

一套完整的財務報表至少應當包括「四表一註」，即資產負債表、利潤表、現金流量表、所有者權益（或股東權益，下同）變動表以及附註。

(2) 財務報表的分類

財務報表可以按照不同的標準進行分類。

①按財務報表編報期間的不同，可以分為中期財務報表和年度財務報表。

②按財務報表編報主體的不同，可以分為個別財務報表和合併財務報表。

3. 財務報表列報的基本要求

企業編制財務報表，應當根據真實的交易、事項以及完整、準確的帳簿記錄等資料，嚴格遵循國家會計制度規定的編制基礎、編制依據、編制原則和編制方法。編制的財務報表應當真實可靠、相關可比、全面完整、編報及時、便於理解。基本要求如下：

(1) 依據各項會計準則確認和計量的結果編制財務報表；

(2) 以持續經營為列報基礎；

(3) 按重要性要求進行項目列報；

(4) 注意列報的一致性；

(5) 財務報表項目金額間應相互抵銷；

(6) 比較信息的列報；

(7) 注意財務報表表首的列報要求；

（8）注意報告期間。

(二) 資產負債表

1. 資產負債表概述

（1）資產負債表的概念

資產負債表是反應企業在某一特定日期的財務狀況的會計報表。

（2）資產負債表的格式

資產負債表由表頭、表身和表尾等部分組成。表頭部分應列明報表名稱、編表單位名稱、編制日期和金額計量單位；表身部分反應資產、負債和所有者權益的內容；表尾部分為補充說明。其中，表身部分是資產負債表的主體和核心。

根據中國財務報表列報準則的規定，資產負債表應採用帳戶式的格式，帳戶式資產負債表中的資產各項目的合計等於負債和所有者權益各項目的合計，即資產負債表左方和右方相平衡。因此，通過帳戶式資產負債表，可以反應資產、負債、所有者權益之間的內在關係，即「資產＝負債＋所有者權益」。

（3）資產負債表的列報要求

①總體列報要求：分類別列報，資產和負債按流動性列報，列報相關的合計、總計項目。

② 資產的列報

資產應當按照流動資產和非流動資產兩大類別在資產負債表中列示，在流動資產和非流動資產類別下進一步按性質分項列示。

A. 流動資產和非流動資產的劃分

資產滿足下列條件之一的，應當歸類為流動資產：a. 預計在一個正常營業週期中變現、出售或耗用的；b. 主要為交易目的而持有的；c. 預計在資產負債表日起一年內（含一年）變現的；d. 自資產負債表日起一年內，交換其他資產或清償負債的能力不受限制的現金或現金等價物。

B. 正常營業週期

判斷流動資產、流動負債時所稱的一個正常營業週期，是指企業從購買用於加工的資產起至實現現金或現金等價物的期間。

正常營業週期通常短於一年，在一年內有幾個營業週期。但是，也存在正常營業週期長於一年的情況。

當正常營業週期不能確定時，應當以一年（12個月）作為正常營業週期。

③負債的列報

負債應當按照流動負債和非流動負債在資產負債表中進行列示，在流動負債和非流動負債類別下再進一步按性質分項列示。

A. 流動負債與非流動負債的劃分

流動負債的判斷標準與流動資產的判斷標準相類似。負債滿足下列條件之一的，應當歸類為流動負債：a. 預計在一個正常營業週期中清償；b. 主要為交易目的而持有；c. 自資產負債表日起一年內到期應予以清償；d. 企業無權自主地將清償推遲至資產負債表日後一年以上。

B. 資產負債表日後事項對流動負債與非流動負債劃分的影響

對於資產負債表日後事項對流動負債與非流動負債劃分的影響，需要特別加以考慮。

a. 資產負債表日起一年內到期的負債。企業預計能夠自主地將清償義務展期至資產負債表日後一年以上的，應當歸類為非流動負債。

b. 違約長期債務。企業在資產負債表日或之前違反了長期借款協議，導致貸款人可隨時要求清償的負債，應當歸類為流動負債。

④所有者權益的列報

資產負債表中的所有者權益類一般按照淨資產的不同來源和特定用途進行分類，應當按照實收資本（或股本）、資本公積、盈餘公積、未分配利潤等項目分項列示。

2. 資產負債表的列報方法

通常，資產負債表的各項目均須填列「年初餘額」和「期末餘額」兩欄。

(1)「年初餘額」的填列方法

「年初餘額」欄內各項目數字，應根據上年年末資產負債表相關項目的「期末餘額」欄內所列數字填列，且與上年年末資產負債表「期末餘額」欄相一致。

(2)「期末餘額」的填列方法

資產負債表「期末餘額」欄一般應根據資產、負債和所有者權益類科目的期末餘額填列。

根據總帳科目的餘額直接填列	「交易性金融資產」「固定資產清理」「長期待攤費用」「遞延所得稅資產」「短期借款」「交易性金融負債」「應付票據」「應付職工薪酬」「應交稅費」「應付利息」「應付股利」「其他應付款」「遞延所得稅負債」「實收資本」「資本公積」「庫存股」「盈餘公積」等項目
根據總帳科目的餘額計算填列	「貨幣資金」項目，應當根據「庫存現金」「銀行存款」「其他貨幣資金」等科目期末餘額合計填列
根據有關明細科目的餘額計算填列	「開發支出」項目，根據「研發支出」科目中所屬的「資本化支出」明細科目期末餘額填列
	「應付帳款」項目，根據「應付帳款」和「預付帳款」科目所屬的相關明細科目的期末貸方餘額合計數填列
	「一年內到期的非流動資產」「一年內到期的非流動負債」項目，應根據有關非流動資產或負債項目的明細科目餘額分析填列
	「長期借款」「應付債券」項目，應分別根據「長期借款」「應付債券」科目的明細科目餘額分析填列
	「未分配利潤」項目，根據「未分配利潤」明細科目期末餘額填列
根據總帳科目和明細科目的餘額分析計算填列	「長期應收款」和「一年內到期的非流動資產」項目
	「長期借款」「應付債券」「長期應付款」和「一年內到期的非流動負債」項目

(續表)

根據總帳科目與其備抵科目抵銷後的淨額填列	「可供出售金融資產」「持有至到期投資」「長期股權投資」「在建工程」「商譽」項目，應根據相關科目的期末餘額填列，已計提減值準備的，還應扣減相應的減值準備
	「固定資產」「無形資產」「投資性房地產」「生產性生物資產」「油氣資產」項目，應根據相關科目的期末餘額扣減相應的累計折舊（或攤銷、折耗）填列，已計提減值準備的，還應扣減相應的減值準備
	「長期應收款」項目，應根據「長期應收款」科目的期末餘額，減去相應的「未實現融資費用」科目和「壞帳準備」科目所屬相關明細科目期末餘額
	「長期應付款」項目，應根據「長期應付款」科目的期末餘額，減去相應的「未確認融資費用」科目期末餘額
綜合運用上述填列方法分析填列	「應收票據」「應收利息」「應收股利」「其他應收款」項目，應根據相關科目的期末餘額，減去「壞帳準備」科目中有關壞帳準備的期末餘額後填列
	「應收帳款」項目，應根據「應收帳款」和「預收帳款」科目所屬各明細科目的期末借方餘額合計數，減去「壞帳準備」科目中有關應收帳款計提的壞帳準備期末餘額後填列
	「預付款項」項目，應根據「預付帳款」和「應付帳款」科目所屬各明細科目的期末借方餘額合計數，減去「壞帳準備」科目中有關預付款項計提的壞帳準備期末餘額後填列
	「存貨」項目，應根據「材料採購」「原材料」「發出商品」「庫存商品」「週轉材料」「委託加工物資」「生產成本」「受託代銷商品」等科目的期末餘額合計，減去「受託代銷商品款」「存貨跌價準備」科目期末餘額後填列

(三) 利潤表

1. 利潤表概述

(1) 利潤表的概念

利潤表是反應企業在一定會計期間經營成果的會計報表。

(2) 利潤表的格式

利潤表由表頭、表身和表尾等部分組成。表頭部分應列明報表名稱、編表單位名稱、編制期間和金額計量單位；表身部分反應利潤的構成內容；表尾部分為補充說明。其中，表身部分為利潤表的主體和核心。

中國財務報表列報準則規定，企業應當採用多步式列報利潤表，將不同性質的收入和費用類進行對比，從而可以得出一些中間性的利潤數據，便於使用者理解企業經營成果的不同來源。

多步式	①營業利潤=營業收入-營業成果-稅金及附加-銷售費用-管理費用-財務費用-資產減值損失+公允價值變動收益（損失以「-」號填列）+投資收益(損失以「-」號填列)
	②利潤總額=營業利潤（虧損以「-」號填列）+營業外收入-營業外支出
	③淨利潤=利潤總額（虧損以「-」號填列）-所得稅費用
	④每股收益
	⑤其他綜合收益
	綜合收益總額

2. 利潤表的列報方法

(1)「本期金額」欄的填列方法

「本期金額」欄根據「營業收入」「營業成本」「稅金及附加」「銷售費用」「管理費用」「財務費用」「資產減值損失」「公允價值變動收益」「營業外收入」「營業外支出」「所得稅費用」等損益類科目的發生額分析填列。其中，「營業利潤」「利潤總額」「淨利潤」項目根據本表中相關項目計算填列。

(2)「上期金額」欄的填列方法

「上期金額」欄應根據上年該期利潤表「本期金額」欄內所列數字填列。如果上年該期利潤表規定的各個項目的名稱和內容同本期不相一致，應對上年該期利潤表各項目的名稱和數字按本期的規定進行調整，填入「上期金額」欄。

(3) 每股收益

基本每股收益		基本每股收益＝歸屬於普通股股東的當期淨利潤÷當期實際發行在外普通股的加權平均數
		發行在外普通股的加權平均數＝期初發行在外普通股股數＋當期新發行普通股股數×已發行時間÷報告期時間－當期回購普通股股數×已回購時間÷報告期時間
		已發行時間、報告期時間和已回購時間一般按照天數計算
		在不影響計算結果合理性的前提下，也可以採用簡化的計算方法
稀釋每股收益	潛在普通股	是指賦予其持有者在不過期或以後期間享有取得普通股權利的金融工具或其他合同，包括可轉債、認股權證、股份期權等
	稀釋性潛在普通股	是指假設當期轉換為普通股會減少每股收益的潛在普通股
	注意點	1. 計算稀釋每股收益，應當根據下列事項對歸屬於普通股股東的當期淨利潤進行調整：①當期已確認為費用的稀釋性潛在普通股的利息；②稀釋性潛在普通股轉換時將產生的收益或費用
		2. 計算稀釋每股收益時，當期發行在外普通股的加權平均數應當為計算基本每股收益時普通股的加權平均數與假定稀釋性潛在普通股轉換為已發行普通股而增加的普通股股數的加權平均數之和
		3. 計算稀釋性潛在普通股轉換為已發行普通股而增加的普通股股數的加權平均數時，以前期間發行的稀釋性潛在普通股，應當假設在當期期初轉換；當期發行的稀釋性潛在普通股，應當假設在發行日轉換
		4. 認股權證和股份期權等的行權價格低於當期普通股平均市場價格時，應當考慮其稀釋性。計算稀釋每股收益時，增加的普通股股數按下列公式計算： 增加的普通股股數＝擬行權時轉換的普通股股數－行權價格×擬行權時轉換的普通股股數÷當期普通股平均市場價格
		5. 稀釋性潛在普通股應當按照其稀釋程度從大到小的順序計入稀釋每股收益，直至稀釋每股收益達到最小值

(四) 現金流量表

1. 現金流量報概述

(1) 現金流量表的概念

現金流量表,是反應企業一定會計期間現金和現金等價物流入和流出的報表。

(2) 現金流量表的編制基礎

現金流量表以現金及現金等價物為基礎編制。

現金	是指企業庫存現金以及可以隨時用於支付的存款。不能隨時用於支付的存款不屬於現金。現金主要包括庫存現金、銀行存款、其他貨幣資金
現金等價物	是指企業持有的期限短、流動性強、易於轉換為已知金額的現金、價值變動風險很小的投資
現金等價物的特點	時限短,流動性強,易於轉換為已知金額的現金,價值變動風險很小

(3) 現金流量的分類

現金流量指企業現金和現金等價物的流入和流出。根據企業業務活動的性質和現金流量的來源,現金流量表準則將企業一定期間產生的現金流量分為三類:經營活動產生的現金流量、投資活動產生的現金流量和籌資活動產生的現金流量。

經營活動產生的現金流量	經營活動是指企業投資活動和籌資活動以外的所有交易和事項 包括銷售商品或提供勞務、收到返還的稅費、購買商品或接受勞務、支付工資、支付廣告費、繳納各項稅款等
投資活動產生的現金流量	經營活動是指企業投資活動和籌資活動以外的所有交易和事項 包括取得和收回投資、購建和處置固定資產或投資性房地產、購買和處置無形資產等
籌資活動產生的現金流量	籌資活動是指導致企業資本及債務規模和構成發生變化的活動 包括發行股票或接受投資資本、分派現金股利、取得和償還銀行借款、發行和償還公司債券等

(4) 現金流量表的格式

現金流量表由表頭、表身和表尾等部分組成。表頭部分應列明報表名稱、編表單位名稱、編制期間和金額計量單位;表身部分反應現金流量的構成內容,又分為正表及附註兩個部分;表尾部分為補充說明。其中,表身部分為利潤表的主體和核心。

中國現金流量表採用報告式結構,正表部分要求企業採用直接法列示經營活動的現金流量,同時揭示企業投資活動與籌資活動的現金流量,最後匯總反應企業某一期間現金及現金等價物的淨增加額。現金流量表附註資料要求揭示按間接法重新計算與列示經營活動的現金流量以及不涉及現金的重大投資和籌資活動。

2. 現金流量表的編制方法及程序

(1) 直接法和間接法

編制現金流量表時,列報經營活動現金流量的方法有兩種:一是直接法,一是間接法。這兩種方法通常也被稱為編制現金流量表的方法。

① 直接法,是指按現金收入和現金支出的主要類別直接反應企業經營活動產生的

現金流量。在直接法下，一般是以利潤表中的營業收入為起算點，調節與經營活動有關的項目的增減變動，然後計算出經營活動產生的現金流量。

②間接法，是指以淨利潤為起算點，調整不涉及現金的收入、費用、營業外收支等有關項目，剔除投資活動、籌資活動對現金流量的影響，據此計算出經營活動產生的現金流量。

(2) 工作底稿法或T形帳戶法

在具體編制現金流量表時，可以採用工作底稿法或T形帳戶法，也可以根據有關科目記錄分析填列。

①工作底稿法

採用工作底稿法編制現金流量表，是以工作底稿為手段，以資產負債表和利潤表數據為基礎，對每一項目進行分析並編制調整分錄，從而編制現金流量表。

②T形帳戶法

採用T形帳戶法編制現金流量表，是以T形帳戶為手段，以資產負債表和利潤表數據為基礎，對每一項目進行分析並編制調整分錄，從而編制現金流量表。

3. 現金流量表的編制

(1) 經營活動產生的現金流量有關項目的編制

項目		內容及填列方法
①銷售商品、提供勞務收到的現金	內容	本期銷售商品、提供勞務收到的現金 前期銷售商品、提供勞務本期收到的現金 本期預收的商品款和勞務款等 本期收回前期核銷的壞帳損失 本期銷售本期退回的商品和前期銷售本期退回的商品支付的現金
	計算	銷售商品、提供勞務收到的現金＝營業收入＋增值稅銷項稅額＋應收帳款項目(期初餘額－期末餘額)＋應收票據項目(期初餘額－期末餘額)＋預收帳款項目(期末餘額－期初餘額)－債務人以非現金資產抵償減少的應收帳款和應收票據－本期計提壞帳準備導致的應收帳款項目減少數－本期發生的現金折扣－本期發生的票據貼現利息＋收到的帶息票據的利息
②收到的稅費返還		反應企業收到返還的各種稅費，如收到的增值稅、營業稅、所得稅、消費稅、關稅和教育費附加返還款等
③收到的其他與經營活動有關的現金		反應企業除上述各項目外，收到的其他與經營活動有關的現金，如罰款收入、經營租賃固定資產收到的現金、投資性房地產收到的租金收入、流動資產損失中由個人賠償的現金收入、除稅費返還外的其他政府補助收入等
④購買商品、接受勞務支付的現金	內容	本期購買商品、接受勞務支付的現金 本期支付前期購買商品、接受勞務的未付款項 本期預付款項 本期發生的購貨退回收到的現金
	計算	購買商品、接受勞務支付的現金＝營業成本＋增值稅進項稅額＋存貨項目(期末餘額－期初餘額)＋應付帳款項目(期初餘額－期末餘額)＋應付票據項目(期初餘額－期末餘額)＋預付帳款項目(期末餘額－期初餘額)－本期以非現金資產抵償減少應付帳款、應付票據金額＋本期支付的應付票據的利息－本期取得的現金折扣

（續表）

項目		內容及填列方法
⑤支付給職工以及為職工支付的現金	內容	反應企業實際支付給職工的現金以及為職工支付的現金，包括企業為獲得職工提供的服務，本期實際給予各種形式的報酬以及其他相關支出，如支付給職工的工資、獎金、各種津貼和補貼等，以及為職工支付的其他費用，不包括支付給在建工程人員的工資
	計算	支付給職工以及為職工支付的現金＝本期產品成本及費用中已支付的職工薪酬＋應付職工薪酬（除在建工程人員）（期初餘額－期末餘額）
⑥支付的各項稅費	內容	反應企業按規定支付的各項稅費，包括本期發生並支付的稅費，以及本期支付以前各期發生的稅費和預交的稅金
	計算	支付的各項稅費＝稅金及附加＋所得稅費用＋管理費用中的印花稅等稅金＋已繳納的增值稅＋應交稅費（不包括增值稅）（期初餘額－期末餘額）
⑦支付的其他與經營活動有關的現金	內容	本項目反應企業除上述各項外，支付的其他與經營活動有關的現金，如罰款支出、支付的差旅費、業務招待費、保險費、經營租賃支付的現金等
	計算	支付的其他與經營活動有關的現金＝「管理費用」中除職工薪酬、支付的稅金和未支付的現金的費用外的費用（即支付的其他費用）＋「製造費用」中除職工薪酬和未支付現金的費用外的費用（即支付的其他費用）＋「銷售費用」中除職工薪酬和未支付現金的費用外的費用（即支付的其他費用）＋「財務費用」中支付的結算手續費＋「其他應收款」中支付職工預借的差旅費＋「其他應付款」中支付的經營租賃的租金＋「營業外支出」中支付的罰款支出等

（2）投資活動產生的現金流量有關項目的編制

項目	內容及填列方法
①收回投資收到的現金	反應企業出售、轉讓或到期收回除現金等價物以外的交易性金融資產、持有至到期投資、可供出售金融資產、長期股權投資等而收到的現金。不包括債權性投資收回的利息、收回的非現金資產，以及處置子公司及其他營業單位收到的現金淨額
②取得投資收益收到的現金	反應企業因股權性投資而分得的現金股利，因債權性投資而取得的現金利息收入
③處置固定資產、無形資產和其他長期資產收回的現金淨額	反應企業出售固定資產、無形資產和其他長期資產（如投資性房地產）所取得的現金，減去為處置這些資產而支付的有關稅費後的淨額
④處置子公司及其他營業單位收到的現金淨額	反應企業處置子公司及其他營業單位所取得的現金減去子公司或其他營業單位持有的現金和現金等價物以及相關處置費用後的淨額
⑤收到的其他與投資活動有關的現金	反應企業除上述各項目外，收到的其他與投資活動有關的現金
⑥購建固定資產、無形資產和其他長期資產支付的現金	反應企業購買、建造固定資產，取得無形資產和其他長期資產（如投資性房地產）支付的現金，包括購買機器設備所支付的現金、建造工程支付的現金、支付在建工程人員的工資等現金支出，不包括為構建固定資產、無形資產和其他長期資產而發生的借款利息資本化部分，以及融資租入固定資產所支付的租賃費

（續表）

項目	內容及填列方法
⑦投資支付的現金	反應企業進行權益性投資和債權性投資所支付的現金，包括企業取得的除現金等價物以外的交易性金融資產、持有至到期投資、可供出售金融資產而支付的現金，以及支付的佣金、手續費等交易費用
⑧取得子公司及其他營業單位支付的現金淨額	反應企業取得子公司及其他營業單位購買出價中以現金支付的部分，減去子公司或其他營業單位持有的現金和現金等價物後的淨額
⑨支付的其他與投資活動有關的現金	反應企業除上述各項目外，支付的其他與投資活動有關的現金

（3）籌資活動產生的現金流量有關項目的編制

項目	內容及填列方法
①吸收投資收到的現金	反應企業以發行股票等方式籌集資金實際收到的款項淨額（發行收入減去支付的佣金等發行費用後的淨額）
②借款收到的現金	反應企業舉借各種短期、長期借款而收到的現金，以及發行債券實際收到的款項淨額（發行收入減去直接支付的佣金等發行費用後的淨額）
③收到的其他與籌資活動有關的現金	反應企業除上述各項目外，收到的其他與籌資活動有關的現金
④償還債務所支付的現金	反應企業以現金償還債務的本金，包括歸還金融企業的借款本金、償付企業到期的債券本金等
⑤分配股利、利潤或償付利息支付的現金	反應企業實際支付的現金股利、支付給其他投資單位的利潤或用現金支付的借款利息、債券利息
⑥支付的其他與籌資活動有關的現金	反應企業除上述各項目外，支付的其他與籌資活動有關的現金，如以發行股票、債券等方式籌集資金而由企業直接支付的審計、諮詢等費用，融資租賃各期支付的現金、以分期付款方式構建固定資產、無形資產等各期支付的現金

（4）現金流量表補充資料的編制

將淨利潤調節為經營活動現金流量的編制（間接法）：

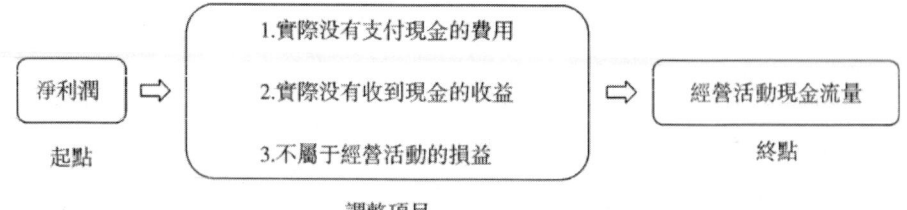

淨利潤（起點）⇒ 調整項目：1.實際沒有支付現金的費用　2.實際沒有收到現金的收益　3.不屬于經營活動的損益 ⇒ 經營活動現金流量（終點）

基本原理：

經營活動產生的現金流量＝淨利潤＋不影響經營活動現金流量但減少淨利潤的項目

+與淨利潤無關但增加經營活動現金流量的項目-不影響經營活動現金流量但增加淨利潤的項目-與淨利潤無關但減少經營活動現金流量的項目

將淨利潤調節為經營活動產生的現金流量淨額時，調整的一般原則是：收益、資產類項目「增調減，減調增」，費用、損失、負債類項目「增調增，減調減」。

項目	內容及填列方法
①資產減值準備	包括壞帳準備、存貨跌價準備、投資性房地產減值準備、長期股權投資減值準備、持有至到期投資減值準備、固定資產減值準備、在建工程減值準備、工程物資減值準備、生物性資產減值準備、無形資產減值準備、商譽減值準備等 根據「資產減值損失」科目的記錄分析填列
②固定資產折舊、油氣資產折耗、生產性生物資產折舊	企業計提的固定資產折舊，有的包括在管理費用中，有的包括在製造費用中。計入管理費用中的部分，作為期間費用在計算淨利潤時扣除，但沒有發生現金流出，在將淨利潤調節為經營活動現金流量時，需要予以加回。計入製造費用中的已經變現的部分，在計算淨利潤時通過銷售成本予以扣除，但沒有發生現金流出；計入製造費用中的沒有變現的部分，既不涉及現金收支，也不影響企業當期淨利潤。由於在調節存貨時，已經從中扣除，在此處將淨利潤調節為經營活動現金流量時，需要予以加回 根據「累計折舊」「累計折耗」「生產性生物資產折舊」科目的貸方發生額分析填列
③無形資產攤銷和長期待攤費用攤銷	根據「累計攤銷」「長期待攤費用」科目的貸方發生額分析填列
④處置固定資產、無形資產和其他長期資產的損失(減:收益)	企業處置固定資產、無形資產和其他長期資產發生的損益，屬於投資活動產生的損益，不屬於經營活動產生的損益，所以，在將淨利潤調節為經營活動現金流量時，需要予以剔除 根據「營業外收入」「營業外支出」等科目所屬有關明細科目的記錄分析填列，淨收益以「-」號填列
⑤固定資產報廢損失	企業發生的固定資產報廢損益，屬於投資活動產生的損益，不屬於經營活動產生的損益，所以，在將淨利潤調節為經營活動現金流量時，需要予以剔除 根據「營業外支出」「營業外收入」等科目所屬有關明細科目的記錄分析填列
⑥公允價值變動損失	公允價值變動損失反應企業交易性金融資產、投資性房地產等公允價值變動形成的應計入當期損益的利得或損失 根據「公允價值變動損失」科目的發生額分析填列
⑦財務費用	根據「財務費用」科目的本期借方發生額分析填列，如為收益，以「-」號填列
⑧投資損失(減：收益)	根據利潤表中「投資收益」項目的數字填列，如為投資收益，以「-」號填列
⑨遞延所得稅資產減少(減：增加)	根據資產負債表「遞延所得稅資產」項目期初、期末餘額分析填列
⑩遞延所得稅負債增加(減：減少)	根據資產負債表「遞延所得稅負債」項目期初、期末餘額分析填列
⑪存貨的減少(減：增加)	根據資產負債表中「存貨」項目的期初數、期末數之間的差額填列，期末數大於期初數的差額，以「-」號填列。如果存貨的增減變化過程屬於投資活動，如在建工程領用存貨，應當將這一因素剔除

（續表）

項目	內容及填列方法
⑫經營性應收項目的減少（減：增加）	包括應收票據、應收帳款、預付帳款、長期應收款、其他應收款中與經營活動有關的部分，以及應收的增值稅銷項稅額等 根據有關科目的期初、期末餘額分析填列，如為增加，以「－」號填列
⑬經營性應付項目的增加（減：減少）	包括應付票據、應付帳款、預收帳款、應付職工薪酬、應交稅費、應付利息、長期應付款、其他應付款中與經營活動有關的部分，以及應付的增值稅進項稅額等。 根據有關科目的期初、期末餘額分析填列，如為減少，以「－」號填列

（五）所有者權益變動表

1. 所有者權益變動表概述

（1）所有者權益變動表的概念

所有者權益變動表是反應構成所有者權益的各組成部分當期的增減變動情況的報表。

（2）所有者權益變動表的列報格式

所有者權益變動表上，一是以矩陣的形式列報，二是列示所有者權益變動的比較信息。

企業至少應當單獨列示反應下列信息的項目：①綜合收益總額；②會計政策變更和差錯更正的累積影響金額；③所有者投入的資本和向所有者分配的利潤等；④提取的盈餘公積；⑤實收資本或資本公積、盈餘公積、未分配利潤的期初和期末餘額及調節情況。

2. 所有者權益變動表的列報方法

（1）「上年年末餘額」項目，反應企業上年資產負債表中實收資本（或股本）、資本公積、盈餘公積、未分配利潤的年末餘額。

（2）「會計政策變更」和「前期差錯更正」項目，分別反應企業採用追溯調整法處理的會計政策變更的累積影響金額和採用追溯重述法處理的會計差錯更正的累積影響金額。

（3）「本年增減變動額」項目分別反應如下內容：

①「淨利潤」項目，反應企業當年實現的淨利潤（或淨虧損）金額，並對應列在「未分配利潤」一欄。

②「其他綜合收益」項目，反應企業當年根據企業會計準則規定未在損益中確認的各項利得和損失扣除所得稅影響後的淨額，並對應列在「資本公積」一欄。

③「淨利潤」和「其他綜合收益」小計項目，反應企業當年實現的淨利潤（或淨虧損）金額和當年直接計入其他綜合收益金額的合計額。

④「所有者投入和減少資本」項目，反應企業當年所有者投入的資本和減少的資本。

⑤「利潤分配」下各項目，反應當年對所有者（或股東）分配的利潤（或股利）金額和按照規定提取的盈餘公積金額，並對應列在「未分配利潤」和「盈餘公積」

一欄。

⑥「所有者權益內部結轉」下各項目，反應不影響當年所有者權益總額的所有者權益各組成部分之間當年的增減變動，包括資本公積轉增資本（或股本）、盈餘公積轉增資本（或股本）、盈餘公積彌補虧損等項金額。為了全面反應所有者權益各組成部分的增減變動情況，所有者權益內部結轉也是所有者權益變動表的重要組成部分，主要指不影響所有者權益總額、所有者權益的各組成部分當期的增減變動。

（六）財務報表附註

1. 財務報表附註概述

（1）財務報表附註的概念

附註是財務報表不可或缺的組成部分，是對在資產負債表、利潤表、現金流量表和所有者權益變動表等報表中列示項目的文字描述或明細資料，以及對未能在這些報表中列示項目的說明等。

（2）附註披露的基本要求

①附註披露的信息應是定量、定性信息的結合。

②附註應當按照一定的結構進行系統合理的排列和分類，有順序地披露信息。

③附註相關信息應當與資產負債表、利潤表、現金流量表和所有者權益變動表等報表中列示的項目相互參照。

2. 會計報表附註披露的內容

按《企業會計準則第30號——財務報表列報》的規定，企業應當披露的附註信息主要包括下列內容：

（1）企業的基本情況；

（2）財務報表的編制基礎；

（3）遵循企業會計準則的聲明；

（4）重要會計政策和會計估計；

（5）會計政策和會計估計變更以及差錯更正的說明；

（6）報表重要項目的說明；

（7）其他需要說明的重要事項。

四、練習題

（一）單項選擇題

1. 財務會計報告的主體和核心是（　　）。
   A. 會計報表　　B. 會計報表附註　C. 指標體系　　D. 資產負債表
2. 下列不屬於中期報告的是（　　）。
   A. 年報　　　　B. 月報　　　　　C. 季報　　　　D. 半年報
3. 在下列各個財務報表中，屬於企業對外提供的靜態報表是（　　）。
   A. 利潤表　　　　　　　　　　　B. 所有者權益變動表
   C. 現金流量表　　　　　　　　　D. 資產負債表

4. 財務報表中各項目數字的直接來源是（　　）。
　　A. 原始憑證　　　B. 日記帳　　　C. 記帳憑證　　　D. 帳簿記錄
5. 企業對外提供的反應企業某一特定日期財務狀況和某一會計期間經營成果、現金流量等會計信息的文件是（　　）。
　　A. 資產負債表　　　　　　　　B. 利潤表
　　C. 附註　　　　　　　　　　　D. 財務會計報告
6. 會計報表按反應的經濟內容分類可分為（　　）。
　　A. 內部報表　　　B. 財務報表　　　C. 靜態報表　　　D. 動態報表
7. 依照中國的會計準則，資產負債表採用的格式為（　　）。
　　A. 單步報告式　　　　　　　　B. 多步報告式
　　C. 帳戶式　　　　　　　　　　D. 混合式
8. 編制財務報表時，以「資產＝負債＋所有者權益」這一會計等式作為編制依據的財務報表是（　　）。
　　A. 利潤表　　　　　　　　　　B. 所有者權益變動表
　　C. 資產負債表　　　　　　　　D. 現金流量表
9. 資產負債表中的各報表項目（　　）。
　　A. 都按有關帳戶期末餘額直接填列
　　B. 必須對帳戶發生額和餘額進行分析計算才能填列
　　C. 應根據有關帳戶的發生額填列
　　D. 有的項目可以直接根據帳戶期末餘額填列，有的項目需要根據有關帳戶期末餘額計算分析填列
10. 在資產負債表中，資產按照其流動性排列時，下列排列方法正確的是（　　）。
　　A. 存貨、無形資產、貨幣資金、交易性金融資產
　　B. 交易性金融資產、存貨、無形資產、貨幣資金
　　C. 無形資產、貨幣資金、交易性金融資產、存貨
　　D. 貨幣資金、交易性金融資產、存貨、無形資產
11. 下列資產項目中，屬於非流動資產項目的是（　　）。
　　A. 應收票據　　　　　　　　　B. 交易性金融資產
　　C. 長期待攤費用　　　　　　　D. 存貨
12. 資產負債表中所有者權益部分的排列順序是（　　）。
　　A. 實收資本、盈餘公積、資本公積、未分配利潤
　　B. 資本公積、實收資本、盈餘公積、未分配利潤
　　C. 資本公積、實收資本、未分配利潤、盈餘公積
　　D. 實收資本、資本公積、盈餘公積、未分配利潤
13.「應收帳款」科目所屬明細科目如有貸方餘額，應填入資產負債表項目的是（　　）。
　　A. 預付款項　　　　　　　　　B. 預收款項
　　C. 應收帳款　　　　　　　　　D. 應付帳款

14. 某企業「應付帳款」明細帳期末餘額情況如下：「應付帳款——甲企業」科目貸方餘額為 200,000 元，「應付帳款——乙企業」科目借方餘額為 180,000 元，「應付帳款——丙企業」科目貸方餘額為 300,000 元。假如該企業「預付帳款」明細帳均為借方餘額。則根據以上數據計算的反應在資產負債表中的「應付帳款」項目的金額為（　　）元。

  A. 680,000 B. 320,000 C. 500,000 D. 80,000

15. 資產負債表的下列項目中，需要根據幾個總帳科目的期末餘額進行匯總填列的是（　　）。

  A. 應付職工薪酬   B. 短期借款
  C. 貨幣資金   D. 資本公積

16. 下列對資產流動性描述正確的是（　　）。

  A. 現金的流動性強於固定資產 B. 存貨的流動性強於銀行存款
  C. 應收帳款的流動性強於存貨 D. 固定資產的流動性強於存貨

17. 2×16 年年末某公司應收帳款明細帳借方餘額合計為 500,000 元，假設預收帳款餘額為 0，當年應收帳款計提的壞帳準備共計 80,000 元，則年末資產負債表上所列示的應收帳款為（　　）元。

  A. 500,000 B. 420,000 C. 560,000 D. 600,000

18. 東方公司 2×16 年 12 月 31 日「固定資產」帳戶餘額為 960 萬元，「累計折舊」帳戶餘額為 190 萬元，「固定資產減值準備」帳戶餘額為 70 萬元，則東方公司 2×16 年 12 月 31 日的資產負債表中，「固定資產」項目期末餘額為（　　）萬元。

  A. 700 B. 770 C. 890 D. 960

19. 依照中國的會計準則，利潤表採用的格式為（　　）。

  A. 單步式 B. 多步式 C. 帳戶式 D. 混合式

20. 某企業 2×16 年 12 月 31 日編製的年度利潤表中「本期金額」一欄反應的是（　　）。

  A. 12 月 31 日利潤或虧損的形成情況
  B. 12 月累計利潤或虧損的形成情況
  C. 本年度利潤或虧損的形成情況
  D. 第四季度利潤或虧損的形成情況

21. 下列各項中，不會影響營業利潤金額的是（　　）。

  A. 資產減值損失 B. 財務費用
  C. 投資收益   D. 營業外收入

22. 編制利潤表的主要依據是（　　）。

  A. 資產、負債及所有者權益各帳戶的本期發生額
  B. 資產、負債及所有者權益各帳戶的期末餘額
  C. 損益類各帳戶的本期發生額
  D. 損益類各帳戶的期末餘額

23. 下列各項中，不會引起利潤總額增減變化的是（　　）。

  A. 銷售費用 B. 管理費用

C. 所得稅費用　　　　　　　　D. 營業外支出

24. 下列各項中，能使企業經營活動的現金流量發生變化的是（　　）。
    A. 購買工程物資　　　　　　B. 繳納所得稅
    C. 發放現金股利　　　　　　D. 賒銷商品

25. 編制現金流量表時，企業的罰款收入應在（　　）項目反應。
    A.「銷售商品、提供勞務收到的現金」
    B.「收到的其他與經營活動有關的現金」
    C.「支付的其他與經營活動有關的現金」
    D.「購買商品、接受勞務支付的現金」

26. 下列各項中，應在「支付給職工以及為職工支付的現金」項目中反應的是（　　）。
    A. 支付給企業銷售人員的工資
    B. 支付的在建工程人員的工資
    C. 企業支付的統籌退休金
    D. 企業支付給未參加統籌的退休人員的費用

27. 下列各項中，會影響現金流量淨額變動的是（　　）。
    A. 用原材料對外投資　　　　B. 從銀行提取現金
    C. 用現金支付購買材料款　　D. 用固定資產清償債務

28. 下列項目中，應在所有者權益變動表中反應的是（　　）。
    A. 支付職工薪酬　　　　　　B. 盈餘公積轉增股本
    C. 賒購商品　　　　　　　　D. 購買商品支付的現金

29. 下列各項中，不在所有者權益變動表中列示的項目是（　　）。
    A. 綜合收益總額　　　　　　B. 所有者投入和減少資本
    C. 利潤分配　　　　　　　　D. 每股收益

30. 下列各項中，關於財務報表附註的表述不正確的是（　　）。
    A. 附註中包括財務報表重要項目的說明
    B. 對未能在財務報表列示的項目在附註中說明
    C. 如果沒有需要披露的重大事項，企業不必編制附註
    D. 附註中包括會計政策和會計估計變更以及差錯更正的說明

(二) 多項選擇題

1. 財務會計報告使用者包括（　　）等。
    A. 債務人　　　B. 出資人　　　C. 銀行　　　D. 稅務機關

2. 財務會計報告中的財務報表至少應當包括（　　）等報表。
    A. 資產負債表　B. 成本報表　　C. 利潤表　　D. 現金流量表

3. 財務會計報告包括（　　）。
    A. 財務報表
    B. 財務報表附註
    C. 財務情況說明書

D. 其他應當在財務會計報告中披露的相關信息和資料
4. 下列等式正確的有（　　）。
   A. 資產＝負債＋所有者權益
   B. 營業利潤＝主營業務收入＋其他業務收入－主營業務成本－其他業務成本＋投資收益＋公允價值變動收益－營業外支出
   C. 利潤總額＝營業利潤＋營業外收入－營業外支出
   D. 淨利潤＝利潤總額－所得稅費用
5. 企業財務會計報表按其編報的時間不同，分為（　　）。
   A. 半年度報表　　　　　　　　B. 月度報表
   C. 季度報表　　　　　　　　　D. 年度報表
6. 下列各項中，屬於資產負債表中流動資產項目的有（　　）。
   A. 貨幣資金　　　　　　　　　B. 預收款項
   C. 應收帳款　　　　　　　　　D. 存貨
7. 在編制資產負債表時，應根據總帳科目的期末貸方餘額直接填列的項目有（　　）。
   A. 應收利息　　　　　　　　　B. 交易性金融資產
   C. 短期借款　　　　　　　　　D. 應付利息
8. 資產負債表中，「預收款項」項目應根據（　　）總分類帳戶所屬各明細分類帳戶期末貸方餘額合計填列。
   A. 預付帳款　　　　　　　　　B. 應收帳款
   C. 應付帳款　　　　　　　　　D. 預收帳款
9. 下列帳戶中，可能影響資產負債表中「應付帳款」項目金額的有（　　）。
   A. 應收帳款　　　　　　　　　B. 預收帳款
   C. 應付帳款　　　　　　　　　D. 預付帳款
10. 下列帳戶中，其期末餘額應作為資產負債表中「存貨」項目填列依據的有（　　）。
    A. 工程物資　　　　　　　　　B. 存貨跌價準備
    C. 週轉材料　　　　　　　　　D. 生產成本
11. 某企業期末「應付帳款」帳戶為貸方餘額 260,000 元，其所屬明細帳戶的貸方餘額合計為 330,000 元，所屬明細帳戶的借方餘額合計為 70,000 元；「預付帳款」帳戶為借方餘額 150,000 元，其所屬明細帳戶的借方餘額合計為 200,000 元，所屬明細帳戶的貸方餘額合計為 50,000 元。則該企業資產負債表中「應付帳款」和「預付款項」兩個項目的期末數分別應為（　　）元。
    A. 380,000　　B. 260,000　　C. 150,000　　D. 270,000
12. 利潤表中的「營業成本」項目填列的依據有（　　）。
    A.「營業外支出」發生額　　　B.「主營業務成本」發生額
    C.「其他業務成本」發生額　　D.「稅金及附加」發生額
13. 下列各項中，屬於利潤表提供的信息有（　　）。
    A. 實現的營業收入　　　　　　B. 發生的營業成本

C. 營業利潤　　　　　　　　　　D. 企業的淨利潤或虧損總額

14. 下列各項中，可以記入利潤表「稅金及附加」項目的有（　　）。
　　A. 增值稅　　　　　　　　　　B. 城市維護建設稅
　　C. 教育費附加　　　　　　　　D. 礦產資源補償費

15. 下列關於現金流量表各項目填列的說法中，正確的有（　　）。
　　A. 購買交易性金融資產時，購買價款中包含的已宣告但尚未發放的現金股利，應在「支付其他與投資活動有關的現金」項目中反應
　　B. 支付的耕地占用稅應在「支付的各項稅費」項目中反應
　　C. 為職工支付的五險一金在「支付其他與經營活動有關的現金」項目中反應
　　D. 投資性房地產的租金收入應在「收到其他與經營活動有關的現金」項目中反應

16. 下列各項中，不會引起現金流量總額變動的項目有（　　）。
　　A. 將現金存入銀行
　　B. 用銀行存款購買1個月到期的債券
　　C. 用固定資產抵償債務
　　D. 用銀行存款清償20萬元的債務

17. 現金流量表將現金的流量劃分為（　　）。
　　A. 經營活動產生的現金流量　　B. 捐贈活動產生的現金流量
　　C. 投資活動產生的現金流量　　D. 分配活動產生的現金流量

18. 下列各項中，屬於現金流量表中的現金的是（　　）。
　　A. 庫存現金　　　　　　　　　B. 定期存款
　　C. 其他貨幣資金　　　　　　　D. 3個月內到期的國庫券投資

19. 下列各項中，屬於所有者權益變動表單獨列示的項目有（　　）。
　　A. 提取盈餘公積　　　　　　　B. 其他綜合收益
　　C. 當年實現的淨利潤　　　　　D. 資本公積轉增資本

20. 下列各項中，年度財務報表附註中應當披露的信息有（　　）。
　　A. 重要的會計政策　　　　　　B. 會計政策變更
　　C. 重要的會計估計　　　　　　D. 會計估計變更

(三) 判斷題

1. 資產負債表是反應企業在一定時期內財務狀況變動情況的報表。（　　）
2. 利潤表是反應企業某一特定時期財務狀況的會計報表。（　　）
3. 利潤表中各項目主要根據各損益類科目的發生額分析填列。（　　）
4. 資產負債表是靜態報表。（　　）
5. 「資產＝負債＋所有者權益」這一會計等式，是資產負債表的理論依據。（　　）
6. 編制以12月31日為資產負債表日的資產負債表時，表中的「未分配利潤」項目應根據「利潤分配」帳戶的年末餘額直接填列。（　　）
7. 2×16年12月31日，某公司「本年利潤」帳戶為貸方餘額153,000元，「利潤分配」帳戶為貸方餘額96,000元，則當日編制的資產負債表中，「未分配利潤」項目

的「期末餘額」應為 57,000 元。 ( )

8. 2×15 年 12 月 31 日，某公司「長期借款」帳戶貸方餘額為 520,000 元，其中，2×16 年 7 月 1 日到期的借款為 200,000 元，則當日編制的資產負債表中，「長期借款」項目的「期末餘額」應為 320,000 元。 ( )

9.「長期借款」項目，根據「長期借款」總帳科目餘額填列。 ( )

10. 經營活動是指企業投資活動和籌資活動以外的所有交易和事項。 ( )

11. 企業銷售商品，預收的帳款不在「銷售商品、提供勞務收到的現金」項目反應。 ( )

12. 現金流量表是反應企業一定時期現金及其等價物流入和流出的報表。 ( )

13. 企業本期應交的增值稅在利潤表中的「稅金及附加」項目中反應。 ( )

14. 企業前期銷售本期退回的商品支付的現金應在「支付的其他與經營活動有關的現金」項目中反應。 ( )

15. 企業分得的股票股利可在「取得投資收益所收到的現金」項目中反應。 ( )

16. 企業捐贈現金支出應在「支付的其他與籌資活動有關的現金」項目中反應。 ( )

17. 財務會計報告就是財務報表。 ( )

18. 所有者權益內部各個項目按照各項目的穩定程度而依次排列。 ( )

19. 企業在編制年度財務會計報告前，應當全面清查資產，核實債務。 ( )

20. 委託代銷商品應在資產負債表的「存貨」項目中列示。 ( )

(四) 計算分析題

1. 某企業「應收帳款」科目月末借方餘額為 40,000 元，其中「應收甲公司帳款」明細科目借方餘額為 60,000 元，「應收乙公司帳款」明細科目貸方餘額為 20,000 元。「預收帳款」科目月末貸方餘額為 15,000 元，其中「預收 A 廠帳款」明細科目貸方餘額為 25,000 元，「預收 B 廠帳款」明細科目借方餘額為 10,000 元。

要求：計算該企業月末資產負債表「應收帳款」項目的金額。

2. 某企業「應收帳款」明細帳借方餘額為 160,000 元，貸方餘額為 70,000 元，壞帳準備為 500 元。

要求：計算資產負債表「應收帳款」項目的金額。

3. 某公司發生如下經濟業務：①公司分得現金股利 10 萬元；②用銀行存款購入不需要安裝的設備一臺，全部價款為 35 萬元；③出售設備一臺，原值為 100 萬元，折舊 45 萬元，出售收入為 80 萬元，清理費用為 5 萬元，設備已清理完畢，款項已存入銀行；④計提短期借款利息 5 萬元，計入預提費用。

要求：計算該企業投資活動現金流量淨額。

4. 某公司發生如下經濟業務：①銷售產品一批，成本為 250 萬元，售價為 400 萬元，增值稅稅票註明稅款 68 萬元，貨已發出，款已入帳；②出口產品一批，成本為 100 萬元，售價為 200 萬元，當期收到貨款及出口退稅 18 萬元；③收回以前年度應收帳款 20 萬元，存入銀行。

要求：計算企業本期現金流量表中「銷售商品、提供勞務收到的現金」項目的金額。

5. 某工業企業為增值稅一般納稅企業，適用的增值稅稅率為17%，所得稅稅率為25%。該企業2×16年度有關資料如下：①本年度內發出產品50,000件，其中對外銷售45,000件，其餘為在建工程領用。該產品銷售成本每件為12元，銷售價格每件為20元。②本年度內計入投資收益的債券利息收入為30,000元，其中，國債利息收入為2,500元。③本年度內發生管理費用50,000元，其中企業公司管理人員工資費用為25,000元，業務招待費為20,000元。按稅法規定可在應納稅所得額前扣除的管理人員工資費用為20,000元，業務招待費為15,000元。④本年度內補貼收入為3,000元（計入當期營業外收入）。按稅法規定應繳納所得稅。

要求：

不考慮其他因素，計算該企業2×16年利潤表中有關項目的金額：（1）營業利潤；（2）利潤總額；（3）本年度應交所得稅；（4）淨利潤。

（五）綜合題

1. 華遠股份有限公司2×16年12月31日有關總帳和明細帳戶的餘額如下：

帳戶	借或貸	餘額(元)	負債和所有者權益帳戶	借或貸	餘額(元)
庫存現金	借	3,750	短期借款	貸	625,000
銀行存款	借	2,000,000	應付票據	貸	63,750
其他貨幣資金	借	225,000	應付帳款	貸	177,500
交易性金融資產	借	287,500	——丙企業	貸	227,500
應收票據	借	50,000	——丁企業	借	50,000
應收帳款	借	187,500	預收帳款	貸	36,750
——甲公司	借	200,000	——C公司	貸	36,750
——乙公司	貸	12,500	其他應付款	貸	30,000
壞帳準備	貸	5,000	應交稅費	貸	70,000
預付帳款	借	90,250	長期借款	貸	1,265,000
——A公司	借	77,500	應付債券	貸	1,409,250
——B公司	借	12,750	其中：一年到期的應付債券	貸	57,500
其他應收款	借	21,250	實收資本	貸	10 100,000
原材料	借	2,041,500	盈餘公積	貸	395,250
生產成本	借	663,500	利潤分配	貸	4,750
庫存商品	借	483,000	——未分配利潤	貸	4,750
材料成本差異	貸	105,500	本年利潤	貸	91,750
固定資產	借	7,220,000			
累計折舊	貸	12,250			
在建工程	借	1,118,500			
資產合計		14,269,000	負債及所有者權益合計		14,269,000

要求：編制華遠股份有限公司12月31日的資產負債表。

資產負債表（簡表）

資產	年初數(元)	年末數(元)	負債所有者權益	年初數(元)	年末數(元)
流動資產：			流動負債：		
貨幣資金		（1）	短期借款		625,000
交易性金融資產		287,500	應付票據		63,750
應收票據		50,000	應付帳款		（9）
應收帳款		（2）	預收款項		（10）
預付款項		（3）	應交稅費		70,000
其他應收款		21,250	其他應付款		30,000
存貨		（4）	一年內到期的非流動負債		57,500
流動資產合計		（5）	流動負債合計		（11）
非流動資產：			非流動負債：		
固定資產		（6）	長期借款		1,265,000
在建工程		1,118,500	應付債券		（12）
非流動資產合計		（7）	非流動負債合計		2,616,750
			負債合計		（13）
			所有者權益：		
			實收資本		10 100,000
			盈餘公積		395,250
			未分配利潤		（14）
			所有者權益合計		（15）
資產總計		（8）	負債及所有者權益總計		14,331,500

2. 華遠股份有限公司為增值稅一般納稅企業，適用的增值稅稅率為17%，適用的企業所得稅稅率為25%，商品銷售價格中均不含增值稅稅額。按每筆銷售業務分別結轉銷售成本，2×16年12月，甲公司發生的經濟業務及相關資料如下：

（1）向西城公司銷售商品一批。該批商品的銷售價格為600,000元，實際成本為350,000元。商品已經發出，開具了增值稅專用發票，並收到購貨方簽發並承兌的不帶息商業承兌匯票一張，面值702,000元。

（2）委託盛天公司代銷商品1,000件。代銷合同規定甲公司按已售商品售價的5%向盛天公司支付手續費，該批商品的銷售價格為400元/件，實際成本為250元/件。華遠公司已將該批商品交付給盛天公司。

（3）華遠公司月末收到了盛天公司的代銷清單。盛天公司已將代銷的商品售出1,000件，款項尚未支付給華遠公司。華遠公司向盛天公司開具了增值稅專用發票，並按合同規定確認了應向盛天公司支付的代銷手續費。

（4）以交款提貨方式向邕城公司銷售商品一批。該批商品的銷售價格為100,000元，實際成本為60,000元，提貨單和增值稅專用發票已交邕城公司，收到款項存入銀行。

(5) 12月31日，交易性金融資產公允價值上升50,000元。

(6) 12月31日，計提存貨跌價準備50,000元。

(7) 除上述經濟業務外，甲公司6月份有關損益類帳戶的發生額如下：

單位：元

帳戶名稱	借方發生額	貸方發生額
其他業務收入		30,000
其他業務成本	20,000	
稅金及附加	15,000	
管理費用	60,000	
財務費用	22,000	
營業外收入		70,000
營業外支出	18,000	

(8) 計算本月應交所得稅（假定甲公司不存在納稅調整因素）。

要求：

(1) 編制甲公司上述（1）至（6）和（8）項經濟業務相關的會計分錄（「應交稅費」科目要求寫出明細科目及專欄）；

(2) 編制甲公司6月份的利潤表。

五、參考答案及解析

(一) 單項選擇題

1.【答案】A

2.【答案】A

【解析】年報屬於年度報表。

3.【答案】D

【解析】由於資產負債表反應的是企業某一特定日期的財務狀況，因此它是靜態的財務報表。

4.【答案】D

【解析】財務報表是每個期末根據帳簿上記錄的資料，按照規定的報表格式、內容和編制方法，作進一步的歸集、加工和匯總編制而成的。因此，財務報表中各項目數字的直接來源是帳簿記錄。

5.【答案】D

6.【答案】D

7.【答案】C

【解析】資產負債表的格式主要有帳戶式和報告式兩種，根據中國《企業會計準則》的規定，中國企業的資產負債表採用帳戶式結構。

8.【答案】C

9. 【答案】D
10.【答案】D
【解析】在資產負債表中，資產按照其流動性大小排列；流動性大的資產如「貨幣資金」「交易性金融資產」等排在前面，流動性小的資產如「存貨」「無形資產」等排列在後面。
11.【答案】C
【解析】其他幾項均屬於流動資產。
12.【答案】D
13.【答案】B
【解析】「預收款項」項目根據「預收帳款」「應收帳款」科目所屬各明細科目的期末貸方餘額合計數填列。因此，「應收帳款」科目所屬明細科目如有貸方餘額，應在資產負債表的「預收款項」項目中反應。
14.【答案】C
【解析】「應付帳款」項目根據「應付帳款」和「預付帳款」科目所屬各明細科目的期末貸方餘額合計數填列。因此，本題中在資產負債表中「應付帳款」項目的金＝200,000+300,000＝500,000（元）。
15.【答案】C
【解析】資產負債表中的「貨幣資金」項目，需要根據「庫存現金」「銀行存款」「其他貨幣資金」三個總帳科目的期末餘額的合計數填列。
16.【答案】A
17.【答案】B
【解析】年末資產負債表上所列示的應收帳款＝500,000-80,000＝420,000（元）。
18.【答案】A
【解析】960-190-70＝700（萬元）。
19.【答案】B
【解析】利潤表的格式主要有多步式和單步式兩種，按照中國《企業會計準則》的規定，中國企業的利潤表採用多步式。
20.【答案】C
【解析】2×16 年 12 月 31 日編制的年度利潤表中「本期金額」反應的是本年度利潤或虧損的形成情況。
21.【答案】D
【解析】營業利潤＝營業收入-營業成本-稅金及附加-銷售費用-管理費用-財務費用-資產減值損失+公允價值變動收益（-公允價值變動損失）+投資收益（-投資損失），因此，營業外收入不會影響營業利潤的金額。
22.【答案】C
【解析】利潤表是反應企業在一定會計期間經營成果的報表，因此，利潤表是一個期間報表，編制的依據是各損益類帳戶的本期發生額。
23.【答案】C
【解析】利潤總額＝營業利潤+營業外收入-營業外支出；淨利潤＝利潤總額-所得

355

稅費用。因此，所得稅費用不會引起利潤總額的增減變化。

24.【答案】B

25.【答案】B

【解析】企業的罰款收入應在「收到的其他與經營活動有關的現金」項目反應。

26.【答案】A

【解析】企業支付的統籌退休金以及未參加統籌的退休人員的費用應在「支付的其他與經營活動有關的現金」項目中反應；支付的在建工程人員的工資應在「購建固定資產、無形資產和其他長期資產所支付的現金」項目中反應。

27.【答案】C

【解析】企業用現金支付購買材料款，會引起企業現金的減少，所以會影響現金流量淨額的變動。

28.【答案】B

【解析】盈餘公積轉增股本在所有者權益變動表「股本」項目和「盈餘公積」項目反應。

29.【答案】D

【解析】每股收益是利潤表反應的項目，不屬於所有者權益變動表列示的項目。

30.【答案】C

【解析】本題考核報表附註概述。

(二) 多項選擇題

1.【答案】ABCD

2.【答案】ACD

【解析】財務報表至少應當包括「四表一註」，即資產負債表、利潤表、現金流量表、所有者權益變動表及報表附註。

3.【答案】ABD

【解析】財務會計報告包括財務報表、財務報表附註以及其他應當在財務會計報告中披露的相關信息和資料。

4.【答案】ACD

【解析】營業利潤＝營業收入−營業成本−稅金及附加−銷售費用−管理費用−財務費用−資產減值損失＋公允價值變動收益（−公允價值變動損失）＋投資收益（−投資損失）

5.【答案】ABCD

【解析】企業財務會計報表按其編報的時間不同，分為月度、季度、半年度、年度報表。

6.【答案】ACD

【解析】預收款項是企業的負債，不是資產，其他三項都是流動資產。

7.【答案】CD

【解析】在編制資產負債表時，「短期借款」和「應付利息」可以根據總帳科目的期末貸方餘額直接填列。

8.【答案】BD

【解析】資產負債表中，「預收款項」項目應根據「預收帳款」和「應收帳款」總分類帳戶所屬各明細分類帳戶期末貸方餘額合計填列。

9.【答案】CD

【解析】資產負債表中「應付帳款」項目根據「應付帳款」和「預付帳款」科目所屬明細科目的期末貸方餘額合計數填列。因此，應付帳款和預付帳款可能影響資產負債表中「應付帳款」項目的金額。

10.【答案】BCD

【解析】資產負債表中「存貨」項目應根據原材料、庫存商品、週轉材料、生產成本、存貨跌價準備等帳戶期末餘額計算填列。

11.【答案】AD

【解析】「應付帳款」項目＝330,000＋50,000＝380,000（元），「預付款項」項目＝70,000＋200,000＝270,000（元）。

12.【答案】BC

13.【答案】ABCD

【解析】利潤表中的「營業收入」和「營業成本」反應了企業當期實現的營業收入和發生的營業成本，「淨利潤」項目反應企業的淨利潤或虧損總額。

14.【答案】BC

15.【答案】ABC

16.【正確答案】ABC

【解析】選項 A 和 B 屬於現金內部發生的變動，不影響現金流量總額；選項 C 不影響現金流量。

17.【答案】AC

【解析】現金流量表將現金的流量劃分為：經營活動產生的現金流量、投資活動產生的現金流量、籌資活動產生的現金流量。

18.【答案】ACD

19.【答案】ABCD

【解析】所有者權益變動表至少應當單獨列示反應下列信息的項目：①淨利潤；②其他綜合收益；③會計政策變更和差錯更正的累積影響金額；④所有者投入的資本和向所有者分配的利潤等；⑤按照規定提取的盈餘公積；⑥實收資本（或股本）、資本公積、盈餘公積、未分配利潤的期初和期末餘額及其調節情況。

20.【答案】ABCD

(三) 判斷題

1.【答案】錯

【解析】資產負債表是反應企業某一特定日期財務狀況的報表。

2.【答案】錯

【解析】利潤表是反應企業某一會計期間經營成果的報表。

3.【答案】對

4. 【答案】對

5. 【答案】對

6. 【答案】對

7. 【答案】錯

【解析】「未分配利潤」項目的「期末餘額」應為 249,000 元。

8. 【答案】對

9. 【答案】錯

【解析】「長期借款」項目，根據「長期借款」總帳科目餘額扣除「長期借款」科目所屬的明細科目中將「在一年內到期的、企業不能自主地將清償義務展期的長期借款」後的金額計算填列。

10. 【答案】對

11. 【答案】錯

【解析】「銷售商品、提供勞務收到的現金」項目反應的內容包括預收的帳款。

12. 【答案】對

【解析】現金流量表反應了企業一定時期現金及其等價物的流入和流出。

13. 【答案】錯

【解析】應交的增值稅在「應交稅費」項目中反應。

14. 【答案】錯

【解析】企業前期銷售本期退回的商品支付的現金應在「銷售商品、提供勞務收到的現金」項目中反應。

15. 【答案】錯

【解析】企業分得的股票股利不涉及現金，不需要在現金流量表中反應。

16. 【答案】對

【解析】企業捐贈現金支出應在「支付的其他與籌資活動有關的現金」項目中反應。

17. 【答案】錯

【解析】財務會計報告包括財務報表和其他應當在財務報告中披露的相關信息資料。

18. 【答案】對

【解析】所有者權益內部各個項目按照各項目的穩定程度而依次排列，穩定性越強的項目排在越前面，反之排在後面。

19. 【答案】對

【解析】企業在編制年度財務會計報告前，應當全面清查資產，核實債務。

20. 【答案】對

【解析】委託代銷商品所有權仍屬於企業，所以應列示在資產負債表的「存貨」項目內。

358

(四) 計算分析題

1.「應收帳款」項目金額=60,000+10,000=70,000（元）

2. 應收帳款金額=160,000-500=159,500（元）

3. 分得股利或利潤所收到的現金=100,000（元）

處置固定資產而收到的現金淨額=800,000-50,000=750,000（元）

購建固定資產所支付的現金=350,000（元）

投資活動現金流量淨額=750,000+100,000-350,000=400,000（元）

4. 銷售商品、提供勞務收到的現金=4,000,000+2,000,000+200,000+680,000=6,880,000（元）

5. 該企業2×16年利潤表中有關項目的金額為：

（1）營業利潤=45,000×(20-12)+30,000-50,000=340,000（元）

（2）利潤總額=340,000+3,000=343,000（元）

（3）本年應交所得稅=[343,000-2,500+(25,000-20,000)+(20,000-15,000)]×25%=87,625（元）

（4）淨利潤=343,000-87,625=255,375（元）

(五) 綜合題

1. （1）= 3,750+2,000,000+225,000=2,228,750

（2）= 200,000-5,000=195,000

（3）= 77,500+12,750+50,000=140,250

（4）= 2,041,500+663,500+483,000-105,500=3,082,500

（5）= 2,228,750+287,500+50,000+195,000+140,250+21,250+3,082,500=6,005,250

（6）= 7,220,000-12,250=7,207,750

（7）= 7,207,750+1,118,500=8,326,250

（8）= 6,005,250+8,326,250=14,331,500

（9）= 227,500

（10）= 36,750+12,500=49,250

（11）= 625,000+63,750+227,500+49,250+70,000+30,000+57,500=1,123,000

（12）= 1,409,250-57,500=1,351,750

（13）= 1,123,000+2,616,750=3,739,750

（14）= 4,750+91,750=96,500

（15）= 10 100,000+395,250+96,500=10,591,750

2. （1）編制會計分錄：

①銷售商品：

借：應收票據　　　　　　　　　　　　　　　　　　　　　　702,000

　　貸：主營業務收入　　　　　　　　　　　　　　　　　　600,000

　　　　應交稅費——應交增值稅（銷項稅額）　　　　　　　102,000

結轉成本：

借：主營業務成本 350,000
　　貸：庫存商品 350,000
②交付盛天公司委託代銷的商品時：
借：委託代銷商品 250,000
　　貸：庫存商品 250,000
③收到盛天公司交來的代銷清單時：
借：應收帳款 468,000
　　貸：主營業務收入 400,000
　　　　應交稅費——應交增值稅（銷項稅額） 68,000
借：銷售費用 20,000
　　貸：應收帳款 20,000
借：主營業務成本 250,000
　　貸：委託代銷商品 250,000
④交款提貨方式銷售商品時：
借：銀行存款 117,000
　　貸：主營業務收入 100,000
　　　　應交稅費——應交增值稅（銷項稅額） 17,000
借：主營業務成本 60,000
　　貸：庫存商品 60,000
⑤交易性金融資產公允價值上升：
借：交易性金融資產——公允價值變動 50,000
　　貸：公允價值變動損益 50,000
⑥計提存貨跌價準備：
借：資產減值損失 50,000
　　貸：存貨跌價準備 50,000

⑦本月應交所得稅＝（主營業務收入600,000+主營業務收入400,000+主營業務收入100,000+公允價值變動損益50,000+其他業務收入30,000+營業外收入70,000）-（主營業務成本350,000+銷售費用20,000+主營業務成本250,000+主營業務成本60,000+資產減值損失50,000+其他業務成本20,000+稅金及附加15,000+管理費用60,000+財務費用22,000+營業外支出18,000）×25%＝385,000×25%＝96,250（元）。

借：所得稅費用 96,250
　　貸：應交稅費——應交所得稅 96,250

項　目	金額
一、營業收入	1,130,000
減：營業成本	680,000
稅金及附加	15,000
銷售費用	20,000

（續表）

項　目	金額
管理費用	60,000
財務費用	22,000
資產減值損失	50,000
加：公允價值變動收益（損失以「-」號填列）	50,000
投資收益（損失以「-」號填列）	
其中：對聯營企業和合營企業的投資收益	
二、營業利潤（虧損以「-」號填列）	333,000
加：營業外收入	70,000
減：營業外支出	18,000
其中：非流動資產處置損失	
三、利潤總額（虧損總額以「-」號填列）	385,000
減：所得稅費用	96,250
四、淨利潤（淨虧損以「-」號填列）	288,750

第十八章 會計政策、會計估計變更和差錯更正

一、要點總覽

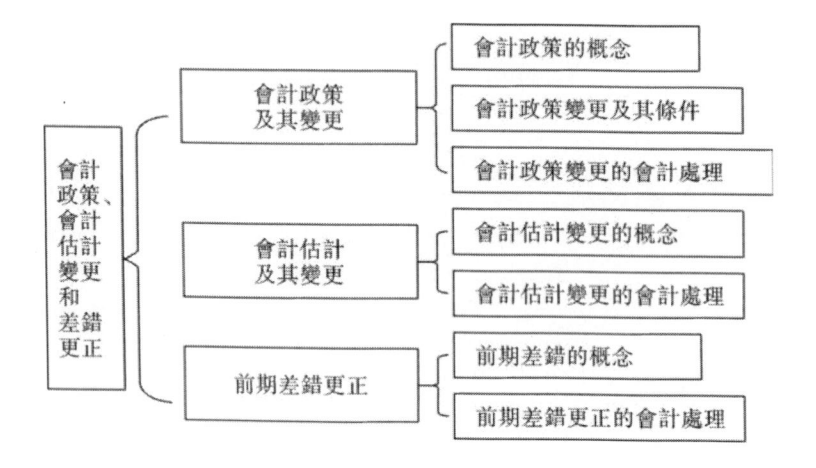

```
                                            ┌─ 會計政策的概念
                          ┌─ 會計政策 ─────┼─ 會計政策變更及其條件
                          │   及其變更       └─ 會計政策變更的會計處理
                          │
會計政策、                 │                 ┌─ 會計估計變更的概念
會計估計變更 ──────┼─ 會計估計 ─────┤
和差錯更正                │   及其變更       └─ 會計估計變更的會計處理
                          │
                          │                 ┌─ 前期差錯的概念
                          └─ 前期差錯更正 ─┤
                                            └─ 前期差錯更正的會計處理
```

二、重點難點

(一) 重點

- 會計政策變更與會計估計變更的區分
- 追溯調整法的會計處理
- 追溯調整法與未來適用法的適用條件
- 會計估計變更的報表披露內容
- 前期差錯更正的會計處理

(二) 難點

- 追溯調整法的會計處理
- 前期差錯更正的會計處理

三、關鍵內容小結

(一) 會計政策變更

1. 處理原則

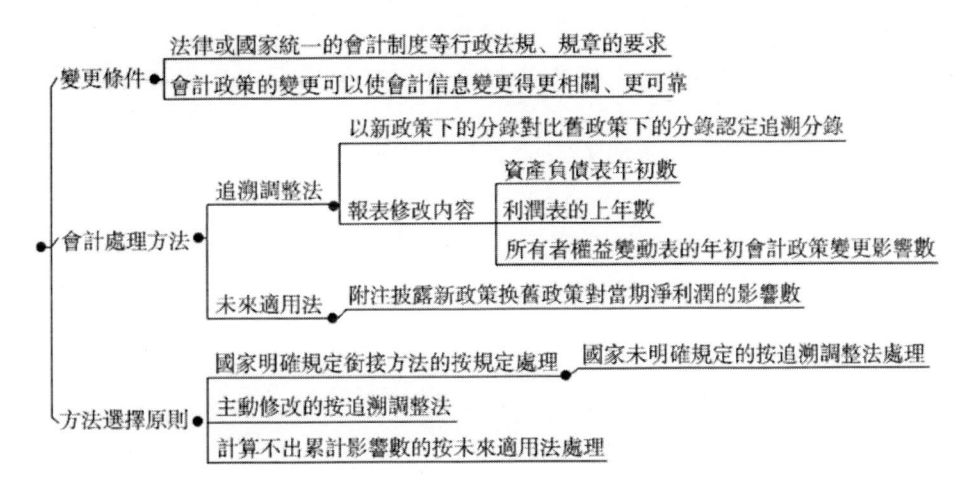

- 變更條件
  - 法律或國家統一的會計制度等行政法規、規章的要求
  - 會計政策的變更可以使會計信息變更得更相關、更可靠

- 會計處理方法
  - 追溯調整法
    - 以新政策下的分錄對比舊政策下的分錄認定追溯分錄
    - 報表修改內容
      - 資產負債表年初數
      - 利潤表的上年數
      - 所有者權益變動表的年初會計政策變更影響數
  - 未來適用法 — 附注披露新政策換舊政策對當期淨利潤的影響數

- 方法選擇原則
  - 國家明確規定銜接方法的按規定處理 ● 國家未明確規定的按追溯調整法處理
  - 主動修改的按追溯調整法
  - 計算不出累計影響數的按未來適用法處理

2. 追溯調整法的步驟

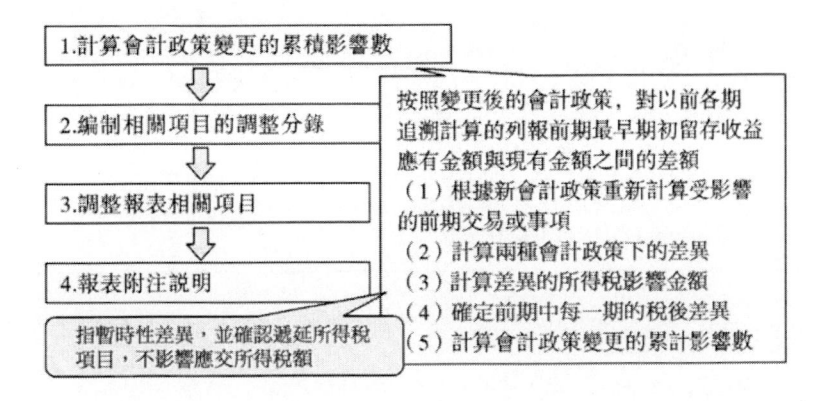

1. 計算會計政策變更的累積影響數
   ⇩
2. 編制相關項目的調整分錄
   ⇩
3. 調整報表相關項目
   ⇩
4. 報表附注說明

指暫時性差異，並確認遞延所得稅項目，不影響應交所得稅額

按照變更後的會計政策，對以前各期追溯計算的列報前期最早期初留存收益應有金額與現有金額之間的差額
(1) 根據新會計政策重新計算受影響的前期交易或事項
(2) 計算兩種會計政策下的差異
(3) 計算差異的所得稅影響金額
(4) 確定前期中每一期的稅後差異
(5) 計算會計政策變更的累計影響數

3. 會計政策變更的會計處理方法

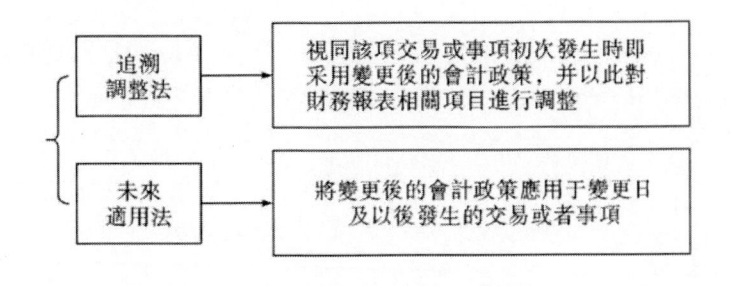

- 追溯調整法：視同該項交易或事項初次發生時即採用變更後的會計政策，并以此對財務報表相關項目進行調整
- 未來適用法：將變更後的會計政策應用於變更日及以後發生的交易或者事項

4. 會計政策變更的會計處理方法選擇

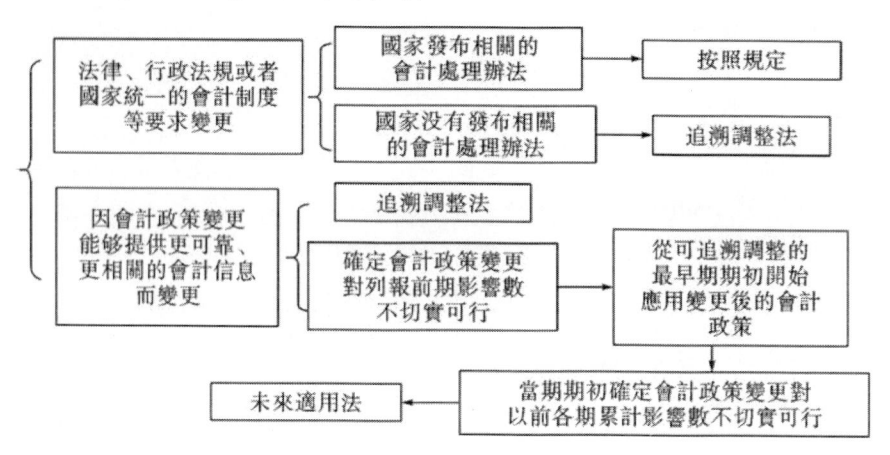

```
                    ┌─ 國家發布相關的會計處理辦法 ──→ 按照規定
法律、行政法規或者 ─┤
國家統一的會計制度  └─ 國家沒有發布相關的會計處理辦法 ──→ 追溯調整法
等要求變更

                    ┌─ 追溯調整法
因會計政策變更能夠  │                                    從可追溯調整的
提供更可靠、更相關 ─┤   確定會計政策變更對列報前期       最早期期初開始
的會計信息而變更    │   影響數不切實可行 ──────────→    應用變更後的會計
                    │                                    政策
                    │
                    └─ 未來適用法 ←── 當期期初確定會計政策變更對
                                      以前各期累計影響數不切實可行
```

(二) 會計估計變更的處理原則

會計估計變更 → 未來適用法 → 附註披露新估換舊估對當期淨利潤的影響數

(三) 前期差錯的更正

1. 會計處理原則

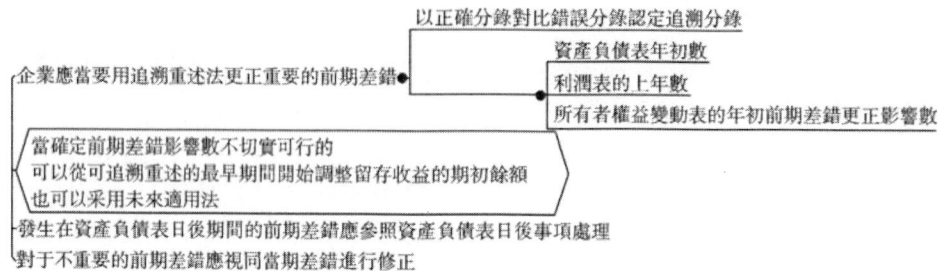

```
                                           ┌─ 以正確分錄對比錯誤分錄認定追溯分錄
                                           │   資產負債表年初數
企業應當要用追溯重述法更正重要的前期差錯 ──┤   利潤表的上年數
                                           └─ 所有者權益變動表的年初前期差錯更正影響數

┌ 當確定前期差錯影響數不切實可行的
│ 可以從可追溯重述的最早期間開始調整留存收益的期初餘額
│ 也可以采用未來適用法
├ 發生在資產負債表日後期間的前期差錯應參照資產負債表日後事項處理
└ 對於不重要的前期差錯應視同當期差錯進行修正
```

會計處理	企業應當採用追溯重述法更正重要的前期差錯，但確定前期差錯累積影響數不切實可行的除外。對於不重要的前期差錯，可以採用未來適用法更正。前期差錯的重要程度，應根據差錯的性質和金額加以具體判斷 在處理時可以分為四個步驟： (1) 將該差錯事項按照常期事項進行處理 (2) 換帳戶，即將「損益類」帳戶換成「以前年度損益調整」帳戶 (3) 轉入利潤分配，即將「以前年度損益調整」帳戶歸集的金額轉入「利潤分配——未分配利潤」帳戶 (4) 考慮稅後分配的問題，即提取或沖銷盈餘公積
前期差錯更正所得稅的會計處理	(1) 應交所得稅的調整 按稅法規定執行。稅法允許調整應交所得稅的，則差錯更正時調整應交所得稅；否則，不調整應交所得稅 (2) 遞延所得稅資產和遞延所得稅負債的調整 若調整事項涉及暫時性差異，且符合遞延所得稅的確認條件，則應調整遞延所得稅資產或遞延所得稅負債
注意：在應試考試時，若題目已明確假定了會計調整業務是否調整所得稅，雖有時假定的條件和稅法的規定不一致，但是也必須按題目要求去做；若題目未作任何假定，則按上述原則進行會計處理	

2. 追溯重述法與追溯調整法的區別

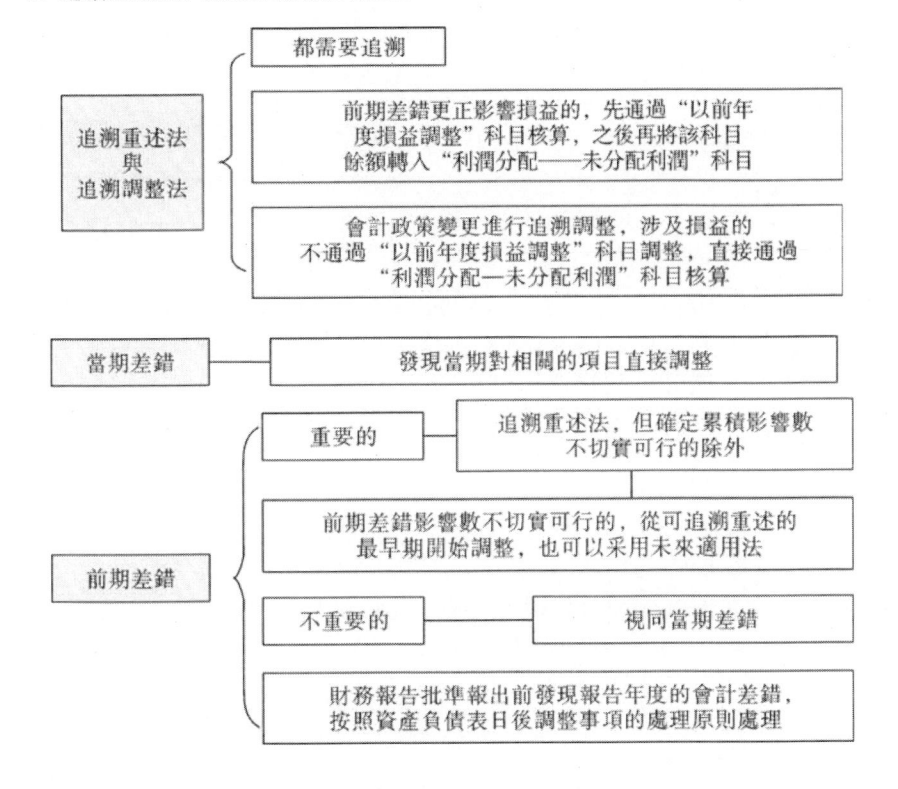

```
追溯重述法    ┌─ 都需要追溯
與            │
追溯調整法    ├─ 前期差錯更正影響損益的，先通過"以前年
              │   度損益調整"科目核算，之後再將該科目
              │   餘額轉入"利潤分配——未分配利潤"科目
              │
              └─ 會計政策變更進行追溯調整，涉及損益的
                  不通過"以前年度損益調整"科目調整，直接通過
                  "利潤分配—未分配利潤"科目核算

當期差錯 ── 發現當期對相關的項目直接調整

前期差錯
  ├─ 重要的 ── 追溯重述法，但確定累積影響數
  │            不切實可行的除外
  ├─ 前期差錯影響數不切實可行的，從可追溯重述的
  │   最早期開始調整，也可以采用未來適用法
  ├─ 不重要的 ── 視同當期差錯
  └─ 財務報告批准報出前發現報告年度的會計差錯，
      按照資產負債表日後調整事項的處理原則處理
```

四、練習題

(一) 單項選擇題

1. 下列各項中，應採用追溯調整法進行會計處理的是（　　）。
   A. 存貨發出方法由先進先出法改為加權平均法
   B. 投資性房地產後續計量由成本模式改為公允價值模式
   C. 固定資產由於未來經濟利益實現方式發生變化而改變折舊方法
   D. 使用壽命不確定的無形資產改為使用壽命有限的無形資產

2. 甲公司所得稅採用資產負債表債務法核算，適用的所得稅稅率為25%。2015年12月31日，甲公司對外出租的一棟辦公樓（作為投資性房地產並採用成本模式核算）的帳面原值為14,000萬元，已提折舊400萬元，未計提減值準備，且計稅基礎與帳面價值相同。2016年1月1日，甲公司將該辦公樓由成本模式計量改為採用公允價值模式計量，當日公允價值為17,600萬元。對此項會計政策變更，甲公司應調整2016年1月1日留存收益的金額為（　　）萬元。
   A. 3,000　　　B. 4,000　　　C. 1,000　　　D. 4,750

3. 下列各項關於會計估計變更的說法中，正確的是（　　）。
   A. 會計估計變更應採用追溯調整法進行會計處理

B. 如果會計估計變更影響當期的金額較大，應進行追溯調整
C. 如果會計估計變更既影響變更當期又影響未來期間，當影響金額較大時應進行追溯調整
D. 會計估計變更應採用未來適用法進行會計處理

4. 甲公司發出存貨按先進先出法計價，期末存貨按成本與可變現淨值熟低法計價。2008年1月1日甲公司將發出存貨由先進先出法改為加權平均法。2008年年初存貨帳面餘額（50千克）等於帳面價值40,000元，2008年1月、2月分別購入材料600千克、350千克，單價分別為850元、900元，3月5日領用400千克。用未來適用法處理該項會計政策的變更，則2008年一季度末該存貨的帳面餘額為（　　）元。

　　A. 540,000　　　　B. 467,500　　　　C. 510,000　　　　D. 519,000

5. 下列關於會計估計及其變更的表述中，正確的是（　　）。
A. 會計估計應以最近可利用的信息或資料為基礎
B. 對結果不確定的交易或事項進行會計估計會削弱會計信息的可靠性
C. 會計估計變更應根據不同情況採用追溯重述法或追溯調整法進行處理
D. 某項變更難以區分是會計政策變更還是會計估計變更的，應作為會計政策變更處理

6. 企業發生的下列交易或事項中，屬於會計估計變更的是（　　）。
A. 存貨發出計價方法的變更
B. 因增資將長期股權投資由權益法改按成本法核算
C. 年末根據當期發生的暫時性差異所產生的遞延所得稅調整本期所得稅費用
D. 固定資產折舊年限的變更

7. 採用追溯調整法計算出會計政策變更的累積影響數後，一般應當（　　）。
A. 重新編制以前年度會計報表
B. 調整變更當期期初留存收益，以及會計報表其他相關項目的期初數和上年數
C. 調整變更當期期末及未來各期會計報表相關項目的數字
D. 只需在報表附註中說明其累積影響金額

8. 下列各項中，不屬於會計政策變更的是（　　）。
A. 無形資產攤銷方法由生產總量法改為年限平均法
B. 因執行新會計準則將建造合同收入確認方法由完成合同法改為完工百分比法
C. 投資性房地產的後續計量由成本模式改為公允價值模式
D. 因執行新會計準則對子公司的長期股權投資由權益法改為成本法核算

9. 甲公司適用的所得稅稅率為25%，2014年年初對某棟以經營租賃方式租出辦公樓的後續計量方法由成本模式改為公允價值模式。該辦公樓的原價為7,000萬元，截至變更日已計提折舊200萬元，未發生減值準備，變更日的公允價值為8,800萬元。該辦公樓在變更日的計稅基礎與其原帳面價值相同。則甲公司變更日應調整期初留存收益的金額為（　　）萬元。

　　A. 1,500　　　　B. 2,000　　　　C. 500　　　　D. 1,350

10. 丙公司適用的所得稅稅率為25%，2014年年初用於生產產品的無形資產的攤銷方法由年限平均法改為產量法。該項無形資產2014年年初帳面餘額為7,000萬元，原每年攤銷700萬元（與稅法規定相同），累計攤銷額為2,100萬元，未發生減值；按產量法攤銷，每年攤銷800萬元。假定期末存貨餘額為0。則丙公司2014年年末不正確的會計處理是（　　）。

　　A. 按照會計估計變更處理
　　B. 改變無形資產的攤銷方法後，2014年年末該項無形資產將產生暫時性差異
　　C. 將2014年度生產用無形資產增加的100萬元攤銷額計入生產成本
　　D. 2014年年末該業務應確認相應的遞延所得稅資產200萬元

11. A公司於2010年12月21日購入一項管理用固定資產。該項固定資產的入帳價值為84,000元，預計使用年限為8年，預計淨殘值為4,000元，按直線法計提折舊。2014年年初由於新技術的發展，將原預計使用年限改為5年，淨殘值改為2,000元，所得稅稅率為25%，則該會計估計變更對2014年淨利潤的影響金額是（　　）元。

　　A. -12,000　　B. -16,000　　C. 12,000　　D. 16,000

12. 丁公司適用的所得稅稅率為25%，2014年1月1日首次執行新會計準則，將全部短期投資分類為交易性金融資產，其後續計量按公允價值計量。該短期投資2013年年末帳面價值為560萬元，公允價值為580萬元。變更日該交易性金融資產的計稅基礎為560萬元。則丁公司2014年不正確的會計處理是（　　）。

　　A. 按會計政策變更處理
　　B. 變更日對交易性金融資產追溯調增其帳面價值20萬元
　　C. 變更日應確認遞延所得稅負債5萬元
　　D. 變更日應調增期初留存收益15萬元

13. 戊公司適用的所得稅稅率為25%，2014年1月1日，將管理用固定資產的預計使用年限由20年改為10年，折舊方法由年限平均法改為年數總和法。戊公司管理用固定資產原每年折舊額為230萬元（與稅法規定相同），按照新的折舊方法計提折舊，2014年的折舊額為350萬元。變更日該管理用固定資產的計稅基礎與其原帳面價值相同。則戊公司2014年不正確的會計處理是（　　）。

　　A. 固定資產的預計使用年限由20年改為10年，按會計估計變更處理
　　B. 固定資產折舊方法由年限平均法改為年數總和法，按會計政策變更處理
　　C. 將2014年度管理用固定資產增加的折舊120萬元計入當年損益
　　D. 該業務2014年度應確認相應的遞延所得稅資產30萬元

14. 甲公司適用的所得稅稅率為25%，2014年1月1日首次執行新會計準則，將開發費用的處理由直接計入當期損益改為有條件資本化。2014年發生符合資本化條件的開發費用1,200萬元。稅法規定，資本化的開發費用計稅基礎為其資本化金額的150%。則甲公司2014年不正確的會計處理是（　　）。

　　A. 該業務屬於會計政策變更
　　B. 資本化開發費用的計稅基礎為1,800萬元
　　C. 資本化開發費用形成可抵扣暫時性差異
　　D. 資本化開發費用應確認遞延所得稅資產150萬元

(二) 多項選擇題

1. 下列事項中，不屬於會計政策變更的有（　　）。
   A. 使用壽命不確定的無形資產改為使用壽命有限的無形資產
   B. 投資性房地產後續計量由成本模式改為公允價值模式
   C. 對初次發生融資租賃的業務，採用與以前經營租賃不同的會計核算方法
   D. 對初次承接的建造合同採用完工百分比法核算

2. 下列各項中，應採用未來適用法進行會計處理的有（　　）。
   A. 會計估計變更
   B. 難以區分會計政策變更和會計估計變更
   C. 本期發現的以前年度重大會計差錯
   D. 無法合理確定累積影響數的會計政策變更

3. 下列交易或事項的會計處理中，符合現行會計準則規定的有（　　）。
   A. 對合營企業投資應按比例合併法編制合併財務報表
   B. 存貨採購過程中因不可抗力因素而發生的淨損失，計入當期損益
   C. 以支付土地出讓金方式取得的用於建造商品房的土地使用權，應作為存貨核算
   D. 自行開發並按法律程序申請取得的無形資產，將原發生時計入損益的開發費用轉為無形資產

4. 下列關於會計估計變更的表述中，正確的有（　　）。
   A. 會計估計變更應採用追溯調整法進行會計處理
   B. 會計估計變更視情況採用追溯調整法或未來適用法進行會計處理
   C. 如果會計估計變更僅影響變更當期，有關估計變更的影響應於當期確認
   D. 會計估計變更並不意味著以前的會計估計是錯誤的

5. 下列各項中，屬於會計政策變更的有（　　）。
   A. 分期付款方式購入的固定資產由購買價款總額入帳改為購買價款現值入帳
   B. 固定資產的折舊方法由年限平均法變更為年數總和法
   C. 投資性房地產的後續計量由成本模式變更為公允價值模式
   D. 發出存貨的計價方法由先進先出法變更為加權平均法

6. 下列不屬於會計政策變更的情形有（　　）。
   A. 本期發生的交易或事項與以前相比具有本質差別而採用新的會計政策
   B. 第一次簽訂建造合同，採用完工百分比法確認收入
   C. 對價值為200元的低值易耗品攤銷方法由分次攤銷法改為一次攤銷法
   D. 由於持續的通貨膨脹，企業將存貨發出的計價方法由先進先出法改為加權平均法

7. 下列項目中，不屬於會計估計變更的有（　　）。
   A. 分期付款取得的固定資產由購買價款改為購買價款現值計價
   B. 商品流通企業採購費用由計入營業費用改為計入取得存貨的成本
   C. 將內部研發項目開發階段的支出由計入當期損益改為符合規定條件的確認

為無形資產

D. 固定資產折舊方法由年限平均法改為雙倍餘額遞減法

8. 下列各項中，屬於會計估計變更的有（　　）。
   A. 固定資產折舊年限由 10 年改為 15 年
   B. 發出存貨計價方法由先進先出法改為加權平均法
   C. 因或有事項確認的預計負債根據最新證據進行調整
   D. 根據新的證據，使將用壽命不確定的無形資產轉為使用壽命有限的無形資產

9. 下列各項中，屬於會計政策變更的有（　　）。
   A. 無形資產攤銷方法由生產總量法改為年限平均法
   B. 因執行新會計準則將建造合同收入確認方法由完成合同法改為完工百分比法
   C. 投資性房地產的後續計量由成本模式改為公允價值模式
   D. 因執行新會計準則對子公司的長期股權投資由權益法改為成本法核算

10. 下列各項中，屬於會計估計變更的有（　　）。
    A. 固定資產的淨殘值率由 8% 改為 5%
    B. 固定資產折舊方法由年限平均法改為雙倍餘額遞減法
    C. 投資性房地產的後續計量由成本模式轉為公允價值模式
    D. 使用壽命確定的無形資產的攤銷年限由 10 年變更為 7 年

11. 下列關於會計政策、會計估計及其變更的表述中，正確的有（　　）。
    A. 會計政策是企業在會計確認、計量和報告中所採用的原則、基礎和會計處理方法
    B. 會計估計以最近可利用的信息或資料為基礎，不會削弱會計確認和計量的可靠性
    C. 企業應當在會計準則允許的範圍內選擇適合本企業情況的會計政策，但一經確定，不得隨意變更
    D. 按照會計政策變更和會計估計變更劃分原則難以對某項變更進行區分的，應將該變更作為會計政策變更處理

12. 下列關於會計政策及其變更的表述中，正確的有（　　）。
    A. 會計政策涉及會計原則、會計基礎和具體會計處理方法
    B. 變更會計政策表明以前會計期間採用的會計政策存在錯誤
    C. 變更會計政策應能夠更好地反應企業的財務狀況和經營成果
    D. 本期發生的交易或事項與前期相比具有本質差別而採用新的會計政策，不屬於會計政策變更

13. 下列各項中，屬於會計政策變更的有（　　）。
    A. 固定資產的預計使用年限由 15 年改為 10 年
    B. 所得稅核算方法由應付稅款法改為資產負債表債務法
    C. 投資性房地產的後續計量由成本模式改為公允價值模式
    D. 開發費用的處理由直接計入當期損益改為有條件資本化

14. 下列各項中，屬於會計估計變更的有（　　）。
    A. 因首次執行新會計準則，對子公司股權投資的後續計量由權益法改為成本法
    B. 無形資產的攤銷方法由年限平均法改為產量法
    C. 固定資產的淨殘值率由 10% 改為 8%
    D. 管理用固定資產的折舊方法由年限平均法改為雙倍餘額遞減法

15. 下列經濟業務或事項中，屬於會計政策變更的有（　　）。
    A. 週轉材料的攤銷方法由一次轉銷法變更為分次攤銷法
    B. 因租賃方式的改變，對租入固定資產的核算由經營租賃改為融資租賃
    C. 期末存貨計價由成本法改為成本與可變現淨值孰低法
    D. 在合併財務報表中對合營企業的投資由比例合併法改為權益法核算

16. 在當期期初確定會計政策變更對以前各期累積影響數不切實可行的，應當採用未來適用法處理，其條件包括（　　）。
    A. 企業因帳簿超過法定保存期限而銷毀，引起會計政策變更累積影響數無法確定
    B. 企業帳簿因不可抗力因素而毀壞引起累積影響數無法確定
    C. 法律或行政法規要求對會計政策的變更採用追溯調整法，但企業無法確定會計政策變更累積影響數
    D. 經濟環境改變，企業無法確定累積影響數

17. 下列關於未來適用法的各項表述中，正確的有（　　）。
    A. 將變更後的會計政策應用於變更日及以後發生的交易或者事項的方法
    B. 在會計估計變更當期和未來期間確認會計估計變更影響數的方法
    C. 調整會計估計變更當期期初留存收益
    D. 對變更年度資產負債表年初餘額進行調整

18. 根據《企業會計準則第 28 號——會計政策、會計估計變更和差錯更正》的規定，下列各項中，會計處理正確的有（　　）。
    A. 確定會計政策變更對列報前期影響數不切實可行的，應當從可追溯調整的最早期間期初開始應用變更後的會計政策
    B. 在當期期初確定會計政策變更對以前各期累積影響數不切實可行的，應當採用未來適用法處理
    C. 企業對會計估計變更應當採用未來適用法處理
    D. 確定前期差錯影響數不切實可行的，可以從可追溯重述的最早期間開始調整留存收益的期初餘額，財務報表其他相關項目的期初餘額也應當一併調整，也可以採用未來適用法

(三) 判斷題

1. 會計政策，是指企業在會計確認、計量、記錄和報告中所採用的原則、基礎和會計處理方法。　　　　　　　　　　　　　　　　　　　　　　　　（　　）

2. 對初次發生的交易或事項採用新的會計政策屬於會計政策變更，應採用追溯調

整法進行會計處理。   (   )

3. 未來適用法，是指將變更後的會計政策應用於變更日及以後發生的交易或者事項，或者在會計估計變更當期和未來期間確認會計估計變更影響數的方法。   (   )

4. 會計實務中，如果一項變更難以區分是會計政策變更還是會計估計變更，則應按會計政策變更進行處理。   (   )

5. 因首次執行企業會計準則，將短期投資重分類為交易性金融資產，其後續計量由成本與市價孰低改為公允價值，按會計估計變更並採用未來適用法進行會計處理。
                                                          (   )

6. 在首次執行日，企業應當按照《企業會計準則第13號——或有事項》的規定，將滿足預計負債確認條件的重組義務確認為負債，並調整留存收益。 (   )

7. 除了法律或者會計制度等行政法規、規章要求外，企業不得自行變更會計政策。
                                                          (   )

8. 企業對某項固定資產進行改良後，預計其使用方式將發生極大的變化，因而將該項固定資產的折舊方法由直線法改為雙倍餘額遞減法，企業的此項變更屬於會計政策變更。   (   )

9. 確定會計政策變更對列報前期影響數不切實可行的，應當採用未來適用法處理。
                                                          (   )

10. 資產負債表日後期間發現了報告年度的財務報表舞弊或差錯，應當調整發現年度期初留存收益以及相關項目。   (   )

11. 企業對於本期發現的前期差錯，只需調整會計報表相關項目的期初數，無須在會計報表附註中披露。   (   )

(四) 計算分析題

1. 甲公司2×14年以前執行原行業會計制度，由於甲公司公開發行股票、債券，同時因經營規模或企業性質變化而成為大中型企業，按照準則規定應當從2×14年1月1日起轉為執行《企業會計準則》。假定已按照企業會計準則的規定對原行業會計制度下不一致的科目進行了轉換。公司保存的會計資料比較齊備，可以通過會計資料追溯計算。該公司的所得稅稅率為25%，按淨利潤的10%提取法定盈餘公積。假定已按照新的會計科目進行了新舊科目的轉換。有關資料如下：

(1) 對子公司（丙公司）投資的後續計量由權益法改為成本法。2×14年年初對丙公司的投資的帳面餘額為4,500萬元。其中，成本為4,000萬元，損益調整為500萬元，未發生減值。變更日該投資的計稅基礎為其成本4,000萬元。

(2) 將全部短期投資重分類為交易性金融資產，其後續計量改為公允價值計量。該短期投資在2×14年年初的帳面價值為2,000萬元，公允價值為1,900萬元。變更日該交易性金融資產的計稅基礎為2,000萬元。

(3) 開發費用的處理由直接計入當期損益改為有條件資本化。2×14年發生符合資本化條件的開發費用1,200萬元，本年攤銷計入管理費用10萬元。稅法規定，資本化的開發費用計稅基礎為其資本化金額的150%，按照稅法攤銷為15萬元。

(4) 管理用固定資產的預計使用年限由10年改為8年，折舊方法由年限平均法改

為雙倍餘額遞減法。該管理用固定資產原來每年折舊額為 100 萬元（與稅法規定相同），按 8 年及雙倍餘額遞減法計算，2×14 年計提的折舊額為 220 萬元。變更日該管理用固定資產的計稅基礎與其原帳面價值相同。

（5）用於生產產品的無形資產的攤銷方法由年限平均法改為產量法。甲公司生產用無形資產在 2×14 年年初的帳面餘額為 1,000 萬元，原每年攤銷 100 萬元（與稅法 10 年的規定相同），累計攤銷額為 300 萬元，未發生減值；按產量法攤銷，2×14 年攤銷 120 萬元。變更日該無形資產的計稅基礎與其原帳面價值相同。本年生產的產品已對外銷售。

要求：根據上述業務判斷其是屬於會計政策變更還是屬於會計估計變更。屬於會計政策變更的如果需要追溯的，編制其 2×14 年採用追溯調整法的會計分錄，如果不需要追溯的，編制其 2×14 年採用未來適用法的相關會計分錄，同時說明是否確認遞延所得稅；屬於會計估計變更的，編制其 2×14 年採用未來適用法的相關會計分錄，同時說明是否確認遞延所得稅。

2. 甲公司 2×06 年 12 月 20 日購入一臺管理用設備，原始價值為 100 萬元，原估計使用年限為 10 年，預計淨殘值為 4 萬元，按雙倍餘額遞減法計提折舊。由於固定資產所含經濟利益預期實現方式發生了改變以及出現了一些技術因素，甲公司已不能繼續按原定的折舊方法、折舊年限計提折舊。甲公司於 2×09 年 1 月 1 日將設備的折舊方法改為年限平均法，將設備的折舊年限由原來的 10 年改為 8 年，預計淨殘值仍為 4 萬元。甲公司所得稅採用債務法核算，適用的所得稅稅率為 25%。

要求：

（1）計算上述設備 2×07 年和 2×08 年計提的折舊額。

（2）計算上述設備 2×09 年計提的折舊額。

（3）計算上述會計估計變更對 2×09 年淨利潤的影響。

3. 甲公司為增值稅一般納稅企業。所得稅採用債務法核算，適用的所得稅稅率為 25%，按淨利潤的 10% 提取法定盈餘公積。2×16 年 5 月 20 日，甲公司發現在 2×15 年 12 月 31 日計算 A 庫存產品的可變現淨值時發生差錯，該庫存產品的成本為 1,000 萬元，預計可變現淨值應為 700 萬元。2×15 年 12 月 31 日，甲公司將 A 庫存產品的可變現淨值誤估為 900 萬元。

要求：根據上述資料，編制相關會計分錄。

（五）綜合題

註冊會計師在對甲公司 2×15 年度財務報表進行審計時，關注到甲公司對前期財務報表進行了追溯調整。具體情況如下：

其他資料：

（1）甲公司 2×14 年 1 月 1 日開始進行某項新技術的研發，截至 2×14 年 12 月 31 日，累計發生研究支出 300 萬元，開發支出 200 萬元。在編制 2×14 年度財務報表時，甲公司考慮到相關技術尚不成熟，能否帶來經濟利益尚不確定，將全部研究和開發費用均計入當期損益。2×15 年 12 月 31 日，相關技術的開發取得重大突破，管理層判斷其未來能夠帶來遠高於研發成本的經濟利益流入，且甲公司有技術、財務和其他資源

支持其最終完成該項目。

甲公司將本年發生的原計入管理費用的研發支出 100 萬元全部轉入「開發支出」科目，並對 2×14 年已費用化的研究和開發支出進行了追溯調整。相關會計處理如下（會計分錄中的金額單位為萬元，下同）：

借：研發支出——資本化支出　　　　　　　　　　　　600
　　貸：以前年度損益調整　　　　　　　　　　　　　　　　500
　　　　管理費用　　　　　　　　　　　　　　　　　　　　100

（2）2×14 年 7 月 1 日，甲公司向乙公司銷售產品，增值稅專用發票上註明的銷售價格為 1,000 萬元，增值稅款為 170 萬元，並於當日取得乙公司轉帳支付的 1,170 萬元。銷售合同中還約定：2×15 年 6 月 30 日甲公司按 1,100 萬元的不含增值稅價格回購該批商品，商品一直由甲公司保管，乙公司不承擔商品實物滅失或損失的風險。在編制 2×14 年財務報表時，甲公司將上述交易作為一般的產品銷售處理，確認了銷售收入 1,000 萬元，並結轉銷售成本 600 萬元。

2×15 年 6 月 30 日，甲公司按約定支付回購價款 1,100 萬元和增值稅款 187 萬元，並取得增值稅專用發票。甲公司重新審閱相關合同，認為該交易實質上是抵押借款，2×14 年度不應作為銷售處理。相關會計處理如下：

借：以前年度損益調整（2×14 年營業收入）　　　　1,000
　　貸：其他應付款　　　　　　　　　　　　　　　　　　1,000
借：庫存商品　　　　　　　　　　　　　　　　　　　　600
　　貸：以前年度損益調整（2×14 年營業成本）　　　　　　600
借：其他應付款　　　　　　　　　　　　　　　　　　1,000
　　財務費用　　　　　　　　　　　　　　　　　　　　100
　　應交稅費——應交增值稅（進項稅額）　　　　　　187
　　貸：銀行存款　　　　　　　　　　　　　　　　　　　1,287

（3）甲公司 2×14 年度因合同糾紛被起訴。在編制 2×14 年度財務報表時，該訴訟案件尚未判決，甲公司根據法律顧問的意見，按最可能發生的賠償金額 100 萬元確認了預計負債。2×15 年 7 月，法院判決甲公司賠償原告 150 萬元。甲公司決定接受判決，不再上訴。據此，甲公司的相關會計處理如下：

借：以前年度損益調整　　　　　　　　　　　　　　　50
　　貸：預計負債　　　　　　　　　　　　　　　　　　　　50

（4）甲公司某項管理用固定資產系 2×12 年 6 月 30 日購入並投入使用，該設備原值 1,200 萬元，預計使用年限 12 年，預計淨殘值為零，按年限平均法計提折舊。2×15 年 6 月 30 日，市場出現了更先進的替代資產，管理層重新評估了該資產的剩餘使用年限，預計其剩餘使用年限為 6 年，預計淨殘值仍為零（折舊方法不予調整）。甲公司 2×15 年的相關會計處理如下：

借：以前年度損益調整　　　　　　　　　　　　　　83.33
　　管理費用　　　　　　　　　　　　　　　　　　　133.33
　　貸：累計折舊　　　　　　　　　　　　　　　　　　216.66

不考慮所得稅等相關稅費的影響，以及以前年度損益調整結轉的會計處理。

要求：根據資料（1）至（4），判斷甲公司對相關事項的會計處理是否正確，並說明理由；對於不正確的事項，編制更正有關會計處理的調整分錄。

（答案中的金額單位用萬元表示）

五、參考答案及解析

（一）單項選擇題

1.【答案】B

【解析】選項 A，屬於會計政策變更，但採用未來適用法進行會計處理；選項 C 和 D，屬於會計估計變更，不進行追溯調整。

2.【答案】A

【解析】由於投資性房地產後續計量模式的變更，甲公司應調整 2016 年 1 月 1 日留存收益的金額=［17,600-（14,000-400）］×（1-25%）= 3,000（萬元）。

3.【答案】D

【解析】會計估計變更應採用未來適用法進行會計處理，選項 D 正確。

4.【答案】D

【解析】單位成本=（40,000+600×850+350×900）÷（50+600+350）= 865（元），2008 年一季度末該存貨的帳面餘額=（50+600+350-400）×865 = 519,000（元）。

5.【答案】A

【解析】會計估計應當以最近可利用的信息或資料為基礎，選項 A 正確；會計估計變更不會削弱會計信息的可靠性，選項 B 錯誤；會計估計變更應採用未來適用法進行會計處理，選項 C 錯誤；難以區分是會計政策變更還是會計估計變更的，應作為會計估計變更處理，選項 D 錯誤。

6.【答案】D

【解析】選項 A，屬於會計政策變更；選項 B、C 與會計政策變更和會計估計變更無關，屬於正常事項。

7.【答案】B

8.【答案】A

【解析】選項 A，屬於會計估計變更；選項 BCD 屬於會計政策變更。

9.【答案】A

【解析】變更日投資性房地產的帳面價值為 8,800 萬元，計稅基礎為 6,800 萬元。應該確認的遞延所得稅負債=2,000×25% = 500（萬元）。假設甲公司按淨利潤的 10%提取盈餘公積，則會計分錄為：

借：投資性房地產——成本	8,800
投資性房地產累計折舊	200
貸：投資性房地產	7,000
遞延所得稅負債	500
盈餘公積	150

利潤分配——未分配利潤　　　　　　　　　　　　　　　　　1,350

10.【答案】D

【解析】選項D，2014年年末該業務應確認的遞延所得稅資產=100×25%=25(萬元)。

11.【答案】A

【解析】已計提的折舊額=(84,000-4,000)÷8×3=30,000（元），變更當年按照原估計計算的折舊額=(84,000-4,000)÷8=10,000（元），變更後2014年的折舊額=(84,000-30,000-2,000)÷(5-3)=26,000（元），故影響淨利潤的金額=(10,000-26,000)×(1-25%)=-12,000（元）。

12.【答案】D

【解析】變更日應調增期初留存收益=(580-560)×(1-25%)=15（萬元）。

13.【答案】B

【解析】選項B，固定資產折舊方法由年限平均法改為年數總和法，按會計估計變更處理；選項D，該業務2014年度應確認相應的遞延所得稅資產=(350-230)×25%=30（萬元）。

14.【答案】D

【解析】按照企業會計準則的規定，資本化開發費用產生的可抵扣暫時性差異，不確認遞延所得稅資產。

(二) 多項選擇題

1.【答案】ACD

【解析】選項A屬於會計估計變更；選項B屬於會計政策變更；當期發生的交易或事項與以前相比具有本質差別，而採用新的會計政策，不屬於會計政策變更，選項C屬於這種情形；對初次發生的或不重要的交易或事項採用新的會計政策，也不屬於會計政策變更，選項D屬於這種情況。

2.【答案】ABD

【解析】選項C，本期發現的以前年度重大會計差錯，應採用追溯重述法進行核算。

3.【答案】BC

【解析】對合營企業投資應採用權益法核算，不納入合併範圍編制合併財務報表，選項A錯誤；自行開發並按法律程序申請取得的無形資產，不得將原發生時計入損益的開發費用轉為無形資產，選項D錯誤。

4.【答案】CD

【解析】對於會計估計變更，企業應採用未來適用法進行會計處理，選項A和B錯誤。

5.【答案】ACD

【解析】選項B屬於會計估計變更。

6.【答案】ABC

7.【答案】ABC

【解析】固定資產折舊方法的改變屬於會計估計變更。

8.【答案】ACD

【解析】選項 B 屬於政策變更。

9.【答案】BCD

【解析】選項 A 是對無形資產的帳面價值或者資產的定期消耗金額進行調整，屬於會計估計變更。

10.【答案】ABD

【解析】選項 C，屬於會計政策變更。

11.【答案】ABC

【解析】按照會計政策變更和會計估計變更劃分原則難以對某項變更進行區分的，應將該變更作為會計估計變更處理。

12.【答案】ACD

【解析】會計政策變更，並不意味著以前期間的會計政策是錯誤的，只是由於情況發生了變化，或者掌握了新的信息、累積了更多的經驗，使得變更會計政策能夠更好地反應企業的財務狀況、經營成果和現金流量，故選項 B 錯誤。

13.【答案】BCD

【解析】選項 A，屬於會計估計變更。

14.【答案】BCD

【解析】選項 A，屬於會計政策變更。

15.【答案】CD

【解析】選項 A，是對不重要的事項採用新的會計政策，不屬於會計政策變更；選項 B，是發生的事項與以前相比具有本質差別而採用新的會計政策，不屬於會計政策變更。

16.【答案】ABCD

17.【答案】AB

【解析】未來適用法，是指將變更後的會計政策應用於變更日及以後發生的交易或者事項，或者在會計估計變更當期和未來期間確認會計估計變更影響數的方法。

18.【答案】ABCD

(三) 判斷題

1.【答案】錯

【解析】會計政策，是指企業在會計確認、計量和報告中所採用的原則、基礎和會計處理方法，不涉及記錄。

2.【答案】錯

【解析】對初次發生的交易或事項採用新的會計政策，作為新的事項進行會計處理，不屬於會計政策變更，不需要追溯調整。

3.【答案】對

4.【答案】錯

【解析】難以區分是會計政策變更還是會計估計變更的，應按會計估計變更進行處理。

5.【答案】錯
【解析】屬於會計政策變更,應採用追溯調整法。
6.【答案】對
7.【答案】錯
【解析】除了法律或者會計制度等行政法規、規章要求外,變更會計政策以後,能夠使所提供的企業財務狀況、經營成果和現金流量信息更為可靠、更為相關的,也可以變更會計政策。
8.【答案】錯
【解析】固定資產折舊方法的變更,屬於會計估計變更。
9.【答案】錯
【解析】確定會計政策變更對列報前期影響數不切實可行的,應當從可追溯調整的最早期間期初開始應用變更後的會計政策。在當期期初確定會計政策變更對以前各期累積影響數不切實可行的,應當採用未來適用法處理。
10.【答案】錯
【解析】資產負債表日後期間發現了報告年度的財務報表舞弊或差錯,應當調整報告年度報表相關項目。
11.【答案】錯
【解析】準則規定企業除了對前期差錯進行會計處理外,還應在會計報表附註中披露以下內容:前期差錯的性質;各個列報前期財務報表中受影響的項目名稱和更正金額;無法進行追溯重述的,說明該事實和原因以及對前期差錯開始進行更正的時點、具體更正情況。

(四)計算分析題

1 (1) 資料(1):
①屬於會計政策變更,且應採用追溯調整法。
②借:盈餘公積　　　　　　　　　　　　　　　50（500×10%）
　　　利潤分配——未分配利潤　　　　　　　　450（500×90%）
　　　貸:長期股權投資　　　　　　　　　　　　　　　　　500
(2) 資料(2):
①屬於會計政策變更,且應採用追溯調整法。
②借:遞延所得稅資產　　　　　　　　　　　　25（100×25%）
　　　盈餘公積　　　　　　　　　　　　　　　7.5（75×10%）
　　　利潤分配——未分配利潤　　　　　　　　67.5（75×90%）
　　　貸:交易性金融資產——公允價值變動　　　　　　　100
(3) 資料(3):
①屬於會計政策變更,採用未來適用法。
②借:管理費用　　　　　　　　　　　　　　　10
　　　貸:累計攤銷　　　　　　　　　　　　　　　　　　10
③不確認遞延所得稅

(4) 資料 (4)：

①屬於會計估計變更，採用未來適用法。

②借：管理費用 220

　　貸：累計折舊 220

③確認遞延所得稅資產＝30萬元（120×25%）。

(5) 資料 (5)：

①屬於會計估計變更，採用未來適用法

②借：製造費用 120

　　貸：累計攤銷 120

③確認遞延所得稅資產＝5萬元（20×25%）。

2. (1) 設備2×07年計提的折舊額＝100×20%＝20（萬元）

設備2×08年計提的折舊額＝(100-20)×20%＝16（萬元）

(2) 2×09年1月1日設備的帳面淨值＝100-20-16＝64（萬元）

設備2×09年計提的折舊額＝(64-4)÷(8-2)＝10（萬元）

(3) 按原會計估計，設備2×09年計提的折舊額＝(100-20-16)×20%＝12.8（萬元）

上述會計估計變更使2×09年淨利潤增加＝(12.8-10)×(1-25%)＝2.1（萬元）

3. (1) 借：以前年度損益調整 200

　　　貸：存貨跌價準備 200

(2) 借：遞延所得稅資產 50

　　　貸：以前年度損益調整 50

(3) 借：利潤分配——未分配利潤 150

　　　貸：以前年度損益調整 150

(4) 借：盈餘公積 15

　　　貸：利潤分配——未分配利潤 15

(五) 綜合題

(1) 甲公司對事項（1）的會計處理不正確。

理由：2×15年12月31日之前，研發支出的資本化條件尚未滿足，在滿足資本化條件後對於未滿足資本化條件時已費用化的研發支出不應進行調整。

調整的會計分錄：

借：管理費用 100

　　以前年度損益調整 500

貸：研發支出——資本化支出 600

(2) 甲公司對事項（2）的會計處理不正確。

理由：甲公司將2×14年處理作為會計差錯予以更正是正確的，但關於融資費用的處理不正確，不應將融資費用全部計入2×15年度，該融資費用應在2×14年度與2×15年度之間進行分攤。

調整的會計分錄：

借：以前年度損益調整 50

貸：財務費用　　　　　　　　　　　　　　　　　　　　　　　　50
　（3）甲公司對事項（3）的會計處理不正確。
　　理由：2×14年度對訴訟事項確認的預計負債是基於編制2×14年度財務報表時的情形所做的最佳估計，在沒有明確證據表明2×14年度會計處理構成會計差錯的情況下，有關差額應計入當期損益。
　　調整的會計分錄：
　　借：營業外支出　　　　　　　　　　　　　　　　　　　　　　　50
　　　貸：以前年度損益調整　　　　　　　　　　　　　　　　　　　50
　（4）甲公司對事項（4）的會計處理不正確。
　　理由：折舊年限變更屬於會計估計變更，不應追溯調整。估計變更後，按剩餘年限每年應計提折舊金額=(1,200-1,200÷12×3)÷6=150（萬元），即每半年折舊額為75萬元。調整的會計分錄：
　　借：累計折舊　　　　　　　　　　　　　　　　　　　　　 91.66
　　　貸：管理費用　　　　　　　　　　　　　　 8.33〔133.33-（50+75）〕
　　　　　以前年度損益調整　　　　　　　　　　　　　　　　　　83.33

第十九章　資產負債表日後事項

一、要點總覽

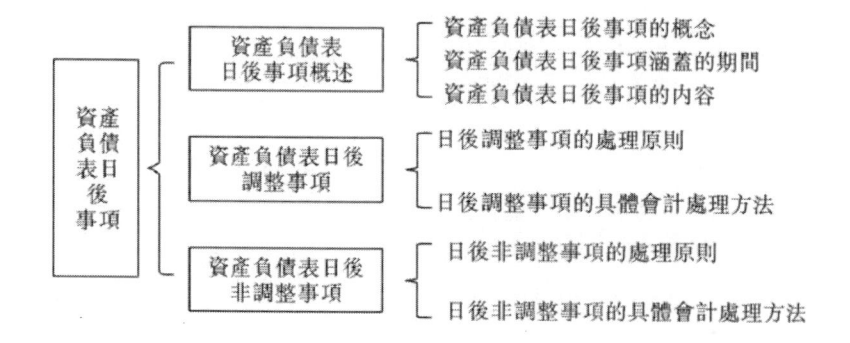

```
                    ┌ 資產負債表       ┌ 資產負債表日後事項的概念
                    │ 日後事項概述    ─┤ 資產負債表日後事項涵蓋的期間
                    │                  └ 資產負債表日後事項的內容
資產                │
負債                │ 資產負債表日後    ┌ 日後調整事項的處理原則
表日               ─┤ 調整事項        ─┤
後事                │                  └ 日後調整事項的具體會計處理方法
項                  │
                    │ 資產負債表日後    ┌ 日後非調整事項的處理原則
                    └ 非調整事項      ─┤
                                       └ 日後非調整事項的具體會計處理方法
```

二、重點難點

(一) 重點

- 資產負債表日後事項的概念與內容
- 資產負債表日後調整事項的會計處理
- 資產負債表日後非調整事項的會計處理

(二) 難點

- 資產負債表日後的調整事項和非調整事項的區別
- 各類調整事項的會計處理

三、關鍵內容小結

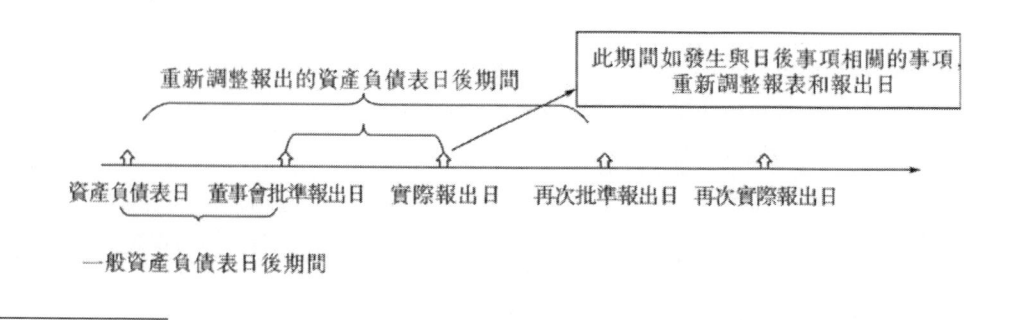

```
                重新調整報出的資產負債表日後期間        此期間如發生與日後事項相關的事項，
                                                          重新調整報表和報出日

    ─────┬──────────┬──────────┬──────────┬──────────┬─────→
     資產負債表日  董事會批準報出日  實際報出日   再次批準報出日   再次實際報出日

         一般資產負債表日後期間
```

(一) 調整事項的處理原則及方法

帳務處理	(1) 涉及損益的事項，通過「以前年度損益調整」科目核算 　　借方記錄：費用增加、收入減少 ── 利潤減少 　　貸方記錄：費用減少、收入增加 ── 利潤增加 　　調整完成後，將「以前年度損益調整」科目的貸方或借方餘額轉入「利潤分配──未分配利潤」科目
	(2) 涉及利潤分配的事項，直接調增、調減「利潤分配──未分配利潤」科目
	(3) 不涉及損益和利潤分配的，調整相關科目
調整會計報表相關項目	(1) 資產負債表日編制的財務報表相關項目的期末或本年發生數 這裡的會計報表指的是資產負債表、利潤表、所有者權益變動表和現金流量表附註中的補充資料內容，但不包括現金流量表正表，調整的項目不應包括涉及現金收支的事項
	(2) 當期編制的財務報表相關項目的期初或上年數
	(3) 如果涉及會計報表附註內容的，還應當調整會計報表附註相關項目的數字
典型事例	(1) 資產負債表日後訴訟案件結案，法院判決證實了企業在資產負債表日已經存在現時義務，需要調整原先確認的與該訴訟案件相關的預計負債，或確認一項新負債 (2) 資產負債表日後取得確鑿證據，表明某項資產在資產負債表日發生了減值或者需要調整該項資產原先確認的減值金額 (3) 資產負債表日後進一步確定了資產負債表日前購入資產的成本或售出資產的收入 (4) 資產負債表日後發現了財務報表舞弊或差錯

注意：

對以前年度的追溯出現在下列業務中：會計政策變更、前期差錯更正、資產負債表日後調整事項，這三個內容可以結合起來學習。對以前年度會計報告的調整，會計處理均分為三個階段：第一階段，稅前調整處理；第二階段，所得稅的處理；第三階段，稅後分配──只考慮提取的盈餘公積的處理。

1. 資產負債表日後事項的分類及界定

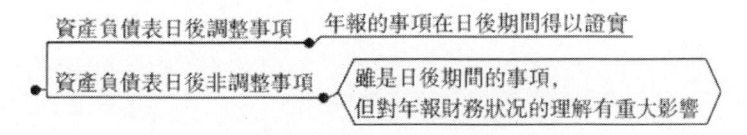

```
┌─ 資產負債表日後調整事項 ── 年報的事項在日後期間得以證實
●┤
└─ 資產負債表日後非調整事項 ┤雖是日後期間的事項，
                            但對年報財務狀況的理解有重大影響
```

2. 資產負債表日後調整事項的會計處理

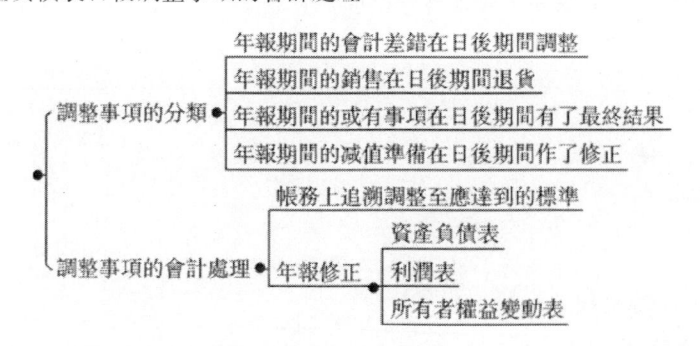

```
        ┌─ 調整事項的分類 ┬─ 年報期間的會計差錯在日後期間調整
        │                 ├─ 年報期間的銷售在日後期間退貨
        │                 ├─ 年報期間的或有事項在日後期間有了最終結果
        │                 └─ 年報期間的減值準備在日後期間作了修正
   ●────┤
        │                  ┌─ 帳務上追溯調整至應達到的標準
        └─ 調整事項的會計處理 ┤           ┌─ 資產負債表
                           └─ 年報修正 ─┼─ 利潤表
                                       └─ 所有者權益變動表
```

◆【歸納1】
資產負債表日後調整事項涉及預計負債——未決訴訟：

內容		調整報告年度「應交稅費——應交所得稅」科目	調整報告年度「遞延所得稅資產」科目
發生在所得稅匯算清繳之前的	假定相關支出實際發生時允許稅前扣除。如果企業不再上訴，賠款已經支付，將預計負債轉入「其他應付款」科目	應調減	將原確認的遞延所得稅資產轉回
	假定相關支出實際發生時允許稅前扣除。如果企業不服，決定上訴，則不能確認其他應付款	不能調整	應調整原已確認的遞延所得稅資產
	假定實際支付時稅法也不允許扣除，涉及對外擔保的預計負債	不能調整	不能調整

【歸納2】
資產負債表日後調整事項涉及調整減值準備的：

內容	調整報告年度「應交稅費——應交所得稅」科目	調整報告年度「遞延所得稅資產」科目
假定相關減值損失實際發生時允許稅前扣除	不調整	補提減值準備後： 借：遞延所得稅資產 　貸：以前年度損益調整

【歸納3】
資產負債表日後調整事項涉及銷售退回和折讓的（沒有計提壞帳準備的情況下）：

內容	調整報告年度「應交稅費——應交所得稅」科目	調整報告年度「遞延所得稅資產」科目
發生於報告年度所得稅匯算清繳之前	調減	不調整

【歸納4】
資產負債表日後調整事項涉及差錯的，所得稅的調整原則（一般情況下，假定為報告年度所得稅匯算清繳前）：

內容	調整報告年度「應交稅費——應交所得稅」科目	調整報告年度「遞延所得稅資產」科目
只涉及損益，沒有暫時性差異，也沒有永久性差異 例如： 上年漏計折舊 上年多或少確認收入	看「以前年度損益調整」科目餘額的方向： 如果在借方，則「應交稅費——應交所得稅」科目也在借方 如果在貸方，則「應交稅費——應交所得稅」科目也在貸方	不調整

（續表）

內容	調整報告年度「應交稅費——應交所得稅」科目	調整報告年度「遞延所得稅資產」科目
只涉及損益，存在暫時性差異，沒有永久性差異 例如： 稅法允許以後扣除的可抵扣差異，如補提資產減值 稅法允許以後繳納的應納稅差異	不調整	調整「遞延所得稅資產」科目 調整「遞延所得稅負債」科目
只涉及損益，不存在暫時性差異，存在永久性差異 例如： 違反法律的罰款，如果原未計入營業外支出 國庫券的利息收入，如果原未計入投資收益	不調整	不調整

(二) 資產負債表日後非調整事項的會計處理

非調整事項的分類
- 日後期間的重大訴訟、仲裁、承諾
- 日後期間發行股票、債券
- 日後期間的巨額虧損
- 日後期間資本公積轉增資本
- 日後期間的自然災害導致的重大損失
- 日後期間的資產價格、稅收政策、外匯匯率的重大變化
- 日後期間的分紅方案
- 日後期間的企業合併、處置子公司

非調整事項的會計處理原則　報表披露

(三) 會計政策變更、前期差錯更正及資產負債表日後事項的會計處理比較

1. 帳務處理程序

(1) 無論是會計政策變更、前期差錯更正還是資產負債表日後事項，其處理的本質都是要將以前的業務追溯調整成最新口徑，所以先想想當初的原始會計分錄是怎麼做的，再想想應當達到什麼標準，然後將其差額修補上即為第一筆會計分錄。

①當要調整的事項造成以前年度的利潤少計時：(以前年度的收入少計或費用多計時。比如：折舊多提)

借：累計折舊等相應的科目
　　貸：以前年度損益調整（代替的是當初多提的折舊費用）

②當要調整的事項造成以前年度的利潤多計時（以前年度的收入多計或費用少計時。比如，無形資產少攤了費用）：

借：以前年度損益調整（代替的是當初少攤的費用）
　　貸：累計攤銷

(2) 調整所得稅影響

①三種業務的所得稅處理原則：

會計政策變更的所得稅問題	前期差錯更正的所得稅問題	資產負債表日後事項的所得稅問題
由於會計政策的變更通常是會計行為而不是稅務行為，一般不影響應交所得稅。所謂的影響也僅局限於遞延所得稅資產或負債的影響。由此推論，考慮所得稅影響需滿足的條件：基於會計政策的變更產生了新的暫時性差異	如果該差錯影響到了應稅所得口徑，則應調整應交稅費——應交所得稅 如果該差錯影響到了暫時性差異，則應調整遞延所得稅資產或遞延所得稅負債 如果會計差錯更正屬於資產負債表日後調整事項則需參照資產負債表日後事項的所得稅處理原則	調整年報期間的應交稅費——應交所得稅的條件：該調整事項影響到了應稅所得口徑 調整遞延所得稅資產或負債的情況：調整事項影響到了暫時性差異

②根據上述原則分析後認定所得稅費用的影響額：

A. 調減所得稅費用：

借：應交稅費（或遞延所得稅資產或負債）
　　貸：以前年度損益調整

B. 調增所得稅費用：

借：以前年度損益調整
　　貸：應交稅費（或遞延所得稅資產或負債）

(3) 將稅後影響轉入「利潤分配——未分配利潤」科目

①調減稅後淨利時：

借：利潤分配——未分配利潤
　　貸：以前年度損益調整

②調增稅後淨利時：

借：以前年度損益調整
　　貸：利潤分配——未分配利潤

(4) 調整多提或少提的盈餘公積

①調減盈餘公積時：

借：盈餘公積
　　貸：利潤分配——未分配利潤

②調增盈餘公積時：

借：利潤分配——未分配利潤
　　貸：盈餘公積

需要注意的是：

對於會計政策變更的處理，還應將前三個會計分錄合併為一個，即不允許出現「以前年度損益調整」，其他情況則無此必要。

2. 報表修正

會計政策變更	會計差錯更正	資產負債表日後事項
(1) 發生當期的資產負債表的年初數 (2) 利潤表的上年數 (3) 所有者權益變動表的第一部分	(1) 發生當期的資產負債表的年初數 (2) 利潤表的上年數 (3) 所有者權益變動表的第一部分	(1) 年度資產負債表的年末數 (2) 年度利潤表的當年數 (3) 年度所有者權益變動表 (4) 發生此業務當月的資產負債表的年初數

四、練習題

(一) 單項選擇題

1. 下列有關資產負債表日後事項的表述中，不正確的是（　　）。
    A. 非調整事項是報告年度資產負債表日及之前其狀況不存在的事項
    B. 調整事項是對報告年度資產負債表日已經存在的情況提供了新的或進一步證據的事項
    C. 重要的非調整事項只需在報告年度財務報表附註中披露
    D. 調整事項均應通過「以前年度損益調整」科目進行帳務處理

2. 某企業2015年度的財務報告於2016年4月10日批准報出，2016年1月10日，因產品質量原因，客戶將2015年12月10日購入的一批大額商品（達到重要性要求）退回。因產品退回，下列說法中正確的是（　　）。
    A. 衝減2016年度財務報表營業收入等相關項目
    B. 衝減2015年度財務報表營業收入等相關項目
    C. 不做會計處理
    D. 在2016年度財務報告報出時，衝減利潤表中營業收入等相關項目的上年數

3. 甲公司2015年12月31日應收乙公司帳款2,000萬元，按照當時估計已計提壞帳準備200萬元。2016年2月20日，甲公司獲悉乙公司於2015年年末已向法院申請破產。甲公司估計應收乙公司帳款全部無法收回。甲公司按照淨利潤的10%提取法定盈餘公積，2015年度財務報表於2016年4月20日經董事會批准對外報出。適用的所得稅稅率為25%，不考慮其他因素。甲公司因該資產負債表日後事項減少2015年12月31日未分配利潤的金額是（　　）萬元。
    A. 1,215　　　B. 1,350　　　C. 1,800　　　D. 2,000

4. 甲公司所得稅採用資產負債表債務法核算，適用的所得稅稅率為25%。2015年12月8日甲公司向乙公司銷售W產品400萬件，單位售價為50元（不含增值稅），單位成本為40元。合同約定，乙公司收到W產品後4個月內如發現質量問題有權退貨。根據歷史經驗估計，W產品的退貨率為20%。至2015年12月31日，上述已銷售產品尚未發生退回。甲公司2015年度財務報告批准報出前（退貨期未滿）發生退貨60萬件。甲公司2015年12月31日資產負債表中應確認的遞延所得稅資產為（　　）萬元。
    A. 50　　　B. 300　　　C. 150　　　D. 200

5. 甲公司 2008 年 3 月在 2007 年度財務會計報告批准報出前發現一臺管理用固定資產未計提折舊，屬於重大差錯。該固定資產系 2006 年 6 月接受乙公司捐贈取得。根據甲公司的折舊政策，該固定資產 2006 年應計提折舊 100 萬元，2007 年應計提折舊 200 萬元。假定甲公司按淨利潤的 10% 提取法定盈餘公積，不考慮所得稅等其他因素，甲公司 2007 年度資產負債表「未分配利潤」項目的「年末數」應調減的金額為（　　）萬元。

  A. 90　　　　　　B. 180　　　　　　C. 200　　　　　　D. 270

6. 資產負債表日至財務會計報告批准報出日之間發生的調整事項在進行調整處理時，下列不能調整的項目是（　　）。

  A. 貨幣資金收支項目　　　　　B. 涉及應收帳款的事項
  C. 涉及所有者權益的事項　　　D. 涉及損益調整的事項

7. 甲公司 2009 年度財務報告於 2010 年 3 月 5 日對外報出。2010 年 2 月 1 日，甲公司收到乙公司因產品質量原因退回的商品，該商品系 2009 年 12 月 5 日銷售；2010 年 2 月 5 日，甲公司按照 2009 年 12 月份申請通過的方案成功發行公司債券；2010 年 1 月 25 日，甲公司發現 2009 年 11 月 20 日入帳的固定資產未計提折舊；2010 年 1 月 5 日，甲公司得知丙公司 2009 年 12 月 30 日發生重大火災，無法償還所欠甲公司 2009 年的貨款。下列事項中，屬於甲公司 2009 年度資產負債表日後非調整事項的是（　　）。

  A. 乙公司退貨　　　　　　　　B. 甲公司發行公司債券
  C. 固定資產未計提折舊　　　　D. 應收丙公司貨款無法收回

8. 2010 年 12 月 31 日，甲公司對一起未決訴訟確認的預計負債為 800 萬元。2011 年 3 月 6 日，法院對該起訴訟判決，甲公司應賠償乙公司 600 萬元；甲公司和乙公司均不再上訴。甲公司的所得稅稅率為 25%，按淨利潤的 10% 提取法定盈餘公積，2010 年度財務報告批准報出日為 2011 年 3 月 31 日，預計未來期間能夠取得足夠的應納稅所得額用以抵扣可抵扣暫時性差異。不考慮其他因素，該事項導致甲公司 2010 年 12 月 31 日資產負債表「未分配利潤」項目「期末餘額」調整增加的金額為（　　）萬元。

  A. 135　　　　　　B. 150　　　　　　C. 180　　　　　　D. 200

9. 下列事項中，屬於資產負債表日後調整事項的是（　　）。

  A. 資產負債表日後發生的現金折扣事項
  B. 在資產負債表日後外匯匯率發生較大變動
  C. 已確定將要支付的賠償額小於該賠償在資產負債表日的合理估計金額
  D. 溢價發行債券

10. 企業發生的資產負債表日後事項，屬於非調整事項的是（　　）。

  A. 資產負債表日後訴訟案件結案，法院判決證實了企業在資產負債表日已經存在現時義務，需要調整原先確認的與該訴訟案件相關的預計負債，或確認一項新負債
  B. 資產負債表日後取得確鑿證據，表明一批原材料在資產負債表日發生了減值或者需要調整該項資產原確認的減值金額
  C. 資產負債表日後發生了巨額虧損
  D. 資產負債表日後發現了財務報表舞弊或差錯

11. 甲公司適用的所得稅稅率為25%，2015年3月在2014年度財務會計報告批准報出前發現一臺管理用固定資產未計提折舊，屬於重大差錯。甲公司所得稅匯算清繳於財務報告批准報出日之後完成。該固定資產系2013年6月取得的。根據甲公司的折舊政策，該固定資產2013年應計提折舊100萬元，2014年應計提折舊200萬元。假定甲公司按淨利潤的10%提取法定盈餘公積，甲公司2014年度資產負債表「未分配利潤」項目「期末餘額」應調減的金額為（　　）萬元。

  A. 202.5   B. 180   C. 200   D. 270

12. A公司適用的所得稅稅率為25%，2014年度財務報告於2015年3月10日批准報出。2015年1月2日，A公司被告知因被擔保人財務狀況惡化，無法支付逾期的銀行借款，貸款銀行要求A公司按照合同約定履行債務擔保責任2,000萬元，A公司預計很可能將按銀行的要求承擔擔保責任。因A公司在2014年年末未能發現被擔保人相關財務狀況已惡化的事實，故在資產負債表日未確認與該擔保事項相關的預計負債。按照稅法規定，為第三方提供債務擔保的損失不得稅前扣除。則A公司下列會計處理中，不正確的是（　　）。

  A. 屬於資產負債表日後調整事項
  B. 應在2014年利潤表中確認營業外支出2,000萬元
  C. 應在2014年資產負債表中確認預計負債2,000萬元
  D. 應在2014年資產負債表中確認遞延所得稅資產

13. D公司適用的所得稅稅率為25%，2014年度財務報告於2015年3月10日批准報出。2015年2月5日，法院判決D公司應賠償乙公司專利侵權損失500萬元，D公司不服，決定上訴，經向律師諮詢，D公司認為法院很可能維持原判。乙公司是在2014年10月6日向法院提起訴訟，要求D公司賠償專利侵權損失600萬元。至2014年12月31日，法院尚未判決，經向律師諮詢，D公司就該訴訟事項於2014年度確認預計負債300萬元。按照稅法規定，該損失實際發生時允許稅前扣除。以下D公司的會計處理中，不正確的是（　　）。

  A. 該事項屬於資產負債表日後調整事項
  B. 應在2014年資產負債表中調整增加預計負債200萬元
  C. 應在2014年資產負債表中調整衝減預計負債300萬元，同時確認其他應付款500萬元
  D. 應在2014年資產負債表中確認遞延所得稅資產125萬元

14. 2014年12月31日，E公司應收丙公司帳款餘額為1,500萬元，已計提的壞帳準備為300萬元。2015年2月26日，丙公司發生火災造成嚴重損失，E公司預計該應收帳款的80%將無法收回。假定E公司2014年度財務報告於2015年3月30日對外報出，則E公司下列處理中，正確的是（　　）。

  A. 該事項屬於資產負債表日後調整事項
  B. 該事項屬於資產負債表日後非調整事項
  C. 資產負債表日後期間壞帳損失的可能性加大，應在2014年資產負債表中補確認壞帳準備900萬元
  D. 應在2014年資產負債表中調整減少應收帳款900萬元

15. B 公司適用的所得稅稅率為 25%，2014 年度財務報告於 2015 年 3 月 10 日批准報出，2014 年所得稅匯算清繳在 2015 年 2 月 10 日完成。2015 年 2 月 26 日，因產品質量問題，發生銷售退回，退回的商品已收到並入庫，且已開具增值稅紅字發票。該銷售在 2014 年 12 月發出且已確認收入 1,000 萬元，銷項稅額為 170 萬元，結轉銷售成本 800 萬元，貨款未收到。下列 B 公司的會計處理中，不正確的是（　　）。

　　A. 屬於資產負債表日後調整事項

　　B. 衝減 2014 年度的營業收入 1,000 萬元

　　C. 衝減 2014 年度的營業成本 800 萬元

　　D. 衝減 2014 年度的應交稅費——應交所得稅 50 萬元

16. 下列有關資產負債表日後事項的表述中，正確的是（　　）。

　　A. 資產負債表日至財務報告批准報出日之間，由董事會制訂的財務報告所屬期間的利潤分配方案中的盈餘公積的提取，應作為調整事項處理

　　B. 資產負債表日後發生的調整事項如涉及現金收支項目的，均可以調整報告年度資產負債表的貨幣資金項目，但不調整報告年度現金流量表各項目數字

　　C. 資產負債表日後事項，作為調整事項調整會計報表有關項目數字後，還應在會計報表附註中進行披露

　　D. 資產負債表日至財務報告批准報出日之間，由董事會制訂的財務報告所屬期間的利潤分配方案中的現金股利的分配，應作為調整事項處理

17. A 公司 2014 年財務報告批准報出日為 2015 年 4 月 30 日。A 公司 2015 年 1 月 6 日向乙公司銷售一批商品並確認收入。2015 年 2 月 20 日，乙公司因產品質量原因將上述商品退回。A 公司對此項退貨業務，正確的處理方法是（　　）。

　　A. 衝減 2015 年 1 月份收入、成本和稅金等相關項目

　　B. 衝減 2015 年 2 月份收入、成本和稅金等相關項目

　　C. 作為 2014 年資產負債表日後事項中的調整事項處理

　　D. 作為 2014 年資產負債表日後事項中的非調整事項處理

18. A 公司 2014 年的年度財務報告，經董事會批准於 2015 年 3 月 28 日報出。該公司在 2015 年 1 月 1 日至 3 月 28 日發生的下列事項中，屬於資產負債表日後調整事項的是（　　）。

　　A. 2015 年 3 月 10 日取得確鑿證據，表明某項資產在 2014 年度資產負債表日發生了減值或者需要調整該項資產原先確認的減值金額

　　B. 2015 年 2 月 10 日銷售的產品在 3 月 10 日被退回

　　C. 2015 年 2 月 18 日董事會提出資本公積轉增資本方案

　　D. 2015 年 3 月 18 日董事會成員發生變動

(二) 多項選擇題

1. 在資產負債表日至財務報告批准報出日之間發生的下列事項中，屬於資產負債表日後非調整事項的有（　　）。

　　A. 支付職工薪酬

B. 資產負債表日後取得確鑿證據，表明某項資產在資產負債表日發生了減值或者需要調整該項資產原先確認的減值金額

C. 稅收政策發生了重大變化

D. 董事會提出現金股利分配方案

2. 上市公司在其年度資產負債表日後至財務報告批准報出日前發生的下列事項中，屬於非調整事項的有（　　）。

A. 因發生火災導致存貨嚴重損失

B. 以前年度售出商品發生退貨

C. 董事會提出股票股利分配方案

D. 資產負債表日後發現了財務報表舞弊或差錯

3. 企業發生的資產負債表日後非調整事項，通常包括的內容有（　　）。

A. 資產負債表日後發生重大訴訟、仲裁、承諾

B. 資產負債表日後資產價格、稅收政策、外匯匯率發生重大變化

C. 資產負債表日後因自然災害導致資產發生重大損失

D. 資產負債表日後發行股票和債券以及其他巨額舉債

4. 自年度資產負債表日至財務報告批准報出日之間發生的下列事項中，屬於非調整事項的有（　　）。

A. 發行可轉換公司債券

B. 資產負債表日後期間發生的報告年度銷售的商品因產品質量原因而發生的退回

C. 在資產負債表日後發生並確定支付的巨額賠償

D. 已證實某項資產在資產負債表日已減值

5. 下列資產負債表日後事項中，屬於調整事項的有（　　）。

A. 資產負債表日後發生企業合併或處置子公司

B. 資產負債表日後，企業利潤分配方案中擬分配的以及經審議批准宣告發放的股利或利潤

C. 資產負債表日後進一步確定了資產負債表日前購入資產的成本或售出資產的收入

D. 資產負債表日後發現了財務報表舞弊或差錯

6. 甲股份有限公司 2014 年度財務報告經董事會批准對外公布的日期為 2015 年 4 月 3 日。該公司 2015 年 1 月 1 日至 4 月 3 日發生的下列事項中，應當作為資產負債表日後調整事項的有（　　）。

A. 3 月 11 日，臨時股東大會決議購買乙公司 51% 的股權並於 4 月 2 日執行完畢

B. 2 月 1 日，發現 2014 年 10 月盤盈一項固定資產尚未入帳

C. 3 月 10 日，甲公司被法院判決敗訴並要求支付賠款 1,000 萬元，對此項訴訟甲公司已於 2014 年年末確認預計負債 800 萬元

D. 4 月 2 日，辦理完畢資本公積轉增資本的手續

7. 某上市公司 2014 年度的財務報告批准報出日為 2015 年 4 月 30 日，下面應作為

資產負債表日後調整事項處理的有（　　）。

A. 2015年1月份銷售的商品，在2015年3月份被退回
B. 2015年2月發現2014年無形資產未攤銷，達到重要性要求
C. 2015年3月發現2013年固定資產少提折舊，達到重要性要求
D. 2015年5月發現2014年固定資產少提折舊，達到重要性要求

8. 甲公司在資產負債表日至財務報告批准報出日之間發生的下列事項中，屬於資產負債表日後非調整事項的有（　　）。

A. 盈餘公積轉增資本
B. 發生銷售折讓
C. 外匯匯率發生較大變動
D. 對資產負債表日存在的某項現時義務予以確認

9. A公司為B公司的2,000萬元債務提供70%的擔保。2014年10月，B公司因到期無力償還債務被起訴，至12月31日，法院尚未做出判決。A公司根據有關情況預計很可能承擔部分擔保責任，金額能可靠確定。2015年3月6日，A公司財務報告批准報出之前法院做出判決，A公司承擔全部擔保責任，須為B公司償還債務的70%，A公司已執行。A公司的以下會計處理中，正確的有（　　）。

A. 2014年12月31日，按照或有事項確認負債的條件確認預計負債並做出披露
B. 2014年12月31日，對此事項按照或有負債做出披露
C. 2015年3月6日，按照資產負債表日後非調整事項處理
D. 2015年3月6日，按照資產負債表日後調整事項處理，調整會計報表相關項目

（三）判斷題

1. 企業在報告年度資產負債表日至財務報告批准報出日之間因自然災害導致資產發生重大損失，應作為非調整事項進行處理。　　　　　　　　　　　　（　　）
2. 資產負債表日後發生的調整事項如涉及現金收支項目的，應調整報告年度資產負債表中的貨幣資金項目和現金流量表正表各項目數字。　　　　　　（　　）
3. 資產負債表日後期間發生的「已證實資產發生減損」，一定是調整事項。
　　　　　　　　　　　　　　　　　　　　　　　　　　　　　　　（　　）
4. 資產負債表日後發生的調整事項，應當如同資產負債表所屬期間發生的事項一樣，做出相關帳務處理，並對資產負債表日已編制的會計報表做相應的調整。（　　）
5. 資產負債表日後事項，已經作為調整事項調整會計報表有關項目數字後，還需要在會計報表附註中進行披露。　　　　　　　　　　　　　　　　　（　　）
6. 企業在報告年度資產負債表日至財務報告批准日之間取得確鑿證據，表明某項資產在報告日已發生減值的，應作為非調整事項進行處理。　　　　　（　　）
7. 資產負債表日後出現的情況引起的固定資產或投資的減值，屬於非調整事項。
　　　　　　　　　　　　　　　　　　　　　　　　　　　　　　　（　　）
8. 企業在資產負債表日後至財務報告批准報出日之間發生巨額虧損，這個事項與

企業資產負債表日存在狀況無關，不應作為非調整事項在財務報表附註中披露。
（　）

9. A 公司為上市公司，要求對外提供季度財務報告，則其提供第二季度的財務報告時，資產負債表日為 6 月 30 日。（　）

10. 2015 年 1 月 20 日，2014 年度財務報告尚未報出時，甲公司的股東將其持有的甲公司 60% 的普通股溢價出售給丁公司。這個交易對甲公司來說，屬於調整事項。
（　）

（四）計算分析題

甲公司適用的所得稅稅率為 25%，其 2014 年度財務報告批准報出日為 2015 年 4 月 30 日，2014 年所得稅匯算清繳結束日為 2015 年 4 月 30 日。假定稅法規定，除為第三方提供債務擔保損失不得稅前扣除外，其他訴訟損失在實際發生時允許稅前扣除。假定不考慮盈餘公積的調整。在 2014 年度資產負債表日後期間，有關人員在對該公司進行年度會計報表審計時發現以下事項：

（1）2014 年 10 月 15 日，A 公司對甲公司提起訴訟，要求其賠償違反經濟合同所造成的 A 公司損失 500 萬元，甲公司在 2014 年 12 月 31 日無法估計該項訴訟的可能性。2015 年 1 月 25 日，法院一審判決甲公司敗訴，要求其支付賠償款 400 萬元，並承擔訴訟費 5 萬元。甲公司對此結果不服並提起上訴。甲公司的法律顧問堅持認為應支付賠償款 300 萬元，並承擔訴訟費 5 萬元。該項上訴在財務報告批准報出前尚未結案，甲公司預計該上訴很可能推翻原判，支付賠償款 300 萬元，並承擔訴訟費 5 萬元。

（2）2014 年 11 月 14 日，B 公司對甲公司提起訴訟，要求其賠償違反經濟合同所造成的 B 公司損失 400 萬元。甲公司對其涉及的訴訟案預計敗訴的可能性為 80%，預計賠償款為 210 萬元~230 萬元，並且該區間內每個金額發生的可能性大致相同。依據謹慎性要求，甲公司 2014 年確認了 300 萬元的預計負債，並在利潤表上反應為營業外支出。該項訴訟在財務報告批准報出前尚未結案。

（3）2014 年 12 月 31 日，C 公司對甲公司專利技術侵權提起訴訟，甲公司估計敗訴的可能性為 60%。如敗訴，賠償金額估計為 100 萬元。甲公司實際確認預計負債 100 萬元。2015 年 3 月 15 日，法院判決甲公司敗訴並賠償金額 110 萬元，甲公司不再上訴，賠償款項已支付。

（4）D 公司（甲公司的子公司）從乙銀行取得貸款，甲公司為其擔保本息和罰息總額的 70%。2014 年 12 月 31 日，D 公司逾期無力償還借款，被乙銀行起訴。甲公司成為第二被告，乙銀行要求甲公司與被擔保單位共同償還貸款本息 1,050 萬元及罰息 10 萬元。2014 年 12 月 31 日該訴訟正在審理中。甲公司估計承擔擔保責任的可能性為 90%，且 D 公司無償還能力。甲公司在 2014 年 12 月 31 日確認了相關的預計負債 742 萬元。2015 年 3 月 15 日，法院判決甲公司與 D 公司敗訴，其中甲公司償還總金額 1,510 萬元（貸款本息 1,050 萬元和罰息 460 萬元）的 70%。甲公司不再上訴，賠償款項已支付。

要求：根據以上資料編制相關的會計分錄。

（「以前年度損益調整」列示調整報表的名稱，答案中金額單位以萬元表示）

(五) 綜合題

1. 甲股份有限公司為上市公司（以下簡稱甲公司），系增值稅一般納稅人，適用的增值稅稅率為17%。甲公司2014年度財務報告於2015年4月10日經董事會批准對外報出。其他資料：①上述產品銷售價格均為公允價值（不含增值稅）；銷售成本在確認銷售收入時逐筆結轉。除特別說明外，所有資產均未計提減值準備。②甲公司適用的所得稅稅率為25%。2014年度所得稅匯算清繳於2015年2月28日完成，在此之前發生的2014年度納稅調整事項，均可進行納稅調整。假定預計未來期間能夠產生足夠的應納稅所得額用於抵扣可抵扣暫時性差異。不考慮除增值稅、所得稅以外的其他相關稅費。③甲公司按照當年實現淨利潤的10%提取法定盈餘公積。

報出前有關情況和業務資料如下：

(1) 甲公司在2015年1月進行內部審計的過程中，發現以下情況：

①2014年7月1日，甲公司採用支付手續費方式委託乙公司代銷B產品200件，售價為每件10萬元，按售價的5%向乙公司支付手續費（由乙公司從售價中直接扣除）。當日，甲公司發出B產品200件，單位成本為8萬元。甲公司據此確認應收帳款1,900萬元、銷售費用100萬元、銷售收入2,000萬元，同時結轉銷售成本1,600萬元。

2014年12月31日，甲公司收到乙公司轉來的代銷清單，B產品已銷售100件，同時開出增值稅專用發票；但尚未收到乙公司代銷B產品的款項。當日，甲公司確認應收帳款170萬元、應交增值稅銷項稅額170萬元。

②2014年12月1日，甲公司與丙公司簽訂合同銷售C產品一批，售價為2,000萬元，成本為1,560萬元。當日，甲公司將收到的丙公司預付貨款1,000萬元存入銀行。2014年12月31日，該批產品尚未發出，也未開具增值稅專用發票。甲公司據此確認銷售收入1,000萬元，結轉銷售成本780萬元。

③2014年12月31日，甲公司對丁公司長期股權投資的帳面價值為1,800萬元，擁有丁公司60%有表決權的股份。當日，如將該投資對外出售，預計售價為1,500萬元，預計相關稅費為20萬元；如繼續持有該投資，預計在持有期間和處置時形成的未來現金流量現值總額為1,450萬元。甲公司據此於2014年12月31日就該長期股權投資計提減值準備300萬元。

(2) 2015年1月1日至4月10日，甲公司發生的交易或事項資料如下：

①2015年1月12日，甲公司收到戊公司退回的2014年12月從其購入的一批D產品，以及稅務機關開具的進貨退出相關證明。當日，甲公司向戊公司開具紅字增值稅專用發票。該批D產品的銷售價格為300萬元，增值稅稅額為51萬元，銷售成本為240萬元。至2015年1月12日，甲公司尚未收到銷售D產品的款項。

②2015年3月2日，甲公司獲知庚公司被法院依法宣告破產，預計應收庚公司款項300萬元收回的可能性極小，應按全額計提壞帳準備。甲公司在2014年12月31日已被告知庚公司資金週轉困難，可能無法按期償還債務，因而計提了壞帳準備180萬元。

要求：(1) 判斷資料 (1) 中相關交易或事項的會計處理，哪些不正確（分別註

明其序號)。對於不正確的會計處理，編制相應的更正的會計分錄。

(2) 判斷資料 (2) 相關資產負債表日後事項，哪些屬於調整事項 (分別註明其序號)。對資料 (2) 中資產負債表日後調整事項，編制相應的會計調整分錄 (逐筆編制涉及所得稅的會計分錄)。

(3) 合併編制調整涉及「利潤分配——未分配利潤」「盈餘公積——法定盈餘公積」科目的會計分錄。

2. AS 公司為上市公司，系增值稅一般納稅人，適用的增值稅稅率為 17%。所得稅採用資產負債表債務法核算，所得稅稅率為 25%。2014 年的財務報告於 2015 年 4 月 30 日經批准對外報出。2014 年所得稅匯算清繳於 2015 年 4 月 30 日完成。該公司按淨利潤的 10% 計提盈餘公積，提取盈餘公積之後，不再做其他分配。如無特別說明，調整事項按稅法規定均可調整應交納的所得稅；涉及遞延所得稅資產的，均假定未來期間很可能取得用來抵扣暫時性差異的應納稅所得額。稅法規定計提的壞帳準備不得稅前扣除，應收款項發生實質性損失時才允許稅前扣除。

(1) 2015 年 1 月 1 日至 4 月 30 日之間發生如下事項：

①AS 公司於 2015 年 1 月 10 日收到 A 企業通知，A 企業已進行破產清算，無力償還所欠部分貨款，AS 公司預計可收回應收帳款的 50%。

該業務系 AS 公司於 2014 年 3 月銷售給 A 企業一批產品，價款為 500 萬元，成本為 400 萬元，開出增值稅專用發票。A 企業於 3 月份收到所購商品並驗收入庫。按合同規定 A 企業應於收到所購商品後一個月內付款。由於 A 企業財務狀況不佳，面臨破產，2014 年 12 月 31 日仍未付款。AS 公司為該項應收帳款按 10% 提取壞帳準備。

②AS 公司 2015 年 2 月 10 日收到 B 公司退回的產品以及退回的增值稅發票聯、抵扣聯。

該業務系 AS 公司於 2014 年 11 月 1 日銷售給 B 公司產品一批，價款為 600 萬元，產品成本為 400 萬元。B 公司驗收貨物時發現不符合合同要求需要退貨，AS 公司收到 B 公司的通知後希望再與 B 公司協商。因此 AS 公司編制 12 月 31 日資產負債表時，仍確認了收入，並對此項應收帳款於年末按 5% 計提了壞帳準備。

③AS 公司 2015 年 3 月 15 日收到 C 公司退回的產品以及退回的增值稅發票聯、抵扣聯，並支付貨款。

該業務系 AS 公司於 2014 年 12 月 1 日銷售給 C 公司產品一批，價款為 200 萬元，產品成本為 160 萬元。合同規定現金折扣條件為：2/10、1/20、n/30。2014 年 12 月 10 日 C 公司支付了貨款。計算現金折扣時不考慮增值稅稅額。

④2015 年 3 月 27 日，經法院一審判決，AS 公司需要賠償 D 公司經濟損失 87 萬元，並支付訴訟費用 3 萬元。AS 公司不再上訴，並且賠償款和訴訟費用已經支付。

該業務系 AS 公司與 D 公司簽訂供銷合同，合同規定 AS 公司在 2014 年 9 月供應給 D 公司一批貨物。由於 AS 公司未能按照合同發貨，D 公司發生重大經濟損失。D 公司通過法律要求 AS 公司賠償經濟損失 150 萬元，該訴訟案在 12 月 31 日尚未判決，AS 公司已確認預計負債 60 萬元 (含訴訟費用 3 萬元)。

假定稅法規定該訴訟損失在實際發生時允許稅前扣除。

⑤2015 年 3 月 15 日，AS 公司與 E 公司協議，E 公司將其持有 60% 的乙公司的股

權出售給 AS 公司，價款為 10,000 萬元。

⑥2015 年 3 月 7 日，AS 公司得知債務人 F 公司 2015 年 2 月 7 日由於火災發生重大損失，AS 公司的應收帳款有 80% 不能收回。

該業務系 AS 公司 2014 年 12 月銷售商品一批給 F 公司，價款為 300 萬元，增值稅稅率為 17%，產品成本為 200 萬元。在 2014 年 12 月 31 日債務人 F 公司財務狀況良好，沒有任何財務狀況惡化的信息，債權人按照當時所掌握的資料，按應收帳款的 2% 計提了壞帳準備。

⑦2015 年 3 月 20 日，AS 公司董事會制訂的提請股東會批准的利潤分配方案為：分配現金股利 300 萬元，分配股票股利 400 萬元。

（2） 2015 年 4 月 1 日，AS 公司總會計師對 2014 年度的下列有關資產業務的會計處理提出疑問，並要求會計部門予以更正。

①2014 年 12 月 31 日，AS 公司存貨中有 400 件 A 產品，A 產品單位實際成本為 120 萬元。其中，300 件 A 產品簽訂有不可撤銷的銷售合同，每件合同價格（不含增值稅）為 130 萬元；其餘 100 件 A 產品沒有簽訂銷售合同，每件市場價格（不含增值稅）預期為 118 萬元。銷售每件 A 產品預期發生的銷售費用及稅金（不含增值稅）為 2 萬元。此前，未計提存貨跌價準備。AS 公司編制的會計分錄為：

借：資產減值損失　　　　　　　　　　　　　　　　　　　1,400
　　貸：存貨跌價準備　　　　　　　　　　　　　　　　　　1,400

AS 公司於年末確認遞延所得稅資產 350 萬元。

②2014 年，AS 公司以庫存商品抵償債務，應付帳款的帳面價值為 120 萬元，抵償商品的成本為 80 萬元，公允價值為 100 萬元。AS 公司所編制的會計分錄為：

借：應付帳款　　　　　　　　　　　　　　　　　　　　　120
　　貸：庫存商品　　　　　　　　　　　　　　　　　　　　80
　　　　應交稅費——應交增值稅（銷項稅額）　　　　　　　17
　　　　資本公積　　　　　　　　　　　　　　　　　　　　23

③2014 年 12 月 31 日，AS 公司 Y 生產線發生永久性損害但尚未處置，可收回金額為零。Y 生產線帳面原價為 9,000 萬元，累計折舊為 6,900 萬元，此前未計提減值準備，也不存在暫時性差異。Y 生產線發生的永久性損害尚未經稅務部門認定。2014 年 12 月 31 日，AS 公司按可收回金額低於帳面價值的差額計提了固定資產減值準備 2,100 萬元（假定稅法同會計的計提折舊方法相同）。AS 公司相關業務的會計處理如下：

借：資產減值損失　　　　　　　　　　　　　　　　　　　2,100
　　貸：固定資產減值準備　　　　　　　　　　　　　　　　2,100

AS 公司確認遞延所得稅資產 500 萬元。

④2014 年 AS 公司以無形資產換入固定資產（廠房）。換出無形資產的原值為 580 萬元，累計攤銷為 80 萬元，公允價值為 600 萬元，另支付補價 6 萬元，應交營業稅為 30 萬元。該交換具有商業實質並且換出資產的公允價值能夠可靠計量。AS 公司相關業務的會計處理如下：

借：固定資產　　　　　　　　　　　　　　　　　　　　　536
　　累計攤銷　　　　　　　　　　　　　　　　　　　　　80

貸：無形資產　　　　　　　　　　　　　　　　580
　　　　應交稅費——應交營業稅　　　　　　　　　 30
　　　　銀行存款　　　　　　　　　　　　　　　　 6

要求：
　　（1）根據資料（1），判斷上述業務屬於調整事項還是非調整事項，若為調整事項，則編制調整相關的會計分錄。
　　（2）根據資料（2），編制有關會計差錯更正的會計分錄。
　　3. 甲股份有限公司（以下簡稱「甲公司」）為上市公司，系增值稅一般納稅人，適用的增值稅稅率為17%。甲公司2015年度財務報告於2016年4月10日經董事會批准對外報出。報出前有關情況和業務資料如下：
　　（1）甲公司在2016年1月進行內部審計過程中，發現以下情況：
　　①2015年7月1日，甲公司採用支付手續費方式委託乙公司代銷B產品400件，售價為每件10萬元，按售價（不含增值稅）的5%向乙公司支付手續費（由乙公司從售價中直接扣除）。當日，甲公司發出B產品400件，單位成本為8萬元。甲公司據此確認應收帳款3,800萬元、銷售費用200萬元、銷售收入4,000萬元，同時結轉銷售成本3,200萬元。
　　2015年12月31日，甲公司收到乙公司轉來的代銷清單，B產品已銷售200件，同時開出增值稅專用發票，但尚未收到乙公司代銷B產品的款項。當日，甲公司確認應收帳款340萬元、應交增值稅銷項稅額340萬元。
　　②2015年12月1日，甲公司與丙公司簽訂合同銷售C產品一批，售價為4,000萬元，成本為2,800萬元。當日，甲公司將收到的丙公司預付貨款2,000萬元存入銀行。2015年12月31日，該批產品尚未發出，也未開具增值稅專用發票。甲公司據此確認銷售收入2,000萬元、結轉銷售成本1,400萬元。
　　③2015年12月31日，甲公司對丁公司長期股權投資的帳面價值為1,800萬元，擁有丁公司60%有表決權的股份。當日，如將該投資對外出售，預計售價為1,500萬元，預計相關稅費為20萬元；如繼續持有該投資，預計在持有期間和處置時形成的未來現金流量的現值為1,450萬元。甲公司據此於2015年12月31日就該長期股權投資計提減值準備300萬元。
　　（2）2016年1月1日至2016年4月10日期間，甲公司發生的交易或事項資料如下：
　　①2016年1月12日，甲公司收到戊公司退回的2015年12月從其購入的一批D產品，以及稅務機關開具的進貨退出相關證明。當日，甲公司向戊公司開具紅字增值稅專用發票。該批D產品的銷售價格為200萬元，增值稅稅額為34萬元，銷售成本為140萬元。至2016年1月12日，甲公司尚未收到銷售D產品的款項。
　　②2016年3月2日，甲公司獲知庚公司被法院依法宣告破產，預計應收庚公司款項200萬元收回的可能性極小，應按全額計提壞帳準備。
　　甲公司在2015年12月31日已被告知庚公司資金週轉困難可能無法按期償還債務，因而相應計提了壞帳準備60萬元。
　　（3）其他資料：

①上述產品銷售價格均為公允價格（不含增值稅），銷售成本在確認銷售收入時逐筆結轉。除特別說明外，所有資產均未計提減值準備。

②甲公司適用的所得稅稅率為25%。2015年度所得稅匯算清繳於2016年2月28日完成，甲公司已計算確認了2015年的所得稅費用和應交所得稅。假定預計未來期間能夠產生足夠的應納稅所得額用於抵扣暫時性差異。不考慮除增值稅、所得稅以外的其他相關稅費。

③甲公司按照當年實現淨利潤的10%提取法定盈餘公積。

要求：

(1) 判斷資料（1）中相關交易或事項的會計處理，哪些不正確（分別註明其序號）。

(2) 對資料（1）中不正確的會計處理，編制相應的調整會計分錄。

(3) 判斷資料（2）中相關資產負債表日後事項，哪些屬於調整事項（分別註明其序號）。

(4) 對資料（2）中判斷為資產負債表日後調整事項的，編制相應的調整會計分錄。

（逐筆編制涉及所得稅的會計分錄，合併編制涉及「利潤分配——未分配利潤」「盈餘公積——法定盈餘公積」科目的會計分錄）

五、參考答案及解析

(一) 單項選擇題

1.【答案】D

【解析】資產負債表日後調整事項只有涉及損益的事項，才通過「以前年度損益調整」科目進行帳務處理，而不是所有的事項。

2.【答案】B

【解析】報告年度或以前年度銷售的商品，在資產負債表日後期間退回，應沖減報告年度財務報表相關項目的數字。

3.【答案】A

【解析】甲公司因該日後事項減少2015年度未分配利潤的金額＝(2,000－200)×(1－25%)×(1－10%)＝1,215（萬元）。

4.【答案】A

【解析】2015年12月31日應確認的預計負債＝400×(50－40)×20%＝800（萬元），日後事項期間沖減的預計負債＝800×60÷80＝600（萬元），調整後預計負債帳面價值為200萬元，計稅基礎＝200－200＝0（萬元），應確認遞延所得稅資產＝200×25%＝50（萬元）。

5.【答案】D

【解析】甲公司2007年度資產負債表「未分配利潤」項目「年末數」應調減的金額＝(100＋200)×(1－10%)＝270（萬元）。

6.【答案】A

【解析】資產負債表日後發生的調整事項如涉及貨幣資金和現金收支項目的，均不調整報告年度資產負債表的貨幣資金項目和現金流量表正表各項目的數字。

7.【答案】B

【解析】選項A，報告年度或以前期間所售商品在日後期間退回的，屬於調整事項；選項C是日後期間發現的前期差錯，屬於調整事項；選項D，因為火災是在報告年度2009年發生的，所以屬於調整事項，如果是在日後期間發生的，則屬於非調整事項。

8.【答案】A

【解析】該事項對甲公司2010年12月31日資產負債表中「未分配利潤」項目「期末餘額」調整增加的金額＝(800－600)×(1－25%)×(1－10%)＝135（萬元）。

9.【答案】C

10.【答案】C

【解析】選項A、B、D，屬於資產負債表日後調整事項。

11.【答案】A

【解析】甲公司2014年度資產負債表「未分配利潤」項目「期末餘額」應調減的金額＝(100＋200)×75%×90%＝202.5（萬元）。

12.【答案】D

【解析】按照稅法規定，企業為第三方提供債務擔保的損失不得稅前扣除，產生的是非暫時性差異，所以不確認遞延所得稅資產。

13.【答案】C

【解析】雖然一審判決D公司敗訴，但由於D公司繼續上訴，故仍屬於未決訴訟，應在2014年資產負債表中調整增加預計負債200萬元（500－300），2014年資產負債表中該業務應確認遞延所得稅資產125萬元（500×25%）。

14.【答案】B

【解析】火災是在2015年發生的，屬於非調整事項，故不能調整2014年度的報表項目。

15.【答案】D

【解析】該事項發生在報告年度所得稅匯算清繳之後，因此，不應沖減2014年度的應交所得稅。

16.【答案】A

【解析】選項B，不調整報告年度資產負債表的貨幣資金項目和現金流量表各項目數字；選項C，除法律、法規以及其他會計準則另有規定的外，不需要在會計報表附註中進行披露；選項D，應作為非調整事項處理。

17.【答案】B

【解析】此業務不屬於資產負債表日後事項，應作為當期業務處理，沖減2015年2月份收入、成本和稅金等相關項目。

18.【答案】A

(二) 多項選擇題

1.【答案】CD

【解析】選項 A 不屬於日後事項，選項 C 和 D 屬於非調整事項；選項 B 屬於調整事項。

2.【答案】AC

【解析】因發生火災導致存貨嚴重損失屬於非調整事項；以前年度售出商品發生退貨，屬於調整事項；董事會提出股票股利分配方案屬於非調整事項；資產負債表日後發現了財務報表舞弊或差錯屬於調整事項。

3.【答案】ABCD

4.【答案】AC

【解析】選項 BD，都屬於日後調整事項。

5.【答案】CD

6.【答案】BC

【解析】選項 AD，屬於非調整事項。

7.【答案】BC

【解析】選項 A，屬於當期事項，應衝減 3 月份的收入和成本；選項 D，屬於當期事項，因為該事項發生時，2014 年度的報表已經對外報出，所以不屬於日後事項。

8.【答案】AC

【解析】選項 B，如果是本期 1 月份發生的商品銷售，在日後期間發生銷售折讓，屬於當期的正常事項，若為報告年度或報告年度以前年度的銷售業務在日後期間發生的銷售折讓，則屬於日後調整事項；選項 D，對資產負債表日存在的某項現時義務予以確認，屬於調整事項。

9.【答案】AD

(三) 判斷題

1.【答案】對

2.【答案】錯

【解析】資產負債表日後發生的調整事項如涉及現金收支項目的，均不調整報告年度資產負債表中的貨幣資金項目和現金流量表正表各項目數字。

3.【答案】錯

【解析】資產負債表日後期間發生的「已證實資產發生減損」，可能是調整事項，也可能是非調整事項。

4.【答案】對

5.【答案】錯

【解析】資產負債表日後事項，已經作為調整事項調整會計報表有關項目數字的，除非法律、法規以及其他會計準則另有規定，不需要在會計報表附註中進行披露。

6.【答案】錯

【解析】應作為調整事項處理。

7.【答案】對

8.【答案】錯

【解析】企業發生巨額虧損將會對企業報告期後的財務狀況和經營成果產生重大影響，應當在財務報表附註中及時披露該事項，以便為投資者或其他財務報告使用者做出正確決策提供信息。

9.【答案】對

10.【答案】錯

【解析】甲公司的股東將其持有甲公司60%的普通股溢價出售給丁公司。這個交易對甲公司來說，是日後非調整事項。因此在編制2014年度財務報告時，應披露與此非調整事項有關的丁公司購置股份的事實，以及有關購置價格的信息。

(四) 計算分析題

(1) 資料（1）：

借：以前年度損益調整——調整營業外支出	300
——調整管理費用	5
貸：預計負債	305
借：遞延所得稅資產	76.25（305×25%）
貸：以前年度損益調整——調整所得稅費用	76.25
借：利潤分配——未分配利潤	228.75（305-76.25）
貸：以前年度損益調整	228.75

(2) 資料（2）：

借：預計負債	80［300-(210+230)÷2］
貸：以前年度損益調整——調整營業外支出	80
借：以前年度損益調整——調整所得稅費用	20（80×25%）
貸：遞延所得稅資產	20
借：以前年度損益調整	60（80-20）
貸：利潤分配——未分配利潤	60

(3) 資料（3）：

借：預計負債	100
以前年度損益調整——調整營業外支出	10
貸：其他應付款	110
借：應交稅費——應交所得稅	27.5（110×25%）
貸：以前年度損益調整——調整所得稅費用	27.5
借：以前年度損益調整——調整所得稅費用	25（100×25%）
貸：遞延所得稅資產	25
借：利潤分配——未分配利潤	7.5
貸：以前年度損益調整	7.5
借：其他應付款	110
貸：銀行存款	110

(4) 資料（4）：

借：預計負債　　　　　　　　　　　　　742 [（1,050+10）×70%]
　　以前年度損益調整——調整營業外支出　315（450×70%）
　　　貸：其他應付款　　　　　　　　　　　　　　　　　　1,057
借：利潤分配——未分配利潤　　　　　　315
　　　貸：以前年度損益調整　　　　　　　　　　　　　　　　315
借：其他應付款　　　　　　　　　　　1,057
　　　貸：銀行存款　　　　　　　　　　　　　　　　　　　　1,057

（五）綜合題

1. (1) 資料（1）：
①會計處理均不正確。
借：以前年度損益調整　　　　　　　　950 [（2,000-100）×50%]
　　　貸：應收帳款　　　　　　　　　　　　　　　　　　　　950
借：發出商品　　　　　　　　　　　　800（1,600×50%）
　　　貸：以前年度損益調整　　　　　　　　　　　　　　　　800
借：應交稅費——應交所得稅　　　　　37.5 [（950-800）×25%]
　　　貸：以前年度損益調整　　　　　　　　　　　　　　　　37.5
②會計處理均不正確。
借：以前年度損益調整　　　　　　　　1,000
　　　貸：預收帳款　　　　　　　　　　　　　　　　　　　　1,000
借：庫存商品　　　　　　　　　　　　780
　　　貸：以前年度損益調整　　　　　　　　　　　　　　　　780
借：應交稅費——應交所得稅　　　　　55（220×25%）
　　　貸：以前年度損益調整　　　　　　　　　　　　　　　　55
③會計處理均不正確。
借：以前年度損益調整　　　　　　　　20
　　　貸：長期股權投資減值準備　　　　　　　　　　　　　　20
借：遞延所得稅資產　　　　　　　　　5（20×25%）
　　　貸：以前年度損益調整　　　　　　　　　　　　　　　　5

(2) 資料（2）：
①屬於調整事項。
借：以前年度損益調整　　　　　　　　300
　　應交稅費——應交增值稅（銷項稅額）51
　　　貸：應收帳款　　　　　　　　　　　　　　　　　　　　351
借：庫存商品　　　　　　　　　　　　240
　　　貸：以前年度損益調整　　　　　　　　　　　　　　　　240
借：應交稅費——應交所得稅　　　　　15（60×25%）
　　　貸：以前年度損益調整　　　　　　　　　　　　　　　　15

②屬於調整事項。
借：以前年度損益調整   120
　　貸：壞帳準備   120
借：遞延所得稅資產   30
　　貸：以前年度損益調整   30
（3）合併編制調整涉及「利潤分配——未分配利潤」「盈餘公積——法定盈餘公積」科目的會計分錄。
借：利潤分配——未分配利潤   427.5
　　貸：以前年度損益調整   427.5
借：盈餘公積——法定盈餘公積   42.75
　　貸：利潤分配——未分配利潤   42.75

2. (1) 資料（1）:
①判斷：屬於調整事項。
借：以前年度損益調整——調整資產減值損失   234
　　貸：壞帳準備   234〔585×(50%-10%)〕
借：遞延所得稅資產   58.5（234×25%）
　　貸：以前年度損益調整——調整所得稅費用   58.5
②判斷：屬於調整事項。
借：以前年度損益調整——調整營業收入   600
　　應交稅費——應交增值稅（銷項稅額）   102
　　貸：應收帳款   702
借：庫存商品   400
　　貸：以前年度損益調整——調整營業成本   400
借：壞帳準備   35.1（702×5%）
　　貸：以前年度損益調整——調整資產減值損失   35.1
借：應交稅費——應交所得稅   50〔(600-400)×25%〕
　　貸：以前年度損益調整——調整所得稅費用   50
借：以前年度損益調整——調整所得稅費用   8.78
　　貸：遞延所得稅資產   8.78（702×5%×25%）
③判斷：屬於調整事項。
借：以前年度損益調整——調整營業收入   200
　　應交稅費——應交增值稅（銷項稅額）   34
　　貸：其他應付款   230
　　　　以前年度損益調整——調整財務費用   4
借：庫存商品   160
　　貸：以前年度損益調整——調整營業成本   160
借：應交稅費——應交所得稅   9〔(200-160-4)×25%〕
　　貸：以前年度損益調整——調整所得稅費用   9
借：其他應付款   230

貸：銀行存款　　　　　　　　　　　　　　　　　　　　　　　230
　④判斷：屬於調整事項。
　　借：以前年度損益調整——調整營業外支出　　　　　　　　　　30
　　　　預計負債　　　　　　　　　　　　　　　　　　　　　　　60
　　　貸：其他應付款　　　　　　　　　　　　　　　　　　　　　　90
　　借：應交稅費——應交所得稅　　　　　　　　　22.5（90×25%）
　　　貸：以前年度損益調整——調整所得稅費用　　　　　　　　22.5
　　借：以前年度損益調整——調整所得稅費用　　　　15（60×25%）
　　　貸：遞延所得稅資產　　　　　　　　　　　　　　　　　　　15
　　借：其他應付款　　　　　　　　　　　　　　　　　　　　　　90
　　　貸：銀行存款　　　　　　　　　　　　　　　　　　　　　　　90
　⑤判斷：屬於非調整事項。
　　這個交易對 AS 公司來說，屬於發生重大企業合併，應在其編制 2014 年度財務報告時，披露與此非調整事項有關的購置股份的事實，以及有關購置價格的信息。
　⑥判斷：屬於非調整事項。
　　由於這個情況在資產負債表日並不存在，是資產負債表日後才發生的事項。因此，應作為非調整事項在會計報表附註中進行披露。
　⑦判斷：屬於非調整事項。
　(2) 資料（2）：
　①存貨跌價準備的處理不正確。
　簽訂合同銷售的部分：
　A 產品成本 = 300×120 = 36,000（萬元）
　A 產品可變現淨值 = 300×（130-2）= 38,400（萬元）
　簽訂銷售合同部分的 A 產品成本小於可變現淨值，不需要計提存貨跌價準備。
　未簽訂合同銷售的部分：
　A 產品成本 = 100×120 = 12,000（萬元）
　A 產品可變現淨值 = 100×（118-2）= 11,600（萬元）
　A 產品應計提存貨跌價準備 = 12,000-11,600 = 400（萬元）
　所以，A 產品多計提存貨跌價準備 = 1,400-400 = 1,000（萬元）
　更正的會計分錄為：
　　借：存貨跌價準備　　　　　　　　　　　　　　　　　　　1,000
　　　貸：以前年度損益調整——調整資產減值損失　　　　　　1,000
　　借：以前年度損益調整——調整所得稅費用　　　　　　　　250
　　　貸：遞延所得稅資產　　　　　　　　　　　250（1,000×25%）
　②2014 年，AS 公司以庫存商品抵償債務，應付帳款的帳面價值為 120 萬元，抵償商品的成本為 80 萬元，公允價值為 100 萬元。AS 公司所編制的會計分錄為：
　　借：應付帳款　　　　　　　　　　　　　　　　　　　　　120
　　　貸：庫存商品　　　　　　　　　　　　　　　　　　　　　80
　　　　　應交稅費——應交增值稅（銷項稅額）　　　　　　　　17

資本公積　　　　　　　　　　　　　　　　　　　　　　　　23
③以庫存商品抵償債務的會計處理不正確。
　借：資本公積　　　　　　　　　　　　　　　　　　　　　　　23
　　　以前年度損益調整——調整營業成本　　　　　　　　　　　80
　　貸：以前年度損益調整——調整營業收入　　　　　　　　　　100
　　　　　　　　　　　　——調整營業外收入　　　　　　　　　3
　借：以前年度損益調整——調整所得稅費用　　　5.75（23×25%）
　　貸：應交稅費——應交所得稅　　　　　　　　　　　　　　5.75
④AS公司相關業務的會計處理如下：
　借：資產減值損失　　　　　　　　　　　　　　　　　　　2,100
　　貸：固定資產減值準備　　　　　　　　　　　　　　　　2,100
AS公司確認遞延所得稅資產500萬元。
⑤Y生產線計提減值準備處理正確，確認的遞延所得稅資產金額不正確。
　　發生的永久性損害尚未經稅務部門認定，所以固定資產的帳面價值為零，計稅基礎為2,100萬元，應確認的遞延所得稅資產＝2,100×25%＝525（萬元），但企業確認了500萬元的遞延所得稅資產，所以要補確認25萬元（525-500）的遞延所得稅資產。
　借：遞延所得稅資產　　　　　　　　　　　　　　　　　　　25
　　貸：以前年度損益調整——調整所得稅費用　　　　　　　　　25
⑥AS公司相關業務的會計處理如下：
　借：固定資產　　　　　　　　　　　　　　　　　　　　　　536
　　　累計攤銷　　　　　　　　　　　　　　　　　　　　　　80
　　貸：無形資產　　　　　　　　　　　　　　　　　　　　　580
　　　　應交稅費——應交營業稅　　　　　　　　　　　　　　30
　　　　銀行存款　　　　　　　　　　　　　　　　　　　　　6
⑦無形資產換入固定資產的會計處理不正確。
　借：固定資產　　　　　　　　　　　　　　　　　　　　　　70
　　貸：以前年度損益調整——調整營業外收入　70［600-(580-80)-30］
　借：以前年度損益調整——調整所得稅費用　　　　　　　　17.5
　　貸：應交稅費——應交所得稅　　　　　　　　　　17.5（70×25%）
3.（1）資料（1）中交易或事項處理不正確的有：①、②、③。
（2）事項①的調整會計分錄：
　借：以前年度損益調整　　　　　　　　1,900［(4,000-200)×50%］
　　貸：應收帳款　　　　　　　　　　　　　　　　　　　　1,900
　借：發出商品　　　　　　　　　　　　　1,600（3,200×50%）
　　貸：以前年度損益調整　　　　　　　　　　　　　　　　1,600
　借：應交稅費——應交所得稅　　　　75［(1,900-1,600)×25%］
　　貸：以前年度損益調整　　　　　　　　　　　　　　　　　75
事項②的調整會計分錄：
　借：以前年度損益調整　　　　　　　　　　　　　　　　2,000

貸：預收帳款　　　　　　　　　　　　　　　　　　　　　2,000
　　借：庫存商品　　　　　　　　　　　　　　　　　　　　　　1,400
　　　貸：以前年度損益調整　　　　　　　　　　　　　　　　　1,400
　　借：應交稅費——應交所得稅　　　　　150〔(2,000−1,400)×25%〕
　　　貸：以前年度損益調整　　　　　　　　　　　　　　　　　　150
事項③的調整會計分錄：
　　借：以前年度損益調整　　　　　　　　　　　　　　　　　　　20
　　　貸：長期股權投資減值準備　　　　　　　　　　　　　　　　20
　　借：遞延所得稅資產　　　　　　　　　　　　　　5（20×25%）
　　　貸：以前年度損益調整　　　　　　　　　　　　　　　　　　　5
（3）資料（2）中相關資產負債表日後事項屬於調整事項的有：①、②。
（4）事項①的調整會計分錄：
　　借：以前年度損益調整　　　　　　　　　　　　　　　　　　　200
　　　　應交稅費——應交增值稅（銷項稅額）　　　　　　　　　　34
　　　貸：應收帳款　　　　　　　　　　　　　　　　　　　　　　234
　　借：庫存商品　　　　　　　　　　　　　　　　　　　　　　　140
　　　貸：以前年度損益調整　　　　　　　　　　　　　　　　　　140
　　借：應交稅費——應交所得稅　　　　　　15〔(200−140)×25%〕
　　　貸：以前年度損益調整　　　　　　　　　　　　　　　　　　　15
項②調整分錄：
　　借：以前年度損益調整　　　　　　　　　　　　　140（200−60）
　　　貸：壞帳準備　　　　　　　　　　　　　　　　　　　　　　140
　　借：遞延所得稅資產　　　　　　　　　　　　　　35（140×25%）
　　　貸：以前年度損益調整　　　　　　　　　　　　　　　　　　　35
合併編制涉及「利潤分配——未分配利潤」和「盈餘公積——法定盈餘公積」科目的會計分錄：
　　借：利潤分配——未分配利潤　　　　　　　　　　　　　　　　840
　　　貸：以前年度損益調整　　　　　　　　　　　　　　　　　　840
　　借：盈餘公積——法定盈餘公積　　　　　　　　　　　　　　　　84
　　　貸：利潤分配——未分配利潤　　　　　　　　　　　　　　　　84

國家圖書館出版品預行編目(CIP)資料

中級財務會計學習指導書/ 蔣小鳳、尹建榮 主編.-- 第一版.
-- 臺北市：崧博出版：財經錢線文化發行, 2018.10

　面；　公分

ISBN 978-957-735-522-5(平裝)

1.財務會計

495.4　　　　107016199

書　名：中級財務會計學習指導書
作　者：蔣小鳳、尹建榮 主編
發行人：黃振庭
出版者：崧博出版事業有限公司
發行者：財經錢線文化事業有限公司
E-mail：sonbookservice@gmail.com
粉絲頁　　　　　　網　址：
地　址：台北市中正區延平南路六十一號五樓一室
8F.-815, No.61, Sec. 1, Chongqing S. Rd., Zhongzheng Dist., Taipei City 100, Taiwan (R.O.C.)
電　話：(02)2370-3310　傳　真：(02) 2370-3210
總經銷：紅螞蟻圖書有限公司
地　址：台北市內湖區舊宗路二段 121 巷 19 號
電　話：02-2795-3656　傳真：02-2795-4100　網址：
印　刷：京峯彩色印刷有限公司（京峰數位）

　　本書版權為西南財經大學出版社所有授權崧博出版事業有限公司獨家發行電子書及繁體書繁體版。若有其他相關權利及授權需求請與本公司聯繫。

定價：750元

發行日期：2018 年 10 月第一版

◎ 本書以POD印製發行